本书由国家社会科学基金重大项目“生物哲学重要问题研究”（项目编号：14ZDB171）资助出版

生物学哲学研究（下册）

李建会　主编

中国社会科学出版社

下册目录

第四编 人类起源和演化的哲学问题

第五编　生物学前沿研究中的伦理问题

第四编　人类起源和演化的哲学问题

第二十三章
人类起源和演化的哲学问题的提出

第一节　问题的缘起和背景

维系着人类普遍的寻根意识的人类起源和演化的难题，在人猿揖别和智人的演化原因方面历来争议颇多。自然环境、社会劳动和生物基因都已被用来说明人类远祖如何耗时数百万年，成为万物之灵长。在有限的考古证据与还原论和相似性思维的约束下，人类演化原因总是难以摆脱关于环境、行为和基因的相互影响和改变的复杂关联。人既是演化过程的最特别的产物，又能有意识地通过劳动左右自身和其他生物的演化进程，那么能否认为劳动在人类演化中具有决定性作用呢？自从恩格斯的《劳动在从猿到人转变中的作用》（以下简称《作用》）一文提出的“劳动创造了人本身”[①] 的命题在马克思主义哲学中被简化为“劳动创造人”的重要论断以来，国内学术界对此曾有热议，在争论无果之后，这一重要议题的思想价值却因为劳动能将人之为人的各个特性（直立行走、手、脑、语言）加以整合而与日俱增。本研究将尝试对国内外学术界关于劳动在人类演化中的作用的主要观点进行介绍和分析，寻找其中存在的问题，并对劳动在人类演化中的作用进行进一步的思考。

---

① 《马克思恩格斯文集》第9卷，人民出版社2009年版，第550页。

第二节　西方学术界的相关研究

对于劳动的重大哲学意义的发现得益于马克思“在劳动发展史中找到了理解全部社会史的锁钥”[①] 这一思想事件。在历史唯物主义体系中，生产劳动被视为人类社会发展的“第一个历史活动”[②]，劳动成为马克思主义理论体系中的基本范畴。恩格斯在《自然辩证法》中对于劳动在从古猿演变到人的历史过程中的作用的阐述，是对马克思的劳动理论的具体运用。但是这并未改变西方学术界在关于人的诸种看法中，将精神因素置于首位的传统和将生产劳动片面地等同于体力劳动的偏见。对国外关于劳动（工具行为）在人类起源和演化中的作用问题的研究，可以从以下几方面进行概括。

1. “劳动创造了人本身。”恩格斯在《作用》一文中对劳动在人类演化中的作用进行了概述，在理论上初步建立了直立行走、人手、劳动协作、大脑和语言间的因果链，形成了劳动造人说的基本表述。在他看来，“劳动是整个人类生活的第一个基本条件，而且达到这样的程度，以致我们在某种意义上不得不说：劳动创造了人本身”[③]。恩格斯秉持了由马克思开创的知识社会学的视角，不仅就人的起源提出具有预言性的睿智见解，而且“分析了必然影响所有思想的社会偏见”[④]。这种偏见是指学院式的纯研究对体力工作的排斥，并造成了对于劳动本身的片面理解。虽然在恩格斯之后很多研究者并不直接提及恩格斯的《作用》的影响，但在他们关于人科动物直立行走、工具制造的研究中，却能看到和恩格斯见解类似的表达。越来越多的科学发现证明，恩格斯具有高度概括性的预见有其科学性和正确性，都在为人类演化中劳动的推动作用提供证据。

2. 从相似性角度对动物行为的习性学研究的启示。习性学对环境对行

---

① 《马克思恩格斯文集》第 4 卷，人民出版社 2018 年版，第 13 页。

② 《马克思恩格斯选集》第 1 卷，人民出版社 1995 年版，第 79 页。

③ 《马克思恩格斯文集》第 9 卷，人民出版社 2009 年版，第 550 页。

④ ［美］斯蒂芬·杰·古尔德：《自达尔文以来》，田洺译，海南出版社 2008 年版，第 155—156 页。

为的决定作用持怀疑态度，更倾向于本能决定论。[①] 受制于这种基本观念，生理特征、基因编码与智力表现和人类最为接近的黑猩猩的行为成为研究的重点，但相关研究除了为达尔文对人与猿关系的估计提供更丰富的观察经验并将动物的行为和人的自然性进行类比之外，其潜在价值至今未能充分地展现出来。[②] 很多心理学理论都曾经以黑猩猩为研究对象，试图为具有明显智能特征的学习行为找到一种解释。

实际上，动物缺乏足够的根据环境因素对于行为的调节，只会被动地重复整套“预定动作”，并不具备像人一样的意识对行为的支配能力，这一研究结果客观上为区分人和动物的工具行为并对“劳动”概念进行明确界定提供了与能动性有关的证据。

3. 关于人化过程中的直立行走对工具行为影响的研究。两足直立行走是人类的关键性的适应性状之一，大约出现于400万到370万年前的人类祖先当中。达尔文认为，直立行走者能更便利地使用原始工具来获得食物和加以自卫，他主张在直立行走、工具制造和意识活动之间存在因果关系，肯定了直立行走在所有的人化行为特征中的重要性。“达尔文通过探讨直立姿势，脑容量的增大，脸型，齿式，脊椎的弯曲，骨盆的拓宽等生理变化对人类起源的影响，继续重建设想中的进化过程。”[③] 此后陆续有其他解释补充进来，认为直立行走还可以提升行走耐力、增强狩猎能力、扩充携物能力、扩大视野、减少阳光直射皮肤面积、减少暴力，为人类的进化发展创造更有利的条件。[④]

“创造工具意味着已经意识到躯体无法承担某种功用，必须用手的延长即工具来代替。制造工具必需的前提是一定的抽象思维，无疑还需要经过一定的学习过程。制造方法的传递，意味着不单单要模仿，而且必须有一定的

---

① 习性学研究提出了像“固定行为模式”这样的概念来描述动物先天就有的特性，并主张人的认知和知觉范畴是生来就有的。这种方法有给行为模式贴标签的嫌疑，更多停留于行为表面的观察，未能以更严格的标准去研究适应问题。

② 参见［美］爱德华·O. 威尔逊《社会生物学——新的综合》，毛盛贤等译，北京理工大学出版社2008年版，第166页。

③ ［英］J. 霍华德：《达尔文》，徐兰、李兆忠译，中国社会科学出版社1992年版，第109页。

④ 参见［英］N. H. 巴顿、［美］D. E. G. 布里格斯等《进化》，宿兵等译，科学出版社2009年版，第765页。

言语。”① 工具行为和直立行走的相互结合使早期人科物种的认知能力在较长时期内获得较大的增长，因此群体的复杂程度、群体密度和活动能力也随之大幅提高，这些演化特征可以用来解释古人类在相当大的地理范围内的扩张，也是人类起源当中与“走出非洲”有关的假说的重要依据。

4. 工具行为对智能演化的作用。对于人类进化中的智能进化的研究有两条密切联系的路径：第一，探究思维的物质器官即人脑的演化过程及原因；第二，寻求认知能力演化的具体机制。层出不穷的化石证据证明了人类进化不同阶段脑容量的递增，这说明大脑的演化过程和人类演化有必然联系：脑量的增大是人属的标志性特征，关于脑容量扩大原因的假说都可以用来说明工具行为推动了脑的演化。

对于人的认识能力，演化论的解释是，人的感觉与认知系统具备持续不断地收集有利于生命延续的各类信息的功能，自然选择能够促成人与环境之间的协调性。如果远古时期确实存在男性负责狩猎而女性专司采集这样的分工状态，那么男女两性就因为各自所从事的不同劳动具有了不同的空间认知能力。② 对于什么样的工具制造和使用才能推动智能进化的问题，相关研究也提供了工具方面的证据。不同工具的制造，对于智力的激发作用不是等量齐观的，只有像工序较为复杂的、有较严格技术要求的、需要调动众多肌肉和神经元并且渗透着计划性的片石方法才能使猿脑向人脑转化。③

5. 进化心理学关于人类生存、合作与劳动作用的研究。心理学中交替出现的用自然性和社会性来解释人类行为的内在心理原因的路径，非常明显地在不断发展的演化理论和心理学相融合的进化心理学中表现出来，对人科动物的工具使用和制造行为的研究是进化心理学重要课题。

进化心理学通常会选择狩猎——采集型社会情境作为参照，这就使像如何应对大型猎物这样的问题成为适应性研究的内容，涉及合作行为的进化，并把达尔文关于个体作为选择单位的观点与合作普遍发生于个体之间的事实联系起来，也将提出如何从自私的自然选择中进化出具有利他性质

---

① ［法］让·沙林：《从猿到人——人的进化》，管震湖译，商务印书馆 1996 年版，第 90 页。

② 参见［美］戴维·巴斯《进化心理学》，张勇、蒋柯译，商务印书馆 2015 年版，第 90 页。

③ 参见葛明德《劳动在人类起源中发生作用的新证据》，《北京大学学报》（哲学社会科学版）1996 年第 3 期，第 47—53 页。

的合作行为的问题。工具行为一方面是内在心理活动的外在表现，另一方面又可以对心理活动的发生发展起到强化作用。进化心理学倾向于认为自然选择和性选择在漫长的进化过程中设计出种种适应性（器），人类的各种行为都可以找到一个内在的与这些适应性有关的解释，这些适应性的总和就是恒定的人性的真实写照。这一观念所反映出来的对于自然选择单位的看法是兼顾个体、群体和基因作用的多元论，但从根本上而言，稳定的基因成为以上论点的基础，这就意味着人类基因当中有某种特殊性，正是这种特殊性使人的进化历程能够在主观和客观高度统一的意义上具体地、历史地占有劳动。

6. 语言与工具行为的关联。人类语言的起源就像人类本身的起源一样，至今没有令人信服的解释。对于语言最早出现的时间，有从四五万年前到50万年前再到200万年前的不同观点。对于语言的性质，同样存在很大争议。人类语言的起源就像人类本身的起源一样，至今没有令人信服的解释。对于人类语言的最初发生，存在着远期发生论和近期发生论的不同见解。语言起源的假说都与劳动中的合作行为、信息交流和沟通能力密切关联。

西方学术界对工具行为在人类进化中的推动作用的看法与时代的技术和精神状况密切相关，诸多假说都倾向于认为工具行为的复杂化增强了人科物种的生存优势，具备了更强的环境适应性。从适应性（器）角度来理解工具行为的作用，虽然还不能算西方学术界相关研究的最终结论，但应该是其基本指向。

第三节　国内学术界的相关研究

国内理论界对于劳动在人类演化中的作用的研究主要表现为对“劳动创造人”的学术讨论，从20世纪50年代开始到60年代，是第一次争论，主要是在社会发展史的背景下展开的，争论的问题集中于“劳动”的含义和人与猿的分界方面。第二次也是最近的一次争论发生在20世纪80年代到90年代，这与考古学、古生物学、人类学和遗传学的新发现、新成果有关。第二次争论在第一次争论形成的问题的基础上增加了在人类起源过程中的决定因素究竟是劳动还是自然选择的问题，对“劳动创造了人”的命题的否定态度明确呈现出来，并有新的命题出现。各次争论最终并无定论，但至今余响未绝。对争论中的主要观点及其影响，可做以下概括。

1. 对“劳动创造了人”的观点表示赞同，尝试对这一命题的含义进行进一步解读，并用新的科学证据来支持这一命题。在对“劳动”进行界定时，有多名学者主张将“劳动”区分为“广义的劳动”与“狭义的劳动”①，以便厘清“劳动”概念。在肯定劳动创造了人的前提下，一些学者重新考虑自然选择对于人类形成的重要作用，强调生物进化和社会形成的辩证关系，以此确立劳动在由猿到人过程中的决定作用。② 在面对新的科学证据时，有学者完全赞同恩格斯的观点，认为应该区分生物规律和社会规律，坚持劳动对人类社会和体质形态的创造性作用。③ 也有学者援引20世纪90年代以来的人类学研究成果，认为在人类起源和进化过程中，包含着以劳动为核心动力的技术发展和脑量扩大、智能提升和语言进步相互促进的两组反馈循环，劳动这种“人类特有的生存模型和适应模型”将人类进化动力问题引向“劳动创造了人”的论断。④ 还有学者从人类起源和进化所表现出来的适应性过程出发，认为人类最早的工具行为始于具有“元工具”特征的人手，人类诞生于人手的形成。⑤

国内赞同劳动造人说的学术观点比较多地受到苏联的相关研究的影响。根据阿列克谢耶夫的概括，苏联学术界以“劳动创造了人本身”的表述为前提，从社会发展的基础动力方面肯定了劳动的作用，劳动被看作一种与动物的被动适应性形成鲜明对照的能动因素，工具行为被看作人和其他灵长目动物相区别的标准。由于石器技术的进展和人类祖先的形态演进是吻合的，

① 姜义华主编：《社会科学争鸣大系（1949—1989）·历史卷》，上海人民出版社1991年版，第598页。

② 参见姜义华主编《社会科学争鸣大系（1949—1989）·历史卷》，上海人民出版社1991年版，第601页。

③ 参见尚南《劳动创造人的理论及其科学根据》，《史学月刊》1987年第2期，第3—7页。

④ 参见葛明德《劳动在人类起源中发生作用的新证据》，《北京大学学报》（哲学社会科学版）1996年第3期，第47—53页。

⑤ 参见高剑平、张正华、罗芹《手的元工具特征》，《自然辩证法研究》2012年第11期，第42—47页。

为人类起源理论中的劳动假说提供了有力证明。“正是劳动的发展确定了人类从始祖的似猿形态达到现代人的这一总的前进运动。”[①] 劳动还被定义为信息过程，这成为从劳动的作用揭示语言产生与发展的重要路径。这些观点在国内学者的讨论中时有出现，有些观点得到了进一步的深化。

2. 对恩格斯《作用》中的基本观点表示质疑，相对于“劳动创造了人”的命题，提出“劳动选择了人”的新命题。主要论点有四个方面。第一，认为恩格斯在《作用》一文中对“劳动”概念的使用存在逻辑错误。如果以劳动作为人类社会有别于猿群的特征，那么劳动的主体就难以确定，因而猿类的捕食活动只能是人类进化过程中的一种选择活动，在从这个意义上使用的劳动概念必须加上引号。[②] 也有学者认为，对于劳动含义理解的偏差否认了猿向人类进化的阶段性，也会将作为人的本质特征的社会属性被排除在外。[③] 第二，认为“劳动创造了人”这一命题不能体现恩格斯的本意，“劳动创造了人本身”，这和“劳动创造了人”的含义并不相同，“人本身”应该是指从猿到人转变中的过渡性的生物形态。把恩格斯的原话简化为“劳动创造了人”，改变了原著的表达，也削弱了其中的辩证思维色彩。第三，认为“劳动创造了人”是拉马克主义式的进化观念的体现。自然环境和猿类的工具行为都只是进化的外因，基因突变才真正导致猿转变为人。并非劳动创造人类，只是来源于人的劳动发挥了选择作用，根本而言，是自然选择了人。[④] 从猿到人的进化也包括突变、选择和隔离这些环节，劳动是这一过程中的选择因素，在选择上具有劳动优势的个体的突变累积使猿变成了人，所以是“劳动”选择了人。[⑤] 还有学者根据分子人类学研究的结果，提出如果用劳动这样的非自然因素来解释人类起源，实际上是以一种新形式的特创论否定现代科学的发现。[⑥] 第四，认为劳动在古猿向人类进化过程中并非决定

---

① ［苏］阿列克谢耶夫：《关于人类起源的劳动理论》，庄孔韶译，《民族译丛》1981 年第 4 期，第 22—28 页。

② 参见赵寿元《“劳动”选择了人！》，《复旦学报》（社会科学版）1981 年第 1 期，第 84—86 页。

③ 参见黄湛、李海涛《“劳动创造了人”：对恩格斯原创思想的误读和曲解》，《吉林大学社会科学学报》2013 年第 6 期，第 134—143、176 页。

④ 参见张秉伦、卢勋《“劳动创造人”质疑》，《自然辩证法通讯》1981 年第 1 期，第 23—29 页。

⑤ 参见赵寿元《“劳动”选择了人！》，《复旦学报》（社会科学版）1981 年第 1 期，第 84—86 页。

⑥ 参见龚缨晏《关于“劳动创造人”的命题》，《史学理论研究》1994 年第 2 期，第 19—26 页。

性因素，“劳动创造了人”的命题过于笼统地肯定了劳动的决定作用。通过文本分析，“人是自然产物”的观点被认为是“劳动创造了人本身”的前提。[①] 从古猿到人的漫长过程，决定性的作用来自地理环境，劳动只在人的自我完善中才具有决定性作用。[②] 有些学者完全否定劳动创造说，认为人的进化和动物进化并无根本差别，不能夸大社会因素对人体进化的影响，所以应该直接承认是自然选择创造了人。[③]

从20世纪90年代以来，一方面受到国际上关于现代人起源的新观点的影响，另一方面国内外关于人类起源和演化的考古学证据不断更新，对原有的考古证据也以新的技术手段进行了重新的研究和分析，国内的很多学者为了探究东亚现代人类的起源问题，对以不同时期的石器文化为代表的工具问题进行了详细探讨。其中林圣龙就中西方旧石器时代中的石器技术模式进行了比较研究，认为“两者间存在很大的差别，充分显示了中国旧石器文化发展的特殊性以及中西方整个旧石器文化属于不同的传统”[④]，以工具证据证明了中国旧石器文化整体发展的连续性。吴新智则以不同阶段的石器技术更替中作为新技术的第三技术被弃而不用的疑点，对现代人的非洲起源说提出有力的反证，提出东亚现代人“连续进化附带杂交”假说[⑤]。如果说上述研究更多的是在考古学和人类学范围内讨论工具的问题的话，另外一些学者则在工具问题的研究中引入了更多的哲学思考。葛明德通过对人类学中与石器工具有关的新证据及片石技术的分析，确信“劳动是人类特有的生存模型和适应模型，是人类区别于其他动物的最重要的特征……在人类进化动力问题上，必然回到一百多年前恩格斯的论断上：劳动创造了人本身”[⑥]。邓晓芒认为将“携带工具”这一行为特征加以充分考虑，可以形成关于人的新的

---

① 参见林圣龙《人本身是自然界的产物——“劳动创造了人本身”仅仅是“在某种意义上”说的》，《化石》1982年第2期，第28—30页。

② 参见赵永春《劳动在从猿到人转变中的作用刍议》，《学术交流》1988年第3期，第99—103页。

③ 参见梁祖霞《自然选择创造了人类》，《生物学教学》2003年第8期，第46—48、51页。

④ 林圣龙：《中西方旧石器文化中的技术模式的比较》，《人类学学报》1996年第1期，第1—20页。

⑤ 吴新智：《人类起源与进化简说》，《自然杂志》2010年第2期，第63—66页。

⑥ 葛明德：《劳动在人类起源中发生作用的新证据》，《北京大学学报》（哲学社会科学版）1996年第3期，第47—53页。

定义，他认为“携带工具是一种符号性的感知运动图式，它内化为人的心理思维模式”[1]，是人的概念抽象能力达到一定程度的表现。高星则专门以石器为例研究了工具制作在人类演化中的地位和作用，指出了人类石制工具和动物石制品具有的明确差别，以及由此体现的认知和思维能力的明显差距。他认为“人类工具制作在计划性、目的性、预见性、规范性和精美度上具有唯一性，有内在的智能控制和规律可循”[2]，对石器技术的进一步解译，将会提供更为完整和精确的人类演化图像。但这些学者之间并未展开争论，只是在各自的研究范围介绍最新的研究进展，提出自己的看法，不能不说这是这些观点的影响力受限的重要原因。在纪念恩格斯诞辰200周年之际，国内也有多位学者借助这一重要时间节点，在理论上重新审视了“劳动创造了人本身”的命题：吕世荣和刘旸认为这一命题是对人类起源问题的科学解答，“赋予劳动在人生成中的核心地位”，“深化了马克思主义哲学自然观和历史观的有机统一”。[3] 王毅提出，“‘劳动’对‘人’的哲学意义起于恩格斯‘劳动创造了人本身’，是从人类自身出发阐释的劳动自由观，即自由劳动是实现人的基本方式”。“彰显了劳动在人类生活发展过程中起到的重要地位，是对马克思实践生存论哲学阐释的又一重要论述。”[4] 张严认为恩格斯的命题“以独特的思路打破了自然科学的学科界限，是历史唯物主义的典范性运用，创造性地将哲学领域的‘劳动’思想运用到生物学、人类学等领域，实现了历史唯物主义逻辑起点与历史起点的统一，体现了实证科学研究与哲学研究的典范性结合”[5]。杭州则对这一命题涉及的达尔文主义与拉马克主义之争加以辨析，认为这一命题中涉及的“人本身”的目的论解释只

---

① 邓晓芒：《人类起源新论：从哲学角度看》（上），《湖北社会科学》2015年第8期，第88—105页。

② 高星：《制作工具在人类演化中的地位与作用》，《人类学学报》2018年第3期，第331—340页。

③ 吕世荣、刘旸：《恩格斯“劳动创造了人本身”命题的哲学意义》，《苏州大学学报》（哲学社会科学版），2020年第1期，第1—8、191页。

④ 王毅：《“劳动”对“人”的哲学意义》，《烟台大学学报》（哲学社会科学版）2020年第5期，第1—8页。

⑤ 张严：《“劳动创造人本身”命题的再考察——重读恩格斯〈劳动在从猿到人转变过程中的作用〉》，《理论视野》2020年第12期，第69—74页。

有在生物进化领域以外才有基于唯物辩证法的合理性与必要性。[①] 王南湜对国内有关劳动造人说的争论进行了梳理，认为“劳动创造了人本身”是历史唯物主义的核心命题，应将其置于“贯通性的哲学人类学视域”[②] 中，在理论上加以全面维护。这些学者的研究有的在观点上高度重合（涉及马克思主义哲学自然观和历史观的逻辑统一性问题），有的试图在未曾解决的理论争议（涉及达尔文主义和拉马克主义之争）中为经典命题找到新的辩护。虽然这些研究者之间依然未能进行有效沟通，也未能对相关的最新科学证据加以分析，但他们都肯定了“劳动创造了人本身”这一命题在不同视域、语境下的科学性、合理性和预见性，围绕这一命题的争论还将在一定范围持续下去。

正是由于以上的研究，国内学术界参与争论的学者们对古猿变为人并持续演化的基本过程的猜测相互衔接起来，形成了人类演化过程的一般表述，在多个学科中产生了很大影响，承载着历史唯物主义和自然辩证法的基本原则和基本观点。

综合国内外关于劳动在人类起源和演化过程中的作用的各种观点，可以看到，其中交织着对跨越日常时空经验的“荒野记忆”的回溯与受制于现代科学的“微观图像”的描绘，两者遵循的内在尺度的变更不容忽视地将劳动所具有的代价性呈现出来。如果我们承认，根据已有的演化线索和相关解释，人类在演化史上既是独特和不凡的，又“只是一个常规的生物演化的产物”[③]，那么，只有人类才能承载劳动这种积极的代价并以此成就自身。

---

① 参见杭州《拉马克式还是达尔文式？——恩格斯“劳动创造人本身”思想哲学研究》，《自然辩证法研究》2020 年第 8 期，第 3—8 页。

② 王南湜：《恩格斯“劳动创造了人本身”新解——一个基于马克思主义哲学人类学的阐释》，《马克思主义与现实》2020 年第 5 期，第 41—52 页。

③ ［美］伊恩·塔特索尔：《地球的主人——探寻人类的起源》，贾拥民译，浙江大学出版社 2015 年版，第 15 页。

第二十四章

人类寻根意识的科学化与工具行为问题

人类密切关注和执着探究着自身的来源问题，相关的追问从远古的神秘猜想逐渐走向以达尔文的演化论学说为基本内核的科学解释。从达尔文学说来探究人类的起源和演化是人类寻根意识的科学化的最重要的表现形式，是以各类科学证据逐步构建人类内心深处的“荒野记忆”。在此基础上，恩格斯提出的重要命题“劳动创造了人本身”在寻根意识的科学化历程中成为一个不断被证实和未曾超越的哲学论断。同时，现有的与早期人类有关的石器证据凸显了工具行为在人类寻根意识科学化历程中的不可替代的重要性。

第一节　寻根意识的科学化

寻根问祖的精神追求在世界范围内具有跨文化的性质，这种共性似乎暗示着在人性深处有和某种共同来源相一致的积蕴。萌生于古希腊的演化论观点在19世纪成为立足于具体科学证据的体系化表达，将原本属于神话、宗教和哲学的寻根意识科学化，将造就人类的力量由神力置换为自然力，为人类构建能追溯自身由来的“荒野记忆”开辟了新的路径。而在演化论的广袤视野中，要对人类的自然形成提供可信的解释，就必须聚焦位居人类文化前端的工具行为。

一　寻根意识的科学表达

人从何处来？人类的最早祖先是谁？“即使人类不是同一系统的一员，不需要遵从相同的规则，但一旦人类的智力高出了日常所需的水平，关于自身的起源问题，自己与宇宙中其他现象间的因果关系，必定会吸引人们的注意力。”[1] 实际上，“人从何处来”的哲学追问就是在探究“什么创造了人”的问题。这个所有人都绕不开也未必说得好的大问题，因为达尔文偶然远航的经历有了一个迥异于传统观念的解答，最新的科学进展不断地为这种解释提供证据，智人起源于东非的时间也仰赖基因组测序之功一再向历史深处延展，时间节点由约 20 万年前上溯至约 35 万年前。[2]

从人类整体到个体，可用寻根意识来概括的对自身来源的持久深沉的关怀总是在寻求一种可信赖的满足，但是与不同文化传统密切关联的神话传说、宗教典籍与口述历史所能提供的通行解释只是神创论的翻版而已。古希腊和古罗马的思想家已经把工具制造、掌握火的用法和语言的使用视为人之为人的重要特征，并且能把人视为自然的一部分，有从自然的背景中寻找人类来源的预设，这说明在西方古代思想中就已经萌生了当时的人类源自更早的更原始形态的见解，其中包含一种科学思维的原型，与演化论有关的现代思想，可在古代思想中找到最朴素的表述。

当人们把自己最古老的先祖安放于总体上都可以归为神创论的传说时，整个世界的历史因而被认为是很短的。受造的物种从低到高依次排列成以人高居顶端的自然阶梯或生物链，这种将不同生命形态置于其中的线性模式曾被用来解决地质学证据与神学观念的冲突。19 世纪初，对以《圣经》为代表的叙事真实性的质疑才越来越多并累积为将人们对于世界和人类的看法进行倒转的力量，人对自身的来源的观念也有了同步的变化，由达尔文倡导的“自然选择”理论开创的以演化论思想来重解人类由来的过程就是人类寻根意识的科学化。

恩斯特·迈尔这样评价《物种起源》的出版，“这一事件或许是人类所经历过的最伟大的知识革命。它不仅挑战了世界是恒定和短暂的这一观念，而且挑战了对于生物奇妙适应性的原因的看法，更令人震惊的是，它挑战了

---

① ［英］赫胥黎：《人类在自然界的位置》，蔡重阳等译，北京大学出版社 2010 年版，第 189—190 页。

② 参见 Schlebusch，C. M.，et al.，“Southern African Ancient Genomes Estimate Modern Human Divergence to 350000 to 260000 Years Ago”，*Science*，2017，Vol. 6363，No. 358，pp. 652 – 655。

人类在生物界中占据着独特地位的思想”[①]。实际上，达尔文确实将古已有之的观念进行了倒转，鉴于这种倒转在各方面引发的巨大效应尤其是在人类的寻根之旅中别开生面的作用，完全可以将其称为人类思想史上的“演化论转向”。

达尔文之前的演化论观念已经从生理结构和胚胎发育方面注意到了生物的多样性和变动性，并猜测到各种生物很可能有共同的自然先祖，而生物形态、功能和习性的差异是远古以来连续变化和有序分化的结果，但这些理论无法彻底摆脱宗教的影响，也无法完全立足于充分的自然科学证据来解释生物演变的因果机制及生物结构和特定功能的形成原理。

“通过自然界的数据来说服人们相信演化观念的人，达尔文是第一个”[②]，寻根意识科学化的最重要的解释来自达尔文的以细致深入的地理考察和生物学研究为基础的，以变异、遗传和选择为核心要素的自然选择理论（后来达尔文又提出以同性竞争和异性选择为核心观念的性选择理论作为补充性解释）。赫胥黎曾这样推崇达尔文的理论，“它拥有大量显而易见的可能性，它是眼下使得混乱的观察事实理出头绪的唯一手段；最后，它是从自然分类系统建立和胚胎学系统研究开始以来，给博物学家们提供的最强有力的研究工具”[③]。在此意义上而言，《物种起源》是科学与宗教真正分离获得自身独立形态的标志。

在达尔文看来，“所有的物种都是从共同祖先通过变种的演化而产生；经由自然选择这一过程，首先形成稳定的品种，然后形成新种；本质上，自然选择过程与在人类干预下家养动物产生新品种的人工选择完全一样；在自然选择中生存斗争取代了人的位置，在自然选择中它发挥着人工选择的作用”[④]。这其中包含着两个独立的过程：前进演化和支序发生。[⑤] 除了以一种简洁的方式解释了万物起源和人的由来，达尔文还为后人提供了包括非洲同祖论、直立行走对双手的解放、动物行为中的工具萌芽、人类的发源地很可

① ［美］恩斯特·迈尔：《进化是什么》，田洺译，上海科学技术出版社2012年版，第9页。
② ［美］杰里·A.科因：《为什么要相信达尔文》，叶盛译，科学出版社2009年版，第3页。
③ ［英］赫胥黎：《人类在自然界的位置》，蔡重阳等译，北京大学出版社2010年版，第60页。
④ ［英］赫胥黎：《人类在自然界的位置》，蔡重阳等译，北京大学出版社2010年版，第196页。
⑤ 参见［美］恩斯特·迈尔《进化是什么》，田洺译，上海科学技术出版社2012年版，第11页。

能是在非洲、人类多方面特征协调演变在内的一些基本观点。

二 寻根意识科学化的特征

演化论是寻根意识科学化历程中的突出成就，在思想内部具有历史连续性，可被视为人类历史上杰出的思想家们跨时空合作的结果，“尽管查尔斯·达尔文作为演化论的奠基人享有很高的声誉，但需要注意的是，演化论的最初想法是由达尔文和华莱士共同提出的。演化论光辉的历史，常常被归功于达尔文的一个创造性举动以及另外几位学者的发展，事实上是数以千计的思想家历经数个世纪的创新性合作的经典案例”[①]。正是不同时期伟大思想的契合，使人类寻根意识科学化的程度越来越高。寻根意识的科学化具有以下特征。

第一，只从自然角度来寻求人类乃至万物的根源，排除所有神话、宗教和神秘主义的特创论解释，具有典型的无神论和唯物论色彩。自此以后，人们的寻根意识被安置于科学的演化理论中。演化论不是一种从创立之初就能完美解释所有生物演化现象的万有理论，但是生物演化的最主要的机制首次得到了清晰而简要的说明。此种解释模式也使必然和偶然、先天与后天、连续性和非连续性这样一些哲学上的老问题在新的理论架构中得到深入持久、新意盎然的讨论。

第二，从可变性角度来看待物种的存在，彻底打破了宗教意味浓厚的物种不变论。演化论以摆脱传统目的论的、渐进式的自然选择过程来告诉人们：人类的位置就在扎根于自然界的生生不已的巨树的某一分枝上，人类是从和猿类一样的祖先以某种自然过程多次变化而来，常态化的直立行走、不断增大的脑量、极高的智能、不断提升的工具行为和综合了各方面能力的劳动以及人所特有的语言文化，都在争议尚存的情形下被用来说明人类这一依然处于演化中的物种的独特性。

第三，具有典型的以今论古的思维特征。寻根意识的科学化完全秉承了地质学中“将今论古”的原则，以现代人类的自然属性和社会属性作为蓝

---

① ［美］奥古斯汀·富恩特斯：《一切与创造有关——想象力如何创造人类》，贾丙波译，中信出版集团2018年版，第287页。

本，构建关于人类演化的“荒野记忆”的逻辑顺序并不是真的以猿类为起点，而是以人类为本位。这种思维借助技术手段的进步将各类相关证据纳入一个逐步完整的体系，给出统一的解释。但各类证据互证的困难逐日增加，对于已有证据的新解释和新发现证据的分析使人类的寻根之旅充满了不确定性。

第四，注重相似性思维的作用。这一特征的表现正如伊恩·莫里斯所言，“无论我们的田野工作和立论如何复杂，对于考古学发现的解读总要不可避免地依赖于在发现物与历史或人种学报告之间寻找相似性”[①]。而在人类演化问题上倚重相似性的做法，实际上很多时候是来自达尔文所开创的从动物的生理构造、生活习性、行为特征与人类的各方面表现相似性的研究方法。

第五，从人类种族的历史关系方面对普遍性和特殊性、单一性和多样性的关系进行了深入思考并提供了来自人类演化的越来越充分的证据。共同祖先理论的提出是这一方面的最明显的例证。

第六，和所有划时代的科学理论和科学解释一样，寻根意识科学化的理论表达具有简约性，这些简约的部分构成了演化论的“硬核”，其保护带部分容纳的各种辅助性假说越来越多，已经形成了一个庞大的理论体系。

可见，寻根意识科学化的历程是一个不断寻求和分析各种生物学证据以编制一个尽可能完善的人类自然史的过程，寻找（实际上是构建）一种具有普遍意义的关于人类自身如何从自然中脱颖而出的“荒野记忆”。这种被预设为人类所共有的“荒野记忆”是借助被简化为从猿到人的超越日常经验的线性表述来体现的，其理论根源依然要追溯至演化论的初创者从人与猿的相似性入手所产生的丰富联想。立足于人类起源和演化探究的两个基本支点：从生物类别上源自灵长类，从最初发生地定位于非洲大陆，达尔文思想的后继者们对各类证据进行比较、归类和分析，试图用一个与新老物种更替密切相关的树状结构还原出人类起源和演化的基本脉络。“荒野记忆”展示的人类从体质特征到精神状态都逐步脱离动物界的艰辛历程，也是从懵懂无知、盲目被动的自然乐园状态走向社会性家园的漫长路途。

---

① ［美］伊恩·莫里斯：《人类的演变》，马睿译，中信出版集团 2016 年版，第 30 页。

第二节 “劳动创造了人本身”

“劳动创造了人本身”是恩格斯基于19世纪已有的考古学和生物学证据，对人类起源和演化中从本能性荒野求生到以社会性劳动掌控自然的过程进行全景式概述和逻辑性分析所提出的著名命题。从这一表述来看，对石器证据的掌握和工具行为的分析是解开人类演化奥秘的关键。

一 并未过时的命题

从西方哲学特别是科学哲学的发展来看，演化论的兴起塑造和强化了一种可以称之为“演化思维”的思想模式，与历史上其他观念范式的转换和研究纲领的更替相比，是一种对各种自然现象和社会现象更具解释力的智力成就。

演化论中关于人的来源和进化问题的一般观念，在西学东渐的文化变迁历程中，由于一些先进知识分子的译介、引进和阐发，成为近现代中国社会思想启蒙和马克思主义传播中的重要内容。

在马克思主义哲学发展过程中，关于人类进化哲学问题的研究集中体现在恩格斯的《作用》一文中，这篇未写完的论文依据当时的生物学理论和考古发现，对劳动在人类的起源和进化中的作用有较为集中的表述。恩格斯应用唯物辩证法，立足当时最新的科学成果，对由猿到人进化过程中劳动与直立行走、人手的形成、语言的产生、脑的完善和食物的改变的关系进行了深入分析，将各种社会意识形式的发生也归因于劳动，同时指出虽然劳动造成了人和其他动物的本质区别，但人类不应该仅仅满足于对自然的征服而忽视劳动对自然生态和社会生态的负面作用。长期以来，恩格斯在人类进化方面的论述被简化为“劳动创造人”的哲学论断，成为国内相关问题研究的经典论题和指导性观念。从这一命题的基本含义出发，国内学术界一度展开了非常热烈的“劳动创造人”还是“劳动选择了人”的争论，可以看出，后一命题是对达尔文的自然选择学说和恩格斯的经典命题的糅合，讨论问题的背景由自然选择的范围转入人工选择的领域。如果参照达尔文对于二者的区分，“人类仅为自己的利益去选择，而‘自然’却是为保护生物的利益去选择”[1]，可以把后一命题看作基于劳动本身具有的能动性、目的性和计划性的一种新的表达。

恩格斯在《作用》中关于劳动和人的演化关系的经典表述是在一百多年前做出的，将这种表述简化为“劳动创造人”的论断，面临以下困难：第一，基本概念的清晰度和理论表述的逻辑关系问题；第二，经典命题和新的科学发现、科学知识的关联问题；第三，作为方法论的唯物辩证法和由生物学的发展以及生物学哲学的建立所引起的西方哲学尤其是科学哲学研究范式的关系问题。

从恩格斯的表述来看，对石器证据的掌握和工具行为的分析是解开人类演化奥秘的关键，但是西方科学界在人类进化问题的研究方面对于恩格斯基于唯物论前提的劳动决定论缺乏足够的重视，这使得演化论的研究在某些方面获得巨大进展的同时，有可能因为低估劳动的作用而使关于人类如何产生的明确观念变得扑朔迷离。尽管人类起源争论中体质特征、文化特征的断代作用及其同一性和差异性的考量让人们离自己的来源问题的解决又进了一步，并且能借助人所具有多方面的历史形象和各种复杂因素彼此联系、互相影响的思考，整合人类学、考古学、分子生物学、进化心理学和行为遗传学等多学科的研究成果，对语言的进化和意识的形成的研究有更多的猜测和假说，但如果回避劳动的作用，很难使环境变化、直立行走、食物结构、脑容量、性选择以及精神生活和文化的形成在人类演化的研究中获得统一性。

二　将工具行为作为人类演化的基本线索和关键因素

在考古学中，不断发掘出来的化石证据证明了人类进化不同阶段脑容量的递增，这说明大脑的演化过程和人类进化有必然联系，脑量的增大是人属的标志性特征。关于脑容量扩大的原因，从20世纪60年代以来，主要有从直立行走、工具制造、狩猎、食性、环境方面提出的一些假说。人类智力的提升和思维的发展是以越来越大的脑作为物质基础和基本器官的，而脑量的增加是这一器官能在认知方面得以提高的形态方面最显著的特征。高超的智

---

① ［英］查尔斯·达尔文：《物种起源》，舒德干等译，北京大学出版社2005年版，第56页。

能是人类所特有的，有目的、有计划并呈现出非凡创造力的工具行为与其互为表里，很难想象人类是在没有内在的思想能力的支配之下，懵懂而不自知地造出了锋利石刃（奥杜瓦伊文化）、两面器（阿舍利文化）、组合工具（莫斯特文化）和涉及多种材料的多功能工具（奥瑞纳文化）。石器工具反映出来的技术进步，提供了从人类文化遗存状况推知人类智能演变的直接证据，进而使我们相信，“人类演化的步伐，就是从最原始的石器技术开始，从旧石器时代初不超过 10 公里的活动范围，最终发展到今天的航天飞机和轨道空间站”[①]。因此，人类演化史就是一部工具史，只有依靠工具这类直接证据，才能让人类的寻根意识科学化的实现有一个稳固的基础。

对于什么样的工具制造和使用才能推动智能演化的问题，相关研究提供了特定水平的工具方面的证据。在确定现代人类的最初起源地方面，对工具的新发现及其分析也在连续说和替代说的争论中提供了很多新的认识。

正如理查德·利基所言，“石器不像骨骼，骨骼难以被石化，而石器实际上是不会被破坏的，因而史前记录的极大部分都是石器，它们是从最简单的技术向最复杂的技术发展的证据”[②]。工具所标示的技术进展一定有相关的古人类作为主体，在撒海尔人、图根原人、始祖地猿以及南猿由于具备直立行走能力被归入人科，成为人属的先祖之后，在猿与智人之间的演化缺环中还需要补充更多的内容。包括两足行走、脑容量、人手在内的诸多关键因素得到关注，并在石制工具、武器的制造、使用和携带的研究中得到更加深入的分析。

不仅已有的人类演化树的绘制、对“演化缺环”的发现越来越倚重以石器为代表的文化证据，对于人类起源和演化过程中的很多重要问题的重新认识也是来自对新发现的石器证据的分析。这方面的一些新的、著名的例证涉及北欧史前人类存在的证据[③]，以及非洲作为人类起源地

---

① ［美］斯坦利·安布罗斯：《旧石器技术与人类演化》，《江汉考古》2012 年第 1 期，第 112—126 页。

② ［美］理查德·利基：《人类的起源》，吴汝康、吴心智、林圣龙译，上海科学技术出版社 2007 年版，第 12 页。

③ 参见 Simon，A. Parfitt，et al.，“The Earliest Record of Human Activity in Northern Europe”，*Nature*，2005，Vol. 7070，No. 438，pp. 1008 - 1012。

的新的认识。① 除此之外，人类的迁徙所带来的劳动能力的增加、劳动内容的多样化也和工具结下了不解之缘，在此过程中人类的生活体验变得愈来愈复杂丰富，逐渐积累了关于自然的知识，具有了多方面的适应性，成功地完成了多次适应辐射（adaptive radiation）。在原始人类的生存策略和迁徙模式处于尝试性的调整变动时，工具的出现带来了更丰富多样的食物，而食物的分享又促进了人类社会化程度的提高，“这些带来了交流的加强、信息交换的频繁，以及经济和社会见解的深化，也带来了狡黠和克制。工具的使用增加了人类的解剖学结构。文化成为人性中一个不可分割的组成部分，而社会生活也获得了一种新的然而却少被理解的复杂性”②。

相比于其他考古证据，石器更有稳定性，在形态连续性方面有更高辨识度，更易形成明确的证据链，整个人类演化史的编制都有赖于工具证据的积累和对工具行为的深入分析，以工具行为为起点，劳动内容的多样化和人类的形成具有同步性。自然力量对人的塑造、人对自然力量的适应及人对自身状态的调整是在工具技能对人类生存状况的持续改善和效能反馈中完成的，也正是在这样的过程中工具行为越来越具有将内在尺度投射于外物的显著特性，内在尺度是在工具提供的正向反馈中逐渐强化的智能内核，是逐步完善的精神架构，也统领和衍生不断提升的认知技巧。工具行为证据的分析，能给人类寻根意识的科学化提供物质手段与精神条件相统一的坚实基础。

三　一个未被超越的预言

在《作用》一文中，恩格斯明确认为劳动是人类生活的首要的基本条件，“我们在某种意义上不得不说：劳动创造了人本身”③。直立行走被恩格斯视为“从猿过渡到人的具有决定意义的一步”④，动物的上肢因为直立行走逐渐变为灵活自由的、既是劳动器官又是劳动产物的人手。劳动开阔了人

① 参见 Sahnouni，Mohamed，Parés，Josep M.，Duval，Mathieu et al.，“1.9 Million and 2.4 Million Year Old Artifacts and Stone Tool-cutmarked Bones from Ain Boucherit，Algeria”，*Science*，2018，Vol. 6460，No. 362，pp. 1297－1301。

② ［美］布莱恩·费根：《世界史前史》，杨宁等译，北京联合出版公司2017年版，第67页。

③ 《马克思恩格斯文集》第9卷，人民出版社2009年版，第550页。

④ 《马克思恩格斯文集》第9卷，人民出版社2009年版，第551页。

的眼界，并激发和增强了协作行为，交流的需求促成了语言的产生。语言与劳动的双重推动促进了人脑和感官的完善。“劳动是从制造工具开始的”[①]最早的工具是渔猎工具，借助于此，肉食增强营养促进了脑发育，引发了使用火及驯养动物的进步，并使这一过程在手、口和脑的协同关系中不断趋向于复杂的操作能力，进一步的社会分工及艺术与科学、民族与国家的产生都是这种共同作用对更高目的的实现。恩格斯所说的劳动不是仅指工具的制造和使用，而是指一个关联了意识、语言、合作和交往的综合活动。恩格斯对劳动与人类进化的基本作用的总体判断，已经构成了劳动与语言、直立行走和意识之间相互联系、相互作用的一般表达。正如古尔德所评价的，《作用》一文的重要性并不仅仅在于恩格斯在人的起源方面提出的某些颇具预言性的正确见解，“而在于他尖锐地分析政治在科学中的作用，分析了必然影响所有思想的社会偏见”[②]。这一评价实际上是在为《作用》的见解受到冷遇而鸣不平，但并未改变西方学术界对恩格斯观点的一贯态度。事实上，虽然在恩格斯之后的很多生物学、人类学的研究者并不直接提及恩格斯的《作用》的影响，但在他们关于人科动物直立行走、工具制造的研究中，却能看到和恩格斯见解类似的表达，这说明恩格斯的观点触及了人类演化问题的基本解释。

恩格斯在《作用》一文中至少在以下几个方面做出了正确的预见，而这些方面在20世纪后半期以来的考古学和人类学研究中已经得到了越来越多的证实和赞同。第一，对直立行走的重要性的认识；第二，对得到解放的手的重要性的判定；第三，对语言产生及重要作用的阐述；第四，对食性转换对人类演化带来决定性进步的判断；第五，对迁徙在加强人类社会性特征中的作用的提示；第六，较早地提出克服短视行为，以把握自然规律的、明智的劳动调节生产活动在自然和社会方面的影响。

总的来说，恩格斯对劳动在人类起源和进化中所起作用的说明尽管在思想立场和基本观点方面是明确的，但在表达上具有高度概括性，也不乏一定的猜测性。越来越多的科学发现证明，恩格斯的见解是有一定的科学性和预

① 《马克思恩格斯文集》第9卷，人民出版社2009年版，第555页。
② ［美］斯蒂芬·杰·古尔德：《自达尔文以来》，田洺译，海南出版社2008年版，第156页。

见性的。20 世纪以来的人类进化的很多重要发现，都在为劳动的推动作用提供证据。

维系着人类普遍的寻根意识的人类起源和演化的难题，在人猿揖别和智人的演化原因方面令人陷入长久的迷惑，历来争议颇多，众说纷纭。自然环境、社会劳动和生物基因都已被用来说明人类远祖如何从动物群落中蹒跚走出，继而耗时数百万年，跨越漫漫长途，成为万物之灵。但是有限的考古证据在还原论和相似性思维的约束下，将人类演化原因置于先天与后天之争当中，总是难以摆脱关于环境、行为和基因的相互影响和改变的复杂关联。自从恩格斯《作用》一文提出的重要命题被简化为“劳动创造人”的论断以来，由于劳动能将人之为人的特性（直立行走、手、脑、语言）加以整合，其思想价值与日俱增。从命题的基本含义出发，承认劳动创造人，并不是说从已经形成和固化的、完备如今的劳动出发，机械地理解人的演化过程。我们将会看到，始于工具行为的劳动是一个综合了多方面因素的动态过程，自然选择的压力与人类整体性的自我塑造是相互扶持、修整和助推的。

第二十五章
早期原始人类的代表性工具行为分析

亚历山大·H.哈考特曾经这样强调因为宗教信仰而带来的关于人类祖先的认知谬误，“所有关于亚当和夏娃的画都应当将他们表现为非洲人，而不是通常画的白种人”[①]。这种说法恰好符合恩斯特·迈尔所提示的重建人类进化阶段图像的不确定性。[②] 人类寻根意识的科学化所造就的自然选择理论将上帝逐出了自然，任何超自然力量的设定都被否认，更不可能以某种至高的意志和目的来决定人类的存在。

第一节　人类基本演化阶段划分中最早的古人类

通常对于人类起源和演化过程的描述很容易被简化成形态更替、升级换代的线性链条，似乎前一种形态必然产生出后一形态。[③] 同时，把人类的演化表达为从一个端点出发趋于进步的过程，显得过于理想化和简单化，在此

① ［英］亚历山大·H.哈考特：《我们人类的进化：从走出非洲到主宰地球》，李虎、谢庶洁译，中信出版集团2017年版，第14页。

② 这种不确定性意味着从猿到人的各个进化阶段的现有描述的每一环节都关联着被新证据改变甚至颠覆的可能，因而现有的人类进化的树状图并不是对人类由来的固定描述。“根据解剖学进行人科动物分类的人类学家必须记住，冠以阿法种、直立人和能人名称的分类物种并不是指类型，而是指可变的群体和群体中的类群。”［美］恩斯特·迈尔：《进化是什么》，田洺译，上海科学技术出版社2012年版，第218页；［英］伯纳德·伍德：《人类进化简史》，冯兴无、高星译，外语教学与研究出版社2015年版，第77页。

③ 如果以我们所熟悉的家族关系作比喻，则更能显示出直线排列的谬误。参见崔娅铭《那张让你认识人类进化的图竟然是错的?!》，https://news.qq.com/a/20170718/048093.htm，2017-07-18。

我们需要以达尔文对于演化概念的“永远不要定义高级或低级”[①] 的告诫来提醒自己：实际情况要更为复杂。

一 频繁变动的人种分类假说

对于人类演化过程的讲述有一个基于复杂性系统能量处理的对比策略[②]的重要判断：受到我们认知水平的限制，人脑可能是我们目前所知的最复杂的事物。骨骼化石中能在目前的技术条件下进行解析的也许只有其中一小部分，对于数百万年的演化历程的表达需求而言，这些实物证据提供的有效信息过于稀薄。人类演化的路线图实际上只是一个想象空间巨大、时间跨度久远却证据奇缺的框架，也可以沿用达尔文的初设，将其比作一棵有太多“缺环”（missing link）需要填充和补足的生命巨树。

化石证据的偏缺导致了人类演化史的叙事方式的暂时难以克服的不足：在表达连续性特征的同时，把一个复杂的逐渐分叉扩散的过程扁平化了。确立人类起源端点的几种基本方法不断地把距今最远的那个时间点推向更远处，至少目前所能得到的关于人类远祖故事的开头是听上去类似“3300万至2400万年前，从旧世界的猴子中产生出猿”[③] 的说法，但其中涉及的时间描述相当模糊。

对于人科动物的历史而言，人类与其他动物的分界点可以为人类演化的基本支序的展开提供一个大致的开端和相关叙事的逻辑起点，这一分界点同样是极为含糊充满变动性的设定。由于化石数量的增加，人类和非洲人猿的相似性提示二者可能有共同祖先，分界点被拉近到距今1600万年前。随着分子生物学对蛋白质和DNA差异研究的深入，生物分子进化速度的近似恒定性即分子钟（Molecular clock）的应用提供了新分界点，人类和自己的人猿近亲之间有了更进一步进行亲疏区分的可能，黑猩猩和倭黑猩猩（巴诺布

① ［英］亚当·卢瑟福：《我们人类的基因：全人类历史与未来》，严匡正、庄晨晨译，中信出版集团2017年版，第4页。

② 对于一个任意的确定系统而言，它必然处于整个层级结构的特定位置，它所能处理能量的多少与它本身的大小存在着一定的比例关系，因此相对于自身的尺寸，一株野草所处理的能量对应的复杂程度未必会低于一个星系。参见［英］克里斯托弗·波特《我们人类的宇宙：138亿年的演化史诗》，曹月等译，中信出版集团2017年版，第259—260页。

③ ［美］恩斯特·迈尔：《进化是什么》，田洺译，上海科学技术出版社2012年版，第214页。

猿）与现代人类的关系被拉得更近了。[①] 这一变化使黑猩猩成为很多研究者格外关注的对象，它们的很多行为被置于和人类行为高度相似的层次，被纳入工具行为、文化传递的范围，甚至人类可被某些人看成一种特殊的黑猩猩[②]，二者的关系被放在有助于揭示人类和自己近亲及共同祖先关系的范围内来进行审慎的考察。

二 回到非洲

化石证据链的中断一度让达尔文关于人类源自非洲的假设受到质疑，这构成了连续演化进程中的缺环，为了对这种状况做出合理解释，一种办法是像德国博物学家恩斯特·海克尔（Ernst Haechel）那样，以当时仅在印尼的婆罗洲和苏门答腊发现大猿为理由，认为东南亚更有可能是人类的发源地。[③] 另一种思路从环境变化和猿类扩散的角度提出新的假设[④]，为大猿在非洲的连续进化提供辩护，这些假设有一定合理性，但缺乏有力证据的支持。

20 世纪中期以来，新的生物学方法应用到古人类学研究之中，努力找寻人类共同祖先的研究者们依循达尔文的猜测所标示的方向，重新向非洲进发。在人类迈进 21 世纪时，在非洲展开的艰辛的化石发掘之旅使证据链的断裂得到了相当程度的填补，这些发现以并非完全一致的化石分析结果更新了人类最初起源的观点，将人猿分化的时间界限前推至 700 万年前左右，为达尔文关于非洲是人类最早发源地的理论预见提供了越来越密集的证据。

如果对人类的演化过程进行一个大致的描述，是可以越来越详尽地描画出进化树上的主干和分枝的，图像化的生物形态上的连续性最引人注目，但

① 但是根据传统的形态学比较所揭示的人族动物的关系，并未达成和分子生物学的研究完全一致的结论。

② 主张这种观点的代表性著作有德斯蒙德·莫利斯的《裸猿》和贾雷德·戴蒙德的《第三种黑猩猩》。

③ 海克尔的推断再加上同时期华莱士在关于马来群岛的自然史著作中对猩猩的描述，促成了爪哇人的发现。

④ 这类假设包括认为非洲酸性土壤阻碍化石形成；或认为大猿曾经从非洲走向欧亚大陆保持连续进化，千万年后又返回非洲。

这恰好是最不确定的部分。阶段式和支系式的演化图谱并非非此即彼的关系，在对于特定问题的表达上，它们各有优势。即便如此，可以首先从重建古环境的气候变化趋势入手，有一个概括性的人化基本阶段的划分，至于确切的人族祖先的候选者，则因为化石测定结果和分子证据的不一致而陷入争议。

三　“图迈”“千禧人”和“阿尔迪”的归属

米歇尔·布吕内（Michel Brunet）率领的联合考古队于2001年在中非乍得发现的类人化石经生物学相对年代方法测算，留下这些骨质化石的物种年龄约为600万年至700万年，被归为一个独立的撒海尔人属，起名“图迈”。化石发现者通过细致的观察和比较，结合更多参与研究者利用CT扫描技术对化石碎片的修复，力图提出为人类留住这来之不易的“生命的希望”的更可靠分析。但密尔福德·沃尔波夫（Milford Wolpoff）主持的研究小组经过分析却认为，“图迈”更像猿类，应该属于类人猿。“‘图迈’可能是人类祖先与类人猿分化成两支前的共同祖先。我们既不好称它为大猩猩，也不能称它为人类祖先。它是一只类人猿。”[①] 布里奇特·森努特（Brigitte Senut）和马丁·皮克福德（Martin Pickford）则进一步指出，“图迈”化石特征与雌性大猩猩更一致，有可能是黑猩猩或大猩猩的祖先，这样一来撒海尔人就不可能在人类演化树上占据重要的位置。[②] 可见，由于化石证据不足，撒海尔人的归属问题实际上颇有争议。即便如此，目前这个物种在生物分类上被归于人族，在没有掌握更多化石证据之前，“图迈”暂时占据着现在已知的最早人类成员座次的首席。

在古老程度上仅次于撒海尔人的早期原始人种则是因为其发现年代而获称“千禧人”之名的图根原人，被认为属于直立行走的原始人类，但是对于它在演化树上的恰当归属，也同样在人类和人类与大猩猩的共同远祖之间摇摆。断言这批化石并非人类的意见也包含了化石的发现者们无法回避的关键疑问：第一，牙齿上较厚的珐琅质无法把人类和猩猩完全区分开来，因为

---

① 刘武：《追寻人类祖先的足迹》，《科学世界》2006年第3期，第13—26页。

② 参见刘武《追寻人类祖先的足迹》，《科学世界》2006年第3期，第13—26页。

这并非人族动物独有的特征；第二，图根原人的股骨看上去与树栖猿类没有本质差异，应该是以攀爬为常态所致，化石中存在的人猿特征共有的镶嵌现象成为明确推论的阻碍。

研究者们认为图根原人是同时具备在树枝间攀缘和在地上直立行走的能力的，但在其身份的归属方面依然各执一词。反对图根原人属于人类者主张，“我们最好把它当成与黑猩猩和人类的共同远祖有密切关系的一种生物”[①]。皮克福德、伊恩·塔特索尔和丹尼尔·利伯曼等人则把这批化石归入人族。图根原人被归于人科动物，产生了这样一些后果：第一，使更早时候发现的南方古猿成为演化旁支；第二，向研究者提示存在人和猿分化的时间比分子生物学提出的分化点更早的可能；第三，为600万年前直立行走的原始人的出现与环境因素的关联性提供了支持。

2009年的分析显示，从始祖地猿化石碎片中整体复原了的化石骨架有可能是人类始祖的灵长类动物化石：年代较早的卡达巴地猿（*Ardipithecus kadabba*）和年代稍后的拉米达地猿（*Ardipithecus ramidus*），也称为“阿尔迪”。[②] 第一组化石与现代的雌性黑猩猩极为相似，在撒海尔人和图根原人化石中曾表现出来的镶嵌特征再次出现，造成了在其种类归属方面的分歧。排除了“阿尔迪”交替活动于树上和地面的可能性，始祖地猿的真实身份很有可能是最接近人和猿共同祖先的原始人类。“即便接受‘阿尔迪’是一个原始人类的看法，那么我们也必须认为，它应该是某个偏离了人类主体谱系的分支的代表。”[③] “阿尔迪”具备亦人亦猿的混合特征，但在现代非洲大猿身上并没有遗留地猿的特征，这个事实引起了以下的建议：“在经历最后的共同祖先阶段之后，人和黑猩猩在各自的进化道路上都出现了与共同祖先差异很大的特征，因此在研究人和猿的共同祖先及人类进化时，再将黑猩猩或大猩猩当作研究模型已有些不适宜。”[④] 但很难想象，如果抛开现代猿类

---

① ［英］伯纳德·伍德：《人类进化简史》，冯兴无、高星译，外语教学与研究出版社2015年版，第93页。

② Ardi意思是“底层”。

③ ［美］伊恩·塔特索尔：《地球的主人——探寻人类的起源》，贾拥民译，浙江大学出版社2015年版，第18页。

④ 《最古老原始人研究获评十大科学进展之首》，http：//news.163.com/14/0310/15/5QUF5H52000120GR.html，2009-12-29/2018-09-30.

的参照，对最早的人科动物的探究所得，会是怎样一种境况。

总的来看，寻找最早人类祖先的过程遭遇的最大困难是过于稀少而杂乱的化石证据，在化石的分析中掺杂了太多的来自研究人员的主观因素。在发现过时间较晚近的南方古猿化石的地点发现始祖地猿化石以及上文所述四类化石中都存在的人猿特征的镶嵌性表明，一方面很有可能人科动物与其分布的地理环境的结构有着广泛的适应性，因此由猿到人的进程中曾出现过变异程度很高的可以弥补演化缺环的物种；另一方面，化石中不同特征的混合共存“暗示在人科的不同阶段存在高水平的异源同型（homoplasy）：这意味着在不同的物种中表现出类似形态是趋同进化和平行进化的结果而非系统发育的原因”[①]。找寻最古老人类的历程，虽未提供非常明晰的演化图谱，却将人科动物系统中延续至今的多样性展露无遗，把我们对人之本性的理解聚焦于人在生物演化中究竟何以成为人的决定性特征方面，这些方面是从人类特有的关键性适应形状及相继的工具行为中呈现出来的。

第二节　绿野猿踪：直立猿（南方古猿）的工具行为

一　南方古猿阿法种的食性转变与工具的使用

直到东非的化石发掘让南猿鲍氏种尤其是阿法种的“露西”（Lucy）灿然登场，南猿作为智人直接祖先的身份之谜才变得更为明朗起来。从20世纪90年代开始的最近几十年，埃塞俄比亚阿瓦什河南岸的迪基卡（Dikika）又陆续发现类似的原始人类化石，包括比“露西”完整度高得多的“塞拉姆”（Selam）[②]，具有明显的直立行走特征，其下半身结构更接近人类。“塞拉姆”的身体结构具有明显的镶嵌特征，引发了关于阿法南猿的诸多争议。2010年在发现“塞拉姆”地点约200米处，又发现了留有石器切痕和击打痕迹的骨骼化石，这些年代在340万年前的化石被看作人类祖先已经开始用

① ［英］N. H. 巴顿、［美］D. E. G. 布里格斯等：《进化》，宿兵等译，科学出版社2009年版，第764页。

② 在化石发现地使用的几种语言中，“塞拉姆”的意思完全一样，都指“和平”，给化石起这个名字寓意寄希望于当时阿法地区发生武装冲突的几个部落能平息战火、握手言和。

石器切肉并砸开骨头取食骨髓的最早证据。[①] 尽管当时考古队还未找到在动物骨骼上留下痕迹的石器，但人类祖先猎取动物的时间表已被改变，这一假设在2011—2012年由石溪大学的人类学家的一次考古迷途变成了现实，他们极其偶然地在肯尼亚图尔卡纳湖边的洛迈奎地点发现了距今约340万年的20件各类石器，这些石器和迪基卡骨骼化石上的石器切痕是否有联系尚不得而知，但进一步的研究会给出预期的结果。

这些石器的出现说明工具的制造比原先的推断要早得多，通过使用也许只是现成的未经打磨的边缘锋利的天然石片，而非严格意义上的石器，阿法南猿开始设法通过工具行为吃肉和取食骨髓，这种食性和食物内容的改变，在营养供给和身体发育尤其是大脑容量的增加上起到了前所未有的作用，人类祖先因此进一步扩大活动范围，对工具的使用和制造能力也不断得到提升。

二　南方古猿其他支系最新发现中的工具问题

阿瓦什河上游的中阿瓦什河谷（Middle Awash valley）在古人类学研究中的地位堪比发现过“露西”的哈达地区，这里发掘出的古人类化石数量少于哈达，但在时间上呈现出极大的跨度，有些人类学家据此认为，“在中阿瓦什地区，存在着人类演化的一个核心谱系”[②]。

南猿的分布地点从南非、东非直到中非，在解剖学形态上均属于纤细型，以阿法南猿为核心和主干，在存在时间上也形成了可以衔接和关联的位点，因此构成一个轮廓日渐清晰的演化谱系。在直立行走的能力得到确认之后。即便人猿特征是混杂在一起的，但某些南方古猿已具有使用简单石制工具切割、砍砸动物骨骼的行为，这就使脑量的增加、意识的完善和工具行为成为继直立行走之后成为更应该被关注的问题。

可以确定的是，距今400万年至150万年，数种南猿和傍人以及能人一道在非洲维持着广泛的活跃度，但无法有确切证据说明它们和人属的进化过

---

① 美考古队发现人类祖先吃肉最古老证据，http://tech.qq.com/a/20100813/000075.htm，2010-08-13/2018-10-05.

② ［美］伊恩·塔特索尔：《地球的主人——探寻人类的起源》，贾拥民译，浙江大学出版社2015年版，第51页。

程有直接关系。从这些早期猿人身上可以发现一些与属人特征极为相似的方面，以直立行走的解剖学特征最为明显，但在颌骨、齿系和体型体态方面，与人属中的人种又有明显差异，“人类从这些古人类身上只能找到较远的亲属关系，而不是祖先与直系后裔的关系”[①]。在对南猿所具有的直立行走这一典型特征的分析方面，决定南猿究竟更像猿还是更接近人依然面临困难。第一，如果用“是否直立行走”为界限取代之前的“能否制造工具”的判断标准，南猿的直立姿势并未对手的形成和脑量增大发生作用，说明其智能方面并无大的进展。第二，在工具的制造和使用上，如果没有超出本能的有意识的目的性贯穿其中，就很难和黑猩猩利用树枝觅食的本能行为区分开来。既没有容量更大的脑，又不能确定能否制造和使用石制工具，所以南猿未必更接近人。第三，南猿的直立行走状态是和树栖生活方式混杂在一起的，并非人类所具有的完全形态的在地面上的双足行走姿势，据此很难断言南猿更接近人。对于这几个方面的疑问，有些学者如迈尔的态度模棱两可，他认为南猿更接近黑猩猩的主张极有可能是对的，但他又认为从南猿到人属这一步在人类演化史上非常重要。伍德则对南猿与人的相似性给予更多肯定，认为南猿是“基本可以确定为人的生物”[②]。在国内的学者中，持基本认可南猿在从猿到人过程中处于过渡形态地位的观点的代表人物是吴汝康，他认为，“南方古猿类还只是从猿到人过渡阶段较晚的类型”[③]，针对直立行走在南猿向人属演化过程中所起作用的争议，他借用华虚朋的观点提出了人类演化过程中体质发展的不平衡理论，认为人属的一系列专有特征是以直立行走为先导，促进脑量增加、意识完善和人手的形成，手足的分化早于脑的发达，随着四肢的分化和发达脑部的信息来源不断扩大，容量得到扩展的脑又将这些作用反馈于手，使人手的灵巧程度进一步增强。

综合各方观点，虽然在南非、东非和中非都有发现的南猿诸种骨骼化石包含的具体证据其实非常有限，但从中可以分析出多方面相互关联的属人特

① ［英］克里斯托弗·波特：《我们人类的宇宙：138 亿年的演化史诗》，曹月等译，中信出版集团 2017 年版，第 265 页。

② ［英］伯纳德·伍德：《人类进化简史》，冯兴无、高星译，外语教学与研究出版社 2015 年版，第100 页。

③ 吴汝康：《对人类进化全过程的思索》，《人类学学报》1995 年第 11 期，第 285—296 页。

征，“表明南方古猿具有狩猎能力、能使用相对复杂工具的能力和较长的未成年阶段”[①]，由此为更进一步探究其社会性、食性和认知发展水平提供了可能。早期人科动物的化石种类较多，这说明它们的种群密度较大，这很可能是智能得到增进、社会组织性得到增强的结果，所有这些方面不断累积，为此后的直立人走出非洲的远迁之举创造了条件。

第三节　能人：能制造工具的巧手原始人

一　能人的发现：一个即时产生的新人种

当利基家族发现的人科动物颅骨化石的腔内压痕中取得了“布罗卡氏区”（Broca's Area）[②] 存在的证据时，研究者们乐观地想到这些化石也许来自一种已经具备语言能力的生物，“能人”（*Homo habilis*），“这个名字的意思是‘手巧的人’……指的是设想这个物种是能制造工具的人”[③]。之所以能把工具制造如此确定地和能人关联起来，是由于在发现这些化石同一底层中掘出了石片、石锤和砍砸器一类的石器，如果这些工具不是鲍氏傍人所造，那就应该是与能人有关。

能人的命名直接挑战了当时人类学界以脑量定义人属的权威标准，更看重化石头骨所表现出来的与人类更接近的解剖学特征，“能人化石满足人属具有的功能性标准，即双手灵巧、身体直立和完全用双腿行走”[④]。后来东非和南非有更多能人化石出现，证实成年能人个体的脑量可以超过 800 毫升，这样就跨越了已有的人猿之间脑量的界河。

包括理查德·利基在内的很多研究者认为，能人具有比南猿更大的脑，

① ［英］N. H. 巴顿、［美］D. E. G. 布里格斯等：《进化》，宿兵等译，科学出版社 2009 年版，第 767 页。

② 迈克尔·阿尔比布称能人颅骨化石腔内压痕为“原初布罗卡氏区”，他认为随着时间推移，这一部位获得更充分的演化之后，会通过控制咽部加速语言的产生。参见［美］奇普·沃尔特《重返人类演化现场》，蔡承志译，生活·读书·新知三联书店 2014 年版，第 123 页。

③ ［美］理查德·利基：《人类的起源》，吴汝康、吴心智、林圣龙译，上海科学技术出版社 2007 年版，第 25 页。

④ ［英］伯纳德·伍德：《人类进化简史》，冯兴无、高星译，外语教学与研究出版社 2015 年版，第114 页。

面部更平，颅骨形态较接近现代人，又能制造石器工具，相比南猿更有可能是人类的直系祖先。因此，理查德认为可以概括出基于两种演化可能的树状结构，第一种从未知的人科动物祖先开始，以阿法南猿为直系祖先，演化出能人、直立人和智人，其他种的南猿则为演化旁支。另一种则因为能人的发现，人属的最早的化石记录有了着落，整个南猿种属都成为演化旁支，这是根据分子钟方法确立的人猿分化时间点做出的判断。在理查德如此推测人类演化的简况时，早于400万年的早期人类化石记录还是一片空白。时隔不久，始祖地猿和南猿新种（羚羊河种、惊奇种）、肯尼亚平脸人、图根原人、撒海尔人的化石陆续被发现，一方面说明任何仅根据现有的化石记录确定人类演化的系统并认定直系祖先的做法都是不可靠的；另一方面，人类执着地相信自己的演化史可以不断前溯，来自地层深处的负载着古老信息的化石，成为有助于构建“荒野记忆”的道具。

能人成功就位于人属之中后，很快就有更多新同伴。“人属的形态学频谱就被拉长了，一些非常古老的形态也被包括了进来。”[①] 由于化石证据的散乱和对演化路径多样性的排斥，加剧了人属起源的不确定性。

二　奥杜瓦伊文化中的石器制造和使用

在发现能人化石的前后，在相同或相近的地层中也出土了越来越多的石器，由于石器的制造和使用只能是人力所为，寻找这些石制工具的制造者，也成为加强对人类演化过程认识的确定性、明确人类直系祖先的关键。

在能人种得以建立的基本理由中，灵巧的双手和制造石器的能力具有统一性。虽然能人化石中的手骨的弯曲程度更像猿，但是却非常强壮有力并有着可以对握的拇指，这是能够制造工具的先决条件，也是能人比惊奇种古猿更有可能是人属直接祖先的原因。通常认为，已知的最早的石器是在260万年前以击打熔岩卵石以获得边缘锐利的石片的方式造出的，这也许是如今随处可见的人类技术行为的开始。玛丽·利基通过观察奥杜瓦伊峡谷发现的石器的形态，还原了其制作过程，哪怕是在今天看起来很笨拙的制作过程所产

---

① ［美］伊恩·塔特索尔：《地球的主人——探寻人类的起源》，贾拥民译，浙江大学出版社2015年版，第99页。

生的不经仔细甄别很可能将其混同于普通石头的手工制品，也需要合适的力度、具备对称性认知的空间感的共同作用，这说明工具制作者的意识完善程度和双手的灵巧性绝非猿类可比，所以“迄今为止从来没有人在野外看到黑猩猩制造石器”[①] 这一说法的可靠性应该得以长期保持。这些石器所表征的技术被玛丽·利基命名为奥杜瓦伊文化（Oldowai Culture），这标志着早期非洲考古学的建立，也意味着其中包含了人类文化起源和工具行为的发生具有同步性的基本判断，“制造工具的能力清晰地彰显了人类所独有的一个属性，即文化。其他动物如黑猩猩会为了寻找食物或其他特定目的而制造工具，但只有人类才会常规性地、习惯性地制造工具，而且其形制也复杂得多”[②]。

奥杜瓦伊峡谷里发现的石器当然并不对应非常严格的标准化制作流程，但其中石核、石片和石块的多样性表明，一种专属于人的心智过程（mental processes）业已出现，这一过程得益于手眼协调能力、对石片形状的识别能力和工具叠加与组合能力的共同作用。托马斯·温（Thomas Wynn）和威廉·麦克格鲁（William McGrew）在一项联合研究中声称所有猿类可能都具备奥杜瓦伊石器制造过程中必需的空间观念，因而这些石器是否仅仅是能人所为而没有猿类参与是大可怀疑的。布莱恩·费根（Brian M. Fagan）也认为奥杜瓦伊的石器只需要简单的制作过程就能完成，似乎比现代猿类能做出的类似行为高明不了多少。但尼古拉斯·托斯经过模拟石器打制过程复制出上千件石器及尝试教会一只黑猩猩打制石器的实验，得出了不同的结论。他认为原始人类制作石器时有着较好的加工方法的直觉，其心智状态超出于猿类之上，并能够在一定程度上协调运动能力和认识能力，这是石器制造者必须具备的重要条件。可见最早的打制石器者的心智状况应该与猿类不同，已经有了比猿更高的智慧。不过托斯也指出，很难从奥杜瓦伊石器中看到太精细的和规律性的表现，能人在击打石块制作石片时心中尚无蓝图或模板，他们可能比较多地受制于石块材料所具有的天然形态，“最早的工具是简单的

① ［美］理查德·利基：《人类的起源》，吴汝康、吴心智、林圣龙译，上海科学技术出版社 2007 年版，第 32—33 页。

② ［美］布莱恩·费根：《世界史前史》，杨宁等译，北京联合出版公司 2017 年版，第 60 页。

打出什么样子就是什么样子”①，具有自发呈现的、与动物式的本能差别不大的机会主义性质，直到阿舍利文化时期，有意识地设计和精心的技巧才在石斧一类的石器中体现出来，托斯和其他实验者在历时数月经过一番颇有难度的尝试之后才得以复制出像模像样的阿舍利石斧，这说明“在人类的史前时代第一次有了证据表明石器制造者心中有一个他们想要制造出来的石器的模板”②。

虽然奥杜瓦伊石器确实还不够精细，也许还不具备人类工具制造过程中一般都有固定工艺流程的特征，然而它们已经引发了对很多重要问题的思考，除了关于谁是人属中最早的工具制造者的争论之外，人类心智和社会行为的演变问题极为明确地浮现出来。

能够确认最早的石器制造是以属于人的心智能力的内在驱动作为精神条件，实际上也明确了人类演化过程中以内在尺度改造自然物使之满足自身需要的事实。这种尺度的外化是具有代价性质的直立行走的积极后果，再加上工具制造、心智的完善、食性的改变和早期社会组织形式的建立，这几个方面整合起来，恰好呈现出人类特有的劳动行为的最朴素的形式。

第四节　匠人和直立人的工具行为

一　人属分类的新启示

从“能人”这一名称的出现到奥杜瓦伊石器的复制，可供分析的证据更加丰富了，事关人类演化过程的“荒野记忆”经由工具制造、食性改变和智能提升诸方面的连缀似乎有了更高的清晰度。人类学家们所推测的能人可以赖石器之力大口吃下生肉的血腥情景也在给现代人留下了深刻印象的同时，提供了寻找人性中与嗜血、残忍和暴虐相关偏好的来源的可能。接下来通过对直立人的追忆，也许我们会发觉，正是越来越迫切地将并非中性的尺度覆盖于整个世界的企图，造成了人性中非人的部分。

① ［美］理查德·利基：《人类的起源》，吴汝康、吴心智、林圣龙译，上海科学技术出版社2007年版，第35页。

② ［美］理查德·利基：《人类的起源》，吴汝康、吴心智、林圣龙译，上海科学技术出版社2007年版，第35页。

能人被纳入人属，是更大脑量的颅骨化石、具有直立行走特征的足弓化石和打制石器这几个方面的证据合起来发挥作用的结果，虽然在当时实际上强化了人是工具制造者的人猿分界标准，也大幅扩充了人属的容量，一种类似于南猿的纤细化石被纳入人属，"人属的形态学频谱就被拉长了，一些非常古老的形态也被包括了进来"[①]。当人类诞生的标志由能否制造工具变成是否具备直立行走的习惯之后，从化石记录中能够找到的可称得上人类的生物就更多了，化石记录的多样性令探究人类演化过程的不确定性进一步增加，人属的真正起源或许隐藏在根据已有的化石记录编制的演化树之中，或许确属人类最早的直系祖先的化石记录已经出现，但未得到正确和足够的解译，或许这样的化石记录还在某处黑暗的地层里深藏未露。在人属的概念界定上，存在着一个以现代人特征为依据的绝对标准和一个以化石的实际形态和具体性质为依据的相对标准之争。

在直立人化石的发现、分类以及直立人这一名称的使用过程中，人属的衡量标准之争得到了一个很好的例证。根据迈尔的建议，根据测定的化石年代，直立人就是处于从南猿到现代人的演化过程的中间阶段的过渡物种，其代表是最早发现于亚洲的爪哇人和北京猿人，当时在非洲并无同种化石出现。但后来在库比福勒和图尔卡纳湖东部发现的距今200万年左右的化石被命名为"匠人"（*Homo ergaster*）[②]，有些研究者称之为"非洲早期直立人"，意为早期非洲直立人的代表，实际上能使直立人的概念保持合理限度的更适宜的做法是把匠人单独列为一个种，它未必如迈尔所说"最像是直立人的亚种"[③]。除了能人是匠人的祖先这一可能之外，由于他们共同生活的时间长达30万年，也许他们具有共同祖先，而根据遗传学确立的单一起源理论，更有可能从匠人演化出以后的人属成员。"匠人的字面含义是'工作的人'，是恩格斯所说的能够制造工具的人。"[④] 塔特索尔最看重的是骨架化石所表

---

① ［美］伊恩·塔特索尔：《地球的主人——探寻人类的起源》，贾拥民译，浙江大学出版社2015年版，第99页。

② 又译为"壮人"。

③ ［美］恩斯特·迈尔：《进化是什么》，田洺译，上海科学技术出版社2012年版，第226页。

④ ［美］伊恩·塔特索尔：《地球的主人——探寻人类的起源》，贾拥民译，浙江大学出版社2015年版，第108页。

现出来的适中的、与现代人一致腿长与身高的比例，即便化石呈现的脑量只有偏小的880毫升，但是比现代猿类要短的胳膊、正面向外[①]的肩关节、比阿法南猿更窄的骨盆和与现代人相似的长腿这些全新的特征结合起来，足以得出“在成为‘完全的人类’的道路上，匠人已经迈出了一大步”[②]的结论。匠人的这些特征可以说是飞跃性的，究其原因，身体上的剧烈变化是自发的基因突变的结果，但是其脑量相对值还不够大，因此其智能应该比现代人类落后得多。

除了对生长发育速度的考察，由于骨骼化石显示出的和现代人非常接近的比例关系和形态特征，图尔卡纳男孩所在类群具有的猿类特征就不再是人类学家关注的重点，更值得关心的是匠人在完全习惯于直立行走、远离森林的庇护之后，如何适应冰川期形成的稀树草原的生活环境。和南猿的亦猿亦人的间歇性的两足行走不同，匠人已经彻底放弃了树栖方式，能够在新的环境中利用多种资源，制造的石器和食物的结构也有了新的变化。

二　古人类的智力创新和借工具之力进行的迁徙

鉴于对古人类化石归属的判断总是在猿与人之间摇摆不定，综合匠人多方面特征，可以确认一个令人振奋的事实，这一类群的归属要比南猿和能人更明确，东非古人类的演化由前述多种形态的共存进入了一个新的时期，原始人的发育速度加快了，栖居环境也脱离了其祖先熟悉的森林，因而面临很多方面的生存压力，匠人在应对环境挑战方面的积极反应具有了更多的与智力相关的创新性。

石器的制造、食性的改变和脑量的增加都意味着认知水平的提高，在百万年的时间流逝中，原始人类不仅在身体特征方面与猿类有越来越大的区别，而且在智能方面超出猿类的程度也在不断提高，随之而来的一个重要表现便是人类有更强的活动性，能不断扩大生存的范围。如果再加上对火的控制和使用，因为冰期影响的环境变化的压力，匠人从最初的诞生地向非洲以

① 猿类的肩关节是正面向上的。

② ［美］伊恩·塔特索尔：《地球的主人——探寻人类的起源》，贾拥民译，浙江大学出版社2015年版，第113页。

外的区域扩散的可能性便很难被低估。到目前为止，在非洲以外发现的与非洲古人类相关的最早的化石记录的地质年代在130万至212万年前，这是2018年公布的在中国陕西蓝田上陈遗址出土的大量石器所提供的最新证据，遗憾的是，在上陈遗址并未发现人类骨骼化石。在此之前，一般认为欧亚大陆最早的原始人类是格鲁吉亚人（*Homo georgicus*），这一人种分类的确立基于高加索地区格鲁吉亚首都第比利斯西南的德马尼斯（Dmanisi）镇出土的头骨化石和一些似乎具有奥杜瓦伊文化风格的石器。格鲁吉亚人能够在自己原本不习惯的气候条件和陌生环境中扩充自己的控制力，这和原始人群所能扩散的地理范围大小是成正比的。

这种不断增长的控制力更多地来自工具，正是看似长期处于停滞状态的石器技术，让远道而来的古人类能够用一起迁来的哺乳动物果腹充饥，食肉由一种权宜性的措施成为常规的饮食习惯。更重要的是，石器的使用促进了原始人类对同类个体的情感表达和相互帮助，这也是合作行为不断演进的表现，相关颅骨化石提供了很有说服力的证据，并能支持以下的推论：首先是食物得到了特殊处理和选择，便于老年个体食用；其次便是群体生活方式的变化和更为复杂的社会环境状况下，已经出现的某种可与文明社会的高级情感和社会行为相关联的哪怕仅处于萌芽状态的表现。尽管气候和环境不像以前那么宜居，但原始人类却能更充分地利用外在的各类资源，内在的精神资源也在不断生长，人类演化过程所具有的知难而进的意味逐日明显。

原始人类演化的背景和动力与气候变动引起的环境变化密切相关，在演化的早期，应对自然环境变化的一系列适应性转折逐步使人科动物的一支具有了尝试以付出特定代价的方式生存下去的能力。古人类种群往往分成很多个规模较小的、缺乏横向交流的群体，在向欧亚迁移的过程中，有不少遭遇恶劣环境的群体会陷于灭绝。在冷暖不定的环境中处于扩散状态的原始人类逐渐具备了一种越挫越勇、力争奋起于逆境的“精神品质”，相比于只能在非洲大陆内部流动的猿类祖先和南猿，可以把这些表现视为促成古人类在更新世加速演化的内因。从外因方面来看，从非洲到欧亚，规模较小的群体和地理条件上的分隔在制造出具有筛选作用的选择压力的同时，也为固化新的遗传结构和形成新物种创造了有利条件。相比于中新世晚期，原始人类的演化进入提速阶段并一直保持加速状态，这一过程迥异于其他哺乳动物的演化，其最重要的结果就是产生了与先祖差异很大的智人。快速演化把智人塑造成了具有抗争精神、面对环境挑战能够积极应对的新物种，智人面临的来自外部环境的灭绝风险因此逐步降低。从能够制造石器开始，技术作为最突出的文化表现发挥着越来越大的作用，即便工具的改进非常缓慢，但想象力和创造力的积累始终没有停止，借助技术能力向新区域迁居的行为表明人类祖先具有独一无二的探索倾向，并以此将自己与其他动物区别开来，这在以后的人类演化中成为具有普遍意义的人性的重要组成部分，不安于现状的人类始终是与气候和环境变化趋势相一致的最活跃的因素。

由于同情乃至爱的情感是和复杂的认知和判断能力相关联的，也能在很大程度上加深原始群体成员间的合作倾向，群落心智演化参差不齐的程度和族外食人的习性，足以说明古人类已经萌芽的同情心，也许正是在看似野蛮却符合当时情境的食人习性中得到成长，终至消泯同种间的隔离，达成更大范围的种群认同。

三　来自上陈遗址的石器新证据

随着考古发现的意想不到的进展，原始人类在非洲出现的时间不断被刷新，但非洲以外尤其是欧亚地区古人类最早出现的时间，因为格鲁吉亚人的活动被锁定在180万年前左右，直到2018年7月《自然》杂志发表的关于中国黄土高原一处旧石器遗址的最新研究成果显示，原本由德马尼斯遗址标志的欧亚古人类生存年代又前溯了27万年（约10000代人），东亚古人类的时代更是向前延伸了40万年，人类走出非洲的历史得以改写。

对于这一发现及相关推论的质疑集中在两个方面：第一，是否能够完全确定这些发现中的石器是人工制成而非自然形成；第二，还未在同一地点发现原始人类的骸骨化石，在这种情况下根据石器和动物骨化石推断古人类的生存状况是否可靠。这项研究的主持者朱照宇对此做出了有力的回应，在他看来，中国西部黄土高原没有能够形成这些很薄的石片的自然力，从上陈村发掘出的石器形状各异，很明显是人力有意识打击的产物，只能在人类活动中形成，根据其形态和功能的不同可以分为石核、石片、刮削器、尖状器、钻孔器、石锤和手镐，这和同一时期非洲古人类加工、使用的石制工具非常相似。

参与了具体研究并且是相关论文合作者罗宾·丹尼尔（Robin Dennell）认为，在几乎没有石头的黄土高原，其地质形态是由季风挟来的尘土在长达250万年的时间里年复一年堆积而成，在这些遍布各处的风尘堆积物的背景下，不存在将石头变成石片的地质作用。至于未能在发掘出石器时发现原始人类骨骼化石的原因，是由于人骨并非寻常物件，常常是脆弱和难以保存的。一个原始人类个体在其一生中可以制作和使用多达上千件石器，根据数量众多的石制工具还原古人类的生活场景未必不比根据对遗骨化石的分析所得到的推断更能揭示原始生态的实际状况，所以一些研究者只在史前器物是与古人类化石同时同地发现的情况下才认可其考古价值的做法是不可取的。

其他一些专家虽未实地参与发掘，但在细究了研究团队公布的发掘成果之后，也确信上陈村曾是古人类生活过的地方。约翰·卡普尔曼（John Kappelman）的观点很有代表性，他从两个层次来为朱照宇和丹尼尔的观点进行辩护。第一，他认为通过观察这些石器，可以发现属于人为的、能使石器的效用得以提升的痕迹，此外还有一些石片"似乎经过打磨或者重新打磨"[①]，这说明制作者已经有了改进工具的意图。第二，在20多个原生层位中发现的石片是最有说服力的实质性因素，相比黄土高原的粉沙状沉积物，在其中挖出的石块只有两种类型：要么是人工制成的石片，要么是制作石片的剩余，这不可能由自然的地质作用造就，只能出自人手。

这一发现并不仅仅改变了人们关于早期人类最初走出非洲和走进亚洲的认知，也为现代人的起源和扩散的认知提供了新的研究角度。近十年来，关于智人的演化出现了一种新的说法：智人并非唯一的高级人种，同属智人种的尼安德特人和丹尼索瓦人曾与其并存。在智人离开非洲的时代，三个人种由于生活区域的重合而在其他方面多有交集，并存在基因交流。但后来只有智人存活下来，另外两支灭绝，时至今日，智人还保留了尼安德特人和丹尼索瓦人的一部分DNA，这被认为是某些疾病的生物学缘由。马克斯·普朗克研究所的人类学家佩特拉利亚认为，上陈遗址的发现说明，早期人类开始由非洲向其他地点扩散的时间比尼安德特人的出现要早得多，而且古人类走

① 于波：《历史书要改写了：中国人类史向前推进40万年》，https：//baijiahao.baidu.com/s？id＝1608135638823295775&wfr＝spider&for＝pc，2018－08－07/2018－10－19.

出非洲的过程是多个较小的、以狩猎采集为生的群体多次尝试的结果，在此过程中，有些群体受困于特定环境难以前行，有些群体趋于消亡，只有少部分到达东亚并在以此作为长久的栖息地。此时正值气候大幅变动的时期，但严酷的冰期尚未来临。“每隔 4 万年，黄土高原可能在干旱草原和湿润草原之间交替变换。在冰冷干旱的间隔期，那处遗址的石器似乎也变得更为稀少，这说明在热带以外的地方，古人类对环境的适应能力只能达到这种程度。值得指出的是，这项新研究没有说古人类在 200 万年的时间里连续不断地生活在亚洲。”①

实际上，上陈遗址的发掘成果再次显示了石器在构建荒野记忆过程中的重要性，作为最有代表性的有机体材料，骨骼能在数百万年时间里完整保存的可能性大大低于石器。工具从一开始就是人类的内在尺度表达形式，而这种尺度的外化将会随着时间的推移形成优势积累，并在特定的时间节点表现出惊人的爆发力。同时，根据上陈石器所推断的古人类到达亚洲东部的时间，将会使原有的匠人走出非洲的时间向前推进的同时，对已有的对直立人的历史描述产生一种类似连锁反应的影响。

四　直立人及其认知能力的飞跃

在体质形态和文化表现方面，直立人与现代人更相像。直立人化石的最初发现者是荷兰医生欧根·杜布瓦，尽管海克尔在其著作中完全同意杜布瓦发现的直立猿人就是“从低级的狭鼻猴到高度进化的人类这一灵长类动物链条中被多方寻找的‘缺失的一环’”②，并对当时学界故意贬低“爪哇人”化石价值的几种观点提出了批评，但是杜布瓦的发现还是被埋没了。直到中国北京周口店（龙骨山）遗址的引人注目的考古发现，才让直立人得到认可并广为人知。

北京猿人的发现让几十年前备受冷落的爪哇人重新获得了在人类演化谱系中应有的地位，颇有远见地在时空远隔的两种化石之间建立起可信而幸运

---

① 于波：《历史书要改写了：中国人类史向前推进 40 万年》，https：//baijiahao. baidu. com/s？ id = 1608135638823295775&wfr = spider&for = pc，2018 - 08 - 07/2018 - 10 - 19.

② ［德］恩斯特·海克尔：《宇宙之谜》，苑建华译，陕西人民出版社 2005 年版，第 90 页。

的联系，在此过程中德国人类学家魏敦瑞功不可没。为了解释两种在不同地点发掘的古人类化石在解剖学特征上的一致性，魏敦瑞提出了影响深远的多地区演化假说，“过去的某一时候（如同今天）人群之间曾发生基因交流，因而一个区域内（按他的术语，就是在同一‘人种’内）个体的相似性就比不同区域内个体的相似程度要高。这一观点的推论就是，区域解剖学特征的差异随着时间推移会有进化的连续性，甚至跨越物种的界线”①，这意味着由于个体间的杂交繁殖，物种的会超越原有界限，而不同地区的变种的差异会由于基因流动而缩小，这一观点成为20世纪50年代人类学界分类学革命的理论前提之一，迈尔正是在将奥多西·杜布赞斯基（Theodosius Dobzhansky）的单一原始人类物种论和魏敦瑞的古人类群体杂交论相结合的基础上，提出将古人类化石分类中原本十分繁多的属名整合为一个，将已知的古人类全部划归在人属当中，这就从多地区演化说中推出了单一物种假说，并在人属之下采用了一种简化的命名不同人种的规则，北京猿人和爪哇人都被归为过渡性的、处于南猿和智人之间的演化环节，并定名为直立人。

虽然从实际的化石特征尤其是脑量的对比来看，爪哇人要比北京人更为原始，但二者在直立人种当中的合并颇有些彼此成全的意味。“二战”之后，亚洲和非洲发现了更多与北京人和爪哇人相似性极高的古人类头骨化石，而东非发现的古人类盆骨、股骨和更多完整性很高的骨架化石则弥补了研究直立人身体的全面演化时缺少证据的遗憾。把这些证据相互结合起来，就可以把直立人所在的地质年代置于190万年至5万年前，其制造石器的能人已经有了很大提高，可以从脑量的增加和与长距离直立行走相关的身体结构的分析来肯定直立人所具有的灵巧性，他们所具有的制造石斧的能力可以强化这一判断。中国和印尼有可能是直立人在灭绝前最后驻留之地，由于印尼的爪哇人化石更为特化，亚洲直立人也许就终结于此，而非洲的直立人则演化为早期智人中的海德堡人（Heidelbergman），而海德堡人又被认为是智人（包括尼安德特人）的祖先。

北京人和爪哇人互证对方的过程显示了构建“荒野记忆”所具有的以

① ［美］诺埃尔·T. 博阿兹、拉塞尔·L. 乔昆：《龙骨山：冰河时代的直立人传奇》，陈淳等译，上海辞书出版社2011年版，第67页。

某种似乎预定的图式覆盖于偶然现身的古老证据之上的特征，正如塔特索尔在评价迈尔简化古人类属名之举时所说的那样，“在揭示人类演化故事的奥秘的时候，应该将我们人类这个物种投射回过去，这种思路确实有某种内在的吸引力，因为我们愿意相信，人类就像一些传说中的史诗英雄一样，一心一意地挣扎着摆脱了原始性，一步步地走向了完美的巅峰”①。

与只推崇实用性，以敲击出具有切割、刮削等基本功能的锋利石刃为要领的奥杜瓦伊石器不同，在跨越了大约100万年的时间后石器技术也有了显著变化，阿舍利文化中出现了明显是经过精心打磨和细致塑形的石器，已经表现出标准化加工的特征，最有代表性的就是作为两面器技术经典作品的手斧。

手斧的重要影响从多方面体现出来，综合考虑手斧的多方面影响力的估计，意味着我们尽一切可能在石器证据中搜索出能复原支撑古人类创新性行为的认知框架。手斧所反映出的古人类智力状态的关键之处在于，工具制造者已经具备运动图式，并有了以表象能力形成符号交流的可能性，这意味着“对于什么是好的和合适的工具，大家已有了某种‘集体认同’，在许多时候，这被认为是‘早期原始人类’（proto-human）行为与‘人类’行为之间的划界性标志”②。

对于智人以前的原始人类，化石证据和分子证据的相互印证提供了能够两足行走的亦猿亦人的初始印象，有助于建立人属内部的物种秩序，并对人类祖先的生理结构、智力水平、行为特征和活动范围进行推断和重现，石器工具证据在人种分类中发挥了极为关键的辨识作用。从早期人类演化中的石器的分析，已经可以看到人类行走姿势的改变引起的手足分工、脑量增加和智力提升都和工具行为息息相关，他们的内在尺度的逐步明晰并外化，围绕基本生存问题展开以狩猎采集为主要内容的劳动，形成人类特有的能将思想和行动相统一的适应机制，越来越明确地能以付出某种代价的方式获取更佳生存境况，将最初与猿类分化后面临自然挑战时的积极状态逐渐转化为具有进取性和创造性的精神趋向。

---

① ［美］伊恩·塔特索尔：《地球的主人——探寻人类的起源》，贾拥民译，浙江大学出版社2015年版，第104页。

② ［美］伊恩·塔特索尔：《地球的主人——探寻人类的起源》，贾拥民译，浙江大学出版社2015年版，第148页。

第二十六章

现代人类起源假说中的工具要素

在人类演化史上最受瞩目的物种毫无疑问是现代人，即解剖学意义上的智人，从这个名称所表达的直接含义就可以看出，“我们人类是非常聪明的，善于旁敲侧击、操纵和自我理解……流利的语言表达，人类创造力在艺术和宗教领域的全面发展，精湛的工具制作技巧——这些都是智人的标志。借助这些能力，人类最终完成了对全世界的开拓”①。但是对智人的界定还应该有更多为这个物种所特有的属性的判定，“现代的智人，就是有鉴别和革新技术的能力，有艺术表达的能力，有内省的意识和道德观念的人”②。在这里特别强调智人所具有的格外发达的工具行为是必要的，如果不是因为能将内在尺度通过工具的制造和使用、通过技术的更新和升级外显出来，智人相对于其他物种而言是没有太多优势的，也很难走到今天。

第一节　现存的唯一人属物种（智人）

一　聚焦：现代人的起源

智人的崛起和尼安德特人在欧洲的出现处于同一时期，由于最早的智人化石被发现于非洲大陆，而且通过对大量现代人进行 DNA 比对也发现这些现代人都有一个共同的非洲祖先，基本可以确定智人就是从非洲扩散到世界其他地方的。目前有限的考古发掘及相关分析还未能提供足够的证据，加之

① ［美］布莱恩・费根：《世界史前史》，杨宁等译，北京联合出版公司 2017 年版，第 92—93 页。

② ［美］理查德・利基：《人类的起源》，吴汝康、吴心智、林圣龙译，上海科学技术出版社 2007 年版，第 71 页。

智人的源起很可能是某种系统性的基因调控事件的后果，使得智人直接祖先的化石暂付阙如。即便在刚出现时，智人在认知水平上并未大幅超越同时代的其他原始人类，但随着在不同时期所获得的独特性：身体形态和发达的符号认知系统，终使现代人明显有别于其他生物。

20世纪60年代以来，在埃塞俄比亚北部奥莫盆地（Omo Basin）和南部赫尔托（Herto）先后发现了与现代人的骨骼结构极为相似的原始人类化石，特别是赫尔托出土的头骨，颅骨容量很大而脸部很小而平，几乎和现代人一模一样，这是迄今所知的最早的属于智人的考古记录。在两处地点发现的化石的地质年代经测定分别在19.5万年前和16万年前，这说明从大约20万年前开始，智人的最基本的颅骨结构就确定下来了，这一时间刚好与人类学家利用分子生物学测定的智人起源时间大致吻合。

由于在石器技术的进步中新旧技术往往会在长时期内交织在一起，分离度比较低，所以对于中石器时代的时间节点的确认和智人起源的时间点并不一致，约为20万至30万年前，这表明人类演化中自然特征的新变化与文化创新确实是不同步的。即便是6万年前气候再度变得寒冷干燥，非洲智人外迁的路途一度断绝，但是3万年前曾在欧洲盛极一时的尼安德特人突然整体灭绝了，取而代之的是智人的喧哗与躁动。

通过分析现代人的DNA样本，行为学意义上的智人演化轨迹也得到了分子人类学研究的支持。源于非洲大陆东部或西南部的智人的最初成员先是在非洲大陆内部扩散，随后通过外迁欧亚走向世界其他地区。由于与技术演变（工具制造和使用）有关的文化创造比生物形态上的更新更容易在原始人类族群内部产生规模效应，分子人类学的这一结论得到了语言学和文化学的证据支持。分子生物学的研究还提供了一种更有争议的说法，把现代人的直接祖先尽数划归一个很小的、完全来自非洲的群体。由于与包括人类近亲即猿类在内的物种相比，现代人类的DNA结构差异较小①，所以要么智人的演化在整个生物演化史中显得太短，还没有足够的时间产生更明显的多样性，要么就是因为智人的最初成员确实是规模很小的群体，实际上很可能是这两种情况兼而有之。

---

① 比如，就线粒体DNA的多样性而言，现在全世界所有人类加起来都不及生活于西非的黑猩猩。

非洲的智人也正是因为气候条件的恶化而再一次向外扩散，寻找新的乐土，像他们曾经数次走出非洲的先祖一样，但是此时的智人在智力水平和开拓能力上已有了质的飞跃。分子人类学家描绘出了一个具有符号化思维能力的新物种扩散至全球的轨迹，使用的数据集包括线粒体DNA、Y染色体及常染色体的若干多态性位点等[①]，提供了很高的精度，并再现了演化史上的若干细节，但人类走出非洲的复杂过程并不能由此得到全部说明，只能说目前的分子生物学证据和化石证据相互支持的程度很高。相比尼安德特人畏避寒冷地带的生存策略，智人充分发挥了自己先祖在走出舒适区的过程中曾经有过的知难而进的冒险精神。

二　现代人起源的竞争性理论

关于现代人争论有很多，但核心问题集中在现代人起源方面，“现代人起源于何时？这个过程又是如何发生的？是在很长时间以前逐渐地发生，还是急剧地发生于最近的时期？”[②] 从20世纪后半期以来，首先由于雷诺·普洛茨（Reiner Protsch）在1975年提出的现代人可被定义为一个独特实体且起源于非洲的论点，随后豪厄尔斯将这一问题放在扩散说对阵独立演化说的背景下加以考虑，同一时期在古人类学中其他关于现代人起源的方法也层出不穷，逐渐积累起对现代人起源问题的更多回答，并清晰地分为两个阵营：多地起源说（Multi regional Origin model）和单一起源说（Single regional Origin model）[③]，至今未有定论。虽然看上去单一起源论在目前稍胜一筹，但多源论也提出了令人无法完全忽视的论据。与这两种理论有关的三类证据互有联系，有时还能获得一定程度的相互证明和相互支持，但随着证据的积累，要在关于现代人演化的历史中获得一致意见的可能性实际上更低了。从最直接的化石证据来说，从解剖学角度所做的比较可以把现代人最初的演化时间限定在50万年以内，而符合这一时间界限的旧大陆的考古证据表明，现代

① 钱亚屏、初正韬、褚嘉祐：《现代人类的起源和迁移：来自母性遗传的证据》，《遗传》2000年第4期，第255—258页。

② ［美］理查德·利基：《人类的起源》，吴汝康、吴心智、林圣龙译，上海科学技术出版社2007年版，第72页。

③ 又称走出非洲说（Out of Africa Hypothesis）。

人的演化以一种活跃而混乱的复杂方式进行着，需要从中找出使现代人具有特定解剖结构和特定行为的演化模式。

在追寻人类演化的“荒野记忆”的过程中，在传统意义上经常依赖的两类证据分别是解剖学特征的变化即生物证据和人类的工具技术的提高即文化证据，这些证据来自对考古发现的各种骨骼化石和石器等文化遗存的现代分析，注重形态学和行为学特征的提炼，从中可以呈现出人类如何将逐渐明晰的内在尺度投射于外物，不断踏入未知领域，以付出特定代价并承担相应后果的途径获得自我提升的历程。但是这些证据一直集中于表现型方面，很多时候有把人类演化的最终动力归结为自然条件变化的倾向，在这种解释模式中，从最初与猿类分离开始，古人类似乎就被环境因素这种具有绝对的不可抗力的外因所牵引和驱使，即便说到行走姿势的改变、脑量的增加、技术的作用和食性的变化，起点依然只能是外在的选择压力。近几十年来，随着分子生物学的发展，在人类基因组研究中深藏人类演化的关键证据成为新的信念，分子人类学家相信通过有别于传统手段的DNA分析可以深入展现古老族群间内在的生物学关联，为更确切地编制人类演化史从微观层面提供来自人类自身的遗传学证据。

第二节　多地起源说：连续演化及工具证据

一　现代人区域起源论中的演化模式

有关现代人起源的传统观点是多地起源说主张在旧大陆的主要区域各自独立地发生了从早期人类（直立人）向现代人（分为早期智人和晚期智人）的转变，人类演化过程呈现为由人群流动形成的动态网络模型，按照这种观点提供的演化路径，欧洲现代人类是尼安德特人的后代，亚洲现代人则是原本居留此地的直立人演化而来，也就是说，世界上各地区现存的智人都有多个源头，是各自拥有不同的演化史的，生活于不同区域的现代人基本处于长期隔绝的状态。在现代人种群内部存在的基因流动会筛选出适应性更强的解剖学特征，处于分散居住和小股迁徙模式中存活下来的种群将这些优选的特征进一步保留，其中某些人较早地变成了完全的现代人，他们所具有的生物和文化上的优势产生正反馈效应，在人口数量上快速增加，遵循的是一种连续性的演化模式。

曾在北京猿人乃至东亚直立人的研究中发挥重要作用的魏敦瑞是多地区起源假说的最早的提出者，他的观点被伍德称为多地区起源弱假说（WMRH）。魏敦瑞推断世界范围内人类的演化可能以 4 条世系各自进行①，但这些地区性的演化并没有因地理隔绝而保持彼此间完全的独立性②，这一假说的核心要点就在于强调各地区古人类的变种间可能因为迁徙或近亲繁殖而发生基因流动，以解释某个人类种群中某些解剖学特征的连续性③。后来的一些多地区起源弱假说的支持者在承认存在基因流动的前提下，强调不同地区的智人变种依然保持了自身的独特性，成为在现代人范围内具有很高辨识度的群体。与这种观点不同，否认在不同地理区域的人种之间存在基因交流，因而这些人种完全是在相互隔绝的条件下独立地演化出后续的现代人类的观点，是多地区起源的强假说（SROAH）版本，以卡尔顿·库恩（Carleton Coon）的多源发生论最有代表性，但这一具有种族主义特征的、绝对化的静态描述被认为是对魏敦瑞提出的多源论的误解。

多起源论弱假说的最新版本由美国人类学家米尔福德·沃尔波夫（Milford Wolpoff）、中国古人类学家吴新智和澳大利亚人类学者艾伦·索恩（Alan Thorne）于 1984 年首次明确提出，依据了中国、印尼和澳大利亚的古人类化石，“指出现今世界各地人类与原先分布于亚、非、欧三大洲的早期智人乃至更早的直立人有连续演化的关系”，这种观点能够成立的重要证据在于世界范围内发现的晚期猿人（包括匠人、直立人、海德堡人和尼人）化石在解剖学特征方面和现代人种群相比较体现出了连续性，根据这种连续性可以在不同地区、不同时代的人种之间建立联系，比如从牙齿和头骨特征的连续性可以推测现代澳大利亚人可能是直立人的后裔，由于在面部特征上有明显的一致性，可以推断尼安德特人有很大可能是现代欧洲人的先祖，但是

① 参见高星、张晓凌、杨东亚、沈辰、吴新智《现代中国人起源与人类演化的区域性多样化模式》，《中国科学：地球科学》2010 年第 9 期，第 1288—1299 页。

② 参见［美］约翰·霍克斯、米尔福德·沃尔波夫《现代人起源六十年之争》，《南方文物》2011 年第 3 期，第 158—165 页。

③ 参见［美］诺埃尔·T. 博阿兹、拉塞尔·L. 乔昆《龙骨山：冰河时代的直立人传奇》，陈淳等译，上海辞书出版社 2011 年版，第 67 页。

考虑到化石证据的出现毫无规律可言，加上远古时期复杂的环境变化和原始人群迁移路线多变性的综合影响，这种联系也并非固定不变。根据多地区起源说的假设，尼安德特人和欧洲早期现代人、直立人与亚洲早期现代人之间的界限并不是很清楚，这种划分如果考虑到原始人类的迁移在不同区域间、不同群体间造成的基因融合效应（Gene fusion effect），将出现时间较早的原始人类物种和后继的变种归入同类是可行的，而且这一具有更大包容性的类群必然是单一的智人种。除此之外，多起源论弱假说的持有者也把人类演化看作自然选择和文化推动协同作用的结果，在自然选择背景下的全球性演变造就了智人物种，“这种自然选择是由语言、智力、技术等使我们成为现代人的适应性基因的扩散所形成的”①。

多地区起源说实际上把现代人的起源视为普遍发生在整个旧大陆的演化事件，假定某地区只要有直立人出没，便一定会有现代人后继出现。而对于世界范围内现代人类的不同群体在基因水平上的高度一致性，这一假说给出的是基因交流和选择性适应相互平衡的推测。

在对这一理论进行分析时，理查德·利基认为，依照这一模式得出的结论，从解剖结构方面判断，尼安德特人刚好够得上直立人和智人之间过渡人种的条件，旧大陆的所有现代人应当把尼安德特人奉为祖先。沃尔波夫有一个很有说服力的主张，他认为不是单纯地由生理结构方面的优势，而更多的是由新的文化能力将智人推向了演化舞台上最强者的位置，从南猿时期就有的石器考古证据证明了这一点，具有创新性的文化因素在人类演化中可以强化自然选择的力量。克里斯托弗·威尔斯更是主张包括语言、符号、集体认同在内的文化因素会成为加速人脑生长的力量，文化和大脑都是更复杂事物的产物，而且存在以下的正反馈过程：更大更聪明的脑产生更复杂的文化，而更为复杂的文化促使脑量增加、使大脑更聪明，如果这一过程是真实的，那将有助于规模更大的人群将遗传的变化迅速传播开来。

---

① Milford H Wolpoff，Rachel Cspari：《东亚现代人的起源》，徐欣、崔娅铭译，《人类学学报》2013年第4期，第377—410页。

二　东亚现代人的连续演化及其工具证据

多地起源说产生的重要影响之一便是关于东亚特别是对中国现代人类起源的“连续进化附带杂交”假说的提出。从发现北京猿人化石至今，在中国频率较高地出土了一系列连续性体质特征[①]的古人类化石，其中有些被认为属于北京猿人和智人之间的缺环[②]，并被吴汝康作为论证中国古人类体质演化连续性的证据。另外一些更新的发现则支持了吴新智关于中国古人类的连续演化和各时期原始人类之间在体质特征方面具有明确传承关系的推断。[③] 吴新智还进一步比较了中国和欧洲的智人化石的体质特征，得出了“从直立人经早期智人到晚期智人，中国的古人类是连续进化的，与欧洲之间有一定程度的隔离”[④] 的结论，认为中国古人类的演化存在一种以连续进化为主体，间以杂交的模式，并不存在外来原始人类大量入侵取代原住民的情况，为此他还提出了地理条件和文化交流方面的一些推测。1998 年，吴新智在根据之前对大荔人、金牛山人与和县人等中国境内直立人、直立人和智人过渡类型及智人化石的镶嵌特征分析的基础上，深入研究了山顶洞人、柳江人和资阳人等中国境内晚期智人的颅骨，明确提出“中国现代型人类的起源似乎可以概括为‘连续进化附带杂交’的模式”[⑤]。在为这一假说所做的补充说明中，他特别强调局部的替代未必不存在，只起到次要作用的杂交可能会淡化人群替代的后果。吴新智并不主张以某种统一模式解释世界范围内所有现代人的起源，他倾向于保持一种具体问题具体分析的对不同地区加以区别对待的立场。

“连续进化附带杂交”假说关注的重点在于揭示中国乃至东亚地区现代人起源的过程和机制，强调这一区域从直立人到现代人类的演化链的完整

① 主要指上门齿铲形结构、颧骨位置、鼻形、下颌、枕骨等解剖学特征。

② 参见高星、张晓凌、杨东亚、沈辰、吴新智《现代中国人起源与人类演化的区域性多样化模式》，《中国科学：地球科学》2010 年第 9 期，第 1288—1299 页。

③ 参见中国科学院古脊椎动物与古人类研究所编《中国古人类论文集》，科学出版社 1978 年版，第 28—41 页。

④ 吴新智：《中国和欧洲早期智人的比较研究》，《人类学学报》1988 年第 7 期，第 287—293 页。

⑤ 吴新智：《从中国晚期智人颅牙特征看中国现代人起源》，《人类学学报》1998 年第 4 期，第 276—282 页。

性，因为与旧大陆西侧种群的隔离保持了自身特点，处于次要位置的基因交流无损于本土原生人群与少量外来者之间的融合关系，在此过程中会呈现出人群的局部分化、部分灭绝和区域流动的河网状格局，形成大的群体内部的多样性。①

这一假说在支持证据方面首先来自对中国70余处考古地点提取的古人类颅骨和牙齿的分析，从中可以确认，到现在为止，中国境内发现的3万至6万年前的旧石器都用第一模式加工而成，如果当时中国当地的原住民是被这些从非洲远迁而来，已经掌握更先进的第三技术的人取代了，为什么非洲智人在取代了只掌握了第一技术的中国古人类之后，又在非常重要的石器制造中由较先进的第三技术回返至更原始的第一技术呢？高星等人对中国旧石器技术与古人类生存模式的研究也认为第一模式技术贯穿中国整个旧石器时代，这种在主流位置的技术影响表现出明显的整体性和持续性，其他模式的技术的零星出现“没有对第Ⅰ模式的演化主线构成冲击和替代。因而中国旧石器文化传统表现为连续发展为主，间或有少量与西方技术的交流”②。以单一起源说的主张者并未对这一质疑给出正面的回应。③

除此之外，2018年11月《自然》在线发表的文章中对中国石器中第三技术和第四技术模式是由西方原始人类移民传入的观点进行了有力的反驳。由澳大利亚人类学者组成的国际性研究团队在对贵州省黔西县观音洞旧石器遗址20世纪六七十年代发掘的2273件石器进行基于新的光释光测年技术的分析之后发现，其中的45件人工制品具有勒瓦娄哇技术特征④，这说明在17万到8万年前，中国西南就有了这种石器技术。2015年，刘武等人在湖南道县福岩洞发现的47枚距今8万至12万年的古人类牙齿化石，表明中国

---

① 参见高星、张晓凌、杨东亚、沈辰、吴新智《现代中国人起源与人类演化的区域性多样化模式》，《中国科学：地球科学》2010年第9期，第1288—1299页。

② 吴新智：《现代人起源的多地区进化说在中国的实证》，《第四纪研究》2006年第5期，第702—709页；高星、裴树文：《中国古人类石器技术与生存模式的考古学阐释》，《第四纪研究》2006年第4期，第506—513页。

③ 对于这种在工具方面弃新技术不用而回到落后技术的原因，高星曾从人类文化适应性和石器原料的限制角度进行过讨论。参见高星《更新世东亚人群连续演化的考古证据及相关问题论述》，《人类学学报》2014年第3期，第237—253页。

④ 参见 Yue Hu et al.，“Late Middle Pleistocene Levallois Stone-tool Technology in Southwest China”，*Nature*，2019，Vol. 7737，No. 565，pp. 82－85。

华南地区至少在10万年前已出现具有完全现代形态（fully modern morphology）的人类①，既然现代人类已经有了足够的活动空间，也很有可能是他们在掌握勒瓦娄哇技术之后将新的石器输入观音洞一带。

这些立足于古老石器的研究成果表明，从工具行为入手，会对现代人类在世界不同地区的本土连续演化提供直接证据。如果不是只选择对自己的主张有利的证据的话，以石器为主的文化证据将能对现代人类的多地起源论尤其是东亚现代人的连续演化提供充分的支持。

第三节　单一起源说：替代论及工具方面的疑问

一　以工具证据摆脱欧洲中心论

根据伍德的观点，当我们在人类演化史上提到单一起源说时，早些时候并不是指与DNA分析结果有关的新观点，而是指古人类学中现代人起源的欧洲中心论，即那种认为欧洲大陆既诞生了人类文明，也是人属和智人种的源起之地的具有种族主义优越感的不实之词。② 将欧洲奉为人类文明中心的偏见也将达尔文、华莱士和海克尔等人关于人类可能起源于欧洲之外的猜测排除在科学界的主流见解之外，这种武断造成了不少对于考古记录的误判，包括爪哇人化石被误解为猿类、辟尔唐人的造假未被及时识别、非洲种南猿的化石的价值受到低估等失误。

但19世纪后半期在亚洲发现的比尼安德特人更古老的直立人化石之后，欧洲科学界的很多有识之士开始重视在亚洲找寻人类祖先的工作，积累了更多的考古证据。而另一些来自剑桥大学的考古学家不囿于成见，也在亚洲和非洲展开了持久的野外调查，并有了一系列足以刷新欧洲知识界观念的重要发现。20世纪80年代以来，新的考古发现和分子生物学方法的介入形成一股强大的合力，驱散了考古学和人类学中欧洲中心论的迷雾，也催动了新兴交叉学科分子人类学的发展。

---

① 参见 Wu Liu et al.，"The Earliest Unequivocally Modern Humans in Southern China"，*Nature*，2015，Vol. 526，pp. 696 - 699。

② ［英］伯纳德·伍德：《人类进化简史》，冯兴无、高星译，外语教学与研究出版社2015年版，第142页。

非洲以外现代人的化石最初是在前面提及的黎凡特地区卡梅尔山的斯库尔洞穴以及卡夫泽洞穴发现的，地质年代经测定约在 8 万至 12 万年，这一时间早于卡巴拉和阿木德发现的尼安德特人化石，卡夫泽洞穴的人类化石甚至比被确定为直立人的卡巴拉和阿木德的化石更早，这一分析结果使尼安德特人首次被发现后一直采用测年证据来证明尼安德特人是现代人直接祖先的假设难于成立。

20 世纪中期以来，在南非和东非发现了现代人化石，包括 1968 年于非洲南部柯莱希斯河口发现的头骨碎片，距今约 12 万年。在埃塞俄比亚奥莫地区基比什河附近发现的疑似现代人头骨有 20 万年历史。而蒂姆怀特在埃塞俄比亚的斯亚贝巴东北部赫尔托村发现的长者智人化石也有 15 万至 20 万年的历史，这些化石成为将非洲确定为智人发源地的有力证据。

最新的考古发现对上述的两方面证据形成了非常有益的补充。根据《科学》杂志网站在 2018 年 1 月 25 日刊登的文章，以色列考古学家赫希科维茨（Hershkovitz）和美国人类学家罗孚·奎姆（Rolf Quam）等人从 2002 年起就在距海法市 12 公里的卡梅尔山进行考古发掘，这次是在米斯利亚（Misliya）洞穴发现了古人类颚骨化石，这块化石属于现代人类的上颌骨，上面带着几颗牙齿。研究人员对颚骨进行扫描并创建了 3D 虚拟模型，将其与其他原始人类化石进行比较后认为，“米斯利亚”洞穴的原始居民已能使用火，能制造和使用与非洲最早现代人类接近的石制工具，猎取大型野生动物。据 3 种独立的测年法测定的结果，这些化石的年龄在 17.5 万至 20 万年，这就将现代人类首次走出非洲的时间前推了约 5.5 万年，已知的人类起源史又一次被改写。参与研究的美国宾厄姆顿大学人类学教授罗尔夫·夸姆说，这是一个令人激动的发现，“提供了迄今最清晰的证据，表明我们的祖先离开非洲的时间比我们以前认为的要早得多”①。2017 年 6 月 7 日，马克斯·普朗克进化人类学研究所教授让－雅克·于布兰带领的研究团队在摩洛哥马拉喀什东北沿海城市萨菲东南约 55 公里处的伊古德山岩洞的古人类遗址发现属于智人的头骨、四肢骨和牙齿等化石，与智人化石一同发现的还有羚羊、斑马等

① 《以色列发现非洲以外最古老现代人类遗骸化石》，https：//baijiahao.baidu.com/s? id = 1590633617108640480&wfr = spider&for = pc，2018 －01 －26/2018 －09 －16.

被猎杀的动物骨骸、可能被用于矛头和刀的石质工具，以及广泛用火的痕迹。通过热发光技术检测遗址处的取火燧石，科学家们推断出这些智人的生活年代距今约30万年。于布兰表示："我们通常认为20万年前在东非某处出现了人类的摇篮。但新研究表明，智人约在30万年前就已散布在非洲大陆各地，也就是说早在智人走出非洲前，他们已开始在这片大陆上分散开来。"[①]

二 未曾谋面的"亚当"和"夏娃"

当人类学研究中的欧洲中心论在来自非洲的新发现面前日渐式微时，把非洲作为现代人发源地的呼声越来越高。影响最大的、与古人类学的分析方法不同却与其有着紧密联系的、能说明智人源于非洲的分子生物学证据是在1987年的一项研究中出现的，这也是通常所说的智人单一起源说（也称"取代说"或"近期出自非洲说"[②]）的直接由来。加利福尼亚大学伯克利分校的三位分子生物学家丽贝卡·凯恩（Rebecca Cann）、马克·斯通金（Mark Stoneking）和艾伦·威尔逊（Allan Wilson）利用对只能通过女性卵细胞遗传的线粒体DNA的分析，为现存的全体人类重建了一个前所未闻的女性元祖。这三位生物学家之所以将研究重心放在发生突变速率更高的线粒体（Mitochondrial DNA，mtDNA）上，是由于mtDNA在生殖细胞分裂时不会发生重组，也缺乏先天的修复机制，所以它的突变一经发生便会持续下去。对祖先来自5个地区[③]的147名现代人的合计133种mtDNA得到分析后显示，在各大洲人群中，现代非洲人群的遗传多样性更丰富，单是撒哈拉以南非洲地区mtDNA的变异就比其他地区变异的总和还要多，所有这些变异都支持一个共同的非洲起源。这些结果与两种非洲现代人的可能有的基本状况相关联，或者体现出现代人在非洲的生存时间最长，或者在某个时期非洲现代人的数量大于其他地区的总和，或者这两种情况兼而有之，也就是说，人口数量和基因突变的可能性之间成正比关系。凯恩等人以非洲不同地区现

---

① 《摩洛哥发现最古老的智人化石》，http：//baijiahao. baidu. com/s？id = 1578931994237469549&wfr = spider&for = pc，2017 - 09 - 19/2018 - 05 - 06.

② 吴新智：《人类起源与进化简说》，《自然杂志》2010年第2期，第63—66页。

③ 分别是非洲、亚洲、高加索地区、澳大利亚和新几内亚。

代人群的 mtDNA 差异的形成期是 20 万年为由，预计现代人类也是 20 万年前起源于非洲，世界上所有现代人都是存活于 14 万至 29 万年前的一位非洲女性的后裔（并非某个固定的女性），现代人很可能在 9 万至 8 万年前走出非洲并将足迹踏遍整个世界。这种一经提出就引起轩然大波的观点特别强调，在现代人由非洲向外扩散的旅途中，未曾与任何原始人类有过基因交流，除了非洲直立人，其他古人类包括亚洲的原始人对现代人基因库并无贡献，除了这支现代人以外的所有原始人类物种都先后灭绝了，这样一种观点被伍德称为“走出非洲强假说”（Strong Recent Out of Africa Hypothesis，SROAH），以有别于那种赞同现代人类全都来自这位超级祖母但其后裔在走出非洲过程中也有不确定的基因流动的“走出非洲弱假说”（Weak Recent Out of Africa Hypothesis，WROAH）。“令人不解的是，Cann 等没有给出任何理由来解释为何 1983 年 Johnson 等提出的线粒体出亚洲模型不如他们的出非洲模型更有道理”[1]。同年在《科学》杂志的相关报道中，美国科普作家罗杰·勒文（Roger Lewin）发表了题为“The Unmasking of Mitochondrial Eve”的文章，自此以后，凯恩等人假设的现代人母系遗传史的源头就被一个新的形象占据，“线粒体夏娃”（简称 Evemt-Eve）[2] 这个一半来自科学、一半来自神话的拼盘式名称不胫而走，成为人类学中知名度最高的语汇之一，标志着人类起源和扩散研究的新视角和新成果。

1989 年，为了克服凯恩等人的单倍体模型中样本数较少的不足，Excoffier 加大了研究样本的数量，对来自世界不同种族的大约 700 人的单倍型分布及频率进行综合分析，其中分布频率最高者则可以被视为现代人祖先。尽管可能存在取样偏差（欧洲人样本数量是黄种人的 7 倍），但这一研究得出了欧洲才是现代人线粒体发源地的结论。如果从单倍型和祖先型的距离来看，碱基变异数量很少，这又支持了更早时候 Johnson 和 Wallace 的亚洲单一起源说结论。

20 世纪 90 年代以后，更多西方遗传学家采用和凯恩等人同样的研究方

① 雷晓云、袁德健、张野、黄石：《基于 DNA 分子的现代人起源研究 35 年回顾与展望》，《人类学学报》2018 年第 2 期，第 270—283 页。

② 其完整的、符合凯恩等人本意的称谓应该是 matrilineal most recent common ancestor（MRCA）。

法进行同类研究，进一步为单一起源说增添证据，非洲单一起源说在分子进化领域处于主流地位。更多的人类学家试图在与现代人有关的问题上通过搭上“非洲起源说”这趟技术快车而解决在化石和考古材料上的困惑，当一些研究者就像考古学家们想从沉积层中挖出更多化石一样，继续依循凯恩等人的思路，尽一切可能要把现代人 mtDNA 地区差异研究的潜力充分挖掘出来的同时，另一些研究者开始关注基因组中只通过父系遗传的 Y 染色体①，一个模仿了“线粒体夏娃”的命名方式的“Y 染色体亚当”的名称也被制造出来，用以指称一个可能生活于距今 6 万至 34 万年的非洲男性现代人，他是现在所有人类的共同的父系祖先（与“线粒体夏娃”一样，这一名称并不是固定于某个人）。关于 Y 染色体的一项研究在 1997 年证明了非洲人具有最高的遗传多样性，Hammer 等人对来自世界 60 个地区和种族共 1500 人的 Y 染色体进行了分析，再次验证了之前已有的非洲人内部遗传多样性最高的结论，对于替代论的主张者来说，这一结论说明确实有人数很少的非洲现代人群体扩散至欧亚大陆并繁衍出后代，而欧亚地区的智人的遗传多样性可能因为经历了人口瓶颈而低于非洲。但是 Hammer 认为除了这个简单的理解，也许实际情况比较复杂，因为遗传多样性水平也受制于时间因素和基因交流状况。

除此之外，1995 年 Robert L. Dorit 等人分析了不同地区的 38 个样本，试图找到 Y 染色体中锌指蛋白（ZFY）对应基因序列中特定长度的内含子序列的差异，结果发现全部子序列相同，并不存在差异，这极有可能是各地区现代人来自同一祖先所致，这一研究计算出的 Y 染色体亚当的年龄是 33. 8 万年，与线粒体夏娃的年代差异较大。与此同时，Hammer 对 Y 染色体 Alu 单倍型（YAP）的区域变异进行了研究，样本来自 8 个非洲人、2 个澳大利亚人、3 个日本人、2 个欧洲人和 4 只黑猩猩，结果显示 YAP 源于非洲并向欧亚迁移。其中艾伦·坦普尔顿（Alan Templeton）在 2002 年自然杂志发表的题为“Out of Africa again and again”的文章中主张的非洲现代人不止一次走

① Y 染色体来自男性，来自女性的 X 染色体与之没有对应部分，因此 Y 染色体上的那一段 DNA 在生殖细胞裂变时不会发生重组，也就是说，Y 染色体和 mtDNA 都属于基因组中遗传过程的只和特定性别有关的遗传物质。

出非洲并因此对其他地区现代人有基因贡献的观点令人印象深刻，他的这一结论立足于“对几例由现代人 mtDNA 和 Y 染色体的序列构建的系统发育树的统计学分析”[①]。被纳入研究范围的 27 个 Y 染色体中有 21 个被证实源于非洲，且非洲人 Y 染色体的变异性也同样大大超过世界其他地区所有人的染色体变异的总和，这就给 mtDNA 和 Y 染色体在研究结果上提供了互证的机会。

相对于多地起源说所主张的东亚现代人源于当地古人的观点，“Y 染色体亚当”的提出在亚洲现代人的起源上也得到了一些研究结果的支持。柯越海等人在 2001 年分析了来自南亚、东亚、中亚、西伯利亚和大洋洲的 163 种人群的 12127 个男性样本中的 Y 染色体上的三个多态标志物，根据研究结果可以得出“现代东亚人的祖先是非洲人，而且，走出非洲的人来到东亚后，完全取代了早期的当地人，东亚地区的古人对现代东亚人的基因没有贡献”[②] 的结论。但这一研究过程受到来自分析方法上的质疑，欧亚人的生理特征及不同地区古人之间的杂交导致非洲人基因组的变异的可能性未被充分地考虑。虽然在 Y 染色体的基本建模方面存在不能自洽的问题，但非洲起源说在亚洲现代人的唯一来源方面也拓展了自身的解释力，中国的现代人也被认为是非洲现代人迁入并替代原住民后演化而成，包括中国在内的东亚人类的连续进化模式被否定了。

可见，立足于分子人类学证据的非洲起源说的前提是假设人类基因变化速率具有恒定性，同时把人群的基因变异多样性和历史性作一种正向关联。其核心观点是把非洲确定为现代人类的唯一起源地，并计算出非洲现代人的起源时间约为 14 万至 20 万年前，他们在非洲本土连续演化，在外迁扩散后完全取代了世界其他地区的古老人群，并未与之有任何基因交流。现代人在东亚的由南向北流动，约在 6 万年前进入中国并继续保持这一迁徙方向，中国本土的古人类已经灭绝于末次冰期，并未与外来的现代人有任何交集。

以“线粒体夏娃”和“Y 染色体亚当”这种通俗表达所展现的替代论

---

① Rebecca L. Can 等著：《线粒体 DNA 和人类进化》，范宗理译，《世界科学》1989 年第 3 期，第 37—64 页。

② 雷晓云、袁德健、张野、黄石：《基于 DNA 分子的现代人起源研究 35 年回顾与展望》，《人类学学报》2018 年第 2 期，第 270—283 页。

主要依据了从分子生物学对现代人群基因的遗传变异的研究成果，从基因多样性回溯至可能的非洲基因库源头，除此之外，2010 年尼安德特人核基因组研究开始之前对从化石中提取的古人类的 DNA 进行提取并与现代人类 DNA 进行比较，也提供了能将尼人排除在现代人基因组贡献者之外的证据，但是 2010 年 Green 等人利用克罗地亚的尼人化石首次绘制了尼人全基因草图之后，发现欧亚大陆现代人群与尼人共享的遗传变异数量多于尼人与北非现代人共享的遗传变异数量，显然，尼人并非如之前所认为的那样未对欧亚现代人有遗传贡献，欧亚人基因组中至少有 1%—4% 来自尼人，那种认为尼人被入侵的外来现代人当作完全的异种并对其实施了种族灭绝的骇人假说很可能是一种太过于绝对化的想象。在对欧洲人的基因组与尼人的基因组进行比较之后，付巧妹等人所做的研究也把尼人的基因贡献定于 2% 的范围内，但另有一些研究者则认为这个比率要到 3.4%—7.3%[①]，对中国周口店田园洞的早期现代人基因组数据的分析也发现了其中携带有约 4%—5% 的尼人基因。[②] 而 Vernot 在 2014 年对 379 个欧洲人和 286 个东亚人的基因片段进行拼接并与尼人基因组进行比较之后，更把尼人基因组留在欧亚现代人基因中的比率扩大至 20%。虽然这些研究也可以从研究方法和数据解读方面加以质疑，但继续保持一种 SROAH 立场并否认尼人及其他古人类在现代人基因组中的贡献恐怕是很难了。这些研究成果提供的新认识使单一起源说得到修正，重新表达为更为温和的版本，认可现代人的基因贡献者主要由非洲人承担，但世界其他地区的古人类也为现代人的基因有所贡献，这种观点被称为同化论。

三　工具方面的疑问

单一起源说的主张者也在考古学方面寻得一些与工具有关的证据。凯恩等人在发表于 1987 年的那篇著名的关于现代人的 mtDNA 元祖的文章中，以 8 万至 9 万年前石叶工具在非洲的普遍使用完全领先于欧亚片状工具被石叶

---

① 参见 Lohse, K., Frantz, L. A., "Neandertal Admixture in Eurasia Confirmed by Maximum-likelihood Analysis of three Genomes", *Genetics*, 2014, Vol. 4, No. 196, pp. 1241 - 1251。

② 参见 Melinda A. Yang et al., "40, 000-Year-Old Individual from Asia Provides Insight into Early Population Structure in Eurasia", *Current Biology*, 2017, Vol. 27, pp. 1 - 7。

取代的时间，以此证明化石证据和分子证据的一致性。2002 年南非布隆伯斯（Blombos）洞穴发掘出距今 7.7 万年处于中石器时代的两块赭石，因为石面上有近似现代几何图案的纹刻而成为具有抽象思维能力和形象表达能力的、表现出智人行为特征的人类已经出现在非洲的文化证据，结合 2006 年 Mellars 从南非布隆伯斯洞穴、布姆普拉斯（Boomplaas）洞穴和克莱西斯河（Klasies River）遗址等数个地点发现的“石叶技术、软锤技术、端刮器等专门用于皮革加工的工具、加工骨器和木器的雕刻器、特定形制的骨器、复合工具、被用作装饰品的穿孔螺蚌壳和大量非原地产的赭石”[①] 等文化产品，这些包括劳动工具和早期艺术品的物品所关联的技术及认知发展至少已有 10 万—15 万年的历史，是现代人起源和演化过程中的创造物，在距今 6 万至 8 万年在技术水平和思维发展上得到强化，为数量不断增加的非洲现代人走向欧亚大陆提供了技术保障和智力支持。

具有明显的排他性的单一起源说还从遗传学证据（中国现代人群较低的遗传变异多样性和古老基因型的缺乏）、形态学证据（从直立人以来，中国古人类在体质形态方面没有连续演化的考古证据）、化石证据（认为中国没有足够的 5 万至 10 万年的人类化石并以年代的可靠性为由拒绝采信相关研究提供的化石与文化记录）和古地理学证据（末次冰期导致中国乃至东亚绝大多数生物灭绝）方面质疑了中国本土现代人类演化的连续性。

现代人类的单一起源说是从作为新科学的分子生物学出发，将最新的现代科技手段和已有深厚历史积淀的考古学、人类学研究相结合的产物。这种研究策略的创新点在于实现了从传统的体质人类学、考古学阶段向借助最新生物学方法的分子人类学、分子考古学阶段的跨越，原先关于人类起源和演化研究中“荒野记忆”的宏观视角转换为对以生物大分子为观察对象的微观领域的考察，研究者试图从超出日常观察尺度的分子层面找到人类在遗传物质方面的内在联系，并提取出存储于人类的生物结构深层的遗传信息，作为间接证据来探究群体水平上人类尤其是现代人类起源和演化的细节，重现人类族群发育和分化的图景，分析不同区域人群迁徙与融合的路径，对传统

① 高星、张晓凌、杨东亚、沈辰、吴新智：《现代中国人起源与人类演化的区域性多样化模式》，《中国科学：地球科学》2010 年第 9 期，第 1288—1299 页。

的基于形态相似性比较与分析方法的古人类学研究提供了利用新技术提供的新成果进行科学检验的机会。

从研究过程中依据的生物材料和检测过程来看，从化石中提取遗传物质，不可避免地面临古 DNA 的高度损伤和降解问题，这是由古 DNA 样本的种类、年代和环境因素所决定的。提取和保存方面的困难在具备高灵敏度的能将特定 DNA 片段扩增放大的聚合酶链式反应（PCR）技术面前得以降低，但是 PCR 技术会遇到来自外源 DNA 渗入和污染的问题，同时 PCR 技术扩增效率会受到 DNA 提取液的某些成分的抑制，并且 DNA 片段的扩增不能避免错误信息的产生。面对这些问题，只能通过引入更多的技术手段来为古 DNA 提供更完备的保存条件，通过优化实验的操作程序及加强外部管理来避免出现偏差，但技术手段本身的不完备性和参与研究者的主观状态的限制很容易使这些问题不能得到根本解决。正因为如此，一些学者尝试以最新的分子生物学方法和更严格的统计学技术对凯恩等人的研究结果进行复核时，得出的结论有所不同，即便现代人线粒体 DNA 变异中的大部分源于非洲，但仍有证据显示，来自非洲以外的前现代直立人也为现代人类贡献了线粒体 DNA。①

从这种研究与其他学科的关系来看，由于缺乏对多学科证据的比较、参照和引用，同时主观排斥不利于单一起源说的考古学证据，与不同证据之间的相互支持不够，降低了研究结论的解释力。作为交叉学科研究所必需的自然科学、人文科学和社会科学的充分交流和贯通往往受制于知识背景及专业壁垒的限制，尤其是“在实验阶段，考古学家和生物学家的知识分野和交流的贫乏，造成课题设计和技术手段之间存在着一定隔阂，使技术在解决问题上的有效性大打折扣”②。特别是在对待不同学科已有的、与单一起源说不同的证据方面，采取一种绝对否定和无视的态度，就更不可取。高星等③研究者认为中国本土古人类连续演化被否定的重要理由便是末次冰期引起的气

---

① 参见［英］伯纳德·伍德《人类进化简史》，冯兴无、高星译，外语教学与研究出版社 2015 年版，第 149 页。

② 金力、张帆、黄颖：《分子考古学》，《创新科技》2007 年第 12 期，第 44—45 页。

③ 参见高星、张晓凌、杨东亚、沈辰、吴新智《现代中国人起源与人类演化的区域性多样化模式》，《中国科学：地球科学》2010 年第 9 期，第 1288—1299 页。

候恶化事件，但由这一事件导致物种灭绝的推想并无古人类学、古环境学、古脊椎动物学及地质学的充分证据，相反，这些学科却提供了中国华北并未在末次冰期中陷入酷寒天气，人类和多种大型动物并未灭绝的化石证据。那种为人类设计出只能在恶劣自然条件下束手待毙形象的呆板的看法，实际上否定了人在能动性和社会性前提之下所具有的远超于动物的适应性，也忽视了人类从远古时期就开始萌发并越来越强的不屈从于不利环境的约束，以富有创造性的工具行为灵活应对各种困难、积极进取的性格特征。

单一起源说模式在说明东亚包括中国现代人的起源时，对于来自文化遗存的工具证据并未做出积极的回应。在中国发现的旧石器考古地点有一千余处，除了主流技术呈现明显的南北差异这一点上与西方世界类似之外，在石器技术的改进和提升的阶段性表现上与西方明显不同，只有奥杜瓦伊技术贯穿旧石器时期，处于主导地位，说明中国存在一种本土性的技术传统。林圣龙对旧石器文化中东西方技术模式的比较显示[①]，除了局部和少量的文化交流，工具证据不支持在中国旧石器文化发展中曾有过彻底的和大规模的文化传入甚至替代，那么在现代人群主体方面曾发生完全替代的设想就很难成立了。对中国旧石器时代北方和南方的工业传统的比较研究也显示[②]，不管是缓慢渐进的北方工业，还是高度稳定的南方工业，都呈现出连续性的特点，约在 3 万年前才有局部的外来因素引起突变，但随之出现的是新旧文化并行交融的局面，并没有发生完全取代的情况。另外一项关于“中国境内旧石器时代文化遗存的时空分布、埋藏情况、石器制作技术与使用功能、石制品类型—形态特征与演化趋势、对石器原料及其他资源的利用方式、区域文化传统的划分和特点”[③] 的研究认为，中国古人类具有一种专属的“综合行为模式”，对少量外来文化具有改造和同化作用，“连续进化附带杂交假说”可以从这种解释中获得较多支持。2003 年重庆奉节兴隆洞发现了距今 14 万年

---

① 参见林圣龙《中西方旧石器文化中的技术模式的比较》，《人类学学报》1996 年第 1 期，第 1—20 页。

② 参见张森水《中国北方旧石器工业的区域渐进与文化交流》，《人类学学报》1990 年第 9 期，第 322—333 页。

③ 高星、裴树文：《中国古人类石器技术与生存模式的考古学阐释》，《第四纪研究》2006 年第 4 期，第 506—513 页。

的智人牙齿化石、动物化石和大量文化遗存，其中的一枚剑齿象门齿上有古人类有意识刻画的一组线条[①]，比南非布隆伯斯（Blombos）洞穴的赭石雕刻的年代要早近7万年。在石制品当中，同时发现了一个以石钟乳加工而成的可以发出单音的石哨，它可能是狩猎用具，更可能是最早的原始乐器。[②]这两件与智人化石同时出现的原始艺术品反映了中国古人类的思维水平和创造能力已经到了可以进行初步的艺术创造的程度，如果与奉节人生活时代相当的非洲智人并未有同等智力程度的文化制品的创造活动的话，仅仅根据现生人类的遗传学证据断定的替代论就是不可靠的。

在回顾了人类的演化历程之后，毫无疑问分子生物学借助对DNA的解析对人类演化轨迹的重构给我们留下了至为深刻的印象。常常被忽略的一点是，所有化石的挖掘、复原和分析都是依赖特定工具完成的，DNA的分析所借助的技术手段本身也是工具性的，所有人类演化的谱系的制定也是基于一定工具的产物。我们能够用以获得所有关于古人类资料的工具——不管这些工具多么先进——都是对数百万年前原始人类仅仅用来获取食物、保证基本生存条件的石制工具的经过大幅提升的形态。当人类成为工具制造者时，说明人类已经可以凭借内在的认知操纵外部物质世界，通过特有的“身体技能和心智能力”的高度融合，人类由动物式生存步入社会化生活，并在此意义上让自己的生活具备了习性与思想、行动与语言的双重维度。

① 参见高星、黄万波、徐自强等《三峡兴隆洞出土12—15万年前的古人类化石和象牙刻划》，《科学通报》2003年第23期，第2466—2472页。

② 参见王子初《音乐考古拾意》，《大众考古》2014年第2期，第42—46页。

第二十七章
直立行走和工具行为

人类社会普遍存在的寻根意识在演化论创立之后得到了科学化的表达，关于自己远古先祖的“荒野记忆”是以一些大事件为节点而成为具备内在联系的完整图像的。这些节点往往是一些兼有基因型的突变特征①和作为表型的飞跃性变化相统一的环节，其中最关键的、具有开创意义的事件便是直立行走姿势的出现。这种在整个自然界中独一无二的行走姿势已经取代了原先基于工具制造的标准，成为人与动物分界的标志，并与脑量的增加和智能的完善密切关联，同时也是人属动物所具备的受一系列复杂因素支配才能达成的被内在尺度制约的工具行为的前提。由于环境压力的直接作用，来自人和猿类共同祖先的某个物种通过两足行走发生了一次重大的适应性辐射（adaptive radiations），也由此抓住了在新的环境中积极应对挑战的机会，这一重要改变的意义正如迈尔所说，“一旦一个物种获得一种新的能力，可以说它也就获得了打开自然界中不同生态灶或适应区大门的钥匙”②。

第一节　直立行走的起因和优势

一　关于直立行走起因的探讨

关于直立行走所标志的新物种的重要分化的最初表述来自达尔文，同时

① “在某些情况下，物种的形成可能是由于染色体的重排而引起的基因型的大规模变化。研究者认为，这可能是高等灵长类物种形成的潜在机制。”［英］伯纳德·伍德：《人类进化简史》，冯兴无、高星译，外语教学与研究出版社 2015 年版，第 66 页。

② ［美］恩斯特·迈尔：《进化是什么》，田洺译，上海科学技术出版社 2012 年版，第 189 页。

也对直立行走的起因加以探讨，手的解放和对工具（武器也可以被看作特殊的工具）的使用被纳入这一考虑。但双手得到解放以便去执掌工具岂不是也可以被看作直立行走的后果吗？就连达尔文自己也承认，“臂与手的自由运用，就人的直立姿势而言，它一半是因，一半也是果，因而就其它结构的变化而言，看来它也发挥了间接的影响”[①]。可见从达尔文开始，直立行走的成因就令人倍感困惑，由此延伸出直立行走成因的很多假说。从各种关于直立行走如何发生的假说来看，可以分为以下几类。

第一，携物假说。这一假说的最早提出者是达尔文，直立行走被视为一种典型的适应。[②] 如果在这一假说中引入工具制造的话，可能不太恰当，因为早在能够制造工具之前几百万年，人类先祖就已经可以直立行走了[③]，所以不能说人类直起身来是为了以双手制造工具，只能说能够以双手制造和使用工具是直立行走的重要后果。携物假说涉及动物的前肢功能转化为人手过程的讨论，在此很有必要提及，恩格斯在《作用》一文中就已经对达尔文的直立行走解放双手的观点进行过阐发，他认为人类的祖先在树上攀援时“手”和脚的功能就已经是有差别的。他特别指出，“在猿类中，手和脚的使用也已经有某种分工了。正如我们已经说过的，在攀援时手和脚的使用方式是不同的。手主要是用来摘取和抓住食物，就像低级哺乳动物用前爪所做的那样”[④]。这种代表了很多研究者共识的看法表明：首先，必须考虑很多动物共有的前肢取食方式的演变，很多灵长类动物都具有由前肢抓取食物凑近和放入口中的生活习性；其次，这一假说以早期人类抓取能力的演变为前提。[⑤]

第二，效能假说。原本作为攀援能手、适应树栖生活的早期人类被迫来

---

① ［英］达尔文：《人类的由来》，潘光旦、胡寿文译，商务印书馆 1997 年版，第 71 页。

② 这里所说的适应来自恩斯特·迈尔的界定，他认为，适应是指“受到选择青睐的生物的某种特性，它或者是一种结构，一种生理特性，一种行为，或者是生物具有的其他特征”。他特别反对把适应看作“一种基于某种目的的主动过程”，对适应的评估往往表明适应是后天的、被动的。

③ 根据最新的考古发现，迄今为止最早的石器是 340 万年前制造的，而被认为是目前发现的最早人类的撒海尔人“图迈”的化石年代距今约 700 万年，其颅骨化石的枕骨大孔的方向表明，图迈已经可以直立行走，本研究第二章第二节对这一问题有详细介绍。

④ 《马克思恩格斯文集》第 9 卷，人民出版社 2009 年版，第 551 页。

⑤ 参见［美］保罗·R. 埃力克《人类的天性：基因、文化与人类前景》，李向慈、洪佼宜译，金城出版社 2014 年版，第 80 页。

到地面生活，要逃避猛兽的追捕，就必须选择更快速、更节省体力和更有效率的移动方式。这一假设以获得基本生存条件中的安全保障作为分析问题的起点，直立行走主要被看作早期人类进入热带草原之后首选的安全策略。但对始祖地猿"阿尔迪"的化石和莱托里足印的分析都显示，具有明显的镶嵌演化特征的早期人类并未采用一种"全日制"的直立行走方式，也许交替采用不同移动方式的做法是一个逐步适应的过程。

第三，降温假说。这一由彼得·惠勒（Peter Wheeler）提出的假设也称为体温调节模型（thermo regulatory model）[①]，乍看起来它是对于直立行走起因的众多解释中最简单的一种。如果是单纯地强调直立行走之后日晒难耐的理由，可能面临来自环境条件的不利证据，但是把依靠工具进行的猎捕行为考虑进来，这一假说就变得很有说服力了。

第四，交流假说。这一假说也认可自达尔文以来就得到广泛认可的直立走姿使双手得到解放的观点，但对于不再用于行走的双手主要承担什么样的新功能的考虑，不是仅仅向工具行为靠拢，而是同时把双手看作能以一定手势"交谈"的凭借，这也为探索语言的起源提供了新的思路。罗宾·邓巴就认为，语言来自猿类相互理毛以达到交往和沟通的行为，并且语言产生之初，即便只是某种具有内在语法的手势语，也未必是为了交流重要而关键的信息，仅仅是为了进行社交性闲聊。

除了以上这几种与人的身体结构、生理能力和行为特征变化有关的假说之外，塔特索尔还举出了另外两种关于与早期社会行为和家庭结构有关的假说。第一种可称为"威慑力增强假说"，但是完全可以从相反的角度提出一种采取站姿的"和平示意假说"，因而这一假说的解释力大为降低。第二种是以"一妻一夫制"的家庭形式为前提，设想由于采取了直立行走的移动方式，原始人中的男性可以走到更远处（这和前面说到的移动效能增加的假说相关）获得食物，并能将种类和数量更多的食物带回栖息地点（这和解放双手的携物假说相关）。这一假说以某种特定的社会关系综合了某些已有的关于直立行走因何而为的假设，在解释力方面有所增强，但需要澄清更复

① 参见 Wheeler, P. E., "The influence of Thermo Regulatory Selection Pressures on Hominid Evolution", *Behavioral and Brain Sciences*, 1990, Vol. 2, No. 13, p. 366。

杂的婚姻制度问题。[①]

从以上对于直立行走起因的探讨不难看出，对于人类为什么要选择这样一种姿势，有很多种充满矛盾的猜测。一个看上去不太伤脑筋的解释是，“为什么早期原始人类必须站起身来？对于这个问题，唯一合理的答案是，对于那些每天花很多时间在地面上活动的早期原始人类来说，直立着以双足在地面上站立和走动，原本已经是一种最舒适的姿势了”[②]。与这种回归简约的看法相反，埃力克却认为，直立行走姿势实际上给现代人造成了很多病痛，并且在运动方面缺乏效率，但作为一种已经固化下来达几百万年的独有的行走姿势，它应该是利大于弊，“不管两足行走的优势为何，这优势很可能得来全不费工夫，因为最初移居地面的人类祖先或许早已误打误撞，开始朝直立行走的方向迈进”[③]。

以今天的眼光来看，当初所有的灵长类动物都以四肢着地运动，在速度上要明显优于两足行走或奔跑的方式，直立行走实际上在移动的速度和平衡性上并不占优势。如果已经站立起来的人类，会立即潜在地获得这种姿势所有的全部益处，很可能由于这种姿势最自然、最舒适。早期原始人类在树上就已经不时直起身体。另外，化石证据表明，南猿往往采取了半树栖的生活方式，说明选择直立行走的姿势曾有一个过渡期，但目前对于这个决定性事件的解释依然是无法令人满意的。

二　直立行走的优势

关于直立行走源起的诸种假说作为立足于现代人的两足行走经验所做的追加解释，其实已经展示了直立行走方式所具有的独特优势和附带的好处，其中之一便是由于解放了的双手对脑的演化的促进，“直立行走和大脑增大

---

① 这一假说中又引入了谢尔盖·伽伏利特（Sergey Gavrilets）和欧文·洛夫乔伊（Owen Lovejoy）关于一夫一妻制起源于战斗力弱的雄性向雌性提供食物以换取交配机会的假设，这种假设层层堆叠的情况，在关于早期人类的研究中很常见，也使问题的解决变得更为困难。

② ［美］伊恩·塔特索尔：《地球的主人——探寻人类的起源》，贾拥民译，浙江大学出版社 2015 年版，第 23 页。

③ ［美］保罗·R. 埃力克：《人类的天性：基因、文化与人类前景》，李向慈、洪佼宜译，金城出版社 2014 年版，第 79 页。

是从猩猩到现代人进化的两个主要的遗传学进步”①。其实达尔文在公布自然选择理论后又将人的演化也纳入这一解释体系时，就已经相信直立行走和工具行为与脑量增大之间具有相互协调和促进的关系，虽然这种成为人类学核心观念的说法因为有“类型论”的嫌疑，且很容易将现代人类的智力特征预置于人科动物产生分支的最初阶段，在理查德·利基看来，这是将人类起源时并不具有的智能过早前置的谬误，受此误导，阿尔弗雷德·罗素·华莱士和罗伯特·布鲁姆都误入歧途，转向了神创论和目的论。

但是直立行走和人类的智能的逐渐提升的确是有多方面的相关性，除了以立姿改变脑部和脊柱的神经连接及供血状况，使人的感觉系统的侧重点发生转换②，直接影响了脑的结构和功能变化之外，主要是由于手的解放产生的工具行为促进了脑量增加和智力提升。智人的脑量是南猿的三倍有余，足以说明长期的直立行走有助于人类演化出更发达的大脑，“更大的脑绝不是装饰，而是使得其拥有者能够制造出更好的工具，并在这个星球上散布更多的同类的必要条件”③。史迪芬·平克（Steven Pinker）认为手是和视觉、群居及狩猎同样重要的使人类获得高度智能的有利因素，“在令智能物有所值的世界上，手是起关键作用的杠杆。在人类谱系中，精确的手和精确的智能是共同进化的”④。智能的提升和人类的双手获得解放的过程是同步的，人手就是将内在尺度投放于外界用于改造外物的元工具，并成为内在尺度的最直接的具体的代言者和传递者，任何被制造出来的各类工具都是对手越来越精确的自然功能的模仿、延伸、扩充和强化，也都是内在尺度在有明确目的性和意识性的生存策略中的变体，在这个意义上，工具逐渐成为尺度的“化身”。人凭借工具表达内心的思想，衡量和取用外物，满足自身的需求，降

---

① ［美］尼古拉斯·韦德：《黎明之前——基因技术颠覆人类进化史》，陈华译，电子工业出版社2015年版，第18页。

② 西格蒙德·弗洛伊德认为直立姿势使人类受到的嗅觉刺激减弱，嗅觉的敏感性降低，视觉刺激得到增强，这导致了羞耻感的产生，由此可以进一步考虑道德的起源。参见［奥］弗洛伊德《一种幻想的未来文明及其不满》，严志军、张沫译，河北教育出版社2003年版，第88页。

③ ［美］史蒂芬·平克：《心智探奇：人类心智的起源与进化》，郝耀伟译，浙江人民出版社2016年版，第201页。

④ ［美］史蒂芬·平克：《心智探奇：人类心智的起源与进化》，郝耀伟译，浙江人民出版社2016年版，第195页。

低或克服种种恐惧，扩大活动范围，有更多的创新性行为，敢于和乐于走出舒适区，在优势积累中越来越成为与猿类的迥然有异的智慧物种。

直立行走对人类的演化产生的重大影响在人的生理结构方面引起的解剖学变化主要表现在以下方面。

第一，相比猿类，人类双腿间距更近，骨盆变窄，使得胎儿在出生时头骨很薄，还未发育成熟，这使得人类的幼儿在获得完善的智力和体能之前有很长的成长期，在能够独立生存之前所需要的上一代的照顾就更多，这在很大程度上造就了人类独特的社会关系、学习方式和文化传承。

第二，脚的形状发生变化，能支撑起人体40%的重量，并能在两腿的跨步幅度上形成能量消耗和时间分配的合理的比例关系。埃克尔斯结合著名的莱托里足印的扫描图像对两足行走的步态特征进行了详细分析，认为发达的大脚趾对于两腿的动作细节提供了恰到好处的推力。① 至于这一特征是如何形成的，也许用达尔文的渐变理论无法很好地解释，而用斯蒂芬·杰·古尔德的“间断平衡理论”倒可以说明这种在短时期内形成的遗传突变，“有时物种的外观或解剖学构造，似乎会突然出现表面上所无法解释的跃进现象，仿佛某种演化开关被人开启”②。

第三，相比于猿类，人的手掌变短而拇指变得更长，可以完成很多灵活而细腻的动作。从直立行走对人手演变的作用来看，虽然在完全直立行走之前，人类祖先就像猿类一样，能不时直起身来摘果取食，但上肢的完全解放和人手的真正形成应该是直立行走的结果而非原因。从生物器官的结构来进行比较，人手和蝙蝠的翅翼、海豹的鳍和鼠类的前爪都源于共同祖先的同一器官，但人手表现出了无与伦比的灵巧性，这当然与肢体本身的特殊构造有关，但是造就这种特殊构造的直接原因，应从直立行走姿势的选择所起的作用中去寻找。

有了这些方面的基本变化，结合直立行走得以发生的假说，直立行走对人类演化带来的积极影响则成为一个无法回避的问题。尽管有很多分析专门

---

① 参见［澳］约翰·C. 埃克尔斯《脑的进化——自我意识的创生》，潘泓译，上海科技教育出版社2007年版，第57页。

② ［美］奇普·沃尔特：《重返人类演化现场》，蔡承志译，生活·读书·新知三联书店2014年版，第22页。

要找出惯于两脚行走的人类并不比爬行动物走得更舒适，还因此牺牲了站立的稳定性和快速奔跑时的平衡性，增加了很多病患发生的概率[①]，但这种姿势带来的利益远远超过它可能引起的不便和不适。

第一，直立行走的最初发生是迫于环境变化的无奈之举，但这种行走方式从实效方面而言确实利大于弊，“二足行走步态是人类独有的，而且也是地面行走最有效的方式”[②]。

第二，直立行走也是人类一系列冒险、创新和进取行为的开端，“使远古的霍米尼德与当时其他的猿相区别的直立行走的进化，使其他的许多进化便成为可能，最后出现了人属（Homo）”[③]。

第三，直立行走不仅是人和动物的最基本的分界线，也是具有人属特征的一系列表现的枢纽，从此人类演化过程中一个新的开关被启动，也为人类开启了一个全然不同的新世界。“用双脚走路的能力在古人类学术语中叫两足性，它是走向人类的第一个跃进。”[④] 而迈出这重要的一步，在整个动物界就出现了一个全新的族群，“直立姿态和两足行走是人族最具特点的身体特征”[⑤]。全新的物种因此崛起，正如斯蒂芬·杰·古尔德所言，“姿势造就人类”[⑥]。

第四，直立行走确实给人类带来了多方面的优势，“两足行走的形成，不仅是一种重大的生物学改变，而且也是一种重大的适应改变”[⑦]。两足行走者拥有了更直接的制造和使用工具的肢体条件，能做出的复杂动作和完成的多种活动的手显然更适于表达内在的感受。从社会关系的建立和表达来

① 参见［美］保罗·R. 埃力克《人类的天性：基因、文化与人类前景》，李向慈、洪佼宜译，金城出版社 2014 年版，第 79 页。

② ［澳］约翰·C. 埃克尔斯：《脑的进化——自我意识的创生》，潘泓译，上海科技教育出版社 2007 年版，第 57 页。

③ ［美］理查德·利基：《人类的起源》，吴汝康、吴心智、林圣龙译，上海科学技术出版社 2007 年版，第 5 页。

④ ［美］尼古拉斯·韦德：《黎明之前——基因技术颠覆人类进化史》，陈华译，电子工业出版社 2015 年版，第 16 页。

⑤ ［美］布莱恩·费根：《世界史前史》，杨宁等译，北京联合出版公司 2017 年版，第 42 页。

⑥ ［美］斯蒂芬·杰·古尔德：《自达尔文以来》，田洺译，海南出版社 2008 年版，第 151 页。

⑦ ［美］理查德·利基：《人类的起源》，吴汝康、吴心智、林圣龙译，上海科学技术出版社 2007 年版，第 13 页。

说，直立行走姿势也发挥了抑制攻击行为增进合作的效用，根据尼娜·雅布伦斯基（Nina G. Jablonski）和乔治·查普林（George Chaplin）在相关研究中提出的假设[①]，直立行走促进了远古竞争者之间的和平。

第五，仅就直立行走对工具能力的影响来说，人类的中枢神经系统由于身体姿势的重大调整而发生了适应新需求的改组，对身体运动的神经控制会变得既简化又更为精细，使肌肉、关节和皮肤感受的配合更具协调性。由于神经系统对肢体运动的响应方式的改变，人手获得了更多灵巧敏捷的动作特性，并在石器工具的进展中渐次展现出来。

可见，人类的祖先和其他动物尤其是自己的猿类近亲一样，都有直立行走的潜力，只不过人类更乐于尝试新的移动方式而已。而这种尝试所带来的不适远远小于各种好处，与此相关的一系列适应完全拉开了人和猿类的距离。

第二节　直立行走和工具制造的相互作用

一　手是石器工具的原型

尽管人类总是把最多的赞语给予大脑，然而手也备受赞誉。“人之所以能在这世界上达成他今天的主宰一切的地位，主要是由于他能运用他的双手，没有这双手是不行的，它们能如此适应于人的意向，敏捷灵巧，动止自如。”[②] 这是达尔文的努力克制但依然感情充沛的赞美。恩格斯的从工具和劳动角度对手的论述看上去冷静了许多，但依然不能抑制赞叹之情的真诚流露，“手不仅是劳动的器官，它还是劳动的产物。只是由于劳动，由于总是要去适应新的动作，由于这样所引起的肌肉、韧带以及经过更长的时间引起的骨骼的特殊发育遗传下来，而且由于这些遗传下来的灵巧性不断以新的方式应用于新的越来越复杂的动作，人的手才达到这样高度的完善，以致像施魔法一样产生了拉斐尔的绘画、托瓦森的雕刻和帕格尼尼的音乐”[③]。人手的抓握能力比猿类及其他动物要完善和精准得多，已经和猿

① 参见 Jablonski, Nina G., Chaplin, George, “Origin of Habitual Terrestrial Bipedalism in the Ancestor of the Hominidae”, *Journal of Human Evolution*, 1993, Vol. 4, No. 24, pp. 259－280。

② ［英］达尔文：《人类的由来》，潘光旦、胡寿文译，商务印书馆1997年版，第68页。

③ 《马克思恩格斯文集》第9卷，人民出版社2009年版，第552页。

类上肢的摘取动作不可同日而语，“精度抓握和力度抓握的充分表现是人类的标志”[1]，而且必须明确的一点是，制造工具是和直立行走密切相关并且是继起于直立行走的行为，在不具备直立行走能力的动物那里，即便表现出了和人的工具行为类似的表现，也不能仅仅根据这种表面的相似认为那些动物也具备制造工具的能力，这可以免除我们由于语言的有限而不得不在某些时候将动物的前肢拟称为“手”时的困惑。

赫胥黎曾经很仔细地分析过人手的解剖学结构，他从人手的角度对人类下了新的定义，人是“唯一具有两只手的动物”[2]。他特别指出了人手构造中和猿类完全不同的拇指的重要性，“由于拇指的这一均衡性和可动性，也称之为‘与其他手指的可对向性’，换句话说，它的末端很容易与其他任何一个手指的末端接触。我们内心的许多想法之所以能够实现，在很大程度上取决于这一可对向性”[3]。从这段话里可以看出，比起手能做到的更精细的动作，更重要的是人之内心所欲所思所想的外在表现依赖于此得以成形才是关键，从工具行为中人手的整体动作的完成来说，也是如此。“即使是制作一把粗制的石斧，也需要动手前在脑子里构思。”[4] 从奥杜瓦伊石器开始，随着原始人类的工具的变迁，手的动作精细度渐进提高，人类整体的运动能力也处于上升阶段，想象力、创造力和象征性思维相互缠结着牵拉彼此，直至非实用性的艺术能从实用性的工具技能中分化出来，将人类带入更为奇妙的境界。

手的解放和灵巧的工具行为对语言的产生也产生了极为重要的影响，这主要是由于大脑所具有的思维功能的提升和人手的灵巧程度有密切关系。“所有的语言学家都认为，人类对语言的控制和对手的控制都与大脑功能紧密地联系在一起。”[5] 由于发声器官的完善和能够足以支持开口说话的智力

---

① 约翰·内皮尔：《手》，拉塞尔·H. 塔特尔修订，陈淳译，上海科学教育出版社 2001 年版，第 65 页。

② ［英］赫胥黎：《人类在自然界的位置》，蔡重阳等译，北京大学出版社 2010 年版，第 49 页。

③ ［英］赫胥黎：《人类在自然界的位置》，蔡重阳等译，北京大学出版社 2010 年版，第 49 页。

④ ［澳］约翰·C. 埃克尔斯：《脑的进化——自我意识的创生》，潘泓译，上海科技教育出版社 2007 年版，第 78 页。

⑤ ［新西兰］斯蒂文·罗杰·费希尔：《语言的历史》，崔存明、胡红伟译，中央编译出版社 2012 年版，第 31 页。

条件的限制，古人类不大可能由沉默无语的状态一步跨越到喋喋不休的状态，那么因直立行走而得到解放的可以制造和使用工具的手本身就可以成为一种表意工具。复杂多样的手势所牵动的肌肉和神经活动，既能刺激手势发出者的智力活动，也能提高其他人的观察能力和理解能力。古人类在制作工具的过程中，不同的动作所调用的肌肉和神经元数量是不同的，“一次迅速而准确的敲击需要排好几十块肌肉的准确的启动顺序。一次可靠的投掷，需要激活的神经元数目为敲击动作的 64 倍之多”[①]。这种情况在手势的组合中同样能激发智能的增长，并逐步完成由具体的动作到抽象思维能力的过渡。

如果追究一下石器工具所蕴含的技术形态的原型，可以明显地看到人手功能的外化和延伸，手所具有和关联的机体能力在砸制石器时的应用似乎给坚硬的石块赋予了生命，它们变成了一种人对自身的模仿，也是对人体在生物构造的实用性方面与动物存在的差距的补偿。从石质工具的变化过程来看，技术的原型一定是和人类的内在精神状态更接近，更直接地体现内在尺度的基本要求，从这个意义上来说，以目前所能见到的最早的洛迈奎石器为起点，所有工具的原型都是经直立行走而得以完善的人手。

正如恩格斯所指出的，行走姿势改变引起的手足分工意味着，“具有决定意义的一步迈出了：手变得自由了，并能不断掌握新的技能，而由此获得的更大的灵活性便遗传下来，并且一代一代地增加着”[②]。手在工具行为和劳动中牵动着人类身体无比复杂的整体结构，对新动作的适应和对脑的刺激及身体其他部分所受到的反作用是同时发生的，在应对环境压力的过程中，人的创新能力也得以大幅增长，既更新了人类自身的形态，也更新了人与自然的关系。

二 不会直立行走就不会真正制造工具

在《人类的由来及性选择》中，达尔文用来记述动物使用工具的行为的内容所涉及多种动物，他显然是认为动物也能使用工具的，他以人类的相

① 葛明德：《劳动在人类起源中发生作用的新证据》，《北京大学学报》（哲学社会科学版）1996 年第 3 期，第 47—53 页。

② 《马克思恩格斯文集》第 9 卷，人民出版社 2009 年版，第 552 页。

关行为加以类比，颇为赞同地引述其他研究者的观点说，“为了一种特殊的目的而造作出一件工具来是人所绝对独具的一个特点……这构成了人兽之间的一道宽广得无法衡量的鸿沟。这无疑是人兽之间的一个重大的区别”①，以这一划分为前提，达尔文认为原始人使用火石制作石器时经历过一个由偶然的无目的状态到有目的、有意识的技术进步的过程。他还借用另外的研究者关于因打磨石块而发现取火方法的观点，来说明原始人的工具行为是以对自然事物在一定程度的观察和认知为基础的，并强调了人和动物的不同，“几种猿类，大概由于本能的指引，会为它们自己构造临时居住的平台。但很多的本能既然要受到理智的很大的控制，比较简单的一些本能有如平台的堆筑，可能很容易从比较纯粹的本能动作过渡成为自觉而有意识的动作”②。他还举出人类畜养的狒狒在烈日下以草席覆头遮阴的行为，认为这可能就是人类的建筑和服装的雏形。可以看出，达尔文把动物的工具行为置于本能的范畴，和人类的有目的、有意识的工具行为有根本差异，但二者又是有联系的，前者是后者的萌芽状态。

大众所熟知的黑猩猩用石块砸碎坚果，折起树叶舀饮溪水以及知名度最高的用去叶的、沾了唾液的树枝或草茎钓吃白蚁的很有技巧的行为，因为珍妮·古道尔深入猿群的研究和在《黑猩猩在召唤》等著作中对这项研究情况的详尽记录而得到了广泛引述。但是古道尔只是把黑猩猩的除枝摘叶的行为类比为制造工具的萌芽状态，并且她明确意识到黑猩猩的行为和人类的工具行为在有无计划性方面存在本质区别。

此后，其他人类学家也进行过类似的研究，日本学者西天利贞就在1971年来到坦桑尼亚喀索盖地区，就古道尔所说的黑猩猩的“使用工具”的行为做过实地考察。他的结论是，“动物，不限于黑猩猩，都不会有‘制作工具的工具’（第一次工具），也不做供将来使用的工具，也不会为其他同类个体制作工具。但是，决定性的又是最重要的区别，大概可以由巴洛托缪与伯赛尔所说的‘人类是不断依靠工具来维持生存的唯一哺乳动物’这

① ［英］达尔文：《人类的由来》，潘光旦、胡寿文译，商务印书馆1997年版，第122页。
② ［英］达尔文：《人类的由来》，潘光旦、胡寿文译，商务印书馆1997年版，第123页。

一定义来表达”[①]。

苏联学者格·赫鲁斯托夫则通过具体的实验对古道尔非常看重的黑猩猩的工具行为进行了一番深入研究，他也发现，“早期原始人类石器和其他灵长类动物制作的工具之间存在着两大重区别。第一，有些工具的用途是制造其他工具，比如磨快棍棒的薄片。第二，早期原始人类必须能够‘预见到’从周围的某一种粗糙的岩石中能够‘提取’出某一工具”[②]。而对这一根本差别，马克思早在达尔文正式发表自然选择理论之初，就已在研究人类劳动形式时做出了明确的判断：“人类劳动尚未摆脱最初的本能形式的状态已经是太古时代的事了。我们要考察的是专属于人的那种形式的劳动。蜘蛛的活动与织工的活动相似，蜜蜂建筑蜂房的本领使人间的许多建筑师感到惭愧。但是，最蹩脚的建筑师从一开始就比最灵巧的蜜蜂高明的地方，是他在用蜂蜡建筑蜂房以前，已经在自己的头脑中把它建成了。劳动过程结束时得到的结果，在这个过程开始时就已经在劳动者的表象中存在着，即已经观念地存在着。”[③]

直到 2009 年，美国学者克里克特·桑斯（Crickette Sanz）所发现的“黑猩猩会通过使用多种工具完成单一的任务”的现象[④]，实际上和半个世纪前的“追猩族”们所观察到的情况相比，并无太大新意。如果对有关猿类的所谓“工具行为”加以概括，不难发现六个方面的内容。

第一，黑猩猩制作钓竿这样的“工具”纯属本能，表面看上去存在的学习过程其实未能起到充分的作用，因此它们的工具是单调的，绝不会尝试以自然器官之力难以处理的石块等自然物来制作工具。

第二，动物的所谓工具行为仅仅局限于获得食物这样一个单纯的目的，没有更复杂的内在心理和智能因素的支持，所以它们对于工具随用随弃，因此不存在对工具的复杂组合、识别、改进和升级。

---

① 郑开琪、魏敦庸编：《猿猴社会》，知识出版社 1982 年版，第 111 页。

② ［英］彼得·沃森：《人类思想史：浪漫灵魂：从以赛亚到朱熹》，姜倩等译，中央编译出版社 2011 年版，第41 页。

③ 《马克思恩格斯文集》第 5 卷，人民出版社 2009 年版，第 208 页。

④ ［美］奥古斯汀·富恩特斯：《一切与创造有关——想象力如何创造人类》，贾丙波译，中信出版集团 2018 年版，第 44 页。

第三，正因为黑猩猩并不会直立行走，只能做出本能的、萌芽状态的工具行为，对应的是根本不具备直立行走前提的、未被解放的、笨拙的上肢和缺乏制作工具所需的基本智能的状态。布莱恩·费根在论及直立行走的重要性时曾有过非常中肯的看法，“就人类狩猎、采集和工具制作而言，两足行走是一个关键性的前提”[①]，也就是说，人类的工具行为是相对于前置条件的直立行走的一个后续行为，没有直立行走这个初始条件，即便在行为上与人类有一定相似性，也很难说黑猩猩会制造和使用工具。

第四，从工具制作者和工具的关系而言，人类和工具之间从一开始就有较为密切的关系，而且这种密切程度随着时间的推移有增无减，以至于到了人离开工具就寸步难行的地步。对于动物而言，虽然有时可以通过所谓工具行为获得食物，“不过它们不像人类那么依赖工具。珍妮·古道尔是第一个发现黑猩猩会使用工具的学者，它们有时使用石头，但还不到搞得环境中遍地都是石器的地步。但是250万年之前，东非的‘原人’栖息地已出现大量粗糙的石器”[②]。也就是说，工具对于黑猩猩来说，不是一种生活必需品，有无工具对它们的生存状态没有什么决定性的影响，工具行为不是它们生存过程的关键因素。

第五，人类的工具行为呈现明显的阶段性，其组合、改进和升级的特征十分明显。但目前没有任何证据显示，动物的所谓工具行为在物种代际间有哪怕十分微小的不同，或者在某一个体的工具行为中，出现了像人类那样的顿悟式的技术方面的提高。

第六，特别需要说明的是，大约在80万年前，人类通过石器工具驯服了原本纯属自然现象的处于自然状态的火，这一工具行为方面的成就比其他与工具技能有关的表现更能清楚地表明人类和动物在工具行为方面的本质差别。

路易斯·利基曾经说过：“石器是石化的人类行为”（Stone tools are fossilized human behavior），工具能力是人所独有的能力和行为的综合表现，猿

① ［美］布莱恩·费根：《世界史前史》，杨宁等译，北京联合出版公司2017年版，第43页。

② ［美］贾雷德·戴蒙德：《第三种黑猩猩：人类的身世与未来》，王道还译，上海译文出版社2012年版，第38页。

类根本无法将内在尺度投放于外物，因此说它们能制造和使用工具，是我们试图在对这种基于本能的行为有更确定的理解的前提下的不够恰当的说法。而且在人与黑猩猩的相似性的态度上，并不需要从一个极端跳向另一极端。制造工具是人属动物的标志性行为，任何动物都不会像人一样制造工具，正是工具行为集中体现出人类的文化特征，人类的起源和演化实际上体现了适应和改变环境的总体状态，包含着相关的具体方式。工具行为是莱斯利·怀特所说的人类特有的“体外适应方式”（Extrasomatic Means of Adaptation）的突出表现形式，“人类具有一种独一无二的能力，能够为事件和对象创造出可以被欣赏、破解和理解的意义，注入意识形态及其他，文化便是这种能力的结果”①。这种能力就表征着人的内在尺度，是直觉的决定、好奇心的发挥、时空观念的架设、智力衡量、情感表达和其他精神能力的综合表现。人类在工具行为中呈现出来的意识性、目的性和计划性，在动物行为那里找寻到的、可对应的是只和生存本能相关最初级的感觉和心理，而这些反应形式并不足以造就一种明确的、有意识的表达。“动物仅仅利用外部自然界，简单地通过自身的存在在自然界中引起变化；而人则通过他所作出的改变使自然界为自己的目的服务，来支配自然界。这便是人同其他动物的最终的本质的差别，而造成这一差别的又是劳动。”② 人们以代代相传却越来越精密的工具行为调整了自然安排给自己的位置，以此提升自己的智能，增进合作的机会，越来越娴熟地使用符号化系统进行沟通交流，这和通常所说的发挥能动性、探索和掌握自然规律的现代人类的形象具有很高的重合度，在明了这一切后，完全有充分的理由承认，真正的工具行为是人类所特有和专属的表现。

三 “最古老”的石器之前还有更古老的石器

关于古老石器的发现历程是一场用现时代的先进工具不断掘进未知的历史深处、让那些深藏于沉积层的史前工具重见天日的竞赛。如同古老人类的化石存在的时间一再前推一样，世界范围内石器的发现也不断地从历史深处

① ［美］布莱恩·费根：《世界史前史》，杨宁等译，北京联合出版公司 2017 年版，第 27 页。

② 《马克思恩格斯文集》第 9 卷，人民出版社 2009 年版，第 559 页。

掘出更多的秘藏，早先所认为的只是从能人开始，古人类才进入工具时代的说法，在新的发现面前很难再成立了，原来确定的250万年至300万年的旧石器时代的边界又前移了几十万年。虽然古人类的骨骼化石往往能作为直接证据用来重现演化现场的某些情景，但如有石器一类的文化遗存伴随出土，往往会对人类“荒野记忆”的构建加入更多可靠证据。不过骨头和石头并非总是能同时被发掘，甚至石器和留下石器痕迹的骨骼化石也并不总能同时出现。

根据考古界的发现，原先一般认为，世界上最早的石器距今有260万年左右，发现于埃塞俄比亚的戈纳地点，与惊奇种南猿的发现地点很近，一度引发了南猿是否已经会制造和使用石器的争论，考虑到南猿并不具备能制造石器的自然器官条件，这些石器被认为可能是由能人或直立人所遗留。但是神奇的非洲大陆似乎是一个取之不尽，掘之不竭的考古宝库，就在曾经于20世纪80年代发现过匠人化石的肯尼亚图尔卡纳湖边，在纽约石溪大学图尔卡纳盆地研究所工作的法国人类学家索尼娅·哈尔曼德（Sonia Harmand）和同事杰森·刘易斯（Jason Lewis）及其考古团队的新发现的石器又将人类工具史推前80万年，“这些史前石器显然是故意敲打后的产物而非岩石偶然破裂的结果”①。可以观察到制作过程中在石器上留下的明显的旋转痕迹，似乎暗示加工者在石器形态上有一个整体性的考虑。其实早在2010年，同一遗址曾发现骨骼化石，年份测定为距今约340万年前，令发现者惊奇的是，这批骨骼化石上有一些只在人为使用工具时才能留下的痕迹，但当时并未发现石器，因而难以确定究竟是何种工具造成这些痕迹。而这次发现石器后，哈尔曼德团队以古地磁法测得石器所在沉积层地质年代为距今约340万年，原先骨骼化石上的工具痕迹极有可能是新发现的工具留下的。

这是否意味着，曾经被否定的人是工具制造者的定义方式有可能获得重新的认可？当人从动物中分离出来的标志变更为直立行走时，工具的制造并不因此显得无足轻重，实际上人属动物的崛起的确认条件中应该加入工具制

① 赵熙熙：《肯尼亚发现最古老石器：距今330万年，或为更新纪灵长类动物所为》，《中国科学报》2015年4月20日第2版。

造的实际证据。路易斯·利基曾经根据能人制造工具的行为把这一时期古人类脑量的增加视为人属起源的标志，但在有了明确无误的石器记录之后，衡量古人类智力状况的脑量标准的下限有可能发生新的变化，因为早期猿人如果能有意打制石器的话，说明早先确立的脑量大小与智力水平的关系仍处于变动之中，路易斯·利基所看重的用以判别人属动物的功能性标准依然有效。在直立行走的前提条件得以满足之后，正是石器所代表的原始文化，让人类真正成为一种有别于其他动物的、能思考的、能逐渐将内在尺度外化的物种。

工具模式的阶段性演化提供的证据无疑也是人类演化史所能依赖的最直接的证据，因为各种石器在大跨度的时间变迁中得到了相比其他证据更周全的保藏，这也是充满偶然性和无限可能性的自然伟力的一部分。第一个把砾石打出刃缘，而不是寻找有自然利刃的砾石的人，就已改变了它的生存环境。人类的整个历史就是他努力实行变革以顺应环境的。[①]

在可预计的追寻先祖足迹的时段，没有最古老的石器，只有更古老的石器。考虑到石制品上的人工痕迹和自然痕迹的关系，“人类初期的一些石器，无论是对自然石块的短时使用还是对石块进行过零散的加工，乃至在更晚时期人们为某种用途而临时使用或进行过简单加工的石器，与自然破碎、破损的石头和其他动物制作和使用的‘石器’在一些情况下是难以作有效区隔的，因为石头破碎的机理是一致的，在没有经过一定程序的加工、留下具有规律性痕迹的情况下，任何人的经验性判断都可能失之主观。因而‘人类最初的石制品’、‘第一件石器’只能存在于理论中，不可能真正被找到或辨认出”[②]。但是对石器的研究是一种基于新的工具系统的观察活动，是一种有序和有效的工具叠加，更多、更早的石器类工具和据以观察这些石器的现代工具的叠加将会使我们越来越赞同以下看法，“作为一个物种，我们对自然界和我们在其中的位置有着一种好奇心。我们想知道，而且必须知道，我

① 参见［法］弗朗索瓦·博尔德《旧石器类型学和工艺技术》，《文物季刊》1992 年第 2 期，第 83—96 页。

② 高星：《制作工具在人类演化中的地位与作用》，《人类学学报》2018 年第 3 期，第 331—340 页。

们是怎样成为今天这样的？我们的未来又是如何？我们找到的化石使我们的身体与过去的相联系，并要求我们去解释这些线索，其中蕴含着对我们进化史的性质和过程的理解”[①]。

直立行走和工具行为一样，都经历了起初被视为人所独有的特征，却又因新的考古证据和生物学研究被置于和人类特质无关的范围内的评价过程。对几种可能是最早的原始人类的化石资料的分析，特别是石器工具历史的前推，相关新证据的影响力说明，经达尔文提出并得到恩格斯的强化表达，通过直立行走解放双手、提升智能，产生并不断推进工具行为的推理是可以得到确证的。新证据的力量，并不仅仅在于凭借重见天日的骨骼或石器经年代测定重新排布人类演化的时空位点，更在于从中发现工具、劳动和智能、基因、语言及文化的深层关系。

---

① ［美］理查德·利基：《人类的起源》，吴汝康、吴心智、林圣龙译，上海科学技术出版社2007年版，第6页。

第二十八章

智能、语言和工具行为

在寻根意识科学化的过程中，语言的发生也获得了在科学范围得到根本性解释的可能。达尔文在开辟出一条全新的以自然原因解释人类由来的新路的同时，也把语言的演化放置于新的研究视野中，既延续了18世纪以来对于语言起源探讨的一些有价值的观念，又开启了语言演化研究的科学模式。相关研究在语言的连续性和非连续性、语言的先天因素（原始母语、普遍语法、心理模块）和后天行为、交往和语言的关系探讨中展开，实际上确认了语言和智能的内在关系，而人类智能的完善是在工具行为的发展中达成的。

第一节　从工具行为揭示智能之谜

一　达尔文遗留的问题

无论是从原始人类演化中有代表性的工具行为的分析，还是从石器证据在现代人的起源理论中所起的令任何一方观点都难下断语的作用，都显示出工具在人在以直立姿势为常态之后作为人之为人的标志性因素的不凡特性。相关研究者从类比的意义上所界定的动物的智力，主要涉及如何应对外部环境，可否从已有经验获得行动策略以及能否进行符号化的、具有象征性的逻辑思考这样一些基本的方面，这里的核心要素在于追究动物的所作所为是否具有目的性、计划性和意识性，否则就无法将心智处理信息的过程和某种处于封闭状态的本能行为区分开来。

此外，对智能发展的考察是以人类智力的表现为基准的。在考察动物是否也像人类一样会制造和使用工具时，是人类深入动物的群落把动物作为观察对象，而不是反过来。应该承认以下事实，“虽然我们不是世界上唯一一个使用身体以外的东西来改变周围世界的种族，但我们必定是创造和创新工具、提高工具复杂性和使用工具的大师”①。工具的复杂化程度的提高并非无源之水，而是脑力运作和劳动协作共同作用的结果，制造和使用石器的作用绝不仅仅是增加了晚餐的丰盛程度那么简单，包括增进营养、脑量增大、掌控环境等一系列复杂的演化环节勾连接续，体现为必须以身体和大脑、行为和思想、个体和群体相互协调为基础的具有综合性特征的劳动，人类就在这种强大推力中成为能设置将动物纳入其中的实验程序的观察者，而动物却在原地徘徊。

这样就由对于工具行为的思考进入了被达尔文的自然选择解释体系绝少提及的领域，即智能和文化的演化。工具行为是人类的文化能力的重要的、特有的表现，强调人类和某些动物具有一些相似性并不能弥合人类和动物在智力方面的巨大差别，也不能用简单的过渡性的阶段论来解释心智演化具有的连续性。如果说心智之谜没有在演化理论方面得到一个完整连贯的解释是达尔文的演化论交响曲中未竟的部分，那么通过工具行为和语言探索智能演化之谜将有希望为这一宏大乐曲补上关键的乐章。

二　工具和智能的同步演化

对人类演化中的任何关键因素的变化过程的解译，都是以现代人的全部特征为蓝本的，现代人的人性已成为制约这一研究体系的潜在目标，人类在多大程度上能给予动物在智力和行为上足够的认可，实际上不是取决于动物到底有多聪明，而是被人类强烈依赖属于自己的工具系统的观察行为制约。

在人类和动物的智能的比较上，第一，根据传统的看法，对不同的生命体做了层级的区分，人类灵魂和动物灵魂的区别就在于能否进行思考。以笛卡尔的机械论观点承接了这种划分，人和动物因为精神能力方面的差别得到了一个相比从前更绝对的划分。动物被看作只受到本能驱动、没有自由意志的机械，根本不可能有推理能力和其他更高级的心智能力，人与动物在这一

① ［美］奥古斯汀·富恩特斯：《一切与创造有关——想象力如何创造人类》，贾丙波译，中信出版集团 2018 年版，第 52 页。

点上判然有别。进一步地对理性之外的精神能力的关注，给了非理性因素在人性把握和科学界定的足够空间，人们很容易便能注意到感觉、感情、情绪甚至某些看上去似乎有一种内在知觉起作用的行为是某些动物也具备的，古已有之的人与动物的分界开始变得模糊了。第二，从达尔文开始，对启蒙时代以来推崇人的特殊形象和至高价值的观念因为人有一个动物性来源的解释而变得松散了。秉承演化论精神的后继者不仅深深服膺达尔文解释万物起源及人之由来的至简模式，也深受达尔文以“在心理官能上人类和高等哺乳动物之间并没有基本差别”[①] 的信念试图证明人和动物的心智能力差异不大的热情的感召，对动物可能具有比我们原以为的程度更高的智力的判断大都由此而来。在关于心理能力的比较方面，达尔文也表示，“当我们把高等动物、特别是人类的以记忆力、预见力、推理力和想象力为基础的心理能力活动和低于人类的动物以本能来执行的完全相似的活动加以比较时，我们也许容易对前者的心理能力估价得过低；在低等动物的场合中，执行这等活动的能力是通过心理器官在各个连续世代中的变异性和自然选择逐步被获得的，而与动物所表现的任何有意识的智力无关”[②]。他特别提到人类智力活动所具有的在实践的模仿中学习不断提高能力而动物却在本能活动中自始至终维持同一水平的事实，以此体现人类和动物的重要区别。这说明那种企图步达尔文后尘把人类和动物的智能差异进一步缩小的做法是在一定程度上误解了达尔文的本意。第三，刻意强调动物具有和人一样可以获得充分沟通的情感状态的做法是在为现代社会追加的动物权利寻找某种自然的根据，这种看似充满善意和悲悯之心的做法实际上正在把原本属于人类的道德强加于动物。正如某些研究者提醒的，对动物具有的一定程度的情感表现予以认可，并不意味着把某些道听途说的奇谈怪论当作科学证据。以上我们说明了关于人类和动物智能比较研究的几种情况，分别是从古典式的层级观念走向模糊分层，继而呈现为演化中的连续性特征并且已经由于界限的模糊而迁移至道德领域，但是并无确定证据支持这样一种将认知能力泛化的倾向，正因为如此，我们

① ［英］达尔文：《人类的由来及性选择》，叶笃庄、杨习之译，北京大学出版社 2009 年版，第 42 页。

② ［英］达尔文：《人类的由来及性选择》，叶笃庄、杨习之译，北京大学出版社 2009 年版，第 44 页。

不妨认为，“无论是通过放大其他动物的智力能力，还是通过夸大人类的动物本能，我们都可以发现，人类行为和其它动物行为之间有着太多表面上的相似之处。人类可能与黑猩猩关系最为亲近，但我们终究不是黑猩猩，黑猩猩也不是人类。任何通过展示人类与其他生物在心智能力上的连续性来‘证明’人类进化的议题已不再有意义”[①]。

但是对动物和人类的智能比较方面已经获得了一些进展。由戴维·普雷马克和盖伊·伍德拉夫提出的“心理理论”认为，“人类具有一种天生的能力，能够理解其他人有着不同的欲望、意图、信念、心理状态，我们也有能力构建有着一定准确度的理论，阐释这些欲望、意图、信念和心理状态”[②]。换句话说，这一理论认为人类具备从对行为的观察便可推知行为发出者内在心理状态的心智能力，并产生了两方面的疑问：第一，这一推断过程能否应用于动物，就像达尔文在动物表情研究中所做的那样，如何确认人类对动物行为可能具有内在心理原因的推测不是和讲童话故事一样采用了拟人化的方式？第二，如果拟人化方式得到确认，将意味着人类独具心理理论所说的透过现象推知心理本质的能力。塞塞莉娅·海斯（Cecelia M. Heyes）、波维内利、珍妮弗·冯克（Jennifer Vonk）和迈克尔·托马塞洛（Michael Tomasello）在相关研究中得出了不同的结论。相对于其他几位研究者对黑猩猩的行为是否具有心理过程内核持有的不确定态度，托马塞洛认为黑猩猩已经具备意图顺序（intensionality）中低层次的部分。

人类的智能从文化、道德和语言表现出来，文化作为对于人类生活样式最基本的概括，在人演化史中是和石器工具的制造和使用具有同等含义的。如果从工具史来反映人类演化历程，其可靠程度并不输于骨骼化石证据和生物分子证据，工具行为之所以能起到这样的作用，是由于一经人手摆置就似乎被注入了活力的石器，能够将语言产生之前人类演化历程中内在的方面充分展示出来。工具行为可以使我们看到，“人类通过现场装配、针对于情境的复杂性为链来实现他们的目标。他们通过使用世界因果结构的认知模型来

---

① ［英］凯文·拉兰德：《未完成的进化：为什么大猩猩没有主宰世界》，史耕山、张尚莲译，中信出版集团2018年版，第16页。

② ［美］迈克尔·加扎尼加：《人类的荣耀》，彭雅伦译，北京联合出版公司2016年版，第48页。

计划行为”[①]。而能够使人做出这些明显有别于猿类的并且比猿类更高明的行为的原因，就在于人有独特而强大的智能。

智能的演化和原始人类工具演化是同步的，首先，从脑的变化来看，的确存在脑量增加和智能提升的明显的相关性，这方面的一个解释是，“在学习如何制作奥杜威工具的过程中，大脑后部的视觉皮层会产生不同的活动模式，这说明工具制作的行为塑造大脑对刺激的反应方式，而学习（当制作石器时）可以改变大脑活动。较为复杂的工具制作活动对大脑影响最为明显，这些受影响的区域在顶叶的缘上回和前额皮质的右侧额下回。这些大脑区域与设计复杂的行动、高级认知有关，也可能与语言技能的发展有关”[②]。其次，对于不同时期代表性工具行为的分析，显示出石器的加工技术、形态和用途、对劳动协作行为的促进、获得食物和其他物品丰富性的提升以及活动范围的扩大，和智能的提升存在正反馈关联。由于工具本身代表和引导了文化，文化演化和智能演化在此也获得了一致性。“制造工具不只是造出工具，还让我们的大脑重新组构，所以大脑才能仿效我们制造工具的双手，依循双手和世界互动的方式来理解这个世界。”[③]

在此进程中，工具行为是向着逐步升级的、逐渐具备精细工序的、更为得心应手的方面发展的，如同现代人智力的发挥总是对应着语言的运用一样，越来越擅长从石块中“抽取出”自己想要的实物形态的原始人类绝不可能总是处于哑口无言的内省式的苦工状态，他们不会一直处于只看不说的状态。当原始人类的大脑出现与工具制造中惯用一侧手臂相关的不对称性，说明语言管控集中的左脑体积要更大，同时脑的体积增加了三倍多，这种思维器官方面的变化会有助于古人类在沟通方式上有所作为。所以，在工具和智能不断进步的同时，语言能力应该也在持续的选择压力下出现了。

---

① ［美］史蒂芬·平克：《心智探奇：人类心智的起源与进化》，郝耀伟译，浙江人民出版社 2016 年版，第 188 页。

② ［美］奥古斯汀·富恩特斯：《一切与创造有关——想象力如何创造人类》，贾丙波译，中信出版集团 2018 年版，第 48 页。

③ ［美］奇普·沃尔特：《重返人类演化现场》，蔡承志译，生活·读书·新知三联书店 2014 年版，第 70 页。

第二节　“非说不可”的秘密

恩格斯曾在《作用》一文中这样论及语言的产生，“随着手的发展、随着劳动开始的人对自然的支配，在每一新的进展中扩大了人的眼界。他们在自然对象中不断地发现新的、以往所不知道的属性。另一方面，劳动的发展必然促使社会成员更紧密地互相结合起来，因为劳动的发展使互相支持和共同协作的场合增多了，并且使每个人都清楚地意识到这种共同协作的好处。一句话，这些正在生成中的人，已经达到彼此间不得不说些什么的地步了”[①]。这是关于语言起源于劳动协作中的沟通需求的最初表述：语言是被工具行为和劳动中的智能进步与协作关系的合力催生出来的，从发生学意义而言具有“非说不可”的难以抑制的性质，这一观点包含的洞见在理查德·利基的语言观里得以重现[②]，这种在语言演化的远期发生论的观点与恩格斯的观点很接近。虽然语言的近期发生论认为语言的产生比起工具的出现和脑的完善要晚得多，但至少我们得到了关于语言是和受内在尺度支配的工具行为紧密缠结的基本线索，可以依此对那个让原始人类“非说不可”的理由探究一番。

一　侧耳倾听：原始人类的语言

当初达尔文在说到语言问题时，既把语言看作人和低等动物的区别，也赞同把语言视为特属于人类的基于本能的技艺。达尔文把语言的起源“归因于：对各种自然声音其他动物叫声以及人类自己的本能呼喊的模仿及其修正变异，并辅以手势和姿势”[③]。他更进一步地猜测早期人类会在像今天的人

---

① 《马克思恩格斯文集》第9卷，人民出版社2009年版，第553页。

② 利基认为，“狩猎和采集是一种比猿的（行为）更具有挑战意义的生存方式。随着这种挑战方式日益复杂，社会和经济协调的需要也增加。在这种情况下，有效的沟通变得越来越有价值。自然选择会因此稳步地提高语言能力。结果，古猿声音的组成部分——可能类似现代猿的喘气、表示蔑视的不满的叫声和哼哼声——会扩大，而它的表达会变得更有结构性。像我们今天所知道的，语言是因狩猎和采集的迫切需要而出现的，或者似乎是如此”。[美] 理查德·利基：《人类的起源》，吴汝康、吴心智、林圣龙译，上海科学技术出版社2007年版，第110—111页。

③ [英] 达尔文：《人类的由来》，潘光旦、胡寿文译，商务印书馆1997年版，第56页。

们一样说话之前，先发出如猿类那样的近乎歌唱的音调。达尔文实际上针对语言的起源提出了两个假设。第一个假设以听觉器官和语言器官的密切关系为基础，以能够倾听为前提来说明语言的产生，这已经在很大程度上得到了现代科学的证明。第二个假设被称为语言起源的乐源论，很显然发声器官的完善和脑的完善存在因果关系，实际上意味着发达的脑是语言产生的至关重要的内在条件，在语法的逻辑依据和生物器官基础方面提供了最关键的支持。

目前关于人类语言出现的时间节点存在两种不同的看法：一种可以称之为远期发生论，将语言的产生前推至人属动物出现之时；另一种观点则可以称之为近期发生论，这种更为确定的观点把语言这一革命性能力涌现的时间定格于 5 万至 7 万年前，与当时出现的“技术大跃进”处于同一时期。在对技术跃进原因的解释上，无论是生态环境的变化导致的文化演进，还是偶然性的基因突变导致大脑发生快速的遗传改组，都在语言和更为精细的工具制造和劳动之间建立了可靠的联系。

根据最新的考古发现，最早的石器出现于 340 万年前，但没有证据表明制造工具的原始人类在那时能一边砸制石块一边聊些什么，因为即便是对于 260 万年前的能人，要肯定地说他们能在制造工具的同时开口讲话，犹嫌证据不足，但并非证据全无。最有价值的证据在于能人颅骨化石腔内压痕中发现的布罗卡氏区凸起，立足于布罗卡氏区和语言能力关联的相关理论，起初这一发现成为猜测能人可能已经掌握语言的重要证据，但语言能力与大脑整体结构相关，况且 20 世纪晚些时候的一些研究发现能人的脊柱区域缺少能有效控制呼吸气流的神经组织，能人的喉头结构还不是成熟的发声器官，因此在确定能人具有能制造工具的巧手的同时，对其语言能力却很难有太高的估计。在人属出现以后，直立人的语言能力是因为爪哇人的工具制造能力得到确认的。有证据显示他们曾扎制竹筏漂过宽度约为 17 公里的海峡。他们能够进行复杂计划和思想并具有强大社会组织能力，解剖学上可以进行短暂发声的脊柱结构的存在，特别是必须有语言支持方可顺利进行的横渡海峡的行为，显示直立人在 80 万到 100 万年前就可能已在有组织的群体行为中具备了语言能力。虽然脑量很大却在智力方面并不占优势的尼安德特人也可能有了某种初步的吟唱式语言，这都和发达的工具行为有所关联。

可以说，语言是在石器工具的制造和使用持续了很久之后才产生的。当古人类的智力得到了提升，同时工具不断得以改进，人类的活动范围持续扩大，被纳入工具作用范围的自然物种类也呈现激增态势，以至于人们必须以集体协作的方式才能完成特定形式的劳动。尤其是像造筏航海这样的以单纯的沉默无声的观察模仿乃至手势交流无法完成的活动，必须用有声的语言交流才能在起伏不定的海面之上达成有效沟通，以便齐心协力登陆新的区域，这在一定程度上支持了恩格斯对于语言如何从劳动协作中产生的假设：的确存在某种无形而迫切的与环境和特定活动密切相关的选择压力，在此情境之下不说话就不足以成功渡海。由于最新的考古证据显示人类到达澳大利亚的时间在6.5万年至8万年前，不仅4.5万年灭绝大型动物的“未被觉察的过度杀戮”[①] 的罪责不应该由这些不安分的智人承担，而且语言近期发生的时间也要前推2万年左右。最近的一项研究强化了这一判断，肖恩·乌尔姆（SeanUlm）利用澳大利亚西北部最有可能成为登陆点区域的海洋气象资料建立了先民迁徙路线的计算机模型，对模拟出的几百条路径加以对比分析，认为澳大利亚本土居民的祖先要通过航海行为跨越的海域总宽度实际上接近于150公里，这一区域的海水深度也达到100米左右，这就是说，除非有着严密的计划、充分的筹备和及时有效的沟通，并以多艘航船编制船队的方式进行配合默契的航行，否则不可能完成这一越洋迁徙的壮举，“人类首次到达澳大利亚应当是有组织、协同完成的移民行为，而非一次偶然事件”[②]。如果计划性的、高协作度的航海行为得到确认的话，不仅使语言和劳动协作有着密切甚至直接关系的假设获得了可能成立的证据，而且在语言和智人确定的行为意图之间也建立了更可靠的联系，为现代人类的工具技术“大跃进”赋予更多的意义，“原始人类的交际行为结晶成为语言，正是以下四条证据背后的原因所在：人口的首次激增、艺术大爆炸、工具的爆炸性发展以及穿越横亘于亚洲与澳大利亚之间的激流深海”[③]。这说明对于语言的产生

---

① 《人类殖民澳洲2000年就致当地85%大型动物灭绝》，http：//tech. 163. com/17/0209/01/CCPVN8KN00097U81. html#，2017-02-09/2018-03-05.

② 闫勇：《人类首次到达澳大利亚并非偶然》，《中国社会科学报》2018年第3期。

③ 李讷：《人类进化中的“缺失环节”和语言的起源》，《哲学研究》2004年第2期，第162—177页。

不是只具备发声器官条件和协作需求就足够了，必须有内在尺度的支持，人类日益增强的智能包含着一个特定的逻辑结构，由此决定了人类开口言说时说什么以及怎么说，要受到语法的限制。

如果要对原始人类的语言的发展进行一个虽不够确切但能够大致呈现其发展脉络的描述的话，借用阶段性的人类演化图谱是可行的，虽然这样做可能产生一些可在支系式描述中加以避免的误解。在人猿分化之后，最早的古人类在直立行走之处，应该也沿袭了用叫声表意的习性。在最新的石器证据的支持下，工具制造的范围已经向前扩展到南猿阶段，南猿的叫声和手势很可能达不到今天所说的语言所要求的程度，这是因为语言是和智能发展的水平及劳动协作能力密切关联的，南猿只是在生理、心理和行为方面处于语言出现的准备阶段。

寻找人类演化证据的过程充满了戏剧性，经过一番曲折的发现之旅，脑量更大、解剖特征更接近智人的直立人被纳入人类演化图谱中，其工具能力、迁徙能力以及对环境的适应性很可能由于语言能力而得到了空前提升。如果非洲以外的直立人是匠人迅速扩散的后裔，那么爪哇人的由来可从直立人的迁居获得来源上的说明，这一事件大约发生于200万年前，很难说这时候的直立人是如何到达印尼的，也许他们抓住了海平面下降的大好时机。虽然受到质疑，但是以下观点已经把一些多方面的证据串联起来了：直立人已经具备某种可表达确定意义、达成有效沟通并在复杂环境条件下增强协作以达成特定目标的语言，尽管这种语言和现代人类的语言仍有较大差别。语言得以产生的条件远比其他行为复杂，需要以发达的工具和智力条件作为前提，以特定的神经通路和大脑结构作为物质基础，但这一基础显然并非现成的存在，而是缓慢累积的结果，似乎是由环境压力触发并受到不断的校正。

人类大脑的完善还为言语提供了内在逻辑的理由，但仅有这些还不够，构造特别的发声器官也处在同样的演化过程中，而这一过程牵引着人类身体的整体结构。要对直立人获得语言能力的诸种基础条件逐一还原是不可能的，但是现有的证据已经把发声器官的完善、大脑思维能力的提高和具体活动提出的协作要求整合在一起，它们共同促成语言的发生。和实物相对应有确切含义的语词以及把对事物之间的联系加以表达的句法作为语言的一般特征是在言语的音素组合中逐渐形成的，这个变化的动力也要考虑到外部条件的刺激所引起的智能的演进。

关于现代人类起源的不同理论也把语言的发生置于两种区别很大的考量之中，这就是前面提到过的远期发生论和近期发生论，除了时间的巨大差异，还涉及语言最初的共同形式的复杂变化，不管怎样，就如同人类的非洲始祖一样，语言之根也应该存在于非洲，虽然无法判断在超过一百万年的演变中，伴随着智力的提升、工具的改进，人类的迁徙和基因的交流到底给语言注入了那些新的成分，但可以肯定智人阶段的语言比之前的时代更具活力。能够对智人的语言状况进行推测的最有说服力的间接证据还是得从一些包括多种工具在内的人工制品中去寻找，这些物件因为具备某些更具创造性的特征被看作人类具有抽象思维能力和形象表达能力的表现。

尽管现在无法找到最原始的人类语言的形式，但是从人类的各种语言能够相互翻译，儿童可以从一开始学习语言时迅速掌握并非自己母语的语言以及脱离必要社会环境的处于语言习得期的儿童会丧失语言能力连带智力严重受损这样一些事实可以推知，人类的语言的确存在某些共性，整个人类的多样化的语言表达也是来自同样的原始样式。随着原本不具备语言功能的原始大脑发生结构上的调整，新的大脑皮层和脑区实际上成为全新的器官，这一器官既包含符号性的思维体系，又通过复杂的神经通路和人类身体的其他器官联结，其中的有机联系是在由工具的制造、使用和改进所牵引的原始人类基本的劳动形式——狩猎采集中逐步建立的。“当用片石技术制造石器，成为原始人的一种基本生存策略时，必然产生出一种选择力量，选择大脑把动作有序地组织起来的功能。这种核心功能一旦产生就不仅仅对投击动作有意义，它会同时增强语言功能及其他的智能行为……语言功能的增强，在这里是一顿免费午餐。语言的出现，对原始人工具行为和原始人的生存有重大的意义和影响，由此而产生新的选择力量去推动工具行为的发展和脑的扩大。看来，工具行为和语言的交互作用使原始人科成员的脑突破了猿脑的阈限，向智能的脑的方向发展。”[①] 这一过程将人类的语言和大脑的精妙构造及意识功能融合在一起，在演化过程中更大的脑量使人类逐步具备了独特的信号

① 葛明德：《劳动在人类起源中发生作用的新证据》，《北京大学学报》（哲学社会科学版）1996年第3期，第47—53页。

系统。原始人类在语言方面经历的复杂化的过程实际上是由身体姿态变化、手部动作反复叠加、工具行为持续强化、大脑容量不断扩增、发声器官共同演化的结果。语言的初始形式只不过是很难与动物的本能行为难以区分的感觉能力的发挥，但在工具行为引导的协作需求的压力之下，信息交流的重要性体现了人类生存过程中增强的社会性。人脑和其他语言器官的各项功能之间并非简单的单向因果关系，而是一种互为因果、互相促进的动态关联，内在的意识活动和外在的手势、体态、表情及语音在工具的升级中也形成了更为恰当的匹配，如同工具行为本身在技术工艺方面具有连续提升的巨大空间一样，语言也获得同步的促进，在日益复杂的社会行为的塑造中，象征性、想象力所引导的精神能量使人类的感知能力进入新的信号系统参与的复合状态，而包括猿类在内的其他动物还将长期停留在单纯的感觉层面。

从动物式的叫声、手势语到表意丰富的口语，在社会体系的成长中支持人类变成具有独特文化表现的生物。迁徙过程中对自然环境认知的深化和扩充以及不同种群间的基因交流给人类的交往带来了活力，促进了工具技术的改进并提升了狩猎技巧，语言成为将这些方面整合在一起的纽带。与此同时，符号化思维伴随着闲暇时艺术创造和装饰行为中审美追求的浮现，也给语言的发展带来了更复杂的语法和更明确的表达。虽然直立人和尼安德特人都已成为演化旁支，但他们也为智人的语言贡献了某些经过深入融合而遭到忽视的成分，如同最近才被揭示的基因方面的成分一样。这样的过程持续了十多万年，当智人的数量越来越多，并通过经常性的迁徙各处流动时，各种不确定性因素都对语言的变化产生影响，语言处于随时波动的状态，几乎和环境、气候一样充满着变数，就像难以确切说明物种的消亡一样，很多语言、语系也已经在荒野中消散于无形，即便如此，在智人自封万物灵长的世界中，也依然还有 4000 种至 6000 种语言可以作为文化发展具有无可置疑的多样性的证据。原始人类迁徙的过程把基因、工具和语言一道携往新的区域，而且工具的扩散往往和语言的扩散具有协同关系，这是由于语言的出现降低了技能传授的成本，提升了人类的社会学习效率，加速了文化积累和传播的速度。当智人的几百个语系和上千种语言在全球各处分布时，开始于 1.2 万年前左右的气候回暖的变化所导致的海平面上升把语言不同的人们分隔开来，人们致力于在定居中驯化动植物，传统的狩猎采集生活发生了革命性转变，协作劳动的形式更为稳固，“社会复杂性增加了。人类数代人在一个地方居住，用泥砖建成的第一个城镇出现了。地方语言变成了更具有影响力的语言，并且被外部地区认作特定地理区域的‘语言’”[①]。

这样看来，人类语言只有随着脑量的增大、智力的发展、工具行为的升级和种群规模的扩大，在劳动的协作性需求上升到一定程度时，清晰有效、具有初步句法支撑的语言表达才可能出现。语言的使用提升了协作效能，狩猎采集技能的效率大幅提升，人类获得了进行艺术创造的闲暇，符号化思维因此获得重大进展，大脑接收到与之前活动影响显著不同的刺激，内部结构发生改变并可能引发进一步的基因重组（如 FOXP2），与内在思想状态相关的符号化的语言成为人所独有的文化现象，也是人所独具的信息沟通方式，并被看作具有理智能力的人类和仅具有本能的动物的本质区别。

为了更好地理解这一问题，正如在工具行为方面无法完全否认相似性和连续性的作用，必须要对动物的行为深入剖析一样，在语言能力方面，同样要对与人类近亲有关的研究进行必要的讨论。我们将会发现，尽管被寄予厚望，并不会真能制造工具的黑猩猩其实也学不会说人话，而它们之所以做不到这两件重要的事情，除了生理结构的基础条件差异之外，智力水平和意识状态对应的内在尺度的区别才是关键。

二　人猿语言特训的启示

在说到这一问题的时候，最容易关联到的是人类和黑猩猩的相似度及曾经有过的教授黑猩猩学习人类语言的实验。之所以黑猩猩被选中来做这种实验，除了从解剖结构、形态学、行为方面确认了人类和它们的近亲关系外，分子生物学提供了来自 DNA 方面的人和黑猩猩高度相似的数据。虽然猿类比有些社会性特征较为突出的动物如蜜蜂和白蚁更多地借助于信号进行沟通，但把这类信号和人类的语言相比会发现以下内容。

第一，在时间和空间的约束力方面，动物的信号系统停留在很小的范

① ［新西兰］斯蒂文·罗杰·费希尔：《语言的历史》，崔存明、胡红伟译，中央编译出版社 2012 年版，第 39 页。

围，无法以回忆或预见的方式对超出当前时刻和区域的事件进行反映并将这些信息传递给同伴，其认识程度相当于通常所说的感觉到知觉之间的状态。

第二，如同工具行为一样，动物“信号系统”具有封闭性，而人类的语言几乎是一种可具有无限变化和新意迭出的开放系统，这种性质在工具方面也是一样的。而且当今人类已经和工具高度融合了，工具将人类的内在尺度的蕴藏更多地释放和投射出来。

认为动物自有某种人类还未曾洞悉其奥妙的复杂沟通方式，很可能也是高估动物的智能表现的结果。对动物交流沟通方式的任何可与人类语言相比拟的做法只是在类比意义上的猜测，并不代表其中存在一条基于演化的逻辑通道并能将其呈现为具体的排序。因此，在瓦解这种不恰当排序造成的连续性印象之后，联系对人类和黑猩猩的相似度的误解和由解剖学提供的猿类的喉头结构并不能发出语言所需要的复杂声音的证据，那种试图通过教会黑猩猩说话，从而证明语言只不过是具有亲缘关系的动物的沟通方式连续性演化后果的实验的失败就不怎么令人感到奇怪了。①

应该得到谨慎对待的恰好是这种语言特训实验，让在智慧程度上远超猿类之上的群体当中某些训练有素的专业性人士特意去教黑猩猩学会语言，试想这种情境如果降临在人类的某个幸运或是不幸的个体身上，那将会是怎样的结果？在论及试图教会人猿语言却很可能纯属徒劳的情况时，布斯克斯的概括是简短而犀利的，“事实表明，研究者们过分地高估了猴子们的能力，他们所看见的，是他们所乐于见到的”②。

语言意味着遵守特定规则的符号化思维的表达和交流，之所以试图教会黑猩猩人类语言的多次实验都无功而终，关键在于说什么及怎么说是和想什么及怎么想的心智状态相互对应的。至于20世纪70年代末赫伯特·特勒斯发表的教会一只黑猩猩学会手语的研究结果，初看激动人心，但根本经不起仔细推敲，他明确指出黑猩猩除了在与食物有直接关系的情境中能以教过的手势要求食物之外，无法用新的手势组合表达复杂的含义，完全不具备造句

① 就模仿能力而言，有种观点认为这是人与动物可以在沟通方式上获得最大限度的一致性的关键，但事实具有讽刺意味，语言方面的模仿不具双向性。参见［英］凯文·拉兰德《未完成的进化：为什么大猩猩没有主宰世界》，史耕山、张尚莲译，中信出版集团2018年版，第23页。

② ［荷］克里斯·布斯克斯：《进化思维》，徐纪贵译，四川人民出版社2010年版，第146页。

能力。史蒂芬·平克和拉兰德一样，认为所谓“黑猩猩能学会手语”只是一个没有抓住“语法”这一关键点的表面化的错觉。至于最著名的黑猩猩习语者坎兹，虽然在极富耐心的心理学家苏·萨维奇－南姆博的教导下学会了图形字（lexigram）这种人工符号系统，但是依然不能说这就能够作为一个来自猿类的普遍证据说明黑猩猩在语言能力方面具备与人类相关的演化意义上的连续性。之所以说人类语言是复杂的和独特的，就在于语言是字词、语法与意义的高度统一，受到一整套逻辑准则的支配，这种逻辑是人类内在尺度中最关键的部分，也决定了人类语言不可能在除人以外的动物中获得真实的理解、掌握和使用，“除人类以外的动物尚未见能使用一套沟通系统，含恣意符号、符号的限用位置规则（句法），及增加符号扩充意义的规则”[1]。

从以人类近亲为对象所进行的语言学习的实验所得到的结果来看，以语言作为人和动物本质区别的判断其实并没有真正被颠覆，上述语言层次中的高级形式的表现未能在黑猩猩的习语过程中得到确认，同时也排除了仅仅由于生理结构上发声器官和人类的区别所造成的语言能力的严重欠缺，已经有学者很明确地承认了类似实验的失败，并对这一实验设置耗费的巨额成本和实际取得的有限成效表示失望，更有学者直率地称这种实验本身就是一场立足于人类演化的阶段式（实际上是梯级式）图谱的闹剧。乔姆斯基和约翰·C.埃克尔斯都认为对于人和动物在语言方面所存在的量和质的差异关系判定的失误是人猿语言学习实验最终流于无效的思想根源[2]，平克则认为想当然地把受偶然性支配的在物种关系上的接近状况作为语言能力也应该有较为接近的表现，是把生物学意义上的连续性简单地等同于文化上的连续性，实际上，现存的物种之间并非线性的阶段连缀的更替和升级关系，动物的交流方式和人类的沟通方式之间也许并没有某些人期待的连续性和可通约性。“人类的语言拥有一系列特征，这些特征在其他动物身上完全看不到，如指涉性、符号的相对独立性、创造性、语音知觉的范畴性以及词序的一致

---

① ［美］保罗·R.埃力克：《人类的天性：基因、文化与人类前景》，李向慈、洪佼宜译，金城出版社2014年版，第136页。

② 参见［澳］约翰·C.埃克尔斯《脑的进化——自我意识的创生》，潘泓译，上海科技教育出版社2007年版，第91页。

性、层级性、无限性和递归性，等等。”①

在这个意义上，有无工具行为和有无语言的问题是等价的。用平克的话来说，是控制神经连接的基因形成能够对知觉和行为发生影响的新回路，人类祖先的大脑开始重新布线②，因此人类语言的历史很可能并非过去认为的那样生发于数万年前，而是有着来自南猿时代400万年之久的悠远回响。

第三节　物质外壳和思想内核在工具行为中的统一

一　语言基因和语言本能

“人类会给他接触到的每一样事物，都赋予符号的意义。”③ 承认人类用语言这种符号系统来进行沟通，仅仅说明了语言本质的某些方面，从语言的社会和历史作用特别是在对类意识的保存和传承方面的来看，“语言是交换知识的手段”④，这里已经预设了知识保存的前提，思维至此，大概没有人会否认工具中凝结了太多的知识，并且也会承认语言的独特性和人类独有的智能具有统一性，那么语言究竟是如何发生的呢？对这个问题的思考，已经从行为学、解剖学和人类学方面获得了一些有价值的见解，并和工具行为紧密关联。

在达尔文的时代，对人类语言发生的探究总是无法摆脱和动物行为的比较。同时期还有一些研究者认为语言源自劳动时强烈的发力所自然引起的呼号，也可能与劳动过程中具有浓厚感情色彩的起初意义不明的随意呼喊有关。按照现代人类源于非洲大陆的假设，语言随着现代智人走出非洲的脚步扩散到世界各处，人类的语言毫无疑问也有共同起源，这会把非洲智人的扩散和劳动关联起来：如果没有工具制造和使用能力提高这一条件的支持，并

---

① ［美］史蒂芬·平克：《语言本能：人类语言进化的奥秘》，欧阳明亮译，浙江人民出版社2015年版，第365页。

② 参见［美］史蒂芬·平克《语言本能：人类语言进化的奥秘》，欧阳明亮译，浙江人民出版社2015年版，第369—370页。

③ ［英］克里斯·麦克马纳斯：《右手，左手：大脑、身体、原子和文化中不对称性的起源》，胡新和译，北京理工大学出版社2007年版，第425页。

④ ［美］史蒂芬·平克：《心智探奇：人类心智的起源与进化》，郝耀伟译，浙江人民出版社2016年版，第191页。

因此具备更强的狩猎能力、加工和携带食物的能力，由非洲进入欧亚的长途跋涉则难以为继，由此看来，关于语言起源的探讨很容易就会转移到工具和劳动的作用方面，并从语言演变和人类种群演化的同构性涉及对于相关的先天因素的讨论。

对于大脑结构的完善和发声器官的演化，一直作为语言产生的生理结构方面的关键条件得到关注。声道、喉头的结构和脊柱的神经连接及肌肉运动对语言的准确发声来说必不可少，但是仅仅能发声不够，还要发出有意义的声音，这就有赖于大脑结构中特定区域的语言掌控能力的发挥。有一种观点认为，与语言相关的诸种条件都已经在智人出现时同时形成了，但对于这一优势集聚的原因却语焉不详。[①] 此外，就如同相信现代人有一个共同的祖先一样，达尔文设想人类种族的完全谱系和世界上所有语言的完整谱系之间存在分类学上的对应关系，语言的演化也有一个像人类演化树一样的不断分杈的结构。但是由于口头语言的出现和书面文字的产生在时间上存在一个对二者的有机联系进行明确界定时难以逾越的跨度，再加上语言变化的速度相对于人类的演化的速度而言要快得多，试图从语言的形式要素中寻找语言的根源显得极为困难。虽然一些研究者已经对多种语言中存在的和英语中的某些语词同源的表达进行了研究，但依然无法肯定地拿出巴比伦塔被毁之前人类只用一种“原始母语”或“单一的原始语言”即“原始世界语”（Proto-World Language）[②] 交流的可靠证据。如果达尔文的设想是正确的，那就意味着语言的差异和人类基因的差异应该存在一定对应关系，这可以构成语言和基因在分布形态方面相互参照拾遗补阙的理由，然而实际情况是，对于存在语言的共同形态的判断由于口头语言未能留下可供分析的记录，一种致力于在考古学证据、遗传学证据和语言学证据之间形成统一理解的学科综合远未达到进化论综合所企及的程度。

关于现代人类起源的两种理论在语言和基因的关系上也提供了加深理解的契机，这意味着，作为公共符号系统的语言也许具有某种更深刻的与生俱

---

① 参见［美］伊恩·塔特索尔《地球的主人——探寻人类的起源》，贾拥民译，浙江大学出版社2015年版，第238页。

② 参见［美］史蒂夫·奥尔森《人类基因的历史地图》，霍达文译，生活·读书·新知三联书店2006年版，第138页。

来的理由。简·赫斯特在1990年的一项针对某个存在语言障碍家族[①]的研究对此打开了一条基因通道，8年之后，赫斯特认为自己找到了可能导致语言问题的FOXP2基因。“FOXP2基因已经在人类、黑猩猩、大猩猩、猩猩、恒河猴和老鼠中进行了测序……参与包括肺、肠系统和心血管系统以及多个大脑区域在内的身体结构的发育”[②]，其他一些遗传学家的后续研究证明，这一基因的缺损将会导致大脑内布罗卡氏区神经元数量骤减。根据对很多动物尤其是灵长类动物普遍具有的FOXP2基因的历史的追溯，发现在大约500万年前人与猿的分离期，这一基因加速了演化，沃尔夫冈·恩纳德和斯万特·帕博通过对一些现代人类FOXP2基因变化的分析，认为人类获得这一基因突变后形态的最近时间是在20万年前，结合语言起源的近期发生论观点，可以推断，“在语言的进化过程中，社会中会有语言能力相差很多的两种人。当每一个基因变异发生时，如果它提供某种改善语言的能力，它的携带者就会留下更多的后代。当最后的基因，也许就是FOXP2，席卷整个古人类时，现代语言的能力应运而生”[③]。理查德·克雷恩（Richard Klein）也借助这一发现来解释人类文化发展所出现的突破性变化，他提出，即便突变基因的数量很少，也可能和数量巨大的基因突变一样，在人类的文化创造力方面产生不可低估的推动，他乐观地认为这种突变造就了“一组语言和创作基因”[④]，人类的社会性的信息沟通和交往能力突然跃进到全新的状态。

语言基因的发现，把语言这一人类演化中的创新事件的驱动力来源和遗传结构的突变联系起来，但是处于主流的渐变论立场的反对意见却认为众多基因的有序编排决定了人的整体结构，某个基因不可能具有这种决定性的力量，至于那种从拥有FOXP2基因的角度认为尼安德特人也具有语言能力的

① 出于隐私保护的需要，此类家族的具体信息一般不会被披露，已知的最著名的FOXP2基因突变引起语言障碍（语法能力缺失、脸部、唇部控制失调）的家族病案来自英国和巴基斯坦，称为KE家庭。

② Michael C. Corballis, “How Language Evolved”，《心理学报》，2007，Vol. 3，No. 39，pp. 415 - 430.

③ ［美］尼古拉斯·韦德：《黎明之前——基因技术颠覆人类进化史》，陈华译，电子工业出版社2015年版，第46页。

④ ［英］彼得·沃森：《人类思想史：浪漫灵魂：从以赛亚到朱熹》，姜倩等译，中央编译出版社2011年版，第55页。

说法，就更是把语言产生的必要条件当作了充分条件。[①] 迈克尔·加扎尼加（Michael S. Gazzaniga）也指出，FOXP2 蛋白数量会影响到和语言能力有关的神经结构的健康状态，但这只是研究人员基于特殊病案所做的假设。[②] 现在已有的研究成果确实证明了很多哺乳动物都具有 FOXP2 基因，但只有人类的 FOXP2 基因中发生了在时间上和语言最早出现的时段相一致的突变，如果这一突变在人类的演化速度、选择方向上造就了某种竞争的优势，就很难把时间上的接近视为巧合，与工具行为密切相关的动作的刺激很可能是这一基因发生变化并引起脑量增大和智力增长的重要原因。不过把语言形成的根本原因归为基因力量的说法还是不够严谨，因为在演化过程中，人类大脑皮层中的基因表达绝大部分是处于不断的增强和优化之中的，而且不同的基因确实对应着具体的功能，FOXP2 基因很有可能只是和人类语言功能的某一方面功能（比如清晰的发声）对应，在对这一特殊的方面尚无法清楚揭示之前，除非能够证明 FOXP2 基因在语言的发生发展中起到了决定性作用，否则很难直接称之为语言基因。

相比之下，更早出现的另一种观点是从本能角度来探讨语言的发生，显然更注重天赋的作用。达尔文最早提出了这方面的一些猜测，他引述某些研究者的论点，认为语言如同酿酒、烤面包和书写一样都属于经过学习才能具备的技艺，“然而，语言和一切普通技艺都大不相同，因为人类有一种说话的本能倾向，如我们幼儿的咿呀学语就是这样；同时却没有一个幼儿有酿酒、烤面包或书写的本能倾向。再者，现在没有一位语言学家还假定任何语言是被审慎地创造出来的；它是经过许多阶梯缓慢地、无意识地发展起来的”[③]，很显然，在达尔文看来，追求某种技艺在动物界是作为一种普遍的行为倾向而存在的。其实达尔文在这里将某些具体的人类活动和普遍性的语言能力相提并论并不恰当，但他确实在人类的独特性方面扩充了“本能”

---

① 参见［美］伊恩·塔特索尔《地球的主人——探寻人类的起源》，贾拥民译，浙江大学出版社 2015 年版，第 236 页。

② 参见［美］迈克尔·加扎尼加《人类的荣耀》，彭雅伦译，北京联合出版公司 2016 年版，第 32 页。

③ ［英］达尔文：《人类的由来及性选择》，叶笃庄、杨习之译，北京大学出版社 2009 年版，第 55 页。

这一概念的含义。正因为如此，威廉·詹姆斯才可以大胆地把思想也划入本能的范围，就是说，人类不仅有动物所具有的那些很容易滑向兽性冲动的生物本能，也有人所独有的社会性、思想性本能，正是在这个意义上，语言可以被视为人类的本能。

如果说从文化现象的考察角度，可以把语言的产生看成需要智能发展和认知提升再加上身体器官条件的统一作用才能实现的社会过程，那么从人类天性与环境作用的互动关系就可能提供一种对于语言的天赋能力和后天习得技能之间的新观点。乔姆斯基就试图提供一种与语言相关的生理器官相对应的精神器官的设定，把语言归于生而就有的天性的有机组成部分，这就意味着，语言的发生并非和人类生理器官的演化同步展露出来的适应能力，而是人特有的精神现象所呈现出来的未解之谜。从人类学习语言的过程和语言自身的变化来看，语言肯定是和人类演化的其他方面一样处于渐进过程的约束之下，并在三个方面表现出自然选择的作用。

第一，人类总体上语言的渐变是和某些个体的语法方面的突变同时发生的，这时候人所具有的智能的所有方面都会被来自个体突变的压力调动起来，将新的表达规则储存于大脑中，使那些在语言的理解、沟通和表达方面有优势的个体成为自然选择中的优胜者，人类的语言能力也因此得以增强，语言优势就是选择优势和生存优势。

第二，语言的演化在最初的原始形式和现代人的语言系统之间存在连续性的中介形式，这种形式并非把语言的复杂构成机械地拆解为简化的部件，而是指数量有限的符号、词汇和规则，这很可能是指原始人类共同使用过的原始母语，即语言像人类物种一样发生分化之前的形式，语法也会粗糙不堪。这种估计并不依赖太多的考古证据和基因分析的支持，只需要从现存的多样性的语言形式和语言事件中提取一些样本就足以说明语言和工具一样，经历了一个由简单到复杂的多样性并存的选择过程。

第三，语言演化的过程和工具行为、信息沟通、相互协作、物品交换的关系是围绕目的和手段的基本架构展开的，狩猎采集的效率、信息沟通的准确性、协作和交换带来的便利，还有智能提升带来的竞争及社会交往的目标设定都对语言的进展构成了明确的选择压力，因此，原始人类对语言表达的实用性要求和现代人区别不大，语言的演化是从整体上而非在每一琐碎的方面与适应性的方向保持一致，这是一个耗时漫长但潜力无穷的过程。

从对于语言的基因论和本能论的探讨可以看出，只有在工具能力得到现代技术支持的背景下，从人类演化过程遗留的工具行为方面的证据，才能对语言能力的天赋论展开基本的设想，在语言能力的生物学基础方面添加比思维器官、发声器官更多的物质条件，并以基因突变来解释人所独具的语言本能。已有的研究确实表明，人类大脑中基因表达的变化速率比起包括黑猩猩在内的其他灵长类动物要快得多，这种情况在人类的认知能力大幅提升之前就已出现。语言本能论实际上表现出了面对无法再现的语言证据时的无力感：与其去追究一种根本不可能以直接的、有形的证据支持的人类专属能力的起源，不如根据对相似情境的观察（比如儿童学习语言的过程、感官有障碍者的沟通等），设定一种内在的、先天的因素作为问题讨论的逻辑起点，FOXP2 基因的发现为这一设定找到了对它而言至关重要的物质基础，但这一联系的建立目前仍未尘埃落定。语言本能的提法实际上把受逻辑结构支配的、有语法规则贯穿其中的语言能力神秘化了，语言基因的存在尚处于不确定状态，也并不足以提供把某种天赋建基于先天的物质因素的充分理由。与其说是某种基因突变导致了语言能力的出现，还不如说是起初与基因并无直接关系的沟通方式的变化引起了某种基因的突变，这种变化很可能在现代人类的融合了手语和表情但却具有更高级形式的语言表达中发挥了一定的作用。

二　工具、劳动、合作和语言的共同演化

在论及人类的独特性时，托马塞洛认为其基本表现是“创造出新物品（artifact）和行为惯例（behavioral practice）”[①]，其中的主要内容便是工具的复杂化，包含一种只进不退、不断累积相关效能的“棘轮效应”。在人类的工具行为的演变中，产生了一整套以最基本的生活资料的享用方式为核心内容的规则系统，由此产生的技能和动机促成了人类的合作行为。在他看来，人类具有主动向他人传递信息和对他人行为进行模仿的本能，这似乎暗示人

① ［美］迈克尔·托马塞洛：《我们为什么要合作：先天与后天之争的新理论》，苏彦捷译，北京师范大学出版社 2017 年版，第 1 页。

类的合作行为是和智力的完善同步展现出来的，“所有那些最令人印象深刻的认知成就，包括从复杂的技术到语言和数学符号，再到社会制度，都不是个体独自行动的产物，而是个体之间相互作用的产物”①。

自300多万年前第一件石器工具出现开始，人类凭借自然器官和心智能力的配合所完成的整个活动就是一个综合的表现，而非只能把与工具关联的各方面因素分开考虑的支离破碎的状态。“工具完全用手工操作……其复杂程度倒并不重要。例如，在使用工具时，人的手和眼睛要作复杂的动作，其在功能上无异于一台复杂的机器”②，正是动作的复杂程度所需要的身体各部分的协调性，说明人类的工具行为具有远超于本能的更多的内在蕴涵，在有形的、具体的工具行为背后有支配这一切的无形的、抽象的内在尺度，这是一类人类独有的能标示人类特殊存在的文化智力，不仅包括通常所说的目的性和计划性，还包括特殊的认知图式、沟通技巧和协作方式。

从古人类工具行为所具有的智能因素的内在原因而言，“工具的制造和使用是为了努力实现目标而对物体间因果关系知识的应用”③。在没有语言的情况下，石器技术依然可以因理解力的个体提升而得到同步改进，石器制造者可以通过观察以及手势获得技术交流，而且不排除原始人类会在喉头发出单一的声音以及在地面上画出某种图形或放置标志物来达到传递信息的目的，但在这种情况下石器行为可能长期徘徊在某一固定水平，能人和直立人的石器技能都曾经在缺乏有效的语言推力的情况下经历了百万年的同态重复。在智力进步的前提下，人的手可以做出将内心所思表达出来的多种指示符号④，“手势是原始语言相当重要的一部分，可能与使用工具，双手逐渐

① ［美］迈克尔·托马塞洛：《我们为什么要合作：先天与后天之争的新理论》，苏彦捷译，北京师范大学出版社2017年版，第6页。

② ［美］刘易斯·芒福德：《技术与文明》，陈允明、王克仁、李华山译，中国建筑工业出版社2009年版，第13页。

③ ［美］史蒂芬·平克：《心智探奇：人类心智的起源与进化》，郝耀伟译，浙江人民出版社2016年版，第191页。

④ 在现代人的生活范围，有很多时候由于某些活动条件的限制或者宗教信仰的内心需求，无法以有声的口头语言进行交流，这时手势语就发挥了重要作用。比如在某些军事活动中，出于秘密行动的考虑，参与者往往以一套事先约定好的手势语进行交谈，如果把这种情况看作类似于口头语言还没有产生之时的人类交流场景，也许可以得到一些关于原始人类语言状况的启示。

灵巧的演化有关，因为手势及用手操作工具的神经肌肉元素非常类似”[1]。这说明人类语言的最初形式是和工具行为的复杂化密不可分的，而这种复杂化势必要求更丰富的信息沟通，手势可以花样翻新，但很可能赶不上快速增长的沟通需求。“狩猎者是出色的工匠和优秀的业余生物学家，他们对生活周期、自然生态以及赖以生存的动植物了如指掌。对于这样一种生活模式，语言是非常有用的工具。”[2] 特别值得注意的是，如果工具制造得越来越精致，比如阿舍利手斧比起奥杜瓦伊石器，明显更薄、更具对称性，制造石器、使用石器凭借单个人的力量无法完成，必须以群体协作的方式进行，需要传递的信息也会变得更为复杂，这对口头语言的产生构成一种明确的选择压力。

因此，语言在人的起源和演化过程中，是伴随着群体协作生活方式的展开而逐渐完善的。费根在语言和合作行为的关系上采取了和恩格斯类似的思路，他说，“合作是一种团结在一起解决生存问题和潜在矛盾的能力，是人类的一项重要特质。我们人类的独一无二之处在于拥有一套口头上的、象征性的语言，它能够使我们将内心最深处的感觉与他人共享”[3]。由于直立行走和工具制造技术的改进，获取食物的方式变化改善了直立人的营养状况，使脑容量和脑结构以及喉头结构也发生变化，直立人开始有“嘟囔”式的含混不清的“语言”交流，其语言能力是和初步的象征性、符号化思维方式紧密相关的。

在语言和演化的关系研究受到重视以来，语言不再被视为单纯的符号沟通工具，而是人类天性与文化互动的结果，这一观点将语言和社会协作行为、交往行为联系在一起，而劳动中越来越多的合作恰好可以解释人的社会属性的逐渐形成。“语言不只是用于沟通而已，它与我们的思维也密不可分。”[4] 如果说语言的产生是劳动协作中某种具有“非说不可”性质的力量

① ［美］保罗·R.埃力克：《人类的天性：基因、文化与人类前景》，李向慈、洪佼宜译，金城出版社2014年版，第148页。

② ［美］史蒂芬·平克：《语言本能：人类语言进化的奥秘》，欧阳明亮译，浙江人民出版社2015年版，第385页。

③ ［美］布莱恩·费根：《世界史前史》，杨宁等译，北京联合出版公司2017年版，第66页。

④ ［美］保罗·R.埃力克：《人类的天性：基因、文化与人类前景》，李向慈、洪佼宜译，金城出版社2014年版，第135页。

促成的，那么原始人类开口说话一定是先埋头于从石块中以特殊的角度和力度取得自己想要的形状之后很久才打算说点什么，一旦能够说话，所发出的声音、配合的手势和表情就皆有内心状态提供的理由。人们除了相互交谈，也会自言自语，不排除原始人类的工具制造在进入“学徒模式”之前（那意味着还没有进行大规模的石器工艺传授和学习），也许有一个人会边砸着石块边自顾自地说着什么，因为他心里有一些只能在进行具体劳作时才会闪现的想法，有一些关于他生活于其中的环境以及他本人的某种愿望的图像出现在脑海中。

把语言看作思维的物质外壳似乎已成为一种古旧的观点，但是最近的一些关于语言和思维关系的研究却表明，如果更多考虑工具行为所引起的诸多变化，这一看法还远远未到仅仅该被封存在教科书式教条中的时候。

首先，工具行为在语言的产生中起到了触动并加速大脑中与语言相关区域的演化。由于语言的发声过程需要唇舌有非常准确协调的运动，否则就会口齿不清而含义不明，而只有人类才是口齿伶俐的，个中原因很可能与制造工具时手眼相随、手脑相通的行为机制有关。

其次，独特的工具行为，尤其是像以火为工具提升生存体验的行为，是根本无法在其他灵长类动物尤其是黑猩猩的生存过程中找到任何类似表现的，很显然这是由于对火的驯服及使用需要极高的智能条件，对火的操控和使用完全可以和直立行走和石器的发明一样位列原始人类最基本、最重要创意的行列。[①] 而对火的使用显然在工具行为出现很久以后，再次以全新的方式刷新了工具所维系的群体活动方式，增强了群体力量，让群体活动进一步多样化，并使合作行为更为普遍，在此过程中沟通的加强对语言的形成有重要影响。

最后，处于核心地位的劳动即狩猎采集活动的强化与食性的改变，和脑力增强及语言的作用的关系逐步得到确认。肉食的选择对人类的演化的影响是不容否认的，“喜爱食肉是人区别于猿的主要特征之一，这一习惯彻底改变了人类的生活方式。狩猎涉及团队协作、劳动分工、成年男性分配食物、

① 参见［英］彼得·沃森《人类思想史：浪漫灵魂：从以赛亚到朱熹》，姜倩等译，中央编译出版社 2011 年版，第 45 页。

更广阔的兴趣、领地的大扩张以及使用工具”[1]。更重要的是，无论是以获取植物类食物为主的采集活动，还是以获得肉食为主的狩猎，都对合作行为产生了更大需求，而频繁的劳动合作在没有语言参与的情况下几乎是不可能持续发生的。

如果从人类的社会经验的传递来看，工具行为毫无疑问是社会经验内容的重要来源和组成部分。人类之所以能够不断升级工具，是因为旧有的工具所关联的一整套经验模式在语言的表达中能够不断传承，这样形成的代际技术交流就使得下一代人无须在工具方面从头开始，而是以上一代人已有的工具为新的起点，进行升级换代的创造。“人们可以分享思想，这种思想转而变成行为模式被一遍遍重复——这一点在史前史最初的一百多万年里始终流行的石手斧这一多功能工具上得到了很好的体现。”[2]

深入追问工具的升级和语言表达能力之间发生了怎样的互动关系时，合作、沟通和共享的作用就显示出了唯独只有语言能够承担的功能。手势语曾被认为是用来理解更为复杂的语言形式的中介表达，这不仅是由于至今人们还频繁地使用手势语，而且由于这种语言形式是借助于作为元工具的手来编制和表意的，它可以在有声语言受限的情况下在信息传播和沟通方面起到不可低估的作用，这似乎在以下事实方面形成了一种极具导向性的提示：手势语也许是前文所说的“原始母语”或“原始共同语”的重要形式。考虑到和工具行为的直接关联，手势语的发起人所在的区域必然是一个已经深受工具作用的环境，从石器工具方面去推测语言的最初状态，精巧的制作工艺、更高的认知能力和复杂的语言表达之间可以形成一个顺畅的证据链。

从工具行为本身对合作与沟通的导向而言来说，仅仅在制造的阶段就有几个方面值得注意。

第一，工具制造起初通过观察和模仿就可以达成技能的学习，但随着工具的复杂化，某些技术细节和制作窍门只有借助比手势、表情在表意方面更得力的表达方式才能在群体中传播，所以确实存在来自工具技艺方面的、使

① ［美］约翰·S. 艾伦：《肠子，脑子，厨子：人类与食物的演化关系》，陶凌寅译，清华大学出版社2013年版，第52页。

② ［美］布莱恩·费根：《世界史前史》，杨宁等译，北京联合出版公司2017年版，第16页。

原始人类试图进行更深入、更全面交流的选择压力。

第二，某些重型工具如两面器（手斧）的制作过程是单个人的力量无法胜任的，这一类工具的出现就是通力协作各自承担某一方面的事务才能完成。但是如何在多人参与的工具制作中分配任务并有一个技巧娴熟、经验丰富的人担任主导者，这需要一种更有效的沟通手段。

第三，工具制作进入程序化、标准化阶段时，调动人们多方面能力的运用，尤其是使人们的感官能力和身体动作的协调配合达到越来越和谐的状态，这意味着大脑中与此相关的区域得到了激活，在现代人重制奥杜瓦伊石器的实验中，与制作活动同步进行的脑部扫描表明，工具制作持续的时间长短和制作技巧的熟练程度的差异都在人脑的内在活动方面产生了明显的影响，把认知表达和行动过程推向凭借语言介入的生态构建，即工具行为和思维器官的互动状态在人类和环境之间形成了一种只有人类才能理解和掌控的关系，这种关系正是我们今天无法超越的主客二分模式的源起，只不过在当时的条件下，主体客体化和客体主体化的双向互动过程还处于并不明晰的初步构建阶段。

在此可以回顾一下恩格斯在考古证据非常稀少的情况下所做的关于语言和劳动中合作行为关系的推测，“随着手的发展、随着劳动而开始的人对自然的支配，在每一新的进展中扩大了人的眼界。他们在自然对象中不断地发现新的、以往所不知道的属性。另一方面，劳动的发展必然促使社会成员更紧密地互相结合起来，因为劳动的发展使互相支持和共同协作的场合增多了，并且使每个人都清楚地意识到这种共同协作的好处。一句话，这些正在生成中的人，已经达到了彼此间不得不说些什么的地步了”①。工具行为、劳动、合作和语言的关系的展开过程，虽然是粗线条的、概要性的，但是和一些后继的研究者在有了多方面的、更充足的证据之后所做的推论具有高度一致性。无论如何，工具行为在语言的产生和演变中起到了独特的作用，正因为工具行为只能专属于人类，由它所引发的语言也成为人类所独有的内在需求的交换和告知方式，并在工具的演化中伴随合作行为的普遍化，由具体的指物手势演变为复杂程度越来越高的共同符号系统。

---

① 《马克思恩格斯文集》第9卷，人民出版社2009年版，第553页。

通过对一些有关语言本质和语言演化的有代表性的观点的比对，可以看到将语言视为由自然选择的塑造的适应性本能的观点，其一般观念可以表述为，“我们可以通过调节呼出的气流，将无数清晰完整的想法从自己的脑中传送到他人脑中。这种天赋显然对繁殖十分有利”[①]，语言能力在此是和脑量的增大、智能的飞跃和基因传递的最大化目的密切相关的人类的专能，认识达到特定水平，内在尺度能够充分展露是语言产生的前提，语言是内心所思所想和各种活动的中介，这种语言观往往对应着前述的近期发生论。除此之外，也可以看到另一种从信息沟通的连续性角度来推测语言起源的思路，类似于从动物利用外物的行为中去寻找工具行为的初级表现、与人类的工具行为相对应的做法，试图说明开始于口语的语言只不过是动物普遍都有的交流活动的高级形式而已，从人属的演化而言，将被归于远期发生论。这两种对于语言发生过程的假设，除了时间节点，无论是语言发生的基本缘由，还是在语言与思想的关系方面，都存在较大差异。近期发生论倾向于认为人类的思维能力发展到一定程度之后才有语言，那么语言肯定是能思想的人类独有的能力，这种看法也和工具行为是人类所专属的观点相一致。远期发生论则把语言能力的物种范围大大扩充了，脑量的增大和意识的完善则反过来成为由语言能力造就的结果，因此促进语言演化的选择压力就只能从生存策略的实施过程去寻找，于是以狩猎采集为主的劳动过程中的合作需求成为这一问题的要点，但是合作不仅是为了提高劳动效率，也是为了应对复杂化、多样化的社会关系，是为了适应与自然环境相对的社会环境。

从这两种观点中找到语言发生的确切理由是困难的，因为语言本身不会以实体方式在考古证据中保留下来，但是给语言一个思想的内核却可以将语言演变的不同看法的距离拉近，这种努力已经和众所周知的、由维特根斯坦引发的“语言转向”（Linguistic Turn）联系起来了，弗雷格更进一步地把“对思维内容和认识能力的探讨，转向对语言表达形式和语言内部框架的考虑”[②]，而整个语言系统表达的事实和思维过程对应的世界实际上存在着同

---

① ［美］史蒂芬·平克：《语言本能：人类语言进化的奥秘》，欧阳明亮译，浙江人民出版社2015年版，第380页。

② ［美］汉斯·D.斯鲁格：《弗雷格》，江怡译，中国社会科学出版社1989年版，第3页。

构性。这当然并非不同语言观争论的决胜局，但对人类语言、智能和工具行为关系的探讨实际上已经进入语言和世界具有同构关系的判断之中。

对语言和思维的关系也可以因此在“语言反映思想”还是“语言决定思想”的不同观点当中获得新的理解。已经很难否认，语言是沟通需求和社会关系处理中的选择压力的产物，但是“语言不只是用于沟通而已，它与我们的思维也密不可分”①。不过语言所能表达出来形成有效交流的思维内容，起初只是对工具行为的辅助和补充，只是内在精神活动的一小部分。很多时候，我们无法也不会将具体的活动完全转换为语言，也没有足够丰富的口头语言进行完全的内心想法的表达和沟通，但是我们有远比沟通性的语言丰富的内心语言，对应着智力活动多方面、多层次的展开。“人的社会智力、工具的使用和语言都依赖于脑量以及相关的信息加工能力的量的增加，没有哪一个能够充分成熟地突然出现，就像智慧女神密涅瓦（Minerva）那样突然从宙斯（Zeus）头上出现。更可能的是，像脑量的增加一样，这些智力能力中的每一项一定是逐渐进化的。此外，因为这些能力是互相依赖的，没有一个能够孤立地达到现代的复杂水平。”② 语言的发生不应该被看成一个必须能够明确找出和工具行为、思维器官、发声器官和思想内核之间位序的独立事件，它更像是自然选择将众多的物质性因素集结在一起的产物，而能够充分体现这一过程的最重要的证据并非语言本身，而是脑的结构（专司语言能力的区域、脑的不对称性、手脑的关联）、人的发声器官（声道、咽喉、颅底）的特殊构造和工具行为、劳动协作、艺术创造（工具行为的延伸和变体）中呈现的用心程度，很显然，那种只关注数万年前智人语言能力爆发的观点很可能是片面的，语言更可能是在工具、劳动与合作共同演化中萌生并成为今天的样式。

---

① ［美］保罗·R. 埃力克：《人类的天性：基因、文化与人类前景》，李向慈、洪佼宜译，金城出版社 2014 年版，第 135 页。

② ［美］理查德·利基：《人类的起源》，吴汝康、吴心智、林圣龙译，上海科学技术出版社 2007 年版，第 122—123 页。

第二十九章
基因和文化在工具行为中的共同演化

对于人类演化过程的探究显示，无论是化石证据还是行为证据，都已经和遗传学证据形成了较为明确的相互支持，不同证据之间的互证性关系越来越紧密。由于分子生物学的发展，在微观层面对先天性的遗传颗粒提供的间接证据的解释力得到了迅速扩展。基因代表了生物演变过程中内在的、先天的因素，人们关心和争论的，是基因与后天因素即环境到底是何种关系，到底是哪种因素对人类的演化起到决定作用？但是在人类选择两足行走并制造工具之后，人和环境的关系就必须被放置于文化中去考虑，随着技术进展加入的基因证据本身，就更具有强烈的工具色彩，因此应该从工具行为的角度，探讨基因和文化的共同演化问题。

第一节　微观图景中的演化足迹

一　基因、环境和迁徙

虽然处于证据相当缺乏的研究背景之下，恩格斯在《作用》一文中还是极为敏锐地将走姿变化、双手解放、语言生成、食性转换、迁徙流动及人与环境关系的处理置于人类演化的广阔视域中进行了综合性考察。除了对环境条件的分析，恩格斯更看重人自身的生理条件的变化和对自身存在的预见性、目的性和计划性的觉察。在当时的科学背景下，他还无法用基因论的观点来分析手足分工后的新形态对机体特定部分的影响和对整个机体的反作用，但他已经肯定地指出了得到自由的、能做许多复杂新动作的双手所具备的灵活性经过生物遗传的增益之后，能在智力创造方面具有强大的技能驱动力，从而明确地涉及人类演化中的先天因素与后天因素、自然属性和社会（文化）属性的关系问题。如今这些问题关涉的基本方面因为有了微观层面的科学研究提供的新证据，已经在基因与环境的关系中展开了新的讨论，那种只看重其中一个方面的影响力的看法正被具有辩证法色彩的新观点取代，“判断行为是由基因还是环境决定的并没有意义，地球表面上每一个有机体的每一个行为（就这一点而言，还可以是每一种生理机能或形态），都是由储存于这个不断发展的有机体中的基因信息与他所在的环境特征交互作用的结果”①。

对尝试打制石器的古人类而言，环境的变化不仅指自然原因引起的一系列后果，更意味着工具行为逐渐增长的影响力。当原始人类首次凭借手中的哪怕在现代人看来最粗糙的石器获取食物，并能够设法改进石器工艺时，周边的自然环境就已经在原始人类发生初步变化的认知中转变为自然性逐步降低、属人的性质逐渐上升的另一种环境了，这种环境当然还谈不上是完全的社会环境，但可以看作人化自然即文化形成的初始环节，尽管只是远古广袤荒野上微不足道的一步，但这一开端说明人类已经进入了“人以自身的活动来中介、调整和控制人和自然之间的物质变换的过程”②。

通过对语言基因的讨论，在关于人类为什么具有无比精妙而发达的思维器官的问题上，也有一种基因论的解释，布鲁斯·拉恩（Bruce Lahn）在其研究中发现，在人类演化过程中，两种能使脑变小的致病基因在现代人类形成和扩散的过程中发生了剧变，成为早期人类脑量大增的根本原因，而人类的大脑依然在演化之中。据此可以推断，也许所有在人类演化中增强了生存适应性的基因就处于持续的“积极正向选择”③ 状态中。但是脑的增大与直立行走之后发生的工具行为也有着密切的关系，因此基因变化与工具行为代表的文化变化之间的关系应该受到更多关注。

这充分表明了环境相对于基因，亦即通常所说的后天因素相对于先天因素所起的作用。在对于人类文明史的考察中，地理环境决定论作为一种典型

① ［美］彼得·里克森等：《基因之外：文化如何改变人类演化》，陈姝等译，浙江大学出版社2017年版，第11页。

② 《马克思恩格斯文集》第5卷，人民出版社2009年版，第207—208页。

③ ［美］迈克尔·加扎尼加：《人类的荣耀》，彭雅伦译，北京联合出版公司2016年版，第13页。

的外因论受到批评，但在论及人类演化历程时，既然人类要为自己找到一个自然方面的初始原因，自然环境因素似乎常被放在首位来考虑，不论是直立行走的缘由，还是早期人类面临的多种选择压力，都与源于自然环境的生存威胁有关。但是在人类的形成方面只强调环境因素会产生一个明显的疑问，就是同样的环境条件下，为什么由一种共同的祖先分化出的物种只有一支成为人类？在遗传学的研究还没有揭示内在原因之前，这足以让环境因素在受到重视的同时又因为上述疑问削弱其解释力。现在这一疑虑已经消散了很多，我们都知道不同的基因型在同一环境中会呈现为不同的表现型，实际上即便在一定观察尺度下完全相同的基因型，也在微观层面有与突变相关的差异，这里存在的不是完全的，而只能是有限的和相对的相同，是保持有不易觉察的差异的相似。环境条件同样也是在微观的尺度上存在令人意想不到的差异，尽管在宏观的方面几无差别。在这种情况下，基因和环境的相互作用能产生何种结果就很难只从环境方面去寻找原因了。根据道金斯的观点，包括人类在内的生物，都是基因复制自己的载体，那么充斥着尽力拷贝自己的基因机器的世界是不是能够将环境力量置于自己的控制之下呢？

对现代人类在极寒地带和缺氧条件下生存状况的基因论分析足以说明，在物种已经分化的前提下，先天因素是第一位的。但是人类是如何证明自己具有某种可超越环境限制的内在因素的呢，显而易见的活动是从南猿时代就开始的迁徙，现在已有的关于南猿与工具行为有所关联的猜测，以及以后的较为明确的石器证据的支持，都表明范围越大、路程越远、途经的环境条件越复杂多变的迁徙，对工具的依赖程度就越高。迁徙是劳动的重要组成部分，原始人类是以一边劳动一边扩散的方式来进行远古时期的迁徙活动的。

试图在现代社会复兴受到批评的地理环境决定论观点的学者中最有代表性的是贾雷德·戴蒙德，他试图对很多人感到疑惑的不同地区人类社会生活水平的显著差异究竟源于先天还是后天因素的问题给出一个合理解释。很显然，相比很多依然在工具行为上基本以石器为中心的种族，欧亚地区的技术进展大为领先，在明显的差异中形成了资源掠夺的格局，并进一步造就了更多的不平等。戴蒙德提示说，也许一开始人们注意到的是欧洲人的体能和经济方面的优势，这些优势相互之间又提供了更多有力的支持，说明并非先天的生理方面的优势为残酷的社会竞争提供了基础条件，而是环境条件让人们有了高下之分。即便是某些生理方面的优势，也是得益于环境，比如某些地区有种类更多的可供驯化的动植物，可以使这一地区的居民较早地从古老的狩猎活动转向收益更大的农业，并因处于物种多样性环境中而携带寄生虫、感染多种疾病，却因祸得福地逐渐获得了很强的免疫力。这些人群一旦侵入那些虽然从自身智力条件而言并不逊色却未能获得有效免疫力的人群所在的地区，就可能在适应辐射方面几乎没有阻力，这也是为什么看上去很单纯的聪明人会被并不显得更聪明的野蛮人置于绝境的重要原因。另一位对环境因素特别看重的学者是伊恩·莫里斯，他从原始人类的觅食环境的限制条件出发，认为处于狩猎采集时代的古人类的行为特征、分工状况、技术水平、价值观念都被环境所决定。[①] 对于定居时代的人们的生活，莫里斯提出了一个值得玩味的“幸运纬度带”的说法，“随着越来越多的人定居下来，更密集地利用村落周围的动植物，有选择地耕种和照管它们，人类无意识地（且非常缓慢地）施加了选择压力，改变了食源的基因结构”[②]。这在很大程度上又回到了突出环境的决定作用的思路上，同时也说明环境的力量并非保持在固定的位置。

但是很显然，只用单一的外在原因来解释人类的演化过程是很难令人信服的，虽然看上去地理环境因素在无穷前推的思维模式中会成为无可置疑的初始条件，但我们必须在人类演化切实发生的范围内追究动力所在。如果真回到孟德斯鸠式的把某一地区人类的性格和行为特点全都归因于外在环境的思维模式，就意味着基因并没有发挥太大作用，但是如果承认所有现代人类都有共同的起源，那么在同一地区的种群为什么会出现较大的认知差异呢？特别是在迁徙的过程中所遭遇的未知阻碍，往往让前途未卜的远行者倍感艰辛，而能够在全新地带扩散开来、殖民成功的原始人类，实际上更多借助的是已经具有的工具能力和性格中不肯轻易退却的精神力量。针对戴蒙德过于倚重环境作用从而认为有些地区首先出现了增进群落扩张能力的农业的观点，尼古拉斯·韦德认为，相比农业的出现，定居性的生活方式应该是更早出现的重要选择，而栖居方式的重大变化是内在的适应性经过生物遗传累积

---

① 参见［美］伊恩·莫里斯《人类的演变》，马睿译，中信出版集团 2016 年版，第 36—50 页。

② ［美］伊恩·莫里斯：《人类的演变》，马睿译，中信出版集团 2016 年版，第 162 页。

的结果。定居更可能让野生动物和植物的大规模驯化成为可能，动植物的基因得到改变，人类从自己驯养的动物和播种的植物中获得食物，自己的基因也进一步发生改变。但是必须注意，定居和农业的出现比起迁徙的历史要短暂得多，人们长期在由工具行为引导的狩猎采集活动中以此为生，甚至可以说，对动植物的驯化、培育、养殖和收获是特殊形式的狩猎采集。

除了韦德之外，包括哈考特在内的很多学者都以乳糖耐受性为例说明了因畜牧业从农业中分离出来而出现的可有效吸收乳糖的基因表达与环境和文化的关系，这一问题可以通过对"环境"的分层界定而获得新的解释，除了通常所说的自然环境和社会环境，还可以有外在环境和内在环境（如体内环境和体外环境）的划分，但是所有的有差别的、生理方面的优势都是处于不同地理环境中的人们以特定的工具行为、具体的劳动分工重构自己内在环境的过程。如果基因和环境是一种难以机械地把其中一个的作用无条件地夸大的互动关系的话，那么究竟是什么将二者有效地连接起来呢？通过以上分析可以看出，能够使这两方面重要因素充分发挥作用的具体活动是迁徙，而能够成功地进行迁徙的关键又在于工具和劳动。不仅整个生物世界很难用刻板的决定论的模式去概括，人类的演化过程也不是被某种已经确定下来的先天因素所固化的，环境的力量就和人类一直以来不甘于滞留在某一区域的心理特点一样，是被某种持久而多变的活动性所支配的。只是由于源于久远的石器时代的现代技术的加速更新，时间尺度已经由日常经验无法把握的数百万年精确到另一个细微的端点。工业化的食物链结构、基因技术、化学药物以及人机交互和结合正在让人类的精神和肉体处于"第二自然"的强力选择中，我们比过去更容易、更乐于和更难以避免进行迁徙，同时也不能免于更频繁的基因交流，在全球性的人口流动中，基因和环境的关系正成为新的历史构建。

二　作为历史分析工具的基因

来自基因的解释几乎已经成为很多研究用以说明人类来源的确定不疑的观点，如果不是因为来自石器工具方面的证据可以支持另一种更具多样性的判断，单一的、排他性的替代论将会以看上去更具客观性的基因证据终结关于智人由来的争论。当然问题不可能如此简单，基因分析从根本上而言也遵循相似性思维的基本方法，同时基因本身就是一种构建人类演化历史的工具，这种工具在迄今为止的庞大工具系统中可能暂居极为强力的位置，但不可能完全取代与其他工具行为有关的证据所起到的作用。

有一种观点认为，相对于考古证据有限、在很多方面只能依靠基于现代人的常识进行合理想象和推测的旧石器时代演化图景，新石器时代更有希望为我们提供一幅人类可以在很大程度上摆脱环境的巨大压力，进而掌控自己的命运、进行自我创造的生存画卷。根据斯宾塞·韦尔斯的概括[①]，这时出现了以下变化。

第一，学会有选择地种植谷物让人们可以超越早先漫长的狩猎采集生涯所限定的生存边界，原先在迁徙路线中不断变动的栖居地点让位于世代存留的定居点，人类生活当中的稳定性和确定性因素增加了。

第二，固定的食物来源和基本趋于稳定增加的粮食产量刺激了人口的增长，定居和农业之中包含的更明确、更集中的劳动形式让人类在群体规模上更有优势。今天的人类是那些迁徙的幸存者的后代，在居无定所的岁月结束时，农业创造了新的奇迹。

第三，工具方面的全新变化创造了革新生活方式的力量。相比从前过多的大段语焉不详的猜测，只有承认工具和劳动所产生的动力，人类为何是以今天这样一种不可与工具和劳动有须臾分离的生活状态才可以得到根本的理解。工具并非束缚，劳动也并非苦役，而是人之为人的选择，从这个意义上说劳动选择了人，是有一定道理的。

重要的是，基因研究已经能够在传统的生理特征和文化表现之外提供相似性的证据，提供关于不同地区、不同族群居民历史由来的新的解释。这一类的研究通常是对特定地区的古人类骨骼化石中提取的基因样本进行测序，并和现代人类进行比较，以相似性程度高低来判定其演化路径。

其中最受关注的问题是确定智人走出非洲后的去向，现代人类到达不同地区的时间各不相同，学界在相关问题上长期处于困惑之中。诸种揭示人类史前活动轨迹的分析如果能和基因分析相结合，能提供更为精准的历史定

---

① 参见［美］斯宾塞·韦尔斯《出非洲记——人类祖先的迁徙史诗》，杜红译，东方出版社 2004 年版，第 123 页。

位，关于人类在美洲的最早活动就在这种新的分析方法所提供的证据条件下有了新的描述。

在对于特定区域内的人群基因变异状况的分析总是符合这样的趋势，“一个人群的历史越长，累积的变异越多”①，这也和较大的种群规模相关，能在与环境力量的对抗中生存下来并能够长期繁衍扩增的种群，基因的交流和突变的可能性显然更高，也就是说，人群遗传多样性的高低和其历史的长短是一种正相关的状态。直接而有限的化石证据所提供的关于人类演化的时空位点往往是相互隔断的，所谓演化缺环的困惑就与此有关，而基因证据可将这些位点连缀起来，显示出人群迁徙的具体路径和基因流动的细节。

第二节　文化和基因的共同演化

一　文化和基因的互动

初看起来基因和文化的概念划分格局只不过是盛行于人类思想领域的二分法的众多产物之一，某些学者认为这也受制于人类的能思维的本性，实际上是被基因控制的结果。将我们面对的同时也是置身其中的世界划分为诸多具备对立面进行把握的思维方式，很可能和来自工具制造过程中对于力和反作用力的直接感受难以分离，也和狩猎采集活动中对自然环境条件的利用及方位的判断有关，火的使用则使人们萌生了最初的光明与黑暗形成鲜明对照的认知模式。更有学者认为，人类是天生的分类学家②，不管面对怎样的动物和植物，只要是动态的生命体，就可以和漫长演化过程中形成的认知偏好形成良好的匹配关系，这些镌刻在生存经验中的印象和与基本的生理需求相关的习性一道，充分展现了基因和文化的互动关系。

“每个人都是他的环境，特别是他的文化环境，与影响社会行为的那些基因之间的一种交互作用所塑造的。”③ 基因和环境作用孰轻孰重的问题，

---

① ［美］斯宾塞·韦尔斯：《出非洲记——人类祖先的迁徙史诗》，杜红译，东方出版社2004年版，第75页。

② 参见［美］迈克尔·加扎尼加《人类的荣耀》，彭雅伦译，北京联合出版公司2016年版，第291页。

③ ［英］马特·里德利：《先天，后天：基因、经验，及什么使我们成为人》，陈虎平、严成芬译，北京理工大学出版社2005年版，第289页。

由于智能越来强的人类凭借工具行为所具备的无所不至的扩散能力而转化成基因和文化的关系问题。在一个与人类演化相关的广阔漫长的社会视域中，文化演进的动力来自内在尺度外化之后引发的技术迭代，在此意义上可以说文化连带着甚至等同于不同时期的工具技术形态。[①] 人类以采集、狩猎、驯化和迁徙改变了环境和其中的动植物，所有生物的基因都在此过程中发生了复杂变化，人自身的基因也在与社会文化的适应性互动中发生了变化。“人类的行为、文化和技术在一定程度上由基因塑造……人类基因组的结构同样受到文化的深刻影响。”[②]

对于注重营养和食物多样性的现代人而言，这方面的一个便于理解的著名例证来自对“乳糖不耐受性”的考察，通过这一考察，可以得到以下结论。

第一，某些看起来由演化选择的适应器实际上是人类文化选择的结果，人类的自然属性会在工具行为的演进中添加新的因素，生理结构和体质特征的变化都可以在微观层面找到来自基因的解释。在这个意义上，“我们把文化定义为偏好和信念的集合，这些偏好和信念是通过遗传以外的方式获得的。文化本身就是一种进化力量，而不仅仅是基因和自然环境相互作用的结果”[③]。

第二，现今的人类依然处于演化之中，因为人类的基因组依然在不断更新，而这种更新的压力在很大程度上来自环境和文化的双重作用。但是由于环境因素的自然性的降低，很多时候人的生物属性的变化已经不再是单纯的自然选择所造成，而是文化的选择压力的产物。

第三，具有共同起源的人类的不同群体在基因层面对同一文化刺激会做出不同反应，说明文化多样性和人类自身的多样性具有一致性，也说明自然属性和社会属性是在文化生态位中得到统一的。

① 在考古学和史前史研究中，能人的工具制造和使用被称为“奥杜瓦伊文化”，直立人时期的工具技能被冠以“阿舍利文化”之名，尼安德特人的工具行为则被纳入“莫斯特文化”的概括之中，克鲁马农人以石叶加工为基础的工具创新延伸出“奥瑞纳文化”的新技术阶段。

② ［英］凯文·拉兰德：《未完成的进化：为什么大猩猩没有主宰世界》，史耕山、张尚莲译，中信出版集团2018年版，第229页。

③ Bowles, Samuel and Gintis, Herbert, *A Cooperative Species: Human Reciprocity and Its Evolution*, Princeton University Press, 2011, p. 13.

第四，基因之所以随文化改变，根本上是由于基因要适应环境变化，而对人类来说，环境和文化已经难分彼此了，此时的环境不是纯粹的只能给人类演化单方面施压的自然环境，而是经过改造的、打上越来越多人类文化烙印的社会环境。

在对这一关系进行评价方面，亚历山大·哈考特提示说，“这种人类基因对环境改变（乳品业）的适应（乳糖酶的持久性）是一种‘基因—文化互动’，或‘生态位构建’（niche construction）”[①]。这说明，在以特定的劳动方式改变环境的同时，人类也改变了自己，这种自我塑造的力量的主动性一开始是由自然执掌和随机生发的，但是随着文化的发展，自然力的作用降低了，人在基因与文化的互动中具有了更多的选择的主动性和自身演化方向的确定性。

文化和基因的互动也催生了一种通过类比的方式把基因遗传的原理应用于文化传承与发展的假设，在理查德·道金斯所提供的“文化因子”假说之中，名噪一时的模因（meme）的概念对应着可由模仿而复制传播的文化单位。虽然这种假设颇有争议，有将复杂的精神现象过于简化处理的嫌疑，但是它显示出基因遗传和文化演化的紧密关系，再一次证明了文化和基因处于共同演化之中。

二　工具行为和基因

很多研究者已经达成共识，在大约 5 万年前，此时已是旧石器时代晚期，人类在工具制造和使用方面进入了一次加速革新的超常状态，贾雷德·戴蒙德将这种突然驶上快车道的技术质变称为“大跃进”时期。可以从三个方面的重要变化来描述史前工具技术“大跃进”的盛况。第一，工具种类多样化，制作工具的材料来源和工具类型更为丰富，人类在工具行为中表现出来的创新能力相对于之前的一百万年几乎是爆发性的。第二，各类组合工具层出不穷，功能细分的各类工具中体现出了多种前所未有的特殊用意和精妙设计，说明人类在工具制造方面对于制作工艺有了明确的意识和追求，

---

① ［英］亚历山大·H. 哈考特：《我们人类的进化：从走出非洲到主宰地球》，李虎、谢庶洁译，中信出版集团 2017 年版，第 241 页。

这是智力大幅提升的重要表现。第三，人类对于狩猎所得的各类资源的利用水平有了大幅提高，这也是从复杂程度和丰富程度提高的工具行为中反映出来的。在石器工具刚刚兴起之时，远古人类只能以一种粗放的方式来处理动物的尸骸，但在“大跃进”时期来临之后，人类对狩猎所得有了更细致的分类和恰当使用。这些变化不仅体现为行为学特征，也在基因层面有所表现。

立足于这一背景，工具行为和基因的关系并不是指生物遗传的具体过程已经被某些现代技术因素所操控，而是说工具的制造和使用通过推动脑量的扩增，改变了人类的生物遗传状态。在人类演化过程中，文化的重要内容和阶段性标志都与工具有关，通过工具能具体地反映出一定时期的劳动水平，工具是内在尺度外化投放于外物的结果，它本身就在不断的升级过程中成为内在尺度的代言者，成为最直接的尺度本身。工具行为作为文化的基本内容具有明显的传承性。在人类的生物遗传过程中产生文化的根本原因就在于逐渐明晰的内在尺度，这是猿脑转变为人脑的漫长过程的最重要的结果。但是正如恩格斯所说，脑的完善得到了来自起始于工具行为的劳动和语言的共同推力，而语言和劳动是共生共进的关系，工具行为又必须和触发脑部神经元反应的手部动作联系起来分析，这就建立了一条寻求工具行为和基因关系的可靠路径。

20世纪90年代，在对于灵长类动物的行为机制进行研究时，贾科莫·里佐拉蒂（Giacomo Rizzolatti）发现了它们脑内存在着既能记录自主行动状态又能被其他个体行动的具体展开过程所触动的镜像神经元（mirror neuron），能将对于特定动作的知觉和动作控制能力加以集成控制。通过由人类志愿者参与的进一步的实验，人类大脑中的镜像神经元的激活过程比单纯的动作感知增加了对动作意图的理解，“我们有一个理解动作及动作意图的镜像系统，而它也与通过模仿和情绪识别来进行学习有关”[①]。镜像神经元所在的脑区在前额叶皮层的F5区，布罗卡氏区位于同一脑区，这似乎为说明手、脑及发声器官的神经联系找到了行为刺激的缘由，镜像神经元被激活的过程提供了可对后天习得的行为进行基因解释的可能。这也说明，“在系统

① ［美］迈克尔·加扎尼加：《人类的荣耀》，彭雅伦译，北京联合出版公司2016年版，第209页。

发育和个体发育中，人类的智能首先是解决动作问题，只是在后来才逐渐开始思考更抽象的问题。在人类起源中，可能是大脑对投击运动的计划曾经促进了语言、音乐和智能的发展”①。

同时，来自病理学的研究发现，很可能是特定的动作让人体内的FOXP2基因发生了突变。结合直立行走起因中基于社会交往需求对手势的运用的假设，也考虑到布罗卡氏区在口语和手势方面的控制作用，FOXP2基因和手势表达的关系初露端倪。里德利认为，从脑部对发声和语言的控制区域的差别、利手和脑部大小的对应及手势语言的经常性应用的事实，结合化石证据中显示的直立行走解放了双手的重大影响，可以发现在直立行走、手势和语言之间有确定的关联。对阿法南猿的骨骼化石的分析显示，长期的手部动作受制于并作用于大脑左侧的运动区域，塑造了人脑对符号交流的识别和适应，“手的姿势开始代表两种不同类型的词，根据形状的物体，根据运动的动作，由此发明了名词和动词的区别，这在所有语言中都深刻存在”②。

从以上对于镜像神经元和FOXP2基因的分析可以看出，手部动作改变了生物遗传的脑部结构，为智能的提高和语言的发生创造了条件，而手的最频繁的动作表达几乎都与工具行为有关。早期人类一旦直起身来，手足分工的一系列未预料到的后果就以工具行为改变了原有的先天因素，在人的生物构成中发生了基因的“选择性清洗”，形成并推动着文化进行棘轮式运转，永无止息。“人类的文化能力并不是孤立地进化，而是与认知和行为的核心要素经历复杂的协同进化，这些核心要素包括我们的语言、知识教授、智力、观点采纳、计算能力、合作能力、工具使用、记忆力以及对自然的控制。”③ 而能将这诸项核心要素整合于一体的，正是以石器制造和使用为基本形式的工具行为。

---

① 葛明德：《劳动在人类起源中发生作用的新证据》，《北京大学学报》（哲学社会科学版）1996年第3期，第47—53页。

② ［英］马特·里德利：《先天，后天：基因、经验，及什么使我们成为人》，陈虎平、严成芬译，北京理工大学出版社2005年版，第227—228页。

③ ［英］凯文·拉兰德：《未完成的进化：为什么大猩猩没有主宰世界》，史耕山、张尚莲译，中信出版集团2018年版，第317页。

三 工具行为在文化和基因共同演化中的作用

从人类演化的过程来看，考古学上通常所说的文化却起始于对于特定时段石器工具的分析，这说明人类文化的核心要素在于人类能够将内在尺度投放于外物，并由此延伸出一整套日渐复杂的工具系统和工具行为，正如费根所言，“文化（culture）是一个被人类学家发展出来以描述人类所使用的不同适应系统的概念。文化可以被看作一个社会关于信仰和行为的传统体系，这种体系被个体和社会集团的成员所理解，并呈现于个人和集体的行为当中。它也是我们对环境的适应方式的组成部分。工具和住所也是文化的组成部分”①。事实上，根据石器工具产生以来人类文化方面表现出的加速变化的趋势，工具应该是文化最主要的组成甚至是核心的组成，因为住所本身也可以被看成一种特殊的工具，而且是诸种工具最大量、最大限度集成的形式，人类通过每日都要回返的固定住所进一步确认和强化了自身的独特存在。

从生存策略的基本方面而言，狩猎采集活动是其中的最主要的形式。在对于原始人类生存状况的还原性描述中，狩猎采集活动的无可替代的支柱作用已经由最初的假说成为得到普遍认可的事实，也是目前所知的原始人类最基本的劳动形式，以此为背景，可以解释稳定牢靠的互惠利他行为、社会交往和劳动中的性别分工的源起。

工具行为在现代社会的发展，从行为原型上依然未走出采集行为模式的约束，很多时候，现代人好似是“超市里的原始人”，我们与自己的只会摆弄石器的祖先的根本区别并不在于生理特征，自然属性方面并没有被不可想象的鸿沟区分开来，最根本的生理需求、心理偏好和情感状态甚至还停留在远古时期的模式中，所不同者在于以工具技能更新、知识积累和创造为主要内容的文化。

人类演化中文化棘轮式的转动牵引着很多彼此依赖同时不断相互促进并紧密扣合的因素，它们往往处于两两相对的关系状态，这种概括的边界并不绝对，能够反映出工具行为及由此展开的劳动的核心位置和整合作用。工具

① ［美］布莱恩·费根：《世界史前史》，杨宁等译，北京联合出版公司2017年版，第16页。

行为本身就是文化的重要构成，石器的制造从一开始就以手部的特定动作作用于人的生物遗传结构，在基因层面改变了脑的大小和功能，使猿脑向人脑逐渐转化，这种转化在语言产生之后加速完成。基因和文化的共同演化以一个重要的事实为前提：文化看上去是演化的必然结果，甚至是受基因决定的，但是，文化也是一些偶然形成的适应性充分化合的产物。基因在环境设定的生存竞赛中承担了设置起点的作用，却无力限制人类将工具行为的影响输送到文化创造过程中所能达到的边界。同时，基因遗传和文化传承的相互作用也越来越明显：基因对应着自然属性，影响着人类文化创造的基本样式，文化始终具有属人的特征。另外，工具行为和升级后的技能及产品改变了环境和人自身，几乎覆盖整个生态圈，已经失去自然性的环境能决定基因的存留及变化方式。

对于工具行为在文化和基因的共同演化中的作用可以从三个方面来考虑，分别是工具行为和基因的相互关系、工具行为在文化演变中的作用以及工具行为在文化和基因的共同演化中的反馈。工具行为和基因的关系的确有一个生物基础方面的触发点，它是环境变化中早期人类选择直立行走的直接后果，石器加工的最初形态展开之后，以特定动作的积累引起了脑量的变化，从而在智能方面逐步把人类带入了具有预见性、目的性和计划性的全新状态。随着工具的升级和劳动分工及协作需求的上升，很可能由基因突变形成的脑部结构和功能的变化为语言的发生提供了思维器官和发声器官条件，虽然 FOXP2 基因不应该是导致语言产生的全部基因条件，但在将语言所能调动的基因及其变化过程完全揭示之前，这是一个可能带来突破的理论入口。

关于工具行为在文化演变中的作用的考察，通常会把工具行为看作一个和文化相对的方面，但这样做并不恰当。实际上，人类的全部文化创造和文化内容无不从工具行为开始、由工具行为制约、从工具行为展现、依工具行为深入。很多关于文化的界定偏重于智力活动、认知能力、心理状态、知识形态和精神财富方面的总体表现，但是往往忽视了这些方面都有着一定的行为前提和物质基础，同时也都受到生物遗传条件的限制，当然必须承认生物遗传的机体设计并不是固定的，这方面最明显的例证就是脑的变化和语言的出现。可见，虽然可以在表述过程中从工具行为、基因和文化的关系中建立自由组合的方案，但是最终都要返回到先天与后天、自然与社会的二分法的关系模式中，其中没有一次成形固定不变的因素，这些因素中的每一个都和对方互为条件，它们的存在和变动都缠结在一起，处于永远无法摆脱彼此的互惠共生状态。

工具行为中手势与动作的积累是智能提升并产生语言的前提，而智能增进之后会在工具行为中以对工具的升级显示出明显的正反馈作用，而且这种反馈会在智能状况和工具形态之间反复叠加，这一渐进过程进行到一定程度就会发生突破性变化，但不是仅在某一个方面，而是表现为被工具行为贯通的基因和文化两方面的互利性进展，而这一过程会在此基础上进入新一轮的运转。所以工具行为在文化和基因的共同演化中的反馈处于两种增益循环之中。第一，工具技能和语言的进步使作为基本生存策略的劳动方式不断推陈出新，产生新的文化，促使猿脑过渡为人脑，相应的基因表达也会更改。而感知系统和思维器官的完善所关联的又会将更大的推力加诸工具和语言，成为新的循环起始。第二，由于劳动中的分工、共享和协作的需求，新的交流方式和生活方式改变了社会结构和社会关系，新的文化推动意识及群体智能的完善和新基因的扩散，分工、共享与合作及道德演化成为可能，成为另一循环的开端。

在演化过程中，原始人类一方面有着对某种生态位的偏好，另一方面却没有像自己的近亲一样固守于特定区域，种群的扩散和基因的融合交流从未完全停止。工具行为能够使人类演化中的内因和外因、先天因素和后天因素、生物遗传和文化实践统一起来，使之形成相互依赖、相互促进的关系，同时交织着基因的流动和文化的传承。在以工具行为联结和贯通彼此并以提升智能要素的方式不断反馈适应效能的过程中，文化与基因的共同演化会继续构建环境并增强人类的适应性，人类以此创造并延续着遗传多样性和文化多样性相统一的历史。

本编结语

人类的演化史和人类文明史占据的时间相比已经远超日常经验，“这所有（特征的）混杂、匹配现象，显示出族群一再隔绝，独立演化，接着又凝聚结合的过程。要想厘清所有现象实在非常困难”①。维系着人类普遍的寻根意识的人类起源和演化的难题，在人猿揖别和智人的演化原因方面历来争议颇多。本研究认为，人能有意识地通过劳动左右自身和其他生物的演化进程，始于工具行为的劳动，实际上是人类在演化过程中逐渐获得的诸种适应性（器）的集合。

在人类起源和演化的研究中，通过化石材料推断出南方古猿、直立人、能人和智人的外貌特征，涉及直立行走的判定、脑容量大小的比对、性别分工差异和性选择的探究、意识的起源和完善、工具制造能力包括火的使用的判断、饮食结构的推定、原始艺术和精神生活的猜想、喉头结构与语言能力的估计、语言的起源和发展这样一些重大问题。分子生物学中关于 DNA 结构的发现，又进一步在包括遗传程序和遗传信息在内的微观层次的生物特征方面为追溯人的来源开辟了新的领域。以劳动及其作用作为线索，可以对这些方面进行整体的把握，进一步探索人类起源和进化的动因，为自然辩证法的经典命题提供更多逻辑和事实的证明。

在新证据的支持下解读“劳动创造了人本身”的经典命题，意味着劳动不再被看作一种可以从自然环境的变化中剥离出来的专门性活动。劳动起始于工具行为，以某种前所未有的方式对自然材料进行加工和转化，体现出将人类从动物界提升出来的创造性，因此劳动作为人类生活的首要基本条

① ［美］奇普·沃尔特：《重返人类演化现场》，蔡承志译，生活·读书·新知三联书店 2014 年版，第 7 页。

件，处于人类起源和演化的理论考察的逻辑起点上。在大脑完善、智能演化、语言交流和劳动协作的关系方面，石器技术的研究进展不断调整原有的排序，人的认知状态也完成了由初步的双手协调能力到事先规划能力再到情绪控制能力、视觉想象能力和分层思维能力、工作记忆、创造力的飞跃。在此过程中，人手、思维能力、发声器官、语言的演变也和工具的不同形态的更替一样呈现出阶段性。在这种情况下，就更有必要从整体的、综合的角度看待劳动在人类演化中的推动作用。

处于演化过程中的人类，从与猿类分化的那一刻起，就被盲目的力量驱逐出了自然乐园，被抛入了永无止息、运转不休的生态和社会的竞技场中，但并非单纯地比拼体力，而是进行智力的较量，更多时候是二者兼而有之的凭借工具和劳动进行的生存竞争和自我超越。人类从远古以直立姿势两足走来的漫长经历，就是以工具为尺度，以劳动为代价，以不断的创新和进取为自己构筑理想家园的过程。在现代科学技术的强力席卷全球的时代，致力于文化创造的人类并没有停下演化的脚步，依然行进在从“失乐园”到“得家园”的演化路途中。

第五编　生物学前沿研究中的伦理问题

第 三 十 章

人的尊严概念及其在生物学前沿研究中的意义

当前，生物医学技术的飞速发展对人类的生活产生了空前深入的影响。毫无疑问，生物医学技术带给我们很多好处，但有时也可能带给我们负面的效应。这些负面的效应常常以相对隐蔽的方式发生。在20世纪90年代以前，生物医学技术对人的负面效应主要表现为侵犯人权和侵犯人的自主性，而当代生物医学技术对人的负面效应则常常以维护人权和保护自主的名义出现，破坏人类整体的、长远的发展，并削弱人的内在价值赖以建立的人性基础。因此，我们需要诉诸更加根本性的价值对生物医学技术带来的伦理问题进行分析和评价。人的尊严就是这样根本性的价值，并且是生命伦理学中其他重要价值的来源。从20世纪中期开始，人的尊严概念进入了一系列的国际公约和政治宣言，标志着人的尊严研究成为国际学界一项前沿性的研究内容。然而，尊严这样一个重要的概念却至今没有得到明确的定义。不同理论所表述的尊严概念也非常不同，不同的尊严概念的规范性要求也始终没有得到清楚说明。相反的或对立的观点都能够通过诉诸人的尊严而得到论证，这导致人的尊严概念在生命伦理学实践应用中出现问题。因此在人的尊严概念得到充分解析之前，任何诉诸人的尊严的论证都不是一种有说服力的论证。生命伦理研究亟须一个对于尊严概念的详尽的、系统的说明，并且，对于尊严概念的说明应当包括对尊严的规范性要求的阐释。只有对尊严概念及其规范性要求做出清晰说明，才能明确人的尊严概念对生命科学技术的发展和应用所提出的道德要求，让人的尊严概念在生命伦理学中发挥应有的基础性作用，帮助我们应对生命科学技术发展所带来的伦理上的挑战。

第一节　尊严的不同含义

尊严是一个不断发展着的概念，具有多重含义。古代的尊严概念、文艺复兴时期的尊严概念和现代的尊严概念所强调的内容都不尽相同。当代的各种政治和法律文献中频繁提到的尊严一词，在用法上，与生命伦理学中的尊严也略有不同。澄清生命伦理研究中的人的尊严，需要我们对各种相关研究中所援引的尊严概念进行反思。

大量有关人的尊严的生命伦理研究显示，人的尊严概念可以在三种意义上被合理地使用：在人类整体层面上，有“人类整体的尊严”；在人类个体层面上有个体的“普遍尊严”和“获得性尊严”。这三种尊严是已有相关研究中曾表述过的尊严含义中最主要的三种含义，同时，这三种尊严也都可以被视为现代尊严观念的合理内容。这三种尊严可以相互论证、相互支撑，形成一个完整的尊严概念。在当前的生命伦理研究中，人们常常因为没有区分这三种不同的尊严及其道德要求而造成诸多人为的理论困难。通过对这三种不同的尊严及其道德要求进行阐释，很多困扰当前生命伦理研究的难题都可以得到更好的理解和解决。

在三种尊严之中，个体的普遍尊严是现代尊严概念最首要的含义。《世界人权宣言》将人的尊严许诺给“人类家庭中的所有成员”，确认了为每一个人所普遍拥有的平等的尊严。我们将这种尊严称为普遍尊严。普遍尊严的要求是一系列最基本的人权，在这一系列基本人权之中，不受侵犯和受到公平对待的权利得到最为广泛的认可。

在普遍尊严概念之外，本研究还归纳了另外两种尊严概念，即人类整体的尊严和获得性尊严。另外两种尊严在基本性质和道德要求上同普遍尊严有所不同，但它们同普遍尊严之间有着明确的逻辑联系。人类整体的尊严为普遍尊严提供了基础，获得性尊严为普遍尊严提供了进一步的保护。

人类整体的尊严是作为一个整体的人类物种所具有的尊严。在当前的很多生命伦理研究中，都表达了这样一种超越个体尊严之上的尊严概念。学者们通常对这一概念做如下论述，即一个物种可以因为表现出某些具有内在价值的典型特征而拥有尊严这样崇高的地位。相关研究中，人们普遍认同将理性、道德能动性、自主性和社会性等人类典型特征视为人类整体的尊严的基础。人类整体的尊严概念的建构能够为平等的个体尊严提供一种非神学的，并且是物种中立的论证。有助于我们在生命伦理学以及政治和法律体系中确立平等的个体尊严。

获得性尊严是不同历史时期、不同文化的伦理研究中都曾普遍地表达过的一种尊严的含义。获得性尊严是个体通过自身的努力而获得的。每个人在不同程度上表现了人类的卓越性，因而在不同的程度上拥有获得性尊严。获得性尊严并不能给拥有者赋予一种权利，不能对他人构成道德义务。但是，获得性尊严可以通过树立更高远的道德目标激励个体维护和发展人之为人的本质特征，更好地履行对他人的道德义务，从而为人类整体的尊严和普遍尊严提供进一步的支持。因此，获得性尊严并不会破坏尊严的平等性，反而可以进一步维护平等。

第二节　人类整体的尊严及其规范性内容

思考人的尊严首先要从作为一个整体的人类物种的尊严开始，而不是从人类个体的尊严开始。康德对尊严的论述中明确表达了这样的意思，即尊严不仅是个体具有的价值，更是全体人类分享的价值。[①] 当代很多学者都曾经在有关人的尊严的研究中，直接地表述了人类物种整体的尊严这样一个概念。如加拿大学者诺拉·雅各布森（Nora Jacobson）曾使用“赋予人类物种整体的尊严（The dignity attaching to the whole human species）”一词[②]；德国著名生命伦理学家迪特尔·毕恩巴特（Dieter Birnbacher）在讨论人类克隆与人的尊严的关系时，提到了“应用于作为一个整体的人类物种的尊严（dignity as applied to the human species as a whole）”和“类的尊严（generic

---

① 参见 Byers, Philippa, “Dependence and A Kantian Conception of Dignity as A Value”, *Theoretical Medicine and Bioethics*, 2016, Vol. 1, No. 37, pp. 61 - 69。

② 参见 Jacobson, Nora, “Dignity and health: A Review”, *Social Science & Medicine*, 2007, Vol. 2, No. 64, pp. 292 - 302。

dignity)”。[1] 这些词在表述上有所不同，但是它们都描述了一种超越个体层面的尊严之上的人的尊严概念。迪特尔·毕恩巴特曾经提出，在某种意义上，“类的尊严”的观念是一个基础性观念，是其他所有意义上的人的尊严观念的来源。美国伦理学家马修·乔丹（Matthew Jordan）认为，尊严一词的首要应用之处，并不是个人而是广阔的文化趋势和社会实践。人的尊严通常是在宏观的水平，而不是在人与人之间或人类团体与团体之间的互动中被维护或损害的。[2] 历史表明，对于人类物种的整体的思考先于对人类个体的思考。断言人类整体的地位，先于对于每一个人的平等的政治和社会权利的思考。[3]

要对人类整体的尊严进行论证，必须要探究人类物种典型具有的自然本质。在很多学者看来，人类物种所拥有的特殊地位就来自人的本质。比如福山提出，当我们去掉身上偶发的、突生的特质，在其下潜存着一些根本的生命品质，它值得要求最起码的尊重。[4] 我们可以将这些赋予我们尊严之物姑且称为 X 因子。X 因子就是拥有道德选择、理性、语言、社交能力、感觉、情感、意识，或者任何被提出当作人的尊严之基石的其他特质的组合。[5] 美国生命伦理学家丹尼尔·苏尔马西（Daniel，P. Sulmasy）把尊严定义为实体的内在价值，这种价值来源于语言能力，理性能力，爱，自由意志，道德能动性，创造性，幽默，把握有限和无限等类的特征。每个人作为有这些能力的自然类别的成员值得尊严这样的称号。并且他认为，如果其他动物也具有这些特征，它们也可以拥有尊严。[6] 儒家伦理认为人的本质在于天赋的道德

---

① 参见 Birnbacher，Dieter，*Human Cloning and Human Dignity*，Reproductive BioMedicine Online，2005，pp. 50－55。

② 参见 Jordan，Matthew C.，“Bioethics and Human Dignity”，*Journal of Medicine and Philosophy*，2010，Vol. 2，No. 35，pp. 180－196。

③ 参见 Kateb，George，*Human Dignity*，Harvard University Press，2011，p. 6。

④ 参见弗朗西斯·福山《我们的后人类未来》，黄立志译，广西师范大学出版社 2016 年版，第 150 页。

⑤ 参见弗朗西斯·福山《我们的后人类未来》，黄立志译，广西师范大学出版社 2016 年版，第 172 页。

⑥ 参见 Sulmasy，Daniel，P.，“Dignity，Disability，Difference，and Rights”，In Ralston，D. Christopher，and Ho，Justin（eds.），*Philosophical Reflections on Disability*，Springer Science & Business Media，2009，pp. 183－198。

情感，包括恻隐之心、羞恶之心、辞让之心和是非之心。这四种道德情感“人皆有之”，是人类物种的典型特征，让人成为天地间最珍贵的存在。[①] 中西方不同理论中所描述人类典型特征略有不同，但是这些理论都赞成将一系列典型特征所构成的人的本质视为人类物种尊严的基础和来源。

人类的本质作为人类这个类的典型特征，让人类整体拥有了一种特殊地位。相应地，人也就应当具有一种保护并发展人的本质的道德义务，至少我们有义务不去破坏这种本质。由此，人类整体的尊严为尊严概念赋予了限制性的向度，让我们意识到尊严并不完全等同于人权或者自主，同时要求我们遵从人的本质所规定的最基本的生存和行为方式。比如，投掷矮人、卖淫，以及自卖为奴等行为，即便当事人自愿，并且没有感到自己受到侵犯，也被很多人认为危害了人的尊严。在欧洲的臭名昭著的投掷矮人的案例中，很多法庭通过援引尊严的概念来反对所谓个体选择娱乐的权利，并且赞同限制一种被认为内在可耻的职业。原因就在于，在这样的例子中，个体自主、自由的行为危害了作为一个整体的人类的尊严的基础。正如加拿大学者雅各布森所说，在这些案例中，个体的人的尊严并没有失去，社会作为一个整体的尊严因为削减了人生的价值受到了损害。[②]

在当代的生命伦理学中，尊严概念越发频繁地被用于对权利的限制。罗吉尔·布朗斯沃德（Roger Brownsword）和戴瑞克·贝勒菲尔德（Deryck Beyleveld）在《生命伦理学和生物法学中的人的尊严》一书中曾提出，“作为限制的人类尊严概念隐含在很多关于施加在生物医学上的限制中，这反映了21世纪的生物医学实践应该被一种超越个体的人类尊严的信念所引导，而不是被个体选择的思想所引导”[③]。R. 安多诺（R. Andorno）也同样认为，我们应当区分尊严的主观的和客观的向度。这两个向度是互补的，并且分别

---

① 参见 Yaming, Li and Jianhui, Li, “Death with Dignity from the Confucian Perspective”, *Theoretical Medicine and Bioethics*, 2017, Vol. 1, No. 38, pp. 63 – 81。

② 参见 Jacobson, Nora, “Dignity and Health: A Review”, *Social Science & Medicine*, 2007, Vol. 2, No. 64, pp. 292 – 302。

③ Brownsword, Roger and Beyleveld, Deryck, *Human Dignity in Bioethics and Biolaw*, T. J. international Ltd, 2001, p. 29.

对应于自由和对于自由的限制。[①] 人类的本质就是这种限制的依据。在生命伦理研究中，我们常常会以侵蚀人类的本质为由反对一项技术的应用。在《我们的后人类未来》中，福山曾经将侵蚀人性视为科学技术发展给人带来的最重大的威胁，提出生物技术可以在我们毫无察觉的情况下改变人性，我们丝毫没有意识到我们失去了多么宝贵的东西。[②] 在他看来，恰恰是人性这种根本的特质支撑我们成为我们，决定我们未来走向何处。

近年来，很多技术因为可能侵蚀人类的特有本质而受到了伦理上的质疑。人们反对人类增强技术的重要原因之一就在于这项技术可能从很多方面颠覆人类的本质，例如，人类增强技术的发展可能消解被公认为重要的人类本质特征的道德能动性。人类增强意在减少人的有限性和易受伤害性，而正是人的有限性和易受伤害性使道德能力的发展成为可能的和必要的。只有作为局限的个体，人才可能做出艰难的道德选择，在不可抗拒的力量面前显示出人的崇高感，为了对美德的追求压抑生物本能等。纳斯鲍姆在《正义的前沿》中也曾提出，人的尊严不可能被一个非凡的、非脆弱性的人拥有，就好比怒放的樱桃树之美不能被一颗钻石拥有一样。[③] 人类本质特征只能存在于具有局限性和易受伤害性的人类身上。消解人类的有限性和易受伤害性就可能动摇人类整体的尊严的基础。为了保护人类的尊严，生命伦理学应以人的本质为生物医学技术的发展和应用划定界限。

第三节 个体的普遍尊严及其道德要求

人类整体的尊严是作为一个整体的人类所拥有的尊严，而个体的尊严则是每一个人类个体所拥有的尊严。个体的尊严分为普遍尊严和获得性尊严。个体的普遍尊严是现代尊严概念最核心的含义。《世界人权宣言》将平等的尊严赋予人类家庭的每一个成员，提出“人人生而自由，在尊严和权利上一

① 参见 Andorno, R., “Human Dignity and Human Rights as a Common Ground for a Global Bioethics”, *Social Science and Publishing*, 2009, Vol. 3, No. 34, pp. 223 - 240。

② 参见弗朗西斯·福山《我们的后人类未来》，黄立志译，广西师范大学出版社 2016 年版，第 101 页。

③ 玛莎·C. 纳斯鲍姆：《正义的前沿》，朱慧玲等译，中国人民大学出版社 2016 年版，第 96 页。

律平等”。因而，每一个人类个体都普遍地、平等地拥有一种尊严，这种尊严就是个体的普遍尊严。普遍尊严为每一个人类成员赋予相同的、不可侵犯的基本人权。明确普遍尊严的主要特征和要求，能够为生命伦理研究提供更加明确的指导。

一　普遍尊严的论证

在各种有关生命伦理的宣言和法律文书中，平等性作为尊严的根本特征都已经受到了广泛的认可，然而，我们至今没有得到一个对于尊严平等性的完善的论证。当代对于人人平等的尊严的论证，或者是一种神学的论证，或者将人类的某些特性作为尊严的直接根据。这两种论证方式都有各自的缺陷。神学的论证不能说服不信教的人。所有的非神学的论证又无一例外地将人的尊严的根据直接归于人的某些特性，从而不可避免地将一部分不具有这些特性的人排除在尊严的保护圈之外。比如，如果以人的精神能力作为个体的尊严的基础，就会推导出精神残疾的人不能和正常人享有平等的尊严。本研究通过人类整体的尊严对个体尊严的平等性进行论证，则可以避免上述理论困难，建立起人人平等拥有的普遍尊严。

人类物种整体拥有尊严，因此，每一个人类物种成员仅仅因为属于人类这个类别，就可以分享这种尊严，无论其是否体现出这个类的全部典型特征。物种成员身份就是拥有普遍尊严的充分条件。苏尔马西曾提出，我们把一个个体作为一个种类的成员挑选出来，不是因为他们表现了作为种类的一员而被归类的所有必要的和充分的条件，而是因为他们包含在自然种类的扩展之中。这才是自然类别的逻辑。用专业术语来说，这是一个外延的，而非内涵的逻辑。[1] 他进一步指出，因为每个个体都是人类的自然种类的成员，我们就认为他有我们称为尊严的那种内在价值。内在的尊严就是因为属于某个自然种类而来的。[2] 约翰·芬尼斯（John Finnis）也同样认为，属于一个

---

① 参见 Sulmasy，Daniel，P.，“Dignity，Disability，Difference，and Rights”，In Ralston，D. Christopher，and Ho，Justin（eds.），*Philosophical Reflections on Disability*，Springer Science & Business Media，2009，pp. 183 - 198。

② 参见 Sulmasy，Daniel，P.，“Human Dignity and Human Worth”，In Malpas，Jeff and Lickiss，Norelle（eds.），*Perspectives on Human Dignity：A Conversation*，Springer Science & Business Media，2007，pp. 9 - 18。

生物类别就可以具有人应有的地位，只要人这个生物类别的典型特征能够赢得这种地位。[1] 因此，即便只能在很低程度上表现出人类的典型特征，甚至没有表现出任何人类的典型特征的人类个体，也能够因为人类成员的身份而获得同其他人同等的普遍尊严。斯坎伦（Scanlon）提出，"我们可能错误对待[2]的生物包括属于一个能够形成态度、做出判断的类的所有的生物"[3]。因此，斯坎伦认为那些有严重智力障碍的人类同样是可能被错误对待的，"即便他们没有能力理解或权衡判断"。每个人的平等的普遍尊严直接地来自人类整体的尊严，并不直接地来自那些同尊严相关的典型特征。因此，物种成员身份就是普遍尊严的充分条件。

根据普遍尊严的平等性，认为基因工程通过让每一个人的先天条件达到平等而维护了人的尊严的观点，并不能成功地为基因工程做出论证。普遍尊严来自物种成员身份。只要是人类物种一员，即便残疾、智力障碍，或者失去意识，也同正常人享有平等尊严。因此，先天生理条件的不平等完全不会妨碍一个人享有平等的普遍尊严，相应地，消除这种先天的不平等也不能增进普遍尊严。每一个人都不需要借助基因工程或其他技术手段达到先天平等。同样，我们也不能以某项技术破坏了尊严平等这样的理由而禁止这项技术的应用。比如，我们不能以可能破坏普遍尊严的平等为理由，来反对基因增强。普遍尊严的平等性是不会受到破坏的。即便基因增强优化了个体的基因构成，或者创造了在智力、体力，或各种精神能力和心理能力上都远远超越了现有人类的所谓"后人类"，所有人类成员仍旧是平等的。在基因工程的例子中，在极大的程度上增强了的"后人类"即便在远远超越普通人的程度上表现了人类的典型特征，他们也只能同普通人类享有同等的普遍尊严。普遍尊严仅仅同物种成员身份有关，同每一个个体在多大程度上表现了人类典型特征无关。虽然我们有很多其他的理由去从道德上反对基因增强技术，但是破坏了普遍尊严的平等性并不在这些理由之列。

---

① 参见 Finnis，J.，"A Philosophical Case Against Euthanasia"，In Keowon，J.（ed.），*Euthanasia Examined：Ethical，Clinical，and Legal Perspectives*，Cambridge University Press，1995，p. 48。

② 我们能够错误地对待某一生物意味着我们如何对待这个动物是一个道德问题。

③ Scanlon，Thomas，*What We Owe to Each Other*，Harvard University Press，1998，p. 186.

二　普遍尊严的道德要求

普遍尊严是基本人权的依据，规定了我们可以或者不可以如何对待一个人的最低标准，其中首要的要求就是让每个人都受到平等对待以及尊重人的自主性。

首先，因为所有人类个体具有平等的普遍尊严，所以每一个人类个体都应受平等的对待。公平对待是生命伦理学中一项重要的要求。人的年龄、智力水平、性情、社会地位等都不应当影响他们应受的对待。第一，同为人类成员，不受侵犯的理由就一样强。因此，为了拯救一个或者多个人类个体，而杀死或伤害其他人类个体是道德上错误的行为。这就是为什么我们要尽可能杜绝为了器官移植而买卖器官的行为。第二，在人们之间分配利益的时候，在每个人都可以相似地受益的情况下，除非有特殊的目的、关系，或者单独的有关利益的声明，我们有很强的理由平等地分配利益。[①] 比如，生命伦理学的原则主义就提到了公正原则，即公平地分配利益、风险与代价。[②] 这一原则要求我们让所有人从生物医学的进步中平等地受益，而不是让技术只能服务少数人的利益。20 世纪以来，随着医学科学的发展，医疗机构将大量资源用于科学研究，并且医学研究常常针对少数疑难病症的治疗，这些研究耗资巨大，可能因此受益的人却很少。[③] 相关研究常被指为社会资源的不公正的使用。比如基因治疗、基因增强等技术就因为不能让所有人公平地受益而受到伦理上的质疑。基于平等性的要求，很多人认为，如何扩大基本医疗的覆盖面才是更加值得医学关注的问题。

其次，在道德上，我们不被允许以各种不同方式在未经允许的情况下干涉一个人，不能阻碍其实践关于其人生的根本选择或者破坏这种选择的能力。能够自主选择是人的本质特征的核心内容，也是人的本质特征能够得以

---

① 参见 Liao, S. Matthew, "The basis of Human Moral Status", *Journal of Moral Philosophy*, 2010, Vol. 2, No. 7, pp. 159 – 179。

② 参见 Beauchamp, Tom, L. and DeGrazia, David, *Principle and Princilism*, *Handbook of Bioethics*, edited by George, Khushf, Kluwer Academic Publishers, 2004, p. 57。

③ 参见罗伊・波特主编《剑桥插图医学史》，张大庆主译，山东画报出版社 2007 年版，第 219—220 页。

表现的重要前提，因而尊重自主是维护人的本质的最基本要求。在生物医学研究中，不受干涉首先要求不能在未经允许将人类个体用于生物医学实验。塔斯吉基梅毒试验、柳溪肝炎病毒试验，以及纳粹的各种人体试验都是严重侵犯人类尊严的事件。正是因为这样的历史教训，从20世纪六七十年代开始，保护患者的自主权利成为临床医学的重要原则。现在，知情同意作为一项重要制度已经在各个国家牢固地确立起来。在医学知识高度专业化的时代，为了让没有专业知识的患者真正实现自主，我们甚至提出医生不仅不能干涉患者的选择，而且有义务向患者提供充分的参考知识，并对患者进行充分的信息告知，让患者自主作出选择。

随着医学科学的进展，很多时候，科学对人类个体的干涉和控制也会以相对隐蔽的形式发生。比如，近代以来，医学能够解决的问题越来越多，我们开始用医学的方式解释并解决各种社会问题和行为问题，我们将这一过程称为“医学化”。“医学化”使医学超出了科学的界限，在越来越大的程度上成为一种社会力量，以为人提供保护的名义加强了对人的控制。精神病学的医学化就曾经导致“患者”的生活遭受来自社会的深度控制，并且这种控制的实施常以牺牲患者的身心健康为代价，造成患者的权利受到严重侵犯。又比如生命维持技术的发展将正常的死亡过程也归于医学科学干涉的范围之内，在这个意义上，生命维持也可以算作医学化的一项实践。如果违背人的意愿，持续无意义的或者痛苦的生活，就可以被视为对自主性的侵犯，因而有悖于人的尊严的要求。

此外，对于还不存在的人，我们也有理由考虑到如何才能保证不侵犯他们的自主权利。环境污染、自然资源的过度消耗等问题都曾引起人们关注未来世代的权利。在生命伦理学中，这个问题更加突出。生命科学技术能够对未来的人的生活构成更加直接、更加显著的影响。比如，在通过胚胎基因编辑技术改善未来世代的基因的问题上，一些学者认为，我们可以以该项技术伤害了未来的人的自主权利为理由，认定这样的技术有损于人的尊严。

第四节　获得性尊严及其道德价值

除了普遍尊严之外，获得性尊严同样是历史上以及当代的尊严一词的主要的用法之一。当然，作为所有曾经出现过的尊严的含义中非常重要的一种，并不是将这种尊严含义列为当代尊严概念的合理内涵的充分条件。实际上，我们很多人都已经达成共识，认为一些在历史上曾产生广泛影响的尊严概念并不适合被归于现代的尊严概念之中，比如认为尊严是因身份地位而享有的特殊荣誉，或者认为尊严是人类通过归因的行动授予他人的价值，即霍布斯的尊严观念，等等。这些观念都同现代的尊严观念相互冲突。获得性尊严同现代尊严观念之间则不存在根本性的冲突，反而可以为现代尊严概念的实践提供更好的保护，因而，我们可以将获得性尊严列为现代尊严概念应有的一种含义。

人类的特有本质是人类的尊严的基础，因此对这些本质特征的发展具有明确的道德意义。正如康德所说，如果认为理性能力让人们获得了一种特殊的地位，那么也就产生了一种恰当地使用理性的义务。[①] 贝勒菲尔德和布朗斯沃德将自主性视为让人拥有尊严的人类典型特征，他们相应地提出，所谓生而为人就意味着不仅有能力做出自己的选择，而且能够成为自我决定的、自己的命运的作者。[②] 此外，无论理性、自主性、道德能动性，还是审美能力，这些人类典型特征的发展无疑都有助于促进人类物种的整体的和长远的繁荣。物种的繁荣对我们具有不言自明的价值，因而我们有理由努力发展这些人类本质特征。在现实中，每一个人在不同的程度上发展了人类潜能，因而在不同程度上发展了人类的特有的内在价值。更好地发展了人类内在价值的人展现了一种更加值得尊敬的性质。这就人的获得性尊严。

安多诺曾经提出，要理解人的尊严在生命伦理学中如何起作用，需要做一些概念的区分，特别是在内在尊严和道德尊严之间做出区分。[③] 这里，内在尊严就相当于本研究中的普遍尊严，而道德尊严则相当于获得性尊严。一方面，内在尊严对所有人都是一样的，不能分为不同等级。即便最坏的罪

---

① 参见 Sensen, Oliver, "Kant's Conception of Human Dignity", *Kant-Studien*, 2009, Vol. 3, No. 100, pp. 309 – 331。

② 参见 Capps, Patrick, *Human Dignity and the Foundations of International Law*, Hart Publishing, 2009, p. 108。

③ 参见 Andorno, Roberto, "Human Dignity and Human Rights as a Common Ground for a Global Bioethics", *Social Science and Publishing*, 2009, Vol. 3, No. 34, pp. 223 – 240。

犯也不能剥夺他的内在尊严，所以就不能让他遭受不人道的对待或者惩罚。另一方面，道德尊严跟一个人的行为有关，来自他们自由地选择了善并且助益自己的和他人的生活的行为。正是在这样的意义上，安多诺认为，道德尊严不是所有个体在同等程度上拥有的，比如我们可以说一个诚实的人比一个贼“更有尊严”。[1] 我们通过做出善的道德选择给予我们自己获得性尊严。西方曾有很多哲学家把人的尊严视为一种成就，也表达了相似的观点。比如，在卢曼（Niklas Luhmann）看来，人的尊严标志着成功的自我展示，而不是一种自然的禀赋，因此尊严是人通过努力获得的。[2] 人应当努力在更大程度上体现出使人成为人的精神特质和行为特征。这就是获得性尊严的道德要求。

然而，需要明确的是，获得性尊严并不能给人赋予权利。一个人更好地表现了人类的本质特征，其行为体现了更高程度的人类卓越性，或具有更高的道德水平等，并不能构成一种指向他人的道德义务，要求他人更好地对待。获得性尊严会形成一些指向自身的道德要求。获得性尊严要求一个人尽其所能，在更大的程度上实现人的本质所要求的生活和行为方式，比如尊重他人的普遍尊严，甚至给予他人相比普遍尊严的基本要求而言更好的对待。以这样的方式，一个人赢得了获得性尊严，同时他人的普遍尊严也可以得到更好的保护。获得性尊严为我们设立了更高的人生境界和更进一步的道德追求。我们永远可以在更高的程度上实现人类本质特征的发展，因而确立获得性尊严的概念对于维护人的尊严具有积极的意义。

有人曾经提出基因增强可以通过增加人的自我控制能力或理性能力增加人的尊严。这里的尊严说的就应当是获得性尊严。因为这样的技术为人更充分地履行道德义务，在更高程度上展现人类卓越性提供了更好的基础，所以有助于个体发展获得性尊严。当然，一个人最终实现了何种程度的获得性尊严要依靠其自身的努力，但生理和精神状况的改善的确为获得性尊严的实现提供了更好的条件。同时，也有一些技术的应用会破坏获得性尊严实现的可

---

① 参见 Duncker, Hans-Rainer, Kathrin Prieß, *On the Uniqueness of Humankind*, Springer, 2005, p. 117。

② 参见 Duncker, Hans-Rainer, Kathrin Prieß, *On the Uniqueness of Humankind*, Springer, 2005, p. 117。

能，比如代孕、试管婴儿、克隆人等技术应用的案例中，会出现亲属关系不确定的情况，这将导致我们不能确定和履行因人际关系而产生的道德义务，由此会阻碍我们实现获得性尊严。再比如，因为生理上的伤害，一些人无法继续履行道德责任，同时通过耗费大量医疗资源和家庭财富维系无质量的生命，在这种情况下，有的患者会认为自愿选择安乐死增加了自己的尊严。这里的尊严就是获得性尊严。即为了道德的目标做出自我牺牲。当然在这种情况下，普遍尊严也得到了保护，因为这一决定是患者的自主选择。

获得性尊严还可以在一定程度上解决具有同等普遍尊严的人之间的利益权衡的问题。具有平等尊严的人必须受相同的对待，但是有的情况下，我们不得不在两个人类成员之间做出取舍。比如在孕妇和胎儿只能有一个存活的情况下，我们通常都会认为应当保存孕妇的生命。我们可以通过获得性尊严为这一道德直觉做出解释，即虽然孕妇和胎儿都属于人类物种成员，具有相同的普遍尊严，但是他们的获得性尊严是不相同的，孕妇可能具有至少一定程度的获得性尊严，而胎儿完全不具有获得性尊严，因此我们有道德上的理由保存孕妇的生命而舍弃胎儿。虽然获得性尊严不能产生道德义务，不能做出强制性的要求，但是获得性尊严的概念还是为我们道德上的权衡和取舍提供了一个合理的参考因素。有关获得性尊严的论述有助于我们更好地化解现实中两种几乎同样合理的伦理诉求之间的冲突。

第五节　结语

尊严是生命伦理学中的重要概念，但人们使用它时所意指的含义却非常不同。本研究中，我们概括出三种不同的尊严及其不同的道德要求。通过这样的区分，我们澄清了尊严概念的含义及其规范性内容。人类整体的尊严是人类整体具有的一种价值，它来自人类的特殊本质。为了维护人类物种的尊严，技术的发展不能侵蚀人类的本质，并且人的行为应当符合人的本质的基本要求；个体的普遍尊严是现代尊严概念最重要的含义。普遍尊严的平等性可以通过人类物种的尊严而得到比较好的论证。普遍尊严要求尊重人的自主性并且让每个人受到平等对待；获得性尊严是一个人因为更好地表现出人类本质中的典型特征而获得的一种价值，它要求我们发展各种美德和普遍的人类善，更好地履行责任。澄清尊严的含义有助于明确人的尊严概念在生命伦理学中应当发挥的指导作用，并在很大程度上化解了生命伦理研究中一些人为的理论困难。比如，曾经有人将尊严完全等同于自主，甚至因此要求在生命伦理学中取消尊严的概念。根据本研究的分析，个体的普遍尊严的道德要求主要地等同于自主。然而人类整体的尊严的道德要求则超越了自主，可以对自主构成一种限制，又比如，平等性是现代尊严概念的核心特征，也是人的尊严概念的最重要的要求，然而也有很多尊严理论认可了一种作为成就的尊严。常识和直觉上，我们也可以感觉到很多行为增加了人的尊严，很多行为减损了尊严。这种对尊严的理解的分歧可以通过普遍尊严和获得性尊严的区分而得到解释。人人平等的尊严是普遍尊严，而每个人通过自身行为在不同程度上获得的，是获得性尊严。普遍尊严赋予我们基本人权，而获得性尊严不能赋予一种人权，不能形成对他人的道德义务。获得性尊严可以为我们树立更崇高的道德目标，从而能够对普遍尊严提供更好的保护。

第三十一章
人类物种完整性的道德意义

20世纪90年代以来，在人类生殖性克隆、干细胞研究、人类可遗传基因编辑，以及“人类增强”“脑机连接”等与人类未来密切相关的技术的伦理探讨中，人类物种完整性概念被广泛援引，成为伦理论证中的关键概念。在有关生物医学研究的各种国际公约和法律文书中，“保护人类物种完整性”也被视为一项重要原则，并得到了普遍认可。然而，生命伦理学中至今仍缺乏对完整性问题的系统论述。完整性概念常常在不同的意义上被使用，其所具有的规范性要求也始终没有得到充分说明，导致完整性概念无法在伦理论证中充分发挥其应有的作用。

当代新技术所具有的最显著特征恰恰在于能够对人进行重新定义，其所带来的最严峻的伦理挑战首推“人”与“物”之间边界的模糊。在这一背景下，完整性概念及相关理论为理解科技的伦理和社会影响提供了不可替代的理论资源。生命伦理学研究亟须对完整性概念的内涵、理论功能及道德意义作出详尽的阐释。面对当代科技发展带来的诸多伦理困境，对于人类物种完整性的含义和意义的理解将最终决定我们所作出的价值抉择。

第一节　完整性——超越个体权利之外

“完整性”最初是动物伦理研究中使用的术语，用来说明基因技术所带来的与动物福利无关的一类侵犯。在20世纪90年代，通过基因技术创造“无感觉的鸡”就是人们通过诉诸完整性进行伦理评判的一个经典例子。1992年，有鉴于养殖场中鸡舍的狭小空间造成了鸡的痛苦，格雷·康斯托克（Gray Comstock）等人提出，我们可以借助基因技术把鸡变成毫无感觉的生蛋机器。[①] 直觉上，很多人感到这样的基因改造构成了对动物的侵犯，但由于此类改造不仅不会增加反而还能减少动物的痛苦，因而已有的动物权利理论并不足以为人们的这种道德直觉提供解释。当时的伦理学中并没有能够准确阐明这种侵犯的理论资源。正是在这一背景下，“完整性”一词开始被应用于伦理研究。它提供了一种超越权利理论之外进行道德评价的视角，可以用来填补道德理论和道德直觉之间的裂隙。[②]

要将完整性作为一个规范性概念来使用，就需要对其道德要求作出清晰的阐发。1999 年，巴特·拉特格斯（Bart Rutgers）和罗伯特·希格（Robert Heeger）将尊重动物完整性的道德原则表述为：（1）我们不应当干涉动物的完整性和完备性；（2）我们不应当干扰一个动物作为其物种一员的那种典型的平衡；（3）我们不应当剥夺一个动物在对于其物种而言适当的环境中保持独立的能力。[③] 他们反对遗传工程，特别是转基因技术的应用，因为在他们看来，在动物基因组中加入不属于该物种的基因，动物的完整性就在最基础的层面上受到了破坏。[④] 在《勇敢的新鸟类：将动物完整性应用于动物伦理》一文中，伯尼斯·博文（Bernice Bovenkerk）等人基本接受了拉特格斯和希格对于完整性的定义，将完整性表述为：完整和未经改变、物种特异性的平衡，及其在适合于该物种的环境中维持自身的能力。[⑤] 他们提出，虽然创造无感觉的动物并未直接造成动物的痛苦，但这类行为使动物失去了它们物种的典型特征，因而在道德上是错误的。

---

① 参见 Comstock，Gray，*What Obligations Have Scientists to Transgenic Animals*? https：//core. ac. uk/download/pdf/836054 23. pdf。

② 参见 Bovenkerk，Bernice，Brom，Frans & Bergh，Babs van den，“Brave New Birds：The Use of ‘Animal Integrity’ in Animal Ethics”，*The Hastings Center Report*，2002，Vol. 1，No. 32，pp. 16 –22。

③ 参见 Rutgers，Bart & Heeger，Robert，“Inherent Worth and Respect for Animal Integrity”，In Marcel Dol，et al.（eds.），*Recognizing the Intrinsic Value of Animals*：*Beyond Animal Welfare*，Van Gorcum，1999，pp. 45 –46。

④ 参见 Rutgers，Bart & Heeger，Robert，“Inherent Worth and Respect for Animal Integrity”，In Marcel Dol，et al.（eds.），*Recognizing the Intrinsic Value of Animals*：*Beyond Animal Welfare*，Van Gorcum，1999，pp. 45 –46。

⑤ 参见 Bovenkerk，Bernice，Brom，Frans & Bergh，Babs van den，“Brave New Birds：The Use of ‘Animal Integrity’ in Animal Ethics”，*The Hastings Center Report*，2002，Vol. 1，No. 32，pp. 16 –22。

保护完整性必然要求保护个体身体的完整性和基因的完整性，即身体和基因不受到破坏。然而，完整性概念最核心的含义是物种完整性。第一，保护身体和基因不受到破坏仅是保护物种完整性的手段，物种完整性才是人们借助完整性概念确立的终极价值。对身体和基因的人为干预本身在道德上并不是错误的，只有当这类干预破坏了物种完整性，才会使其成为道德上错误的行为。例如，出于医学目的去除身体某部位或消除致病基因，通常不会受到道德上的反对。只有对身体和基因的改造改变或消除了个体所属类别的典型特征，使个体不能按照其物种典型的方式继续生活，才会被视为“破坏”，也才会导致我们对这一干预进行限制。在杰里米·里夫金（Jeremy Rifkin）看来，跨越物种边界及合并不同物种基因在道德上错误的原因就在于，这一做法使一个物种无法作为独立的、可识别的存在物而存在。[①] 肖显静在有关转基因问题的分析中也曾经提出，基因完整性之所以具有规范性力量，正是因为对基因完整性的侵犯将导致“生物正常的性状、功能等的改变”[②]。可见，正是物种完整性为有关身体和基因的技术干预划定了界限，为道德正确性提供了更加根本性的判别标准。第二，对身体和基因的人为改变所引起的道德上的反对，通常可以借助权利理论得到清楚表达，而不必诉诸完整性概念。在生命伦理学中，人们通过“完整性”一词意欲阐发的本就是一种区别于个体权利的重大价值，且只有物种完整性可以确切地表达这种价值。

随着“物种完整性”概念在伦理探讨中被广泛援引，其内涵和规范性要求更加清晰地显现出来。物种完整性即物种同一性未受到破坏的状态。在生命伦理学语境中，物种同一性主要被理解为物种的目的（telos）和物种典型能力。保护物种完整性，就意味着保护物种的目的和物种典型能力不受破坏。当代生命伦理学研究对物种目的的说明借用了亚里士多德的理论。亚里士多德认为，每一种生物都有其独特目的，这个独特目的可以定义其物种的根本特征。每一种生物都可以实现其物种的终极目的，通过实现这个目的，

---

① 参见 Vries，Rob De，“Genetic Engineering and the Integrity of Animals”，*Journal of Agricultural and Environmental Ethics*，2006，Vol. 5，No. 19，pp. 469 – 493。

② 肖显静：《转基因技术的伦理分析——基于生物完整性的视角》，《中国社会科学》2016 年第 6 期，第 66—86 页。

该生物充分地展示了其物种的典型生活方式。保护物种的目的不被消除或篡改，是保护物种完整性的根本要求。如里夫金曾提出，那些破坏了物种目的的基因干预侵犯了物种完整性，因而是错误的，应当受到道德谴责。[①] 物种的目的决定了实现该目的所需要的一系列能力，只有这些能力能够保证目的的实现。因此，要保护物种完整性，还需要在保护物种目的不受到技术篡改的同时，保护实现物种目的所必须具备的一系列能力。拉特格斯和希格曾断言："一个动物越是失去了其物种的典型能力和特征，其完整性就受到了越严重的侵犯。"[②] 在有关基因干预的伦理研究中，"改变或消除了其物种特有的目的"同"破坏了这一目的所对应的物种典型能力"并列作为判断物种完整性受到侵蚀的标准。[③]

保护物种完整性的要求不同于个体的权利，也不是物种全体成员各自享有的权利的总和。完整性概念让我们开始反思与权利具有紧密关系，但又不同于权利的一类重要价值。在 20 世纪末和 21 世纪初有关人类尊严的讨论中，正是物种完整性概念改变了我们对于人的尊严的含义和基础的理解，并促使人的尊严的道德要求从单一的保护人权，转变为保护人权和保护人类物种完整性并重的双重规范性要求。

第二节　人类物种完整性——人类尊严的道德要求

从 20 世纪中期开始，随着一系列宣言和法律文件的颁布，人的尊严成为国际学界一项重要的、前沿性的研究内容，尊重人的尊严成为人类生活的一项根本价值。值得注意的是，在 20 世纪 90 年代以前，"人的尊严"和"人权"是完全对应的一对术语：人的尊严是人权的基础，保护人权是尊严的道德要求。在这一阶段，尊严概念很少脱离人权而单独得到使用，对尊严

① 参见 Thompson, Paul B., "Ethics and the Genetic Engineering of Food Animals", *Journal of Agricultural and Environmental Ethics*, 1997, Vol. 1, No. 10, p. 13。

② Bart, Rutgers & Heeger, Robert, "Inherent Worth and Respect for Animal Integrity", In Marcel Dol, et al. (eds.), *Recognizing the Intrinsic Value of Animals: Beyond Animal Welfare*, Van Gorcum, 1999, pp. 41 - 53.

③ 参见 Vries, Rob De, "Genetic Engineering and the Integrity of Animals", *Journal of Agricultural and Environmental Ethics*, 2006, Vol. 5, No. 19, pp. 469 - 493。

概念的援引通常出现在对个体人权进行辩护和论证的语境中。

随着生物医学技术的发展，人们开始在一类新的语境中使用尊严概念。如人类克隆、遗传工程、种系干预等当代生物医学技术的应用不仅影响人类个体，同时也可能影响作为一个整体的人类物种。因此，不恰当的技术应用侵害的不仅是个体尊严，还有可能危及人类物种的道德地位以及人类物种的同一性所具有的价值。人权的承载者只能是人类个体，作为一个整体的人类物种是不能拥有人权的，因此，仅仅凭借人权框架显然并不足以为人类整体的尊严提供保护。[①] 在这一背景下，人们开始使用"人类物种完整性"这一术语来描述生物医学技术给人带来的不同于侵犯个体人权的那一类侵犯。人类物种完整性作为一种区别于人权的价值，被列为尊严的道德要求。自20世纪90年代以来，有大量研究从保护人类目的和典型能力的视角，对某些生物医学技术的应用是否侵犯人类尊严的问题作出伦理上的反思。

我们看到，认为"人兽嵌合体的创造会侵犯人的尊严"是一种得到了普遍认同的观点，但对于这种观点进行论证却很困难。在创造人兽嵌合体的过程中，嵌合体尚未出现；如果没有创造嵌合体的过程，嵌合体也不会出现。因此，不能认为创造嵌合体的行为侵犯了嵌合体的权利。但是，这一行为显然侵犯了物种完整性，因而可以从维护物种完整性的视角对其进行反思。在人兽嵌合体的生命形态中，人类典型能力的发展很可能受到严重限制。例如，如果嵌合体的研究者将足够数量的人类神经干细胞植入一个非人类胚胎，并且使这些细胞控制嵌合体的大脑功能，那么嵌合体就具有了发展人类能力的潜力。但由于嵌合体不具备发展语言能力的器官，也不会被给予发展精神能力所必需的社会交往机会，结果必将导致嵌合体不能运用它应有的人类能力。[②] 在一个非人类的身体里，与尊严相关的人类典型能力或者根本不能发挥功能，或者只能在一个有限的程度上发挥功能。类似地，如人类克隆、干细胞研究等技术都涉及将人的遗传物质加入含有动物细胞质

① 参见 Andorno，Roberto，"Human Dignity and Human Rights"，In Have，H. A. M. J. Ten & Gordijn，B.（eds.），*Handbook of Global Bioethics*，Springer Netherlands，2014，pp. 45－57。

② 参见 Cohen，Cynthia，*Renewing the Stuff of Life*：*Stem Cells*，*Ethics*，*and Public Policy*，Oxford University Press，2007，p. 126。

的动物卵细胞中；将鲽鱼和番茄的基因相混合以制造保鲜番茄的技术也预示了在人类基因编辑过程中加入其他物种基因的可能性。如果人的尊严要求保护人类的典型能力得到适当发展，那么以上技术的应用都有可能侵犯人的尊严。

基因技术不仅可能削弱对于物种目的的实现至关重要的能力，也可能侵蚀物种的目的本身，从而动摇人的尊严的基础。例如，受到普遍认可的人类目的之一，就是实现更高程度的道德修为。在实现这个目的的过程中，我们生活得更像人。然而，这一目的的存在是需要以人的有限性为前提的。人类增强技术的应用则有可能通过不断减少人的有限性，消解人类美德存在的基础。席勒（Friedrich von Schiller）曾在其美学思想中强调人类的脆弱性对于崇高感的产生必不可少。[①] 格伦·廷德（Glenn Tinder）也曾经断言，有一些对人类而言特有的善，恰恰来自我们对于自身作为一种有限的存在物的意识。[②] 只有作为有限的个体，人才有机会作出艰难的道德选择：在不可抗拒的力量面前显示出人的崇高，在逆境中培育重要的人类精神，恰是这些行为体现了人类的典型特征。正如亚里士多德所说，如果我们是神，我们就会过一种非限定的生活。这就意味着像公正、节制这样的美德不适合我们。说这些美德适合于我们，恰恰就是对人的概念的诠释。由人的全部典型特征所决定的人的生存状态及人与环境的关系，是人类美德得以产生的基础。人类增强技术的应用将不断减少人的脆弱性，从而消解人类物种的目的。在这一点上，“人类增强”与制造“无感觉的鸡”殊途同归。无论对能力进行增强还是削弱，对物种目的的改变终将侵犯一个物种最根本的价值。

各种生物医学文书显示，从20世纪90年代末期开始，对人的尊严的保护已经从保护人权的单一道德要求转变为保护人权和保护人类物种完整性并重的双重道德要求，保护人类物种完整性成为一种受到广泛认可的立场。例如，1997年，《世界人类基因组和人权宣言》（*Universal Declaration on the Human Genome and Human Rights*）对人的尊严的理解就体现了人类物种完整

---

① 参见［德］弗里德利希·席勒《秀美与尊严——席勒艺术和美学文集》，张玉能译，文化艺术出版社1996年版，第187、203页。

② 参见Jordan，M.C.，“Bioethics and ‘Human Dignity’”，*Journal of Medicine & Philosophy*，2010，Vol.2，No.35，pp.180－196。

性所具有的特殊意义：该宣言第 1 条提出，“人类基因组是人类家庭所有成员根本统一性的基础，也是认可他们的内在价值和多样性的基础。在一种象征的意义上，人类基因组是人类的遗产”。这个表述意味着，任何个体或者机构都没有权利对人类基因组实施操纵，国际社会有责任保护人类物种完整性不受到不适当的操纵的危害。[①] 1999 年，世界卫生大会“WHA51. 10 号决议”对于否决生殖性克隆所给出的理由是，生殖性克隆“违背了人类的尊严和完整性”。2001 年，在波士顿大学召开的“超越克隆：保护人性不受物种改变手段的侵犯”会议上，《保存人类物种公约》（*Convention on the Preservation of the Human Species*）形成，用于禁止所有故意修改人类基因物质的行为或人类生殖性克隆。[②] 曾在 20 世纪 80 年代对物种完整性概念进行了大量哲学探讨的杰里米·里夫金撰写了《保护共同基因条约》（*Treaty to Protect the Genetic Common*），并明确提出，转基因等导致人类基因池受到人为影响的技术都是道德上错误的。[③]

以上生命伦理学研究和国际文书显示：我们对于保护人类物种完整性负有直接的道德义务；对于故意改变人类物种完整性行为的批判，可以诉诸“侵犯人的尊严”这类最为严重的道德上的谴责。尊重人的尊严是生命伦理学的最高价值。作为人的尊严的道德要求，保护人类物种完整性的原则不仅可以限制某些技术的应用，而且可以合理地为人的自主选择划定界限。例如，为了保护人类物种完整性，个体对自己后代进行基因改造的自主选择就应当受到限制。物种完整性概念完善了我们对于人权的理解，并显示，人的尊严不仅为人权提供基础，也为人权的扩张（引入新类型的人权来扩展人权概念框架）设立边界。

---

① 参见 Kutukdjian, Georges, “Institutional Framework and Elaboration of the Revised Preliminary Draft of a Universal Declaration on the Human Genome and Human Rights”, In Menon, M. G. K., Tandon, P. N., Agarwal, S. S. & Sharma, V. P. (eds.), *Human Genome Research: Emerging Ethical, Legal, Social, and Economic Issues*, Allied Publishers, 1999, p. 33。

② 参见 Marks, Stephen, P., “Tying Prometheus Down: The International Law of Human Genetic Manipulation”, *Chicago Journal of International Law*, 2002, Vol. 1, No. 3, pp. 115 – 136。

③ 参见 The Economist Newspaper Ltd., “Special: America's Next Ethical War”, *The Economist*, 2001, Vol. 8217, No. 359, pp. 21 – 24; Rebecca Roberts., “Biopiracy: Who Owns the Genes of the Developing World?”, *Science Wire*, 2000 – 12 – 04。

第三节　人类物种完整性是一个规范性概念

随着人类物种完整性概念在有关尊严的道德论证中发挥越来越重要的作用，并且俨然成了一个规范性概念（normative concept），对这一概念进行系统论证的要求变得更加迫切。在有关保护动物物种完整性的哲学论证中，曾有学者提出，每个物种都具有一些典型的特征和生存方式，对这些特征和生存方式的破坏会侵犯动物的根本利益，因而有悖于某些有关如何对待动物的伦理原则，如“动物解放论”“动物权利论”“生物中心论”等。因此，我们可以根据这些原则，论证保护物种典型特征和生存方式的道德义务。① 保护人类物种完整性的道德义务也可以通过类似方法进行论证。破坏人类物种完整性有悖于我们对待人类的基本原则，比如尊重基本人权，因而在道德上是错误的。我们可以从人权的视角出发，完成对人类物种完整性所具有的规范性意义的论证。当代伦理学研究对这一问题的论证显示，人类物种完整性对于维护基本人权至关重要。

根据现有的国际文书，个体权利显然包括个体作为某个群体成员而生活下去的权利。比如，《联合国原住民权利宣言》（*United Nations Declaration of the Rights of Indigenous Peoples*）第 6 条提出，原住民族有权保有、维护并加强其特有的政治、经济、社会、文化特色以及法律制度；第 7 条规定，原住民族有不遭受种族与文化灭绝的集体与个人权利。很多哲学、人类学和法学研究也曾经表达了对特定人类群体的典型特征予以尊重的要求。著名法学家大卫·弗里德曼（David Feldman）曾对《欧洲人权和生物医学公约》给出极具影响力的解释。② 在有关人的尊严概念的论述中，弗里德曼提出，人的尊严可以在三个层面起作用，即人类物种的尊严、人类物种中群体的尊严以及人类个体的尊严。人类物种中群体的尊严要求我们设定规则，防止群体间的歧视，以确保群体至少能够在与其他群体平等的程度上，要求一种尊重他

① 参见肖显静《物种之本质与其道德地位的关联研究》，《伦理学研究》2017 年第 2 期，第 12—20 页。

② 参见 Harrel，N.，*Pulling A Newborn's Strings The Dignity-Based Legal Theory Behind the European Biomedicine Convention's Prohibition on Prenatal Genetic Enhancement*，The University of Toronto，2012，p. 9。

们的存在以及他们的某些传统的权利。[①] 可见，我们有直接的道德义务尊重特定人类群体的同一性和根本特征。要履行这一道德义务，同时又不允许群体中的成员继续保持其群体成员身份显然是不合逻辑的。因此，我们有义务尊重权利主体作为一个群体的成员而生活下去的权利。面对当代科技发展对人类本质构成的挑战，如果权利主体想要继续成为其中一员并因此希望保存的群体恰恰是原有的人类物种，那么，对人类物种本质特征的保护就可以通过权利框架得到论证。当代生物医学技术和计算机科学技术的应用必然将导致人的生活方式、典型特征以及发展前景发生重大改变。随着人们在越来越大的程度上将进化掌握在自己手中，技术的发展很有可能造成新的人类物种，例如所谓"后人类"的产生。当技术将从未有过的选择摆在人类面前时，总会有人主张应用新技术实现进一步的自我发展，同时也会有人选择继续原有的人类身份和人类生活。然而，根据已经清晰显现的当代技术的社会影响可以预知，一旦我们允许技术对人类本质特征进行改造，每一个人都将受到影响。当技术得到充分发展，世界上将没有任何人能够依照自己的选择，作为原有的人类物种成员继续生活。兰茨·米勒（Lantz Miller）和乔治·安纳斯（George Annas）等都曾明确提出以上观点并给出论证。

历史证明，技术的发展终将改变所有人的生活方式。无论一个人对技术应用持何种态度，最终都会受到技术的影响或控制。热心于新技术的人会不断寻找新的资源，并不可避免地冲击拒斥此类技术之人的自主生活。选择以原有人类身份和生活方式继续生活下去的人，可能因为没有选择人类的进一步"进化"这一似乎更加合乎伦理的路径而受到指责。[②] 甚至他们在功能和能力上的"不足"还可能导致他们的尊严和权利受到威胁。例如艾伦·布坎南（Allen Buchanan）曾提出，资源的不平等并不是人类增强带来的最严重后果，对不平等的更加深刻的担忧在于，技术所造就的增强了的人类群体可能拥有比原有的人类更高的道德地位。由此，拒斥技术的改造将导致一个

① 参见 Jacobson, Nora, "Dignity and Health: A Review", *Social Science & Medicine*, 2007, Vol. 2, No. 64, pp. 292 - 302。

② 参见 Miller, Lantz Fleming, "Is Species Integrity a Human Right? A Right Issue Emerging from Individual Liberties with New Technologies", *Human Rights Review*, 2014, Vol. 15, pp. 177 - 199。

人失去其原有的那种至高的道德地位。[①] 当然，选择继续以原有人类身份生活的人可能会努力阻止技术的全球扩展，但这样做的结果将是冲突双方都不能继续自己选择的生活。正如乔治·安纳斯所说，可遗传基因干预造就的人类新物种，要么是人类物种的毁灭者，要么是人类物种的受害者。[②] 正因如此，在安纳斯看来，反对克隆和可遗传基因干预的态度在严格的意义上是保守的，在同样严格的意义上也是自由的。说它保守，是因为它意在保存原有人类物种；说它自由，是因为只有在原有人类物种能够得以保存的情况下，我们才可能保护所有人类物种成员的民主、自由和普遍人权。[③]

即便假设选择改变的群体和选择以原有人类身份继续生活的群体之间不会发生竞争和冲突，考虑到基因技术的特殊性质，采用基因干预技术本身也侵犯了所有人的基本权利。例如，可遗传基因编辑的临床应用将导致人类基因池受到影响，这种影响产生的后果绝无可能仅限于人类中的某一群体。规定基因受到人为干预的人是否可以生育，可以和什么人进行生育，或者以什么方式生育都是侵犯人权的行为，因而我们不可能有合乎道德的方式将基因改造的影响仅仅限制在某一群体内，受到改造的基因最终可能影响的是所有人的后代。如果采用可遗传基因编辑技术改造后代是一个直接关系到现世的和未来的所有人的决定，那么当一个人通过这种技术对后代进行了改造，事实上也就作出了改变“人”的定义中所包含的根本特征的决定。显然，这样的决定不应当仅由某些个体作出，不应当是任何人未经所有受影响之人共同讨论而决定的。如果我们认真对待人权和民主，我们就有充分的道德上的理由保护人类物种完整性不受侵犯。

---

① 参见 Buchanan，Allen，“Moral Status and Human Enhancement”，*Philosophy & Public Affairs*，2009，Vol. 4，No. 37，pp. 346 – 381。

② 参见 Annas，George，J.，Lori，B. Andrews & Rosario，M. Isasi，“Protecting the Endangered Human：Toward an International Treaty Prohibiting Cloning and Inheritable Alternations”，*American Journal of Law and Medicine*，2002，Vol. 2 – 3，No. 28，p. 173。

③ 参见 Annas，George，J.，Lori，B.，Andrews & Rosario，M. Isasi，“Protecting the Endangered Human：Toward an International Treaty Prohibiting Cloning and Inheritable Alternations”，*American Journal of Law and Medicine*，2002，Vol. 2 – 3，No. 28，pp. 151 – 178。

第四节　人类物种完整性与人类道德地位平等性的论证

“道德地位”是伦理学中最为基础性的概念。它强调一个人因其内在价值而应受什么样的对待，比如是否应该被授予人权就是由其道德地位所决定的。所谓尊严就是一种道德地位。对于认为“道德地位不能分为不同等级”的人而言，人的尊严就是唯一的道德地位；对于认为“道德地位应当分为不同等级”的人而言，尊严就是最高的道德地位。

《世界人权宣言》第1条即宣称，“人人生而自由，在尊严和权利上一律平等”，无论种族、性别、智力、信仰或年龄。如果我们认可《世界人权宣言》中的观点，那么“属于人类物种”这个简单的事实就可以让每个人拥有平等的道德地位。自《世界人权宣言》问世以来，人类道德地位平等的观念已经得到普遍认同。这一观念深刻影响了为数众多的具有约束力的规范的形成，并为不计其数的法律决议和伦理判断提供了依据。[①] 然而，与这一观念受到普遍认同的事实不相符的是，我们至今尚未对人类道德地位的平等性给出完满论证。

多数伦理学说都将人类道德地位的基础归于理性、行动性或道德自主性等人类的典型特征。然而，无论我们将何种特征作为人类道德地位的基础，都必然存在一部分人类个体并未表现出这些特征。“我们可以凭借什么将道德地位平等地授予所有人类物种成员”这一问题至今仍没有得到圆满解答。[②] 最终，试图论证人类道德地位平等性的学者或者宣告失败，或者只能接受一种被称为“物种主义”的立场。[③] 显然，物种主义是武断的。我们有理由拒绝在没有进一步论证的情况下，把严重缺乏或完全没有表现出人类典

---

① 参见 Trinidade, Canado, *Universal Declaration of Human Rights*, https: //legal. un. org/avl/pdf/ha/udhr/udhre. pdf。

② 参见 Brownsword, Roger & Beyleveld, Deryck, *Human Dignity in Bioethics and Biolaw*, Oxford University Press, 2001, pp. 23 - 24。

③ 参见 Liao, Matthew, “The Basis of Human Moral Status”, *Journal of Moral Philosophy*, 2010, Vol. 2, No. 7, p. 159。

型能力的人纳入道德地位的保护范围。

在人们对人类道德地位平等性问题所作出的各种伦理论证中，有两种论证思路颇具前景。一种思路尝试寻找人类全体成员普遍具有的特征，通过这种特征论证人类道德地位的普遍平等；另一种思路则选择首先确立人类物种的特殊道德地位，从而人类物种成员的身份就成为平等分享人类物种道德地位的充分条件。而这两种论证思路成功与否，都最终依赖于人类物种完整性能否得到保存和维护。

“寻找人类全体成员共同特征”这一类理论，通过将能够为人赢得道德地位的典型特征归于人的潜力或者某些人类能力的基因基础，试图将道德地位的基础确立为一种人所共有的性质，从而论证所有人类个体同等地具有道德地位。例如，约翰·芬尼斯（John Finnis）提出，具有人类基因的有机体通常都拥有某些进行智力活动的潜力。只要具有这样的潜力，无论潜力是否得到展现或发展，都足以让人成为一个有人格的实体。芬尼斯要求我们不要将潜力仅仅理解为“一种能力即将出现”，而要将潜力理解为一个已经出现的事实。就任何人类生命而言，这一潜力都是一个已经开始并将一以贯之的发展历程，这个事实完全可以为所有潜力的拥有者授予同等的道德地位——无论他们是否发展了这种潜力。[①] 绝大多数人类个体的确具有发展人类典型能力的潜力，但也存在一些人因疾病或事故而永久性地失去了这种潜力。为什么这些失去潜力的人也能够拥有道德地位？上述理论并未给出回答。马修·廖（Matthew Liao）有关道德地位基因基础的观点回答了这个问题。在他看来，即便有些人已经失去了发展人类典型特征的潜力，但所有人都拥有发展这些特征的基因基础，因此所有人都平等地享有道德地位。[②] 马修·廖将道德能动性视为人类的典型特征，而发展道德能动性的基因基础就是平等道德地位的依据。他认为，即便失去意识的人也有这样的基因基础，因为他们展示过道德能动性；甚至很多无脑儿出现的原因也并不在于基因，而在于胚胎发育过程中的环境因素。由此，他得出结论：“所有我们可能遇见的活

---

① 参见 Keown, John, *Euthanasia Examined: Ethical, Clinical and Legal Perspectives*, Cambridge University Press, 1995, pp. 48 - 49。

② 参见 Liao, Matthew, “The Basis of Human Moral Status”, *Journal of Moral Philosophy*, 2010, Vol. 2, No. 7, pp. 159 - 179。

着的人类都具有道德能动性的基因基础。”[①] 这就是我们应当将平等道德地位授予人类物种中的全体成员的原因。这一论证体现了作为一个生物学概念的人类物种所具有的道德意涵。

在论证人类道德地位平等性的另外一种思路中，人类物种的道德含义得到更为深入的阐发。这类理论提出，如果一个生物类别因拥有某些具有重大道德意义的典型特征而获得了“尊严”这样特殊的地位，那么该类别的每一个成员都可以凭借其物种成员身份平等地分享这一地位。例如，斯坎伦（Thomas Scanlon）曾经提出，“我们可能错误对待的存在物包括能够具有判断敏感态度的类的所有成员”[②]。这里表达的意思是，人类这个整体因以判断敏感态度为典型特征而应受道德考量，因此，人类的全体成员都应受道德考量。伯纳德·威廉姆斯（Bernard Williams）也曾提出，“属于一个特定的种类，即人类，就是这些造物应在某些方面受到某种对待的全部原因”[③]。美国哲学家丹尼尔·苏尔马西（Daniel Sulmasy）对这一思路给出了较为完善的论证。他明确提出，人类这个物种作为一个自然类别，拥有语言、理性、爱、自由意志、道德能动性等特征。人类整体的特殊地位就源自这些特征。[④] 一个人拥有尊严，不是因为他具有这个类的所有典型特征，而是因为他属于一个具有某种典型特征的类。以上理论呼应了毕恩巴赫（Dieter Birnbacher）曾经提出但未展开论述的观点：“在某种意义上，人类物种尊严的观念是一个基础性观念。在其他所有意义上的人的尊严观念都来源于这个基础性的观念。”[⑤] 乔治·凯特布（George Kateb）也曾提出，人类物种整体的尊严对个体尊严的确证具有重要意义。[⑥] 当我们首先将道德地位赋予了人类

---

① Liao, Matthew, “The Basis of Human Moral Status”, *Journal of Moral Philosophy*, 2010, Vol. 2, No. 7, p. 166.

② Scanlon, Thomas, *What We Owe to Each Other*, Harvard University Press, 1998, p. 186.

③ Williams, Bernard, *The Human Prejudice*, *Philosophy as a Humanistic Discipline*, A. W. Moore (ed.). Princeton University Press, 2008, p. 142.

④ 参见 Sulmasy, Daniel, “Dignity, Disability, Difference, and Rights”, In Ralston, D. Christopher & Ho, Justin (eds.) *Philosophical Reflections on Disability*, Springer Science & Business Media, 2009, pp. 183 - 198。

⑤ Birnbacher, Dieter, “Human Cloning and Human Dignity”, *Reproductive BioMedicine Online*, 2005, Vol. 2, No. 10, p. 53.

⑥ 参见 Kateb, George, *Human Dignity*, Harvard University Press, 2011, p. 6。

整体，平等道德地位的基础也就转化为“自然类别的成员身份”这样简单的事实。对所有人而言，作为人类物种成员的身份是没有差别的，因而这一身份所授予的地位也是没有差别的。

然而，问题在于，如果人类物种的道德地位不能得到确证，那么人类个体道德地位的平等性就不能以这种方式得到论证。这正是以上理论所面对的一个困难。在生物学和生物学哲学研究中，很多观点认可存在自然类别和类的本质，但同时，也有某些观点认为物种并不是真实的自然类且缺乏类意义上的本质属性。[①] 在哲学研究中，类这种不具有特殊意义的观念最初在唯名论中出现，后现代生命伦理学家则提供了更激进的版本。针对这个问题，苏尔马西对“自然类别”概念作出了进一步的哲学探讨。他认为，无论所谓人的本质是否真实存在，不可否认的是，至少存在某些人类典型特征，例如理性、道德能动性等特征典型地为人类物种成员所具有。即便其他物种成员可能偶然会表现出这样的特征，但对该物种而言，这个特征也不是一个典型特征。相应地，即便有人类物种成员没有显示出这样的特征，该特征对人类而言仍是典型的。正因如此，我们才有理由将没有显示这一特征的人类个体视为“不正常的”；如果没有某种程度的本质主义，障碍、疾病、残疾这些重要概念也就不可能成立，所谓医学即便在概念上也不可能存在。[②] 苏尔马西确信，在生物学领域，“一直有着像法律一样的原则决定每一个自然类别的典型发展模式”[③]。类的典型特征同该物种整体应受的道德考量之间具有足够充分的联系。如果人类物种的典型特征具有重大道德价值，那么，作为一个类别的人类整体完全可以凭借这些特征获得特殊道德地位。

上述两类理论，可以说是当代有关人类道德地位平等性论证中最有前景的两种思路。人类道德地位平等性论证中最大的困难源于“并非所有人类个体都表现出典型的人类特征”这一事实。论证人类道德地位平等性的关键，

---

① 参见 Dupré，John，“Natural Kinds and Biological Taxa”，*The Philosophical Review*，1981，Vol. 1，p. 89。

② 参见 Sulmasy，Daniel，“Diseases and Natural Kinds”，*Theoretical Medicine and Bioethics*，2005，Vol. 5，No. 26，pp. 487 – 513。

③ Sulmasy，Daniel，“Diseases and Natural Kinds”，*Theoretical Medicine and Bioethics*，2005，Vol. 5，No. 26，p. 497.

就在于为那些没有表现出典型人类特征的个体赋予平等道德地位。显而易见，无论是认为全体人类成员都普遍具有的某种性质（发展人类典型特征的潜力或基因基础）赋予所有人平等的道德地位，还是认为所有人平等的道德地位来自人类成员的身份，两种论证的成败都最终取决于是否存在一个完整性未受侵犯的人类物种。

一方面，当人类物种的典型能力和发展倾向受到来自生物医学技术的干预，与人类同一性密切相关的重要基因信息将受到不可逆转的破坏。一旦人类物种成员普遍具有的基因基础无法维系，我们也就不能通过人类成员共有的潜力或基因基础来论证人类道德地位的平等性。另一方面，当技术的应用模糊了物种边界，人类整体作为一个自然类别的本体论地位受到侵蚀，“决定一个自然类别典型发展模式的像法律一样的原则”也必将消失，以致我们将无法确认每个个体作为一个自然类别成员的身份，从而只能将人类道德地位建立在感觉经验的基础上，无法形成任何普遍必然的结论。在这种情况下，通过人类整体地位论证个体平等道德地位的努力也就不可能获得成功。如果人类物种完整性不能得到维护，我们就不可能对人类道德地位的平等性进行合理的论证；相应地，在人类道德地位平等假设基础上建立起来的道德原则和各种为我们所珍视的价值也将随之消失殆尽。正是对人类道德地位平等性基础的探究，揭示了人类物种完整性所具有的最为重大的道德意义。

第五节　结语

“完整性”是20世纪90年代以来随着基因技术的发展而进入伦理学研究中的一个术语。在当代生命伦理学中，人类物种完整性成为一个规范性概念。很多学者通过援引这一概念反对人类克隆、干细胞研究、可遗传基因干预等技术的应用。至21世纪初，保护人类物种完整性甚至成为人类尊严的道德要求，这意味着侵犯人类物种完整性就侵犯了生命伦理学的核心价值。保护人类物种完整性的观念促使我们关注这样一种重要价值，它不能被表述为权利，因而无法通过人权框架而得到保护。只有明确了这一价值，我们才能辨识科技应用所带来的究竟是福祉还是伤害，并明确科技发展过程中人的道德责任。

虽然人类物种完整性的保护范围不同于人权，但该概念对于保护人权同样具有重大意义，并且能够完善我们对于人权的理解。在当代生命伦理学研究中，保护人类物种完整性的原则就是通过保护人权的道德义务而得到论证的。如果技术对人类典型特征的改变获得准许，那么每个人的基本权利最终都会受到侵犯。如果我们有义务尊重基本人权，我们就同样有义务维护人类物种完整性。除了为人权提供保护，人类物种完整性也为平等人权的论证提供必要条件。平等人权必须建立在平等道德地位的基础上，而人类道德地位平等性的论证极其困难。在当代伦理学中有两种论证方案颇具前景。在这两种论证方案中，人类物种完整性都是其论证能够成功的前提。这一事实既让我们明确了人类平等的真正基础，也充分显示了人类物种完整性所具有的道德意义。

第三十二章
胚胎基因设计的科学和伦理问题研究

第一节　引言

CRISPR 技术是近年来备受瞩目的一项新兴基因编辑技术。CRISPR 技术包括两个核心要素，分别是 CRISPR 序列（成簇的规律间隔的短回文重复序列 clustered regularly interspaced short palindromic repeats）和 Cas 序列（CRISPR associated）。CRISPR 是一个广泛存在于细菌和古生菌基因组中的序列家族，每个 CRISPR 包括一个前导区（Leader）、多个短且高度保守的重复序列区（Repeat）和多个间隔区（Spacer），其中间隔区序列由细菌和古生菌后天捕获而来（例如捕获自噬菌体）。当与间隔区序列相同的外源 DNA 入侵细菌和古生菌时，间隔区可起到识别作用，与 Cas 序列共同对外源 DNA 进行编辑，抑制其表达。在上述机制的基础上，针对任一靶向基因 G，科学家们只需获得恰当的 crRNA（CRISPR-derived RNA），使之与 Cas9 等结合成为复合体，以 crRNA 作为导航，就可能对靶向基因进行准确的基因编辑，这便是近年来备受瞩目的 CRISPR 技术。

CRISPR 技术是生命科学自 PCR 技术以来又一场重大的技术革命，正在对生命科学的研究带来重大的变革。在 CRISPR 技术之前，人们已经能够对基因进行编辑，但这些技术，像归巢内切酶（HEase）、锌指核酸酶（ZFN）和转录激活因子样效应物核酸酶（TALEN）技术等，操作过程复杂、耗费昂贵。CRISPR 技术不仅操作简便，而且价格便宜，所以出现之后立即席卷全球，迅速覆盖了世界各地的生命科学实验室。实验室中，科学家们试图将

CRISPR 投入多方面的应用，例如遗传疾病的治疗、转基因动植物的培育和生态系统的保护性干预，胚胎基因设计等。CRISPR 使得过去很多不可能的想法变成了现实。今天，CRISPR 技术的发展和应用不断地产生新的生命科学成果。很显然，这项技术对改善人类健康和福祉提供了巨大的机会，但同时人们也不无忧虑，如此迅速发展的技术，若不加限制，可能会给人类带来巨大的风险和灾难。因此，关于 CRISPR 技术的伦理、法律和社会问题也引起人们的极大关注。

今天人们对 CRISPR 技术最担心的是其安全性问题，因为该技术在应用到人类身上如果发生脱靶效应，将对人的健康造成危害；如果被人直接用来做危害人类的基因编辑，其造成的危害可能会超过已有的任何武器。因此，很多人都在讨论如何限制和管控 CRISPR 技术，使其向着有利于人类的方向发展。但本研究不去重复讨论这方面的问题，而是讨论一个争议更大的问题：我们可以利用基因编辑技术进行基因胚胎设计吗？胚胎基因设计的基本思想是父母针对胚胎通过基因编辑技术对子女的成年性状进行设计。很显然，如果基因编辑技术不成熟，存在安全性问题，我们一定不能进行胚胎基因设计，因为，这不仅会对现有的胚胎造成伤害，而且由于对生殖细胞的改造是可以遗传的，因此可能会对后代产生无法预测的后果。但假若基因编辑技术非常成熟，在应用到人类身上已经不会发生安全性问题，那么，我们还应当禁止胚胎基因设计吗？有关胚胎基因设计和基因增强的讨论正在不断涌现。在当前的伦理讨论中，很多人都认为，不管 CRISPR 技术怎么发展，胚胎基因编辑都应当禁止。为什么在基因编辑技术很发达的情况下，我们还要禁止胚胎基因设计呢？禁止胚胎基因设计的伦理理由合理吗？与西方伦理学相比，儒家伦理学在胚胎基因设计方面的意见有没有一定的优势？本研究拟对这些问题进行探讨。

第二节　胚胎基因设计的科学问题研究

人类性状可以从以下两个维度进行划分：一个是时间维度，包括从受精事件一直到死亡事件的全部时间，例如，儿童身高和成年身高就是分处两个时间维度的不同性状；另一个是空间维度，包括从蛋白质到细胞、组织、器官和个体的整个空间过程，例如生长因子的氨基酸构成和个体的身高就是分处两个空间维度的不同性状，本研究将蛋白质维度的性状记作深层性状，将个体维度的性状记作表层性状。基于上述划分，胚胎基因设计的对象显然是成年表层性状。因此，胚胎基因设计的基本思想可以总结为，通过基因技术设计胚胎的基因组成，从而设计子女的成年表层性状。具体而言，胚胎基因设计[①]包括以下两个核心部分：

a. 知晓人体任一成年表层性状 P 由哪个基因集合｛G｝控制；

b. 在 a 的基础上，父母通过改变胚胎的基因集合｛G｝主动改变子女的成年表层性状 P 或表现 P 的倾向。

本研究将 a 条记作基因知识目标，将 b 条记作性状设计目标。[②] 基于此，胚胎基因设计的科学问题，即“能否实现胚胎基因设计”可转化为以下问题，即“能否实现基因知识目标和性状设计目标”。本研究下面将分别说明，基因知识目标和性状设计目标原则上都是不可实现的，因此，上述意义上的胚胎基因设计是不可实现的。

一　基因知识目标的不可完全获得性

基因知识目标试图获得如下形式的命题，

（命题 Q）对于所有可能的人类个体，等位基因集合｛G｝控制成年表层性状 P

通常情况下，该命题等价于以下命题：

（命题 R）对于所有可能的人类个体，如果个体的基因组包含｛G｝，那么该个体必然出现，或必然倾向于出现表层性状 P

若命题 Q 成立，则以下两个命题必然成立；

① 此处的“胚胎基因设计”指的是公众认知中的胚胎基因设计，与专业科学家认知中的胚胎基因设计存在区别。

② 这两条仅仅是胚胎基因设计的必要条件，而非充分条件。

a. 所有可能的人类个体除了｛G｝之外，其余的与表层性状 P 相关的因素都相同①，所有这些元素构成的系统本文记作“设备”

b. 将｛G｝输入所有可能的人类个体的设备后，设备输出蛋白质｛p｝；｛p｝作用于设备，使得个体出现或倾向于出现成年性状 P

证明如下。设命题 Q 成立且个体的基因组包含｛G｝，假若 a 不成立，则人类个体间与 P 相关的其他因素并不完全相同，即设备不同；此时显然可能出现以下情况，即个体的基因组包含｛G｝，但个体并不表现且并不倾向于表现表层性状 P，因此命题 R 不成立，于是命题 Q 不成立，与假设矛盾，因此 a 必然成立。设命题 Q 成立，假若 b 不成立，则显然不能说“｛G｝控制性状 P”，于是命题 Q 不成立，与假设矛盾，因此 b 必然成立。

a 和 b 显然不成立。就 a 而言，即便是对于现实的人类个体来说，个体间｛G｝之外的与表层该性状 P 相关的因素也未必都相同，例如，不同个体｛G｝之外的基因序列、非编码 DNA、染色体空间构型和个体所处环境显然未必相同，因此 a 不成立；如果 a 不成立，那么不同个体的设备不同，因此可能出现这样的情况，即将｛G｝输入某设备后，设备并不输出蛋白质｛p｝，或者，设备输出蛋白质｛p｝，但｛p｝作用于该设备后并不产生成年性状 P 或并不倾向于产生性状 P，因此 b 不成立。鉴于 a 和 b 是命题 R 的必要条件，于是 R 不成立，Q 因此也不成立。因此，严格来说，基因知识目标不可获得。

上述论证中，a 和 b 不成立的原因简单来说就是人类有个体差异性，而鉴于个体差异性对于遗传学家们来说是再基础不过的现象了，遗传学家们一定很容易知道 a 和 b 不成立，因此命题 Q 不成立；既然如此，为什么遗传学家在实践中依然大量地使用命题 Q 呢？原因在于，命题 a 和命题 b 可能近似成立。人类的确存在个体差异性，但这种差异性并不明显，例如，基因组测序表明，人类个体间的基因序列差别极其微小，平均每一千个碱基序才有一个碱基的差异，因此，从全球范围和整个时间范围看，a 和 b 是可能近似成立的，并且，随着空间和时间范围地逐渐缩小，a 和 b 近似成立的可能性以

① 此处“相同”并非指完全等同，可存在一定程度的波动范围。

及 a 和 b 成立的近似程度是不断增加的。从这个意义上讲，命题 Q 虽不成立，但可能近似成立，因此基因知识目标可能近似实现；而遗传学家在遗传实践中大量使用的命题 Q 就是这些近似成立的命题。然而，如果人类的个体差异性有一天变得足够明显，那么这些命题 Q 就不能再继续合法地使用，即连近似成立也达不到，除非能够给它们找到合适的时间和空间的限定条件。

二　性状设计目标的不可完全实现性

胚胎基因设计中，基因知识目标是性状设计目标的基础，因此，如果上一部分表明基因知识目标不可实现，那么性状设计目标也就自然不可实现。然而，该结论与当代遗传学显然严重矛盾，因为当代遗传学的一个重要信条就是基因组与表层性状之间的关系，按照该信条，改变胚胎的基因集合无疑能够改变子女的成年表层性状 P 或表现 P 的倾向。上述矛盾的出现源自对性状设计目标的错误解读。性状设计目标的内容是，

（命题 S）在基因知识目标的基础上，通过改变胚胎的基因集合｛G｝主动改变子女的成年表层性状 P 或表现 P 的倾向

而不是

（命题 T）通过改变胚胎的基因集合｛G｝主动改变子女的成年表层性状 P 或表现 P 的倾向

毫无疑问，任何一个拥有基础遗传学知识的人都会承认命题 T 是可能实现的；但命题 S 不等于命题 T，它比命题 T 多出一个限定条件，或者说规定的命题 T 实现的方式，即只能在基因知识目标的基础上实现命题 T，由于上一部分表明基因知识目标不可实现，故而命题 S，即性状设计目标不可实现。

尽管如此，鉴于基因知识目标可能近似实现，性状设计目标也是可能近似实现的，特别地，当人们要改变的基因集合｛G｝的数量较少时，性状设

计目标是最可能近似实现的，即此时人们最可能在近似成立的命题 Q，即“对于所有可能的人类个体，如果个体的基因组包含｛G｝，那么该个体必然出现，或必然倾向于出现表层性状 P”的基础上，通过改变胚胎的基因集合｛G｝主动改变子女的成年表层性状 P 或表现 P 的倾向。设命题 Q 近似成立的时间空间范围为 s，如果人们要改变的基因集合｛G｝的数量较少，那么修改后胚胎 E 的基因组合与 s 中大部分人类个体基因组合的差别较小，故二者设备相同的可能性极大，因此，将｛G｝输入 E 的设备后，设备极可能输出蛋白质｛p｝；｛p｝作用于设备，极可能使 E 出现或倾向于出现成年性状 P，从而实现性状设计目标。相反，如果人们要改变大量的基因集合｛G｝，E 的基因组组合将严重偏离 s，此时二者设备相同的可能性极低，实现性状合集目标的可能性也极低。而鉴于胚胎基因设计的目标通常是多个表层性状的改变，故其相应的性状设计目标近似实现的可能性极低。

至此，胚胎基因设计的两个目标都不可完全实现，因此胚胎基因设计不可完全实现，或者说只可能近似实现。然而，以上讨论的胚胎基因设计是当前通常意义上的胚胎基因设计（以下记作“当前胚胎基因设计”），它不可完全实现性不能推出广义上胚胎基因设计的不可实现性，因为前者是以命题 Q 为基础的，而后者无此限制，它可采用一切手段通过改变胚胎的基因组成主动改变胚胎的成年表层性状。事实上，广义上的胚胎基因设计才是遗传学家们所说的胚胎基因设计。尽管如此，当前胚胎基因设计的不可完全实现性强烈地提示我们，广义胚胎基因设计的实现面临严峻的挑战。胚胎基因设计之所以不可完全实现，或者说只能近似实现，根本原因在于，成年表层性状 P 的相关因素众多，而胚胎基因设计预设只有基因集合｛G｝具有个体差异性，其他因素都不具个体差异性。这个预设首先显然不成立；其次，它虽然可能近似成立，但其近似成立的可能性和近似成立的近似度与时间空间范围 s 成反比，例如，在当前时间点的一个小的时间邻域来看，人类的个体差异性却是不大，故而对于大部分人来说｛G｝可能是与 P 相关的唯一可变因素，故上述预设近似成立的可能性较大；但当我们把邻域放大，鉴于进化是一个不断变化的过程，我们将越来越难以有把握地说｛G｝是与 P 相关的唯一可变因素，这对于空间也是类似的。因此，上述预设的局限性决定过了当前胚胎基因设计不可完全实现或仅可能近似实现。基于此，为了实现广义的胚胎基因设计，突破上述预设的局限性就显得尤为关键，而突破上述预设的局限性的关键在于：对于成年表层性状 P 而言，不仅要考虑基因集合 {G}，还要考虑其一切与 P 相关的因素，包括 {G} 之外的基因、非编码的 DNA 片段、染色体的空间构型和个体所处环境等。显然，这将是一个极其复杂且具有挑战性的计划，其中，CRISPR 技术无疑将有效地帮助我们理解 {G} {G} 以外的基因以及非编码的 DNA 片段与人体性状间的关系，但关于该技术是否能够同样有效地帮助我们理解个体所处的环境（包括内环境和外环境）对性状 P 的作用，这一点尚且值得怀疑。因此，CRISPR 技术的确让我们离广义的胚胎基因设计更近一步，但这离真正实现广义上的胚胎基因设计还十分遥远。

第三节　反对胚胎基因设计的伦理理由及其合理性分析

在反对胚胎基因设计的伦理争论中，除了安全性理由之外，人们也提出了很多其他伦理理由，比如：父母无权利用基因编辑技术决定子女的未来；父母不应当使子女产品化；胚胎基因设计使得子女的出生成为非自然的；胚胎基因设计可能助长对人类个体的歧视；胚胎基因设计造成人和人之间的新的不公平；胚胎基因设计造成医疗资源浪费；等等。我们分别对这些伦理理由的合理性问题进行分析。

一　应当禁止父母决定子女未来

反对胚胎基因设计的首要一个理由是，父母不应当决定子女的未来。胚胎基因设计是父母按着自己的意愿设计自己子女的相貌、体质或性格特征。设一对夫妻通过胚胎基因设计生育有子女，且子女因为胚胎基因设计而具有了某个性状集合，则对于成年后的子女来说：“子女之所以具有该性状集合是因为其父母的意愿。”从这个意义上说，胚胎基因设计是夫妻决定了其子女的未来。然而，我们知道，在民主自由的社会，父母无权决定子女的未来，子女的未来应当是由他们自己自由选择的。因此，禁止胚胎基因设计，实际上就是禁止“父母决定子女未来”。因此，反对胚胎基因设计的人实际上是通过反对父母可以决定子女未来的理由来反对基因胚胎设计的。这个反对理由成立吗?

支持胚胎基因设计的人认为这是不成立的，因为，他们认为，在我们每个人的发展过程中，尤其是我们在青少年时期，我们的父母都部分地决定我们的未来。比如，父母决定让你接受什么样的教育，学习钢琴还是小提琴?学习绘画还是学习打篮球?学习理科还是学习文科?父母对子女做出这样或那样的决定，并没有多少人认为这是不合伦理的。所以，既然部分父母通过教育行为决定子女的未来是合伦理的，那么部分父母通过胚胎基因设计决定子女的未来也应当是合理的。

然而，反对者认为，支持者的这种类比是不合理的。反对者认为，“应当禁止父母决定子女未来”省略了“其他情况相同”这个条件，也就是说，该道德判断说的是，“父母决定子女未来”就其本身而言应当被禁止。因此，反对者认为，假设上述道德判断正确，则“父母决定子女未来”就其本身而言应当被禁止，因此仅从“父母决定子女未来”来看，教育行为应当被禁止；然而，考虑到教育行为的其他面向（如培养子女的能力），该行为不应当被禁止，所以从该道德判断正确不能推出应当禁止教育行为。因此，支持者的类比不成立。本研究将这一种类型的论证记作“其他情况相同”论证。另外，反对者认为，“应当禁止父母决定子女未来”是“应当禁止父母过度决定子女未来”的省略。因此，反对者可以进行如下回应，假设上述道德判断正确，则“应当禁止父母过度决定子女未来”；然而，与胚胎基因设计不同，教育中子女仍然可能有选择是否接受教育的余地，因此通常认为教育不一定过度决定子女未来，因此不一定应当禁止教育行为，所以从该道德判断不能推出应当禁止教育行为，因此支持者的类比论证无效。本研究将这一种类的论证记作“过度”论证。因此，支持者对于该道德判断的质疑并不成立，或者说至少没有太大的效力，不能明显削弱人们对“应当禁止胚胎基因设计”的认同，反对者处于优势。

然而，支持者会做出如下回应。支持者说，反对者的“其他情况相同”论证和“过度”论证实质上是对该道德判断含义的一种限定，而要想让上述被限定的道德判断为“应当禁止胚胎基因设计”这一道德判断提供支持，则后者也必须得到相应的限定，这样后者才能属于前者。具体而言，与“其他情况相同”论证相对应的是“其他情况相同，应当禁止胚胎基因设计”；与“过度”论证对应的是，“胚胎基因设计过度决定子女未来时，应当禁止胚胎基因设计”。显然，这两种经过限定的道德判断并不一定等价于“应当禁止胚胎基因设计”，因此，该道德判断并不一定能为“应当禁止胚胎基因设计”提供支持。

由此可见，在“应当禁止父母决定子女未来”这一道德判断上，反对胚胎基因设计的人的观点和支持胚胎基因设计的观点处于胶着状态。

二　应当禁止将子女产品化

第二个反对胚胎基因设计的观点认为，胚胎基因设计从本质上看是父母定制子女的过程，而这样的过程广泛发生在产品定制行为之中，因此胚胎基因设计被认为是父母将子女产品化。在当代社会，将人产品化是不合伦理的。既然不允许父母将子女产品化，因此，将子女产品化的“胚胎基因设计”就应当禁止。因此“应当禁止胚胎基因设计”属于“应当禁止将子女产品化”这类基础道德判断，而这一道德判断类符合大部分人的直觉。[①]

反对基因胚胎设计的这一论证有效吗？支持胚胎基因设计的人对这类基础道德判断的质疑与第一种中的质疑极度类似，即通过举例说明，很多把人产品化的行为也是合伦理的，以此反驳反对者的论证。依然以教育行为为例。很多情况下，教育行为从本质上说也是父母依照自己的意愿定制子女的过程，因此属于将子女产品化，但这些行为通常并不认为是不合伦理的。所以，支持者认为“应当禁止将子女产品化”这一基础道德判断并不正确，不能推出“应当禁止胚胎基因设计”。

反对者对该质疑的可能回应也与对第一种质疑的回应极度类似，即包括“其他情况相同”论证和“过度”论证。“其他情况相同”论证中，反对者认为，“应当禁止将子女产品化”省略了“其他情况相同”这个条件，也就是说，该道德判断说的是，“将子女产品化”就其本身而言应当被禁止。因

---

① 参见 Murray，T. H.，“Enhancement”，In B. Steinbock（Ed.），*The Oxford Handbook of Bioethics*，Oxford University Press，2007，pp. 491 – 515。

此，反对者认为，假设上述道德判断正确，则“将子女产品化”就其本身而言应当被禁止，因此仅从“将子女产品化”来看，应当禁止上述教育行为；然而，考虑到“教育行为”的其他面向（如培养子女的能力），上述行为便不应当被禁止，所以从该道德判断正确不能推出应当禁止上述教育行为。因此，支持者的类比不成立。“过度”论证中，反对者认为，“应当禁止将子女产品化”是“应当禁止过度将子女产品化”的省略。因此，反对者可以如下回应，假设上述道德判断正确，则“应当禁止父母过度将子女产品化”；然而，与胚胎基因设计不同，教育中子女仍然可能有选择是否接受教育的余地，因此，即便父母以定制子女为动机令子女接受学校教育，子女仍然保持明显的自主性，相对胚胎基因设计而言产品化程度较低，因此不一定应当禁止上述教育行为，所以从该道德判断不能推出应当禁止上述教育行为，因此支持者的类比论证无效。因此，支持者对于该道德判断的质疑并不成立，或者说至少没有太大的效力，不能明显削弱人们对“应当禁止胚胎基因设计”的认同，反对者处于优势。

然而，支持者会做出如下回应。支持者说，反对者的“其他情况相同”论证和“过度”论证实质上是对该道德判断含义的一种限定，而要想让上述被限定的道德判断为“应当禁止胚胎基因设计”这一道德判断提供支持，则后者也必须得到相应的限定，这样后者才能属于前者。具体而言，与“其他情况相同”论证相对应的是“其他情况相同，应当禁止胚胎基因设计”；与“过度”论证对应的是，“胚胎基因设计过度将子女产品化时，应当禁止胚胎基因设计”。显然，这两种经过限定的道德判断并不一定等价于“应当禁止胚胎基因设计”，因此，该道德判断并不一定能为“应当禁止胚胎基因设计”提供支持。

由此可见，在“应当禁止将子女产品化”这一道德判断上，反对胚胎基因设计的人的观点和支持胚胎基因设计的观点处于胶着状态。

三 应当顺其自然

反对胚胎基因设计的第三个理由是“胚胎基因设计违反自然”。很多人认为，违背自然的人类生殖行为是不合伦理的。卡斯（L. Kass）认为，“顺应人类本性"[1] 和"尊重被自然给予的事物（the given）"是合伦理的，反之就是不合伦理的。这些不同表述的含义是相同的，且与中文中"顺其自然"一词高度同义，故本研究将这种道德判断记作"应当顺其自然"，其中"顺其自然"的含义是遵守已有的常态（norms）。反对基因胚胎设计的一个重要理由就是基因胚胎设计不遵守人类繁衍后代的常态，所以要禁止。

反对者的这一观点合理吗？支持胚胎基因设计的人可能对"顺其自然论"提出这样的疑问：

a. 衰老过程（也可以是其他过程，此处仅以衰老过程为例）是属于已有的常态，因此，"禁止抗衰老行为"遵守相应的常态；

b. 如果该类道德判断成立，那么我们应当禁止抗衰老行为；

c. 当然，我们不应当禁止抗衰老行为；

d. 因此，"应当顺其自然"这一基础道德判断类不成立。

上述质疑看上去好像很能说服人，但实际上，上述质疑似乎仅能微弱地动摇人们对该类道德判断的认同，而之所以如此，理由如下：依照海德格尔有关"意义"的理论，大部分人"应对"世界的方式是一种确定的常态，而这种常态把意义赋予了世界中的各种存在；而面对包括胚胎基因设计在内的某些新技术，第一，大部分人都尚未与其"应对"，第二，在与其"应对"的少数人之中，不同个体与其应对的方式也不尽相同，因此这些新技术的意义具有极大的不确定性。至此，人们有两个选择：一个是继续与新技术应对，但这种应对具有极大的不确定性；另一个放弃与新技术应对，回到常态之中。显然，在技术出现之初，后一个选择可能容易获得更多人的支持，而这就构成了"应当顺其自然"这一道德判断类的直觉基础，也就解释了为什么支持者的上述质疑仅能微弱地动摇人们对该基础道德判断类的认同。因此，在该基础道德判断类上，目前反对者仍然占有一定的优势。

四　应当禁止助长歧视

反对胚胎基因设计的另一个理由是，基因胚胎设计会助长歧视，而歧视

---

[1] President's Council on Bioethics（US）& Kass. L.，*Beyond Therapy*：*Biotechnology and the Pursuit of Happiness*，Harper Perennial，2003.

是错误的，因此“应当禁止胚胎基因设计”[①]。胚胎基因设计中，父母试图令子女具有的成年性状往往是大部分人认为“好”的性状，记作A，而父母试图令子女摆脱的成年性状往往是大部分人认为“不好”的性状，记作B，通过胚胎基因设计这一行为，“性状B是不好的”这一价值判断得到了加强，相应地，携带性状B的个体所受到的歧视也将得到加强，因此，胚胎基因设计可能助长歧视，因此“应当禁止胚胎基因设计”[②]。

反对基因胚胎设计的这一论证有效吗？支持胚胎基因设计的人对这类基础道德判断的质疑与1中的质疑极度类似，即通过举例说明，很多把人产品化的行为也是合伦理的，以此反驳反对者的论证。医疗整形过程中，当事人试图获得的往往是大部分人认为“好”的面貌特征，记作A；当事人试图摆脱的往往是大部分人认为“不好”的面貌特征，记作B。通过医疗整形这一行为，“面貌特征B是不好的”这一价值判断得到了加强，相应地，携带面貌特征B的个体所受到的歧视也将得到加强，因此，医疗整形同样可能助长歧视。在此基础上，如果“应当禁止助长歧视”这一基础道德判断正确，那么我们就“应当禁止医疗整形”。然而，我们似乎并不应当禁止医疗整形，因此，“应当禁止助长歧视”这一道德判断并不正确，不能推出“应当禁止胚胎基因设计”。

反对者对该质疑的可能回应也与对第一种质疑的回应极度类似，即包括“其他情况相同”论证和“过度”论证。“其他情况相同”论证中，反对者认为，“应当禁止助长歧视”省略了“其他情况相同”这个条件，也就是说，该道德判断说的是，“助长歧视”就其本身而言应当被禁止。因此，反对者认为，假设上述道德判断正确，则“助长歧视”就其本身而言应当被禁止，因此仅从“助长歧视”来看，医疗整形行为应当被禁止；然而，考虑到医疗整形的其他面向（如提高当事人的生活质量），该行为不应当被禁止，所以从该道德判断正确不能推出应当禁止医疗整形行为。因此，支持者

---

① Little, M. O., "Cosmetic Surgery, Suspect Norms and the Ethics of Complicity", In Parens, E. (Ed.), *Enhancing Human Traits: Ethical and Social Implications*, Georgetown University Press, 1998, pp. 162 -175.

② Murray, T. H., "Enhancement", In Steinbock, B. (Ed.), *The Oxford Handbook of Bioethics*, Oxford University Press, 2007, pp. 491 -515.

的类比不成立。“过度”论证中，反对者认为，“应当禁止助长歧视”是“应当禁止过度助长歧视”的省略。因此，反对者可以如下回应，假设上述道德判断正确，则“应当禁止过度助长歧视”；然而，与胚胎基因设计相比，医疗整形并没有过度助长歧视，因为医疗整形仅仅在面貌特征上助长了歧视，但胚胎基因设计将在人的各个性状上助长歧视（如智商、性格等），因此医疗整形不一定过度决定子女未来，因此不一定应当禁止教育行为，所以从该道德判断不能推出应当禁止医疗整形行为。因此，支持者对于该道德判断的质疑并不成立，或者说至少没有太大的效力，不能明显削弱人们对“应当禁止胚胎基因设计”的认同，反对者处于优势。

然而，支持者会做出如下回应。支持者说，反对者的“其他情况相同”论证和“过度”论证实质上是对该道德判断含义的一种限定，而要想让上述被限定的道德判断为“应当禁止胚胎基因设计”这一道德判断提供支持，则后者也必须得到相应的限定，这样后者才能属于前者。具体而言，与“其他情况相同”论证相对应的是“其他情况相同，应当禁止胚胎基因设计”；与“过度”论证对应的是，“胚胎基因设计过度助长歧视时，应当禁止胚胎基因设计”。显然，这两种经过限定的道德判断并不一定等价于“应当禁止胚胎基因设计”，因此，该道德判断并不一定能为“应当禁止胚胎基因设计”提供支持。

由此可见，在“应当禁止助长歧视”这一道德判断上，反对胚胎基因设计的人的观点和支持胚胎基因设计的观点处于胶着状态。

五　应当禁止不公平分配

反对胚胎基因设计的第五个理由是，胚胎基因设计往往花费高昂，这可能导致资源的不公正分配。“资源 A 不公平分配”的条件至少包含两个：第一，一般情况下，资源 A 对于群体 G 的每个个体而言极其重要；第二，群体 G 的个体获取资源 A 的机会存在严重的差异。胚胎基因设计能够显著地对子女进行增强，因此显然极可能是极其重要的；但其出现之初往往花费高昂，因此个体获取该技术的机会极可能存在严重差异，因此该技术一旦投入使用极有可能出现不公平分配的现象。因此，从“应当禁止不公平分配”可推导出“应当禁止胚胎基因设计”。

对于这一点，支持者会提出与 1 中的质疑极度相似的观点，即“不一致”论证：

a. 现有的多种社会资源都存在不公平分配现象；

b. 如果上述基础道德判断正确，那么我们应当禁止将这些社会资源投入使用；

c. 但我们不应当禁止将这些社会资源投入使用；

d. 因此，“应当禁止不公平分配”这一类道德判断不成立。

对于该质疑，反对者对该质疑可能做出如下的回应。第一个可能的回应与对第一种质疑的回应极度类似，即包括“其他情况相同”论证和“过度”论证；而对反对者的这两个论证，支持者可能的回应也与对第一种质疑的回应极度相似，因此，从这一点上看，支持者和反对者处于胶着状态。第二个可能回应说的是，支持者在 a 条中列举的部分社会资源可能并不属于不公平分配，即不满足上述“不公平分配”的条件，因为它们对于相应的群体而言并非重要的。例如，对于整个人群而言，高收入者获取私人学校资源的机会的确明显高于中低收入者，但私立学校资源对于人群中的大部分个体而言并非极其重要的，因为公立学校资源很可能并不输给私立学校资源，因此，对整个人群重要的是教育资源，而非私立学校资源，私立学校资源并不满足不公平分配的条件。更能说明这一点的一个极端例子是古董，高收入者获取古董的机会显然高于中低收入者，但我们并不因此说古董不公平分配，因为对于大部分人而言古董是不重要的。至此，综合支持者对该质疑的上述两个可能回应，在该基础道德判断类中，反对者占有部分优势。

然而，支持者就这一道德判断还可能有另一个质疑，即“应当禁止胚胎基因设计”是否真的属于“应当禁止不公平分配”，本研究记作“归属”论证。胚胎基因设计一旦投入使用，的确极有可能导致不公平分配的现象，然而，这并没有排除通过相关政策消除不公平分配的可能性，虽然这种可能性是渺茫的。因此，“应当禁止胚胎设计”不一定属于“应当禁止不公平分配”这一基础道德判断，后者不一定能帮助前者获得大部分人的认同，支持者因此在这一点上占有优势。但综合前一部分的结果，支持者与反对者在该基础道德判断类上依旧处于胶着状态。

六 应当禁止浪费资源

反对胚胎基因设计的第六个理由是，基因胚胎设计可能会导致资源浪费，所以要禁止。第一，从社会层面上看，胚胎基因设计可能被用来获得一些社会价值低的性状。例如，父母可能通过胚胎基因设计让子女获得较高的身高，而同样的资源如果用于公共卫生事业显然更具社会价值，因此构成了社会资源的浪费。[①] 第二，从个人层面上看，父母对子女进行胚胎基因设计的目的极可能是增加子女在社会竞争中的优势，然而试想，随着胚胎基因设计的不断普及，这种优势将变得越来越小，结果是父母投入了资源却得到了甚小的回报，倒不如将该资源进行其他类型的投资（例如教育），因此构成了社会资源的浪费。因此，从上述两个层面上看，“应当禁止胚胎基因设计”实际上是因为人们普遍认为“应当禁止浪费资源”[②]。

支持者就这一基础道德判断类的质疑类似于第五种质疑的“归属”论证，支持者认为，“胚胎基因设计是否属于浪费资源”并不像表面看上去那样容易判断，因此“应当禁止胚胎基因设计”不一定属于“应当禁止浪费资源”。不少情况下，投资不菲的新药研发项目一无所获，宣告失败。站在事件结束之后来看，这的确是一种资源浪费，因为同样的投资用于别处可能获得更大的社会价值；但站在事件开始之前来看，这又不是一种资源浪费，因为一旦项目成功，新药将创造巨大的社会价值。由此一点可见，“浪费资源”具有极大的价值取向，关于“何为浪费资源”并不像表面上看上去那样容易判断。具体到胚胎基因设计，从上述反对者的论证看，它的确是一种浪费资源的行为，但站在其他的角度来看，价值取向就可能发生变化，胚胎基因设计就可能不是一种浪费资源的行为。所以，“应当禁止胚胎基因设计”不一定属于“应当禁止浪费资源”，换句话说，即使承认“应当禁止浪费资源”正确，它也不能推出“应当禁止胚胎基因设计”。

---

① 参见 Murray, T. H., “Enhancement”, In Steinbock, B. (Ed.), *The Oxford Handbook of Bioethics*, Oxford University Press, 2007, pp. 491 -515。

② Murray, T. H., “Enhancement”, In Steinbock, B. (Ed.), *The Oxford Handbook of Bioethics*, Oxford University Press, 2007, pp. 491 -515.

由此可见，在“应当禁止浪费资源”这一道德判断上支持者占有部分优势。

综合以上，第一种质疑至第五种质疑中支持者和反对者处于胶着状态，第六种质疑中支持者占有部分优势，第三种质疑中反对者占有极大的优势。然而，这一部分中，反对者处于攻方，第六种质疑中支持者最多能够让反对者失去相应的认同，却不能因此获得相应的认同，而在第三种质疑中，反对者却因为相应的道德判断获得了额外的认同，因此，在这一部分，反对者总体处于优势，“应当禁止胚胎基因设计”可能获得大部分人的认同。

第四节　支持胚胎基因设计的伦理理由及其合理性分析

在上文中，我们先说明反对胚胎基因设计的论点，再说明支持胚胎基因设计者对反对者论点的反驳。因此，上文中，支持者一直处在攻方。下面我们将先说明支持胚胎基因设计者的正面论点是什么，然后看看反对者是怎么反驳的，最后评价一下双方观点的优劣。

一　不应当限制人的自由

支持胚胎基因设计者认为，“不应当禁止胚胎基因设计”，因为，如果我们禁止胚胎基因设计，我们就等于禁止了人们的自由。我们“不应当限制人的自由”，所以，我们不应当禁止胚胎基因设计。[①]

很显然，这一判断面临着反对者强烈的质疑，即上一部分第一种质疑中的不一致论证。在很多情况下“不应当限制人的自由”道德判断是不成立的。例如，如果某个个体的某种自由可能对其他个体的生命构成严重的威胁，那么在大多数情况下，前一个个体的这种自由显然应当得到限制。可如果“不应当限制人的自由”成立，那么就与“不应当为了保护他人的生命而限制人的自由”相矛盾。因此，“不应当限制人的自由”这一道德判断并

① 参见 Murray，T. H.，“Enhancement”，In Steinbock，B.（Ed.），*The Oxford Handbook of Bioethics*，Oxford University Press，2007，pp. 491 – 515。

不成立，不能推出“不应当禁止胚胎基因设计”。

支持者对该质疑的可能回应也与第一种质疑中的回应极度类似，即包括“其他情况相同”论证和“过度”论证。“其他情况相同”论证中，支持者认为，“不应当限制人的自由”省略了“其他情况相同”这个条件，也就是说，该道德判断说的是，“限制人的自由”就其本身而言是不应当的。因此，支持者认为，假设上述道德判断正确，则“限制人的自由”就其本身而言是不应当的，因此仅从“限制人的自由”来看，任何限制人的自由的行为都是不应当的；然而，考虑到“限制人的自由”的其他面向（如保护他人利益），某些限制人的自由就不是不应当的，所以从该道德判断正确不能推出“在任何情况下，不应当限制人的自由”。因此，反对者的类比不成立。“过度”论证中，支持者认为，“不应当限制人的自由”是“不应当过度限制人的自由”的省略。显然，与“禁止胚胎基因设计”相比，反对者例子中“为了保护他人生命而限制人的自由”显然不属于过度限制人的自由，所以不能推出“不应当为了保护他人生命而限制人的自由”。因此，对于该道德判断的质疑并不成立，或者说至少没有太大的效力，不能明显削弱人们对“不应当禁止胚胎基因设计”的认同，支持者处于优势。

然而，反对者会做出如下回应。支持者的“其他情况相同”论证和“过度”论证实质上是对该道德判断含义的一种限定，而要想让上述被限定的道德判断为“不应当禁止胚胎基因设计”这一道德判断提供支持，则后者也必须得到相应的限定，这样后者才能属于前者。具体而言，与“其他情况相同”论证相对应的是“其他情况相同，不应当禁止胚胎基因设计”；与“过度”论证对应的是，“禁止胚胎基因过度限制人的自由时，不应当禁止胚胎基因设计”。显然，这两种经过限定的道德判断并不一定等价于“不应当禁止胚胎基因设计”，因此，该道德判断并不一定能为“不应当禁止胚胎基因设计”提供支持。

由此可见，在“不应当限制人的自由”这一道德判断上，反对胚胎基因设计的人的观点和支持胚胎基因设计的观点处于胶着状态。

二　不应当禁止父母增加子女的幸福

胚胎基因设计属于增强，支持者认为它能够增加子女的幸福，因此，如果我们“不应当禁止父母增加子女的幸福”，我们就“不应当禁止胚胎基因设计”。[①]

反对者就该基础道德判断类的质疑包括两部分。反对者的第一部分质疑即上一部分第一种质疑中的不一致论证，支持者对该质疑的可能回应也与第一种质疑中反对者回应极度类似，即包括“其他情况相同”论证和“过度”论证；而对支持者的这两个论证，反对者可能的回应也与第一种质疑中支持者的回应极度相似，因此在反对者的这一部分质疑中，支持者和反对者处于胶着状态。反对者的第二部分质疑即上一部分第五种质疑中的归属论证，即“胚胎基因设计”不一定增加子女的幸福，因此“不应当禁止胚胎基因设计”不属于“不应当禁止父母增加子女的幸福”这一基础判断，后者不能给前者带来大部分人的认同，因此在反对者的这一部分质疑中反对者处于优势。综合反对者的两部分质疑，在该基础道德判断上，反对者处于优势。

三　不应当禁止不能禁止的行为

胚胎基因设计属于增强，因此可能增加子女的幸福，基于此，支持者认为，即使我们禁止胚胎基因设计，部分父母仍然会通过某些渠道从事这项活动，因此我们实际上不能禁止胚胎基因设计，因此“不应当禁止胚胎基因设计”属于“不应当禁止不能禁止的行为”。[②]

反对者对该类道德判断的质疑是极其有力的，即在很多情况下我们应当禁止不能禁止的行为，例如谋杀。对此，支持者可能做出“其他情况相同”论证和“过度”论证的回应，然而这两个论证在此处的效力都不佳。因为，“其他情况相同”论证把原有的道德判断转化为“其他情况相同，或仅就一个行为不能禁止而言，不应当禁止不能禁止的行为”，而这显然存在问题，因为即便一个行为不能禁止，试图禁止这种行为的行为仍可能减少这种行为发生的频率，这在功利主义的角度来看是有意义的；另外，“过度”论证把原有的道德判断转化为“当一个行为过度地不能禁止时，不应当禁止不能禁

① Savulescu, J., “Genetic Interventions and the Ethics of Enhancement of Human Beings”, In Steinbock, B. (Ed.), *The Oxford Handbook of Bioethics*, Oxford University Press, 2007, pp. 516 – 535.

② Murray, T. H., “Enhancement”, In Steinbock, B. (Ed.), *The Oxford Handbook of Bioethics*, Oxford University Press, 2007, pp. 491 – 515.

止的行为”，这显然也存在问题，原因同上，即便一个行为过度地不能禁止，试图禁止这种行为仍可能减少这种行为发生的频率，这在功利主义的角度来看仍可能是有意义的。因此，这类基础道德面临着反对者有力的质疑，不能符合大部分人的直觉，因此不能帮助“不应当禁止胚胎基因设计”获得大部分人的认同，在该基础道德判断上，反对者处于优势。

综合以上，第一种质疑中支持者与反对者处于胶着状态，第二种质疑和第三种质疑中反对者处于优势。因此在这一部分中，反对者处于优势，“不应当禁止胚胎基因设计”极可能不能获得大部分人的认同。

综合第二部分和第三部分，反对胚胎基因设计的都处于优势，因此“应当禁止胚胎基因设计”极可能获得大部分人的认同。

第五节　桑德尔的天赋伦理学和儒家观点的比较

在反对胚胎基因设计的诸多理由中，哈佛大学著名哲学家桑德尔比较认同的是第二个理由和第三个理由，即“应当禁止将子女产品化”和“应当顺其自然”。桑德尔认为，从安全性、公平、个人自由和权力等方面来反对胚胎基因设计都是成问题的。因为，安全性问题随着生命科技的发展，最终会解决；基因改良引起的人们之间的公平性问题并不比先天差异引起的人们之间的公平性问题大多少，因为有些人的才能先天就优于其他人，而我们对此并没有多少忧虑；在个人自由和自主权问题上，以自然方式孕育的孩子与经过基因改良孕育的孩子是一样的，他们都没有选择个人身体特质的权利。既然安全性、公平性、个人自由等都不能说明为什么胚胎基因改良是错误的，那我们还能有什么理由反对胚胎基因改良呢？桑德尔认为，这种理由是存在的，这就是基因改良技术“展现了一种过度的作用——一种普罗米修斯式的改造自然的渴望，包括改造人性，以符合我们的需要和满足我们的愿望。问题不在于逐渐趋于机械性，而是想要征服的欲望。而征服的欲望将遗漏的，甚至可能破坏的，是我们对人类能力和天赋特质怀有的感激之情”①。这种结论促使桑德尔提出了自己反对基因胚胎设计的天赋伦理学，即“珍视

① Sandel, M., *The Case Against Perfection*, Harvard University Press, 2007, p. 27.

孩子为上天恩赐的礼物，就是全心接纳孩子的原貌，而不是把他们当成自己设计的物品，或父母意志的产物，抑或满足野心的工具，因父母对孩子的爱并非视孩子恰巧具备的天赋和特质而定。固然，我们选择朋友和配偶，至少有一部分是基于我们觉得他们有魅力的性质，但我们并不能亲自挑选孩子。孩子的特质不可预知，连最认真负责的父母都不能为生出什么样的孩子负全责，这也是为什么亲子关系比其他任何类型的人际关系都更能教会我们，神学家威廉·梅（William F. May）所称的‘对不速之客的宽大’”[①]。桑德尔强调，“对生命的恩赐怀抱的感激之情抑制了普罗米修斯计划，有助于人类对生命持有一定的谦逊态度，这在某种程度是一种宗教情结，但所引起的共鸣却超出宗教之外”[②]。

范瑞平教授在其《当代儒家生命伦理学》中对桑德尔的这些观点进行了概括，并且认为，儒家伦理学认同桑德尔把生命看作馈赠的看法，但反对桑德尔一概否定基因胚胎设计的观点。桑德尔把“生命作为馈赠”，可这种馈赠来自哪里呢？也许这种观点有其宗教根源，但桑德尔否认这一点，认为其来源不需要任何宗教的或形而上学根据。桑德尔认为，“对天赋的感激之心能有宗教或俗世的源头而来。虽然有人相信，神是生命天赋的源头，对生命的敬重是感谢神的一种形式，然而一个人不需要保持这样的信仰，也能将生命看作礼物一样的感激，或是同样能敬重生命。我们通常提到的运动员的天分，或是音乐家的才能，都不用假设这天分是不是来自神。我的意思很单纯，这里所说的天分不完全是运动员或音乐家自己所为，无论他是感谢自然、幸运或神，这个天分都是超出他控制的才能”[③]。在桑德尔看来，无论这种馈赠来自哪里，或者作何理解，这些解释全都强调我们重视自然以及生活在自然界里的生命，认为他们不仅仅是工具，否则的话，我们对生命就会不敬重。因此，如果我们对孩子做了基因改良，我们就不能做到将孩子作为馈赠，就不能接受孩子原本的样子。

范瑞平教授认为，桑德尔最大的败笔就是不能为他的天赋伦理学给出一

① Sandel, M., *The Case Against Perfection*, Harvard University Press, 2007, pp. 45 – 46.
② Sandel, M., *The Case Against Perfection*, Harvard University Press, 2007, p. 27.
③ Sandel, M., *The Case Against Perfection*, Harvard University Press, 2007, p. 93.

个合理的神学或形而上学说明。而为了充分说明孩子作为馈赠的本质，我们必须回答这种馈赠从何而来？他是何种馈赠？以何种方式给予的？他被给予的目的到底是什么？等等。

范教授认为，儒家能够很好地回答这些问题。儒家是以家庭为基础的伦理学。根据儒家的思想，孩子可以被看作祖先的馈赠，特别是父母的馈赠。在儒家的理解里，通过祖先的介入，尤其是父母的介入，生命才能被传递，孩子才能出生。作为馈赠者，父母义不容辞地承担了提供一个好的馈赠者的道德责任，既要向上负责（对他们的父母负责），也要向下负责（对他们的孩子负责）。这种馈赠是以何种馈赠呢？儒家的回答是：一个具有天生的德行修养的潜能。“一个人的生命，作为从祖先那里获得的礼物，是已被授予能过好的生活的潜在德性——人们应当培育这种潜在的善端，并成为真正有德性的人。”[①] 因此，我们的孩子作为来自我和我的祖先的馈赠，不是一朵已经盛开的花朵，相反更像是一粒种子，需要去培育、保护、发展和繁荣，最后保证家庭的延续、完整和繁荣。因此，儒家的天赋伦理学，目的是指向一种以家庭为主的德性生活，目的是保持和提升家庭的持续性、完整性和繁荣性。

关于胚胎基因设计，根据儒家对孩子作为馈赠的解释，我们可以得出不同于桑德尔的结论。如果一种胚胎基因改良有利于增加家庭的繁荣和完整，则儒家就会支持这种改良；反之，如果这种改良不利于这种家庭价值的实现，那么，这种改良就应当被禁止。所以，儒家不会像桑德尔那样一概否定胚胎基因改良，而是根据不同情形对这种改良进行筛选和甄别。比如，如果基因改良是为了提高智商，则这种改良就是被儒家许可的，因为它有利于家族的繁盛；如果改良是为了把家族的黄皮肤改变成白皮肤，则这种改良就是不被允许的，因为我背离了祖先的特征。

比较来看，笔者认为，作为儒家重构主义者，范瑞平的观点优于桑德尔的观点。这也是我们所看到的为什么在我国对于治疗性克隆、干细胞研究以及未来可能出现的胚胎基因设计更为宽容的文化原因。

---

① 范瑞平：《当代儒家生命伦理学》，北京大学出版社 2011 年版，第 336 页。

第六节 结语

本研究就反对和支持胚胎基因设计的伦理争议进行了讨论，并分析比较了桑德尔的天赋伦理学与儒家的伦理学关于胚胎基因设计的异同。当然，在当前安全性还没有完全解决的情况下，应当绝对禁止胚胎基因设计。然而，值得注意的是，这仅仅表明在当下的时空范围内“应当禁止胚胎基因设计”是正确的道德判断，随着时代的发展和生命科学技术的进步，该道德判断的正确性也极可能发生变化。这不仅仅是因为安全性问题会得到根本的解决，也因为儒家伦理学并不完全反对胚胎基因改进。所以，正如人类基因编辑国际峰会在其声明中明确指出的那样，在目前情况下，“进行任何生殖细胞的基因编辑的临床应用是‘不负责任的’，除非：（1）在适当地理解并平衡风险、潜在利益以及替代方案的基础上，相关的安全和效率问题得以解决；（2）取得有关拟定临床应用的适当性的广泛社会共识。此外，任何临床试验都必须在适当的监管下进行。目前，还未有任一拟定的临床应用满足这些标准：安全性问题并未得到充分的探讨；具有强说服力的案例有限；许多国家明令禁止生殖系的基因编辑。尽管如此，随着科学知识的进步和社会观念的演进，生殖系基因编辑的临床应用也应当适时调整”①。

① Baltimore, David, et al., *On Human Gene Editing: International Summit Statement*, http://www8.nationalacademies.org/onpinews/newsitem.aspx?RecordID=12032015a, [2015-12-03].

第三十三章
从儒家的视角看生殖干预与人的尊严

第一节　引言

随着当代生命科学技术的发展，人类生殖的过程在越来越大的程度上受到技术的控制。试管婴儿、克隆人、代孕母亲、精子银行、基因编辑等各种各样的生命科学技术在满足人的愿望的同时，也带来了大量伦理上的困惑。

在相关的伦理探讨中，有两个方面的问题同人的尊严密切相关：其一，对自然生殖过程的人为操控本身是否就是对人类尊严的侵犯；其二，对完美天赋的追求究竟维护了还是侵犯了人的尊严。这两方面问题也是当代生命伦理学关于生殖干预的伦理探讨中的核心问题。西方生命伦理学对于这两方面问题有着非常广泛的争论，提出了很多有价值的观点。然而至今，人们对于如何在生殖干预技术的应用过程中保护人的尊严仍然远未达成共识。最主要的原因就在于，不同的人对于人的尊严有着不同的理解，因而对于某种技术究竟会维护还是侵犯人的尊严也必然提出不同看法。

儒家的尊严观念同西方的尊严观念既有相同之处，也有重大的不同。儒家观念为我们理解何为有尊严地出生提供了一个新的视角，对于澄清尊严的道德要求，解决当代西方有关人类生殖干预的伦理争议具有一定的助益。

第二节　儒家的尊严观念

西方思想通常把人的尊严理解为人的一种至高的内在价值。儒家思想中也体现了类似的观点。比如《礼记》中提出，“人者天地之心也”[1]。《列子》中说到孔子认同这样的观点：“天生万物，唯人为贵。”[2] 也就是说，人是世界上最珍贵的存在，具有至高的内在价值。这种价值是所有人类个体普遍地具有的，因此我们可把这种价值称为人的普遍尊严，或内在尊严。

人的普遍尊严根源于人天生具有的道德潜能。所谓道德潜能就是过一种有道德的生活的潜力。荀子曾说过：“水火有气而无生，草木有生而无知，禽兽有知而无义。人有气有生有知，亦且有义，故最为天下贵也。”[3] 孟子说：“人皆有不忍人之心……无恻隐之心，非人也；无羞恶之心，非人也；无辞让之心，非人也；无是非之心，非人也。”[4] 孟子接着说，“恻隐之心，仁之端也；羞恶之心，义之端也；辞让之心，礼之端也；是非之心，智之端也”[5]。这里的恻隐、羞恶、辞让、是非四心就是道德潜能，它们是美德的来源。人之所以是珍贵的，正是因为在世间万物之中，只有人具有道德潜能。此外，《孟子》中提出，“恻隐之心，人皆有之；羞恶之心，人皆有之；恭敬之心，人皆有之；是非之心，人皆有之”[6]。所有的人类个体平等地拥有道德潜能，所以每个人都平等地具有普遍尊严。

《世界人权宣言》提出人人享有平等的尊严。平等是现代尊严概念的重要特征。但是在常识和直觉上，我们又能够感觉到人的尊严在很多时候是不平等的。在理论上，人是不会失去尊严的，但事实上，人的某些行为会为自身赢得尊严，有些行为则会导致自身尊严的丧失。因而，在基本的普遍尊严之外，应当还存在另外一种尊严，是人们凭借自身的行为而可以在不同程度上获取的尊严。儒家的人格尊严探讨的就是这种尊严。

在儒家的尊严概念中，人格尊严是个体通过道德修为而获得的。虽然每个人都平等地拥有道德潜能，但是每个人对待道德潜能的方式是不同的。人们在不同程度上将这种潜能发展为真正的美德，就相应地在不同程度上获得

---

① 《礼记》，北方文艺出版社 2013 年版，第 147 页。
② 《列子》，叶蓓卿译注，中华书局 2016 年版，第 16—17 页。
③ 《荀子》，安小兰译注，中华书局 2007 年版，第 127 页。
④ 《孟子》，万丽华、蓝旭译注，中华书局 2007 年版，第 69 页。
⑤ 《孟子》，万丽华、蓝旭译注，中华书局 2007 年版，第 69 页。
⑥ 《孟子》，万丽华、蓝旭译注，中华书局 2007 年版，第 245 页。

了人格尊严。根据人的道德水准的不同，儒家有不同的人格划分。在二分法中，君子是道德高尚的人，拥有较高的人格尊严；而小人是道德水准较低的人，拥有较低的人格尊严。在五分法中，圣人就是道德完美的人，具有最高的人格尊严。之后的士大夫、君子、庶人、小人则是在越来越低的程度上拥有这种圣人的完美人格，在越来越低的程度上拥有人格尊严。儒家伦理认为，每个人都应当尽力发展道德潜能，追求更高的人格尊严。

西方也有类似的观点，即将人的尊严视为一种通过个人成就获得的社会认同，并且尊严会因为主体不道德的行为而受到损害。比如尼克拉斯·卢曼（Niklas Luhmann）认为人的尊严是通过成功的自我发现而取得的。[①] 马克思也曾提出，“尊严就是最能使人高尚起来”，“并高出于众人之上的东西”。[②] 罗伯特·施贝曼（Robert Spaemann）认为，“个体的尊严的不平等源自于人的不同的道德完满性。人越是沉湎于其自然的主体性，越是受制于其冲动或兴趣，越是不与自己保持距离，其拥有的尊严就越少”[③]。

有学者提出，强调一种通过后天努力才能获得的人格尊严可能会使很多人被排除在尊严的保护圈之外。通过分析儒家人格尊严的含义可以发现，人格尊严反而能够加强尊严概念的保护功能。人格尊严的享有取决于我们对待他人的方式，比如最重要的，我们是否尊重了他人的普遍尊严，我们是否对他人尽了道德义务。相应地，如果我们不尊重他人的普遍尊严，或忽略了对他人的道德义务，我们自己的人格尊严就会受到贬损。对自身人格尊严的追求就意味着要尊重和保护他人的普遍尊严。

类似于普遍尊严和人格尊严的概念在西方传统中都有，但西方的各种尊严理论往往只强调其中一种尊严，几乎没有一种西方尊严理论像儒家伦理一样，将这两种尊严放在一个统一的理论体系中进行系统论述。因此，西方的尊严理论就会缺少关于两种尊严的区别与联系的系统阐释。而这正是儒家伦理可以对建构一种普遍的尊严理论有所贡献的地方。借助于儒家对普遍尊严和人格尊严各自特征的分析，以及对于两种尊严的区别与联系的论述，我们

---

① 参见 Duncker, Hans-Rainer, and Kathrin Prieß, eds., *On the Uniqueness of Humankind*, Springer, 2006, p. 117.

② 《马克思恩格斯全集》第 40 卷，人民出版社 1982 年版，第 6 页。

③ ［德］甘绍平：《作为一项权利的人的尊严》，《哲学研究》2008 年第 6 期，第 85—92 页。

能够在一定程度上化解当代西方伦理学中的困惑，推进有关生殖干预技术的伦理问题的探讨。

第三节 对自然生殖过程的干预与人的尊严

在关于生殖干预技术是否侵犯人的尊严的讨论中，是否合乎自然经常成为人们伦理论辩的主要根据。在很多人的观念中，合乎自然具有道德上非常重要的意义。相应地，违背自然则或多或少暗示着该行为是道德上有问题的，并且常常会引起人们心理上极度的抗拒。

很多学者认为，当代生殖技术的应用违反自然，是对于人性的侵蚀，因而侵犯了人的尊严。比如在对代孕母亲这一现象的评论中，德国法学家恩斯特·本达（Ernst Benda）曾经提出，母子关系是可以想象的人与人之间最自然的关系，通过一种技术上的操纵阻碍或者割裂这种关系是违背人性的。如果自然赋予人的特性从原则上受到侵犯，就会伤害人的尊严。[①] 基因增强也因违反自然饱受争议，这类实践不仅会对天赋的人体结构和功能进行改造，甚至有时会把其他物种的基因插入人类的基因当中，打破人与其他物种的界限。库尔特·拜尔茨（Kurt Bayertz）在《基因伦理学》中提出，人的自然体是人性的基础。对于人的自然体的干预和侵犯都会对人的尊严构成威胁。[②] 在20世纪90年代以前，生命科学技术对人的侵犯常以侵犯人权的形式表现出来，让人们赞同反抗压迫、保护人权是相对容易的，然而在当前，当我们面对着貌似可以更好地维护人的权利、促进人类发展的生物医学技术，意识到其对人的侵犯就不那么容易。正如本达曾指出，我们必须对于什么是这种技术的界限达成共识，这才是未来人的尊严的主要战场。[③]

与此同时，也有观点提出技术对自然生殖过程的干预不仅不会侵犯人的尊严，反而更好地维护了人的尊严。曾有学者提出，我们一直力图用人工全部代替或部分代替自然过程的内在动力就在于，我们对于自身的易受伤害性

---

① 参见［德］库尔特·拜尔茨《基因伦理学》，马怀琪译，华夏出版社2000年版，第129页。

② 参见［德］库尔特·拜尔茨《基因伦理学》，马怀琪译，华夏出版社2000年版，第121页。

③ 参见Benda，Ernst，"The Protection of Human Dignity（article 1 of the Basic Law）"，*SMUL Rev*，2000，Vol. 53，pp. 443－454。

和绝对的偶然性的意识让我们难以维持价值，并威胁着给我们的生活赋予意义的可能性。[①] 约瑟夫·弗莱彻（Joseph Fletcher）曾对甘愿受制于自然基因控制的态度发出疑问："我们应当让人类生殖的果实随机地形成，让我们的孩子依赖于风流韵事和天赋遗传所带来的意外，或者医生所说的其父母染色体的减数分裂的轮盘赌，还是我们应当对此负责，运用我们的理性和选择，不再顺从地对原始的大自然盲目崇拜？"[②] 历史上，正是人们一直以来改造自然的行为为我们创造了适宜的生活条件，提高了人类的生存能力，促进了人类自身发展。而后代对于人类的发展具有特殊的重要意义，因此，我们不应该让人类生殖的果实任凭偶然去摆弄。[③] 当前的生命科学技术已经让我们有可能成为自己命运的主人。更重要的是，对于自然的征服和控制是人的主观能动性的体现，而发挥主观能动性就是发展人的本质。从本质上来说，人就是不断通过巧妙的方法和装置改善其生活的动物；人就是具有罗素所说的"可改善性"的动物。[④]

认为人应当在改造自然的过程中不断拓展自身的能力是西方一种重要的传统，而尊重自然同样是西方一种重要传统。为了维护人的尊严，我们究竟应当顺应还是改造自然？从儒家尊严观的视角看，人应当发挥主观能动性，更好地实现自身的价值，但是主观能动性的发挥不应该破坏人的自然本性，否则就会对人的尊严构成威胁。人的自然本性构成了我们发展自身能力的边界。

一方面，儒家伦理在一定程度上非常推崇发挥主观能动性以提升自身的能力。如《荀子·劝学》中提出"君子生非异也，善假于物也"[⑤]。《荀子·天论》中曾提出："天有其时，地有其财，人有其治，夫是之谓能参。舍其

---

① 参见 Willigenburg, Van, "Philosophical Reflection on Bioethics and Limits", In Düwell, M. et al. (eds.), *The Contingent Nature of Life*, Springer Netherlands, 2008, pp. 147－156。

② Fletcher, Joseph F., *The Ethics of Genetic Control*: *Ending Reproductive Roulette*: *Artificial Insemination*, *Surrogate Pregnancy*, *Nonsexual Reproduction*, *Genetic Control*, Prometheus Books, 1988, p. 36.

③ 参见 Fletcher, Joseph F., *The Ethics of Genetic Control*: *Ending Reproductive Roulette*: *Artificial Insemination*, *Surrogate Pregnancy*, *Nonsexual Reproduction*, *Genetic Control*, Prometheus Books, 1988, pp. 147－156。

④ 参见 Benda, Ernst, "The protection of Human Dignity (article 1 of the Basic Law)", *SMUL Rev*, 2000, Vol. 53, pp. 9－28。

⑤ 《荀子》，安小兰译注，中华书局 2007 年版，第 4 页。

所以参，而愿其所参，则惑矣！”[①] 放弃自己与天地配合、参与治理的能力，而羡慕天时地财的功能，这就是糊涂了。

另一方面，儒家认为发挥主观能动性有一定的界限，这个界限就在于不可以侵蚀人的自然本性。

首先，让人得到充分发展，天赋的自然本性已经是一个充分条件了。儒家伦理认为，在天赋本性的基础上，人就完全可以自我发展成为“圣人”，达到最高的人生境界，获得最高的人格尊严，实现人生最终极的意义。比如荀子提出“涂之人可以为禹”[②]。我们不需要为了人的发展而改变人的天赋本性。“万物皆备于我”[③] 指的就是自然天赋已经给了我们实现理想人格和完满生活的完备条件，无须再向外求索。要达到人生的完满，发展自己的天性就足够了。

其次，由天所设定的人的自然本性是必须受到尊重的。在儒家伦理中，自然具有道德含义，自然规律是伦理原则的来源和原型，具有至高的道德价值。对于自然本性的篡改，既是对于自然规律和伦理原则的不尊重，也是对于自身尊严的伤害。《孟子》中曾经说过：“尽其心者，知其性也。知其性，则知天矣。存其心，养其性，所以事天也。”[④] 充分发挥人的本心，就知晓了人的本性。知晓了人的本性，就知晓了天命。保持人的本心，养护人的本性，这是侍奉上天的办法。人的自然本质来自天，对这种自然本质的维护和发展，就是对天的尊重。对天的尊重就是一个人应有的美德，也是有尊严的生活方式。孔子提出“君子有三畏：畏天命，畏大人，畏圣人之言。小人不知天命而不畏也，狎大人，侮圣人之言”[⑤]。是否敬畏天命，足以体现人格尊严的高低之分。荀子曾进一步提出，尊重自然，顺应自然规律，就可以说是圣人了。[⑥]

最后，认识和发展人的自然本性就是发挥主观能动性的终极目的。“学

---

① 《荀子》，安小兰译注，中华书局2007年版，第109—110页。

② 《荀子》，安小兰译注，中华书局2007年版，第279页。

③ 《孟子》，万丽华、蓝旭译注，中华书局2007年版，第289页。

④ 《孟子》，万丽华、蓝旭译注，中华书局2007年版，第288页。

⑤ Fletcher, Joseph F., *The Ethics of Genetic Control: Ending Reproductive Roulette: Artificial Insemination, Surrogate Pregnancy, Nonsexual Reproduction, Genetic Control*, Prometheus Books, 1988, p. 256.

⑥ 参见《荀子》，安小兰译注，中华书局2007年版，第110页。

问之道无他，求其放心而已矣。”[①] 说的是学问之道没有别的，就是找回来那丧失了的善心罢了。可见，发挥主观能动性努力求索，其终极目标和意义就在于找回人的本性，而不是改变这种本性。《孟子》中提出，“求则得之，舍则失之，是求有益于得也，求在我者也”[②]，只有当一个人求索的东西存在于他自身，才是有益于收获的寻求。如果求索的东西在自身之外，则是无益于收获的寻求。主观努力应当用于发展自身已具备的东西，只有这样才能得到好的结果。

由此可见，从儒家尊严观的视角来看，对生殖过程进行干预本身并不是道德上绝对错误的。拥有更多、更优秀的后代的目标也符合儒家促进家族繁盛的理想，我们可以适度地通过技术手段追求人类发展的目标。然而，如果我们对生殖过程的干预阻碍了人的自然天赋的发展，人的尊严就会受到侵犯。

技术对于自然亲子关系的破坏必然会严重阻碍天赋道德潜能的发展。每个人生来处于特定的社会关系中，依据这些关系的性质，获得不同的义务。只有充分地履行这些义务，一个人才能养成理想的人格，获得人格尊严。在非自然的生育过程中，代孕母亲、卵子银行、精子银行、体外受精、基因编辑，以及通过无性繁殖产生“克隆人”等现象，都会在不同程度上瓦解天然的亲子关系。通过试管婴儿技术或者克隆技术出生的孩子可能不知道自己的生物学父母或者代孕母亲，受到基因编辑而出生的人不清楚自己基因信息的全部来源，因而他们都无法对自己的全部生物学父母履行义务。这些孩子同社会学父母之间关系的性质也与传统亲子关系有所区别，他们同样难以判断对社会学父母的义务。“夫孝，德之本也。”[③] 亲子之间的道德义务是最重要的道德义务，亲子之间道德义务的履行同人格尊严有直接关系。亲子关系的不清晰对于道德生活构成了阻碍，影响了对于人格尊严的追求。

儒家伦理甚至将亲子之爱视为其核心概念“仁”的原型。亲子关系为

① 《孟子》，万丽华、蓝旭译注，中华书局2007年版，第254—255页。

② 《孟子》，万丽华、蓝旭译注，中华书局2007年版，第289页。

③ 《孝经》，胡平生、陈美兰译注，中华书局2016年版，第256页。

人性的发展提供了必要起点，是各种人际关系的模板。比如亲子关系为君臣、师生等重要关系提供了借鉴。视君如父，称为君父，视臣如子，称为臣子；将老师视为父亲称为师父，将学生视为儿子称为弟子。亲子关系也为我们同陌生人之间的关系模式提供了参考，“老吾老，以及人之老，幼吾幼，以及人之幼”①。亲子关系可视为儒家伦理的基础。“有父子然后有君臣，有君臣然后有上下，有上下然后礼义有所错。”② 没有对于亲子关系的了悟和真切体验，就很难真正理解我们社会的伦理规范，难以成为一个道德上完善的人。“儒家伦理认为，善的生活应该通过建立在亲子自然之爱的基础上的德行修养来达成。这是一种共通的人类经验，即使在碎裂的、多元化的现代社会中亦是如此。”③ 如果技术通过动摇家庭关系侵蚀了人性发展的基础，那我们对技术的应用就是一种舍本逐末的行为。

亲子关系受到破坏会影响人的自然本质的发展，而基因编辑技术的应用则有可能导致人的自然本质不复存在，从而在更根本的层面上动摇人的尊严的基础。基因编辑可以用于非医学目的的人类增强，人类增强对人的改变尚未确立一个明确的界限。新的关于人类外表、能力和心理特征的标准可能在增强技术的研究和应用过程中不断被建立起来，由此可能最终颠覆我们关于人类物种正常状态的共识，从而使人类的本质趋于破碎。美国哲学家丹尼尔·苏尔马西（Daniel Sulmasy）曾经提出，人类是一个自然类别，一个自然类别有一种作为其所是的那个种类的事物而繁荣兴盛的自然倾向。这个观念为我们关于疾病和健康的看法给出了一个客观的限制。这个限制的范围比仅仅是存活宽泛，然而又远远比主观选择更加局限。根据自然类别的概念，人对自身干预的适当范围虽然并不限于满足生存需要，但也绝对不是一个可以完全来自人的主观选择的问题，如果过度认可主观的选择，就威胁了人类自然本性的稳定存在。④ 更何况基因编辑甚至有时会把其他物种的基因插入到人类的基因当中，从而轻易地打破了人与其他物种的界限。在儒家尊严观

---

① 《孟子》，万丽华、蓝旭译注，中华书局 2007 年版，第 14 页。

② 《周易》，杨天才、张善文译注，中华书局 2017 年版，第 675 页。

③ 范瑞平：《当代儒家生命伦理学》，北京大学出版社 2011 年版，第 323 页。

④ 参见 Sulmasy, D. P., “Diseases and Natural Kinds”, *Theoretical Medicine & Bioethics*, 2005, Vol. 5, No. 26, pp. 487 – 513。

念中，人的尊严建立在人的自然本质的基础上，破坏人的自然本质就侵犯了人的普遍尊严。维护人类的尊严，要依据人的自然本质划定生殖干预技术的界限。

第四节　追求完美天赋与人的尊严

在不显著超越典型人类能力水平范围的前提下，通过基因技术对天资普通的正常人进行适度增强，使其在相对高的水平上拥有各种天赋能力，是否会有助于维护人的尊严呢？近年来，随着 CRISPR 技术的诞生和发展，活体细胞 DNA 的编辑过程变得快捷、精准并且价格低廉，由此，基于 CRISPR 的基因编辑技术迅速普及和推广。基因编辑技术既可以应用于基因治疗，也可以用于基因增强，即改变人体正常基因以培育具有更好体力或更高智力的人类个体，或者在后代身上培育出我们期望的能力或性状，从而增加这些人过上更好生活的可能性。基因增强通常出于一种超越健康之上的，对完美天赋的追求。在基因增强引发的伦理争议中，一个核心的问题就在于设计具有完美天赋的人究竟会增加还是侵犯人的尊严。

一方面，当代有很多人坚信，基因增强能够“使人类未来世代的生命更长，更加充满才能，并因此更有成就”[①]。更加长寿有益于人类知识的发展和积累，更加健壮的体魄能够让人更好地适应环境，而更高的智力水平无疑会大大促进人类的科技和文化发展。这些方面的改善不仅可能将人类社会推向更加文明的阶段，人类个体也可以在精神、道德、智力，以及社会交往等方面获得更加充分的发展，从而生活得更有尊严。

但另一方面，也有观点认为这种技术的应用并没有带来真正的人类发展，反而会阻碍人类的发展。比如芝加哥大学教授凯斯（Leon Kass）曾经提出，基因增强所带来的成就并没有促成真正的人类进步：一项成就在多大程度上是一些外来干涉的结果，就在多大程度上和这项成就的归属者相分离……好比用计算器做数学并不能说明一个人理解数学；通过大脑里的计算机芯片下载了一

① Dworkin, Ronald, “Playing God: Genes, Clones and Luck”, In *Sovereign Virtue: The Theory and Practice of Equality*, Harvard University Press, 2000, p. 452.

部物理教科书，也不能说明一个人真的理解物理学。[①] 技术所带来的改善并不能真正促进人类内在潜能的发展。甚至有学者提出，改变天性去适应世界，而不是反过来，其实是最深层次的权利剥夺的方式。这么做会分散我们仔细思考这个世界的注意力，并减弱我们改进社会和政治现实的冲动。[②] 这一趋势会阻碍人的整体和长远的发展。此外，在相当长的时间内，基因增强的价格可能非常昂贵。能够获得基因增强的人可能是少数富有的人，这会造成基因增强使用的不平等。基因增强还可能会强化关于什么是好的人类特性的观念，从而带来一些错误的价值观，产生人为的歧视和人为制造的不平等。这些都是认为基因增强对人的尊严构成威胁的很重要的理由。

儒家伦理将人的尊严区分为普遍尊严和获得性尊严。平等性是儒家普遍尊严的根本性质。平等意味着所有人类个体，无论种族、智力、外貌、性别，或健康水平，都平等地享有尊严，平等地受到尊严的保护。在儒家伦理中，普遍尊严的平等性首先来自天赋的道德潜能的平等性。人与人在天赋本质上并无实质区别，所以都应当平等地具有普遍尊严。如孔子认为"性相近也"[③]。通过努力，"人皆可以为尧舜"[④]。其次，儒家普遍尊严的平等性还来自所有人类成员对于人类整体价值的平等分享。在一定程度上，普遍尊严不仅是个体自身的价值，更是人类作为一个整体拥有的价值。所有人共享这种价值。比如儒家在论证人的普遍尊严时所使用的表述通常为"人皆有不忍人之心"[⑤]，"恻隐之心，人皆有之"[⑥] 等。给人赋予了普遍尊严的特征不仅是人类个体的特征，也是作为一个整体的人类物种所拥有的特征。又比如"'始作俑者，其无后乎'为其象人而用之也"[⑦]。人偶被用于殉葬，虽并没有使任何人类个体的尊严直接地受到冒犯，但是

---

① 参见 Kass，Leon R.，"Ageless Bodies，Happy Souls：Biotechnology and the Pursuit of Perfection"，*The New Atlantis*，2003，Vol. 1，No. 1，pp. 9 - 28。

② 参见［美］桑德尔《反对完美》，黄慧慧译，中信出版社 2015 年版，第 93 页。

③ 《论语》，张燕婴译注，中华书局 2015 年版，第 263 页。

④ 《孟子》，万丽华、蓝旭译注，中华书局 2007 年版，第 265 页。

⑤ 《孟子》，万丽华、蓝旭译注，中华书局 2007 年版，第 69 页。

⑥ 《孟子》，万丽华、蓝旭译注，中华书局 2007 年版，第 245 页。

⑦ 《孟子》，万丽华、蓝旭译注，中华书局 2007 年版，第 8 页。

最初将人偶用于殉葬的人却被认为应遭受严厉的惩罚，就因为这种做法没有对人类作为一个类的价值给予应有的敬意。人类物种的典型特征让人类整体拥有一种至高的道德地位。所有人类成员共享这种地位，因而每个人都生而平等地具有普遍尊严。只要具有人类成员的身份，即便有些人的先天能力有所欠缺，也不会丧失与他人平等的普遍尊严；相应地，通过基因增强提高了有些人的智力水平、心理素质，或身体能力，也不会增加他们的普遍尊严。

如果说基因增强确实有可能增加某种尊严，那么这种尊严只能是人格尊严。在儒家伦理中，人格尊严并不是人人平等的，而是人们通过体现了人类卓越性的行为在不同的程度上获得的。一个人在越大程度上将自然的道德潜能转变为美德，就在越大程度上拥有人格尊严。

基因增强可以弥补人在心理、智力，以及情感等方面能力的先天缺陷，提高发展天赋潜能所需的能力，让更多的人有可能更好地参与道德生活。比如通过生物学层面的改造让人具有更高程度的同情心，就会让人更倾向于行善；提高认知能力，就有可能让人在生活中更容易分辨是非，更准确地做出基本的伦理判断。这些能力的提升都可以为美德的形成提供更充分的先天条件，从而有利于获得更高的人格尊严。完满的人格尊严是儒家伦理中最高的人生价值，每个人都应当不断努力追求更高的人格尊严。基因增强赋予人的能力，如果有助于人格尊严的追求，那么显然是具有很高的道德价值的。

然而，拥有好的天赋仅仅是获得更高人格尊严的条件而已。基因增强所造就的特性或能力有助于我们履行道德责任，但是并不能直接为我们赋予更高的人格尊严。要获得人格尊严，我们需要主动地运用先天能力，努力践行对他人和社会的道德责任，在积极的道德实践过程中发展先天的能力。在儒家尊严理论中，个体努力发展先天道德潜能的行动本身具有很高的内在价值。这种自发的、努力求索的过程是获得人格尊严的最重要环节。儒家虽然认可通过基因增强获得的天赋会为人们获得人格尊严提供更多的可能性，但这种可能性还不是现实，主动地利用先天条件成就美德才能让人最终真正获得人格尊严。

此外，基因增强的应用常与人的功利目的结合在一起，使得人们对于人类能力的工具价值越发推崇，而不考虑人类的标准以及人对它们的道德评价。[①] 儒家的有关论述向我们清晰揭示，这些天赋潜能并不是因为能够让我们满足个人目的、增加生活便利才具有价值的，对人的天赋潜能的发展之所以具有价值，是因为这些天赋潜能本身具有价值。天赋潜能的价值让人类具有了普遍尊严，也让更好地发展了天赋潜能的人具有了更高的人格尊严。过度强化人类能力的工具价值，遮蔽了这些能力的内在价值，就会使建立在这种内在价值之上的人类尊严受到威胁。

第五节 结语

本研究介绍了儒家的尊严概念，区分并分析了人的普遍尊严和人格尊严，通过儒家的尊严概念对生殖干预技术所带来的伦理问题进行了分析。

在有关人为干预自然生殖过程是否侵犯人的尊严的讨论中，我们进一步明确了儒家的普遍尊严和人格尊严的道德要求，并以儒家的尊严观念纠正了西方两种主要传统各自的偏颇。西方伦理学讨论中有两种对立的传统，一种认为尊重自然才能维护人的尊严，另一种认为发挥主观能动性改造自然才能维护人的尊严。儒家尊严观念赞同发挥人的主观能动性，但同时主观能动性的发挥应当以不侵犯人类的自然本性为界。否则就会威胁人的尊严。

通过探讨追求完美天赋是否会侵犯人的尊严，我们对于儒家的普遍尊严和人格尊严的来源和基础作了进一步的论述。每个人的普遍尊严的平等性来自所有人类成员对于人类的价值的平等分享，即便技术增强了某些人的心理、智力或身体能力，也不会破坏普遍尊严的平等性。同时基因增强可以为人们追求人格尊严提供更好的身体、心理和智力的基础，为获取更高程度的人格尊严提供更充分的先天条件。但基因增强并不能直接提升人的人格尊严。人格尊严的提升最终依赖个体主动的道德实践。

儒家的两种尊严都是关于人的本质是什么，以及如何恰当地发展人的本质。儒家关于人的尊严的理论为理解生命科学技术与人的尊严的关系提供了一种有益的思路。

---

① 参见 Agar, Nicholas, "Truly Human Enhancement: A Philosophical Defense of Limits", *The National Catholic Bioethics Quarterly*, 2015, Vol. 4, No. 15, pp. 781 – 784。

第 三 十 四 章

人的尊严与人类增强

在生命伦理学的语境中，人类增强指的是用生物技术手段实现人在身体、心理、智力、认知或情绪等方面已有功能的提高，或者在人身上培育出之前不曾拥有过的新的功能。新的生物科学技术已经使人类增强成为可能，人类增强将会显著地改变我们的生活，对现有的道德观念、人际交往模式、价值观，以及政治体制形成了重大冲击。无论在科学还是在社会领域，对于人类增强技术的探讨都将会是21世纪最重要的争论。[①]

人类增强对当代的生命伦理学研究提出了新的挑战，判断人类增强是否合乎伦理，我们不得不对生命伦理学中很多基础性概念的含义进行重新思考。人的尊严就是这样一个重要的概念。人的尊严是分析和解决伦理问题所最终依据的价值。保护人的尊严是生命伦理学的价值旨归。在人的尊严没有被侵犯的情况下，所有的利益和价值通常都是可以相互权衡和比较的。然而人的尊严则标志了一个特殊的受保护的价值区域，与尊严相关的权衡或比较在道德上是不可接受的。[②] 如果说一个行为或一种技术的应用侵犯了人的尊严，那么这样的行为或者应用这样的技术在道德上就一定是错误的。因此，对于人类增强技术的伦理思考，必须回答人类增强是否威胁或侵犯了人的尊严这样一个根本性的问题。通过探讨人类增强与人的尊严的关系，我们可以对人类增强技术的发展给出最基础性的道德意见。

① 参见 Allhoff, Fritz, et al., "Ethics of Human Enhancement: 25 Questions & Answers", *Studies in Ethics, Law, and Technology*, 2010, Vol. 1, p. 12。

② 参见 Düwell, Marcus, *Human Dignity and Human Rights, Humiliation, Degradation, Dehumanization*, Springer Netherlands, 2011, p. 221。

然而人的尊严概念的内涵并不十分地清晰，在应用中存在着混乱。比如支持和反对人类增强的双方都曾通过诉诸人类的尊严而论证自己的观点。支持人类增强的一方认为，借助现代生命科学技术将人的身体功能和思维能力发展到更高的水平，能够让人类更加卓越，也能给人提供发挥自主性的更大空间。比如增强可以带给我们更强的执行能力、自我控制能力、专注能力，增加我们应对压力的能力，增强的精神能量帮助我们摆脱对于外在刺激的依赖，实现更加有效的自我管理等。以这些方式，增强直接地并且明显地增进了我们的尊严。[①] 与此同时，相反的观点也援引了有关人的尊严的论证。反对人类增强的观点认为，人的身体不仅仅是一个生物有机体，同时也是人性的基础和尊严的承载者。如果说人的尊严不是悬浮于空中的特性，而是一具机体本身的性质，那么采用技术支配这具机体也就是对这种性质的威胁。[②] Leon Kass 也曾提出，身体的界限是人类成为一个优秀的人才的必要条件，因而也是人的尊严的必要条件。[③] 从这些观点看来，对身体的过度干预本身就是对人类尊严的侵犯，无论这种干预能够达到什么样的结果。由此可见，要对人类增强给出一个伦理上的评判，澄清人的尊严的含义和要求就非常重要。

第一节　什么是人的尊严

思考人的尊严首先要从作为一个整体的人类物种的尊严开始，而不是从人类个体的尊严开始。很多学者都曾经在有关人的尊严的研究中，直接或间接地表述了人类物种的尊严这样一个概念。比如著名生命伦理学家毕恩巴赫（Dieter Birnbacher）曾提出，在某种意义上，人类的尊严的观念是一个基础性观念。在其他所有意义上的人的尊严观念都来源于这个基础性的观念。它们都依赖于这样一个观念，即人仅仅因为是人就能够拥有一个

---

① 参见 Bostrom，Nick，“Dignity and Enhancement”，*Contemporary Readings in Law & Social Justice*，2009，Vol. 2，p. 180。

② 参见［德］库尔特·拜尔茨《基因伦理学》，马怀琪译，华夏出版社 2000 年版，第 132 页。

③ 参见 Kass，Leon，*Beyond Therapy：Biotechnology and the Pursuit of Happiness*，Harper Perennial，2003，pp. 145 – 155。

特权地位。[①] 加拿大学者诺拉·雅各布森在《尊严与健康》一文中指出，作为一个整体的人类的尊严要求我们找到一些规则，这些规则能够在相关方面区分人和其他物种，并且要保护物种的特殊地位和整体性。[②] 在马修·乔丹看来，尊严一词的首要应用之处，并不是个人而是广阔的文化趋势和社会实践。人的尊严通常是在宏观的水平，而不是在人与人之间或人类团体与团体之间的互动中被推进或阻碍的。[③] 历史表明，对于人类物种的整体的思考先于对人类个体的思考。断言人类整体的地位，先于对于每一个人的平等的政治和社会权利的思考。[④] 人类物种的尊严是人类个体尊严的来源和基础，对人的尊严观念的反思不能越过对于作为一个整体的人类物种道德地位的反思。只有首先确立一个物种的尊严概念，才能够为人们所普遍认同的现代尊严观念，即人人平等地拥有尊严，做出很好的论证。

探讨人类物种的尊严，需要考虑人类物种所典型地具有的自然本质。在很多学者看来，人类物种所拥有的特殊的、至高的道德地位就来自人的本质。比如，福山将可以视为人类本质特征的性质称为X因子，他提出，当我们去掉身上偶发的、突生的特质，在其下潜存着一些根本的生命品质，它值得要求最起码的尊重。[⑤] 可以将这些赋予我们尊严之物姑且称为X因子。在他看来，X因子就是拥有道德选择、理性、语言、社交能力、感觉、情感、意识，或者任何被提出当作人的尊严之基石的其他特质的组合。[⑥] 美国生命伦理学家苏尔马西把尊严定义为实体的内在价值，这种价值来源于具有语言能力、有理性、能爱、有自由意志，有道德能动性、创造性和审美感受性等。他认为，如果其他动物也有这些特征，它们也有尊严。儒家认为人的本

---

① 参见 Birnbacher, D., "Human Cloning and Human Dignity", *Reproductive Biomedicine Online*, 2005, Vol. 2, No. 10, pp. 50 - 55。

② 参见 Jacobson, Nora, "Dignity and Health: A Review", *Social Science & Medicine*, 2007, Vol. 2, pp. 292 - 302。

③ 参见 Jordan, Matthew C., "Bioethics and 'Human Dignity'", *Journal of Medicine & Philosophy*, 2010, Vol. 2, pp. 180 - 196。

④ 参见 Kateb, George, *Human Dignity*, Harvard University Press, 2011, p. 6。

⑤ 参见［美］弗朗西斯·福山《我们的后人类未来》，黄立志译，广西师范大学出版社2016年版，第150页。

⑥ 参见［美］弗朗西斯·福山《我们的后人类未来》，黄立志译，广西师范大学出版社2016年版，第172页。

质在于天赋的道德情感，包括恻隐之心、羞恶之心、辞让之心和是非之心。这四种道德情感“人皆有之”，是人类物种的典型特征，让人成了天地间最珍贵的存在。[①] 虽然不同的理论所描述具体特征有所不同，但是这些理论都把人的本质归于一系列人类所拥有的特殊的性质。并且这些理论都赞成将这一系列特殊性质所构成的人的本质视为人类物种尊严的来源。

然而，关于是否存在所谓人的本质，一直存在着截然相反的观点。第一，对于“人的本质”的一项质疑在于，人总是在不断塑造自己的本质，人的本质是不断变化的，因而任何一个确定的人的本质的观点都没有考虑到人的存在的多样性和历史发展。[②] 第二，人的本质应是人类的先天属性，然而现实中很难区别什么是先天地、自然地具有的，什么是后天养成的。比如福山提出，关于人性的争论大多聚焦于“究竟在哪儿为先天本性与后天养成划定界限”这一历久弥新的问题。[③] 库尔特·拜尔茨也曾提出，在人的自然本质中寻求道德取向遇到了根本性的难题。第一个难题就是不可能明确地区别人身上或人体内哪些是“自然的”，哪些是“人工的”造成的。[④]

关于建立人类本质的两项理论困难都根源于对于人的本质的看法。绝大多数相关理论都将人的本质视作成年人类个体所典型地体现出的能力。事实上，人的本质不应被看作这些能力，而应被看作发展出这些能力的潜力。人类物种的本质并不是理性、道德行为、审美活动或者社会交往能力本身，而是发展出理性思维的可能，以及进行道德行为、审美活动、社会交往等行为的潜力。给人类物种赋予尊严的是这些潜力。比如，根据康德的观点，人的尊严来自人做出道德选择的能力，而不依赖于是否做出了道德行为。儒家关于人的本质的看法更是明确地将人的本质归于一系列道德潜力。[⑤] 毕恩巴赫提出，人类的尊严的概念发展于古代，它告诉我们人类应该

---

① 参见 Li, Yaming, and Li, Jianhui, “Death with Dignity from the Confucian Perspective”, *Theoretical Medicine and Bioethics*, 2017, Vol. 1, No. 38, pp. 63 – 81。

② 参见［德］库尔特·拜尔茨《基因伦理学》，马怀琪译，华夏出版社 2000 年版，第 111 页。

③ 参见［美］弗朗西斯·福山《我们的后人类未来》，黄立志译，广西师范大学出版社 2016 年版，第130 页。

④ 参见［德］库尔特·拜尔茨《基因伦理学》，马怀琪译，华夏出版社 2000 年版，第 154 页。

⑤ 参见 Li, Yaming, and Li, Jianhui, “Death with Dignity from the Confucian Perspective”, *Theoretical medicine and bioethics*, 2017, Vol. 1, No. 38, pp. 63 – 81。

如何完美地发展。[1] 也就是说，人类的尊严概念蕴含着一种发展倾向。通过将人的本质解释为一系列潜力，上述关于建立人的本质的两个难题都可以得到化解。

首先，通过将人的本质视为一系列潜力，我们可以既顾及人的存在的多样性和历史发展，同时又能获得一个确定性的人的本质。不同社会环境和历史时期中人的思维水平、道德规范、审美趣味和社会交往模式存在巨大差异，但是进行理性思维、道德行为、审美活动，以及社会交往等行为的潜力是始终如一的，可以被作一个稳定的人类物种的本质而看待。潜力本身预示着发展，根据后天环境条件的不同，可以有各种不同层次的发展。不同的发展导致了人的存在的多样性。然而在多样性之下，仍然存在着人类的每一个成员始终如一地共同享有的东西，这就是发展的潜力。

其次，"自然"和"人工"之分也可以解释为人的潜力及其发展。人的多数能力和品质都是后天养成的，但发展这种能力和品质的可能性存在于"自然"性质之中。比如语言的潜力是天赋的，但只有在人类社会的环境中才能转化为语言。社交的潜力是人类物种的自然性质，然而只有通过与人相处才能转化为社交的能力。道德能力也是一样。我们先天地有一种对于行为做出道德判断的倾向，在这个意义上，我们认为人类先天地具有道德能力，但是具体的道德的内容则受到文化的影响，并且一个人最终达到的道德水平有赖于个体后天的道德修为。进化生物学家阿耶拉（Francisco J. Ayala）曾提出，人因为他们的生物本质而成为伦理的存在。人们将他们的行为评价为或对或错，或者是道德的或者是非道德的，这是他们的杰出的智力能力的结果。这些智力能力都是进化过程的产物，为人类所独有。但是，用以对行为进行判断的道德标准是文化进化的产物，而不是生物进化的产物。[2] 因此，潜力是"自然的"，对潜力的发展可归于"人工"。

承认人的自然本质对于论证人的道德地位具有重要意义。康德曾经说过，"人可以是不圣洁的，但是他身上的人性必须是圣洁的"。这句话意味

---

① 参见 Birnbacher, D.,"Human Cloning and Human Dignity", *Reproductive Biomedicine Online*, 2005, Vol. 2, No. 10, pp. 50 – 55。

② 参见 Ayala, Francisco J., and Arp, Robert, eds., *Contemporary Debates in Philosophy of Biology*, John Wiley & Sons, 2009, p. 322。

着，通过尊重每一个人的尊严，我们对人类的本质给予了敬意。[①] 人的尊严和权利是根源于人的本质的。甚至有人认为，面对生命科学技术对人日益增加的控制，只有首先承认人的共同本质才可能给人提供有效的保护。比如有人认为，只有一种“绝对基础”，一种道义学的原则，一种不可动摇的人的自然本质，才能保证在基因和生殖技术继续发展的过程中，不会使所有人的东西以及全部的价值一步一步地受到损害，比如忽然允许我们对人的形象产生怀疑，忽然把人当作一块物体提供给技术加以支配，以致最终在迄今为止的历史中与“人”这个概念联系在一起的任何东西都不会留下。[②]

曾经有人提出，作为整体的人类物种的尊严，其道德要求一定是指向其他物种的，要求其他物种的尊敬，而这种要求是荒谬的，因而不应当有物种层面的尊严概念。本研究认为，人类物种尊严的道德要求并不指向其他物种，而是指向人类物种中的每一个成员。每一个人都应当要尊重这种物种的内在价值。比如投掷矮人、自卖为奴的行为即便是个体自愿的，我们多数人还是会觉得这些行为严重侵犯了尊严，是在道德上不允许的。原因就在于，这样的行为没有对神圣的人类本质给予应有的尊敬，所以侵害了整体的物种的尊严。正如加拿大学者雅各布森曾经提出，在这些案例中，个体的人的尊严并没有失去，社会作为一个整体的尊严因为削减了人生的价值受到了损害。[③]

人类物种的尊严是作为一个整体的人类物种所拥有的尊严，而每一个具体的人类个体所拥有的尊严则称为个体尊严。在有关人类尊严的历史探讨之中，个体尊严主要包含普遍尊严和获得性尊严两个层面的含义。如牛津英语词典中对尊严的定义就分为两个层面的含义：其一是作为一种道德地位的尊严，特别是受到最基本的尊重的对待的一种不可剥夺的权利；其二是一种有价值或受尊敬的品质，比如价值、高贵和卓越。这两个层面的个体尊严都与人类物种的尊严以及人类的本质有着直接的关系。个体的普遍尊严直接来自

---

① 参见 Benda，Ernst，“The Protection of Human Dignity（article 1 of the Basic Law）”，*SMUL Rev*，2000，Vol. 2，No. 53，p. 443。

② 参见［德］库尔特·拜尔茨《基因伦理学》，马怀琪译，华夏出版社 2000 年版，第 156 页。

③ 参见 Jacobson N.，“Dignity and Health：A Review”，*Social Science & Medicine*，2007，Vol. 2，No. 64，pp. 292 - 302。

人类物种的尊严，而个体的获得性尊严则来自对人类物种尊严的维护和发展。

首先，个体的普遍尊严是每一个人类个体所平等地具有的一种至高的道德地位。因为这种道德地位为每一个人所普遍地拥有，因而称为普遍尊严。《世界人权宣言》中所描述的就是个体的普遍尊严。《世界人权宣言》的第1条提出“人人生而自由，在尊严和权利上一律平等”。属于人类物种这个简单的事实就可以让每一个人拥有平等的尊严。这正是现代的人的尊严概念与前现代的人的尊严概念的根本不同。

个体的普遍尊严来自人类物种的尊严。人类物种具有一系列典型的潜力，这些潜力让人类物种具有至高的内在价值，而每一个人类个体作为人类物种的一员都可以分享这种价值。即便有些人类个体不完全具备或者完全不具备人的本质中所包含的各种特征，但仅仅因为他是人类物种的一员，这个个体同样可以具有和他人一样的平等的尊严。比如狼孩没有社会化，没有正常的人类语言和精神能力，但多数人都会同意，狼孩的道德地位绝对地高于狼。福山也曾经提出，“你可以烹调、吃掉、虐待、奴役或随意处置任何缺乏X因子的遗体，但如果你想要对人类做同样的事情，你便犯下了反人类的罪行”[①]。也就是说，即便是没有意识和生命的人的尸体，也同样属于人类的范畴，因而也是不容侵犯的。一个人被归于一个类不是因为具有这个类的所有必要的特征，而仅仅是因为他属于这个类。苏尔马西曾提出，因为个体是人类的自然种类的成员，我们就认为他有我们称为尊严的那种内在价值。内在的尊严就是因为属于某个自然种类而来的。[②]

大多数理论都把人类拥有尊严的原因归于人类的某些特性，将尊严植根于人的特性不可避免地将一部分人排除在尊严的保护范围之外。[③] 比如在康德哲学中，没有理性或缺乏理性的人类个体的尊严无法得到辩护，常常使康

---

① ［美］弗朗西斯·福山：《我们的后人类未来》，黄立志译，广西师范大学出版社2016年版，第151页。

② 参见Sulmasy，Daniel，P.，*Human Dignity and Human Worth*，*Perspectives on Human Dignity*：*A Conversation*，2007，pp. 9－18。

③ 参见Brownsword，Roger & Beyleveld，Deryck，*Human Dignity in Bioethics and Biolaw*，Oxford university press，2001，pp. 23－24。

德的尊严理论面临诘难。[1] 通过在上文中引入物种尊严的概念，我们可以为解决这个问题提供一条有效的途径。我们首先将尊严赋予人类物种，每个人因为作为人类物种一员的身份都可以获得平等的道德地位，无论他是否具有物种的典型特征。

另一个层面的个体尊严是个体的获得性尊严。获得性尊严是因为一个人身上所体现出的人类卓越而应得的更多的尊敬。这种尊严不是每个人平等地具有的，而是通过自身的行为在不同程度上获得的。个体的获得性尊严也同人类物种的尊严有着密切的关系。人类物种的尊严来自人类典型具有的一系列潜力。对这种潜力的发展是具有重大道德意义的。首先，潜力本身包含着发展的趋势，对潜力的发展就是对这种潜力的价值的尊重；其次，这些潜力的发展对于人类的繁荣是至关重要的。作为物种成员，物种的繁荣对我们具有不言自明的价值，因而，我们不仅要对这种价值给予基本的尊重，还要依其内在要求对其进行发展。如果认为理性能力让人们获得了一种特殊的地位，那么也就产生了一种恰当地使用理性的义务。[2] 现实中，每一个人在不同的程度上发展了人类潜力，因而在不同程度上展现了人类的卓越性，在不同程度上发展了人类特有的内在价值。更好地发展了人类内在价值的人展现了一种更高的价值。当然，与普遍尊严不同，普遍尊严是一种道德地位，而获得性尊严并不是一种道德地位，一个人不能因为更高的道德水平或个人修养要求更高的道德地位。要求更高的道德地位，意味着认为他人的生命价值低于自己，而这样的观念是与获得性尊严的特征相矛盾的。

苏尔马西曾经对尊严的含义进行区分，内在的尊严意思是“人们仅仅因为是人就拥有的价值，无须凭借任何社会地位、引起钦佩的能力或者任何才能、技术或力量”；卓越的尊严意思是“个体能够展示人类的卓越的某一状态的价值”。这里的两种尊严对应的就是普遍尊严和获得性尊严。儒家伦理

---

① 参见 Badcott，David，“The Basis and Relevance of Emotional Dignity”，*Medicine*，*Health Care and Philosophy*，2003，Vol. 6，pp. 123 – 131；Brennan，Andrew，and Yeuk-Sze Lo.，“Two Conceptions of Dignity：Honour and Self-determination”，In Malpas，Jeff and Lickiss，Norelle（eds.），*Perspectives on Human Dignity*：*A Conversation*，Springer Science & Business Media，2007，pp. 43 – 58。

② 参见 Sensen，O.，“Kant's Conception of Human Dignity”，*Kant-Studien*，2009，Vol. 3，No. 100，pp. 309 – 331。

学所提出的尊严观念也可以归于普遍尊严和获得性尊严两个层面。比如《礼记》中提出，“人者天地之心也”（《礼记·礼运》）。《列子》中说到孔子认同这样的观点：“天生万物，唯人为贵。”（《列子·天瑞》）也就是说，人是世界上最珍贵的存在，具有至高的内在价值。只要是人类的一员，就可以具有这种价值，这种价值可以称为普遍尊严。同时，根据每个人对于道德潜力发展的水平有所不同，儒家又有不同的人格划分，这种划分体现了获得性尊严的不同程度。比如君子和小人的二分，以及圣人、士大夫、君子、庶人、小人的五分。在二分法中，君子是道德高尚的人，拥有更高的获得性尊严，而小人是道德水准较低的人，拥有较低的获得性尊严。在五分法中，圣人就是道德完美的人，具有最高的获得性尊严。之后的士大夫、君子、庶人、小人则是在越来越低的程度上拥有完满人格，在越来越低的程度上拥有获得性尊严。

普遍尊严是作为人类的一员就可以拥有的尊严，是绝对平等的，不能让与的，不分层次程度的。获得性尊严是每个人在不同程度上获得的。普遍尊严是一种道德地位，说明个体应受到什么样的对待。获得性尊严不是一种道德地位，不是在普遍尊严之上的一种更高的尊严，不能让个体应得更多的权利。获得性是个体通过发展典型的人类潜力而获得的一种受人尊敬的性质。

讨论人类增强维护了还是侵犯了人的尊严，我们需要分别讨论人类增强对于普遍尊严和获得性尊严的影响。

第二节　人类增强与人的普遍尊严

在当前关于人类增强的讨论中，人类增强对于普遍尊严的主要威胁就在于可能创造出一个具有更高的道德地位的群体，即增强了的人类会在道德地位上高于没有接受增强的人类。比如在一个只有部分人得到显著增强的世界里，可能出现所谓的“超人类”或者“后人类”与普通人类共存的情境，他们与普通人类在身体状态和能力等方面可能显示出重大不同，以至于他们的本质特征和普通人类存在质的差异。人的普遍尊严来自人类物种的尊严。而人类物种的尊严植根于人类本质。因此，如果同一的人类本质分裂为增强人的本质与普通人的本质，就会危及人的普遍尊严。在人类增强的伦理探讨中，很多观点认为，这种本质特征上的差异足够导致道德地位的差异，普遍尊严的平等性和至高性都将因此而不可避免地受到威胁。

一些药物能够在健康人身上增加心智能力。虽然其显示出的效果还很有限。但是神经药物学、大脑—机器相互作用技术，以及遗传学的进一步发展，在将来有可能显著增强人的认知能力、审美能力、情商，以及控制冲动的能力等。这些显著提高了的精神能力让接受增强的人更聪慧，更善于自我控制，更加精于世故。假设有很多人但不是所有人得到了这一系列的增强，那么最终就可能产生出精神能力显著超过我们的一个群体。这一新的群体和我们之间的差距可能就像我们和其他动物之间的差距那么大。如果说我们灵长类近亲的道德地位低于我们是因为它们较低的精神能力，那么我们可以推测，比我们精神能力高的存在物可能拥有比我们更高的道德地位。① 一些人认为，通过连续世代的基因增强，社会断裂将会在智人物种之中出现。② 福山曾对此表示担忧，提出如果只是一些而不是所有人类都得到了增强，结果将不仅仅是已有的资源、机会和福利等方面分配不平等的恶化，还有一个意义更加深远的不平等，那就是具有更高的道德地位的一个群体的出现。③ 甚至一些学者明确提出，道德地位本是同精神能力的高低程度相对应的。在精神能力的连续发展中，人仅仅占据一个点或者一个范围，如果我们通过对科学技术的使用，最终创造出精神能力大大强于普通人类的群体，那么这个群体就可以拥有更高的道德地位。④

如果增强的人类具有更高道德地位，那么，普遍尊严最根本的性质就会受到破坏。首先，普遍尊严的平等性会受到破坏。世界人权宣言将尊严平等地赋予人类家庭的每一个成员。如果人类增强技术的应用可能带来一个道德上分为两部分的世界，增强的群体因为他们更高的精神能力而拥有一个更高

---

① 参见 Douglas, T., "Human Enhancement and Supra-personal Moral Status", *Philosophical Studies*, 2013, Vol. 3, No. 162, pp. 473 - 497。

② 参见 Baylis, F., Robert, J. S., "The Inevitability of Genetic Enhancement Technologies", *Bioethics*, 2004, Vol. 1, No. 18, pp. 1 - 26。

③ 参见［美］弗朗西斯·福山《我们的后人类未来》，黄立志译，广西师范大学出版社 2016 年版，第 13 页。

④ 参见 Douglas, T., "Human Enhancement and Supra-Personal Moral Status", *Philosophical Studies*, 2013, Vol. 3, No. 162, pp. 473 - 497。

的道德地位，那么被广泛认同的道德平等假设就受到了挑战。其次，普遍尊严的至高性也会受到破坏。所有生物之中，只有人拥有尊严。普遍尊严不仅授予所有人类物种成员相同的道德地位，也授予了他们最高的道德地位。增强了的人类群体的出现将可能导致普通人类不能够再像世界上只有人类和非人类动物的时候那样，享有至高的道德地位，因为增强了的人类群体将占据一个相对更高的道德地位。平等性和至高性是人的普遍尊严的基本性质，当普遍尊严的平等性和至高性受到破坏，人的普遍尊严就无法继续存在。

当然，也有人反对这种观点，提出增强的人类并不能具有更高道德地位。这样的观点主要基于一种门槛式的观念，即存在一个精神能力的门槛，达到这一入门条件就可以拥有至高的道德地位。只要是精神能力能够达到这个门槛的生物，都能够平等地拥有至高的道德地位。至于每一个个体在多大程度上拥有这些精神能力则并不重要，也不会对其道德地位产生任何影响。[①] 这个观点来自康德伦理传统。这一传统有三个最主要的特征。第一，有一些精神能力可以授予一种特殊的道德地位，这些能力可能是实践理性的能力，道德能动性的能力，或互相负责任的能力。第二，一个人在多大程度上拥有这些能力是不重要的。第三，更高的能力不能够授予更高的道德地位。[②] 因此，无论增强了的人类的精神能力在多大程度上高于我们，所有人仍旧可以享有平等的道德地位。因为就位于门槛之内这一点而言，我们是平等的。人类物种的任何一个成员也都可以继续享有最高的道德地位，因为没有什么能够创造更高的道德地位。

本研究认为，普遍尊严是人因其特殊本质而具有的道德地位。这种本质就是一系列特殊的潜力。潜力是一种尚未实现的发展倾向，因而只有“有”和“没有”的区别，是不能分层次、分程度的。因此，本研究认同门槛式的观念。获得最高的道德地位的门槛就是当前的人类所典型地具有的那些潜力。如果人类增强的普及使那些增强了的个体能够在更高的程度上发展这些潜力，或者增强了的个体拥有了某些不在这些特征之列的新的潜力，与此同

---

① 参见 Buchanan, Allen, “Moral Status and Human Enhancement”, *Philosophy & Public Affairs*, 2009, Vol. 4, pp. 346 - 381。

② 参见 Douglas, T., “Human Eenhancement and Supra-personal Moral Status”, *Philosophical Studies*, 2013, Vol. 3, No. 162, pp. 473 - 497。

时，人类所共同具有的一系列潜力仍旧为全体人类——包括增强的人类个体和没有增强的人类个体——所共有，在这样的情况下，我们就可以继续平等地获得人的自然本质所赋予的尊严。精神能力的显著不同也不能成为区分道德地位的理由。尊严的基础并不是一些依条件而改变的特征，比方说智力、荣誉、种族、性别、信仰、等级和地位等。[①] 给人类赋予了尊严的是全体人类所共同具有的那些特征。更强的力量或者权力、智力，甚至美德本身并不能够给予一个人更高的道德地位。正如苏尔马西所说，人与人之间的不同不会威胁一个人的基本的道德地位，只要我们接受这样一种观念，即一个人的根本的道德地位植根于一个人最充分地和社会的其他成员分享的东西。[②]

认为后人类或者超人类更高的精神能力可以对应更高的道德地位的观点，显然会造成道德的滑坡效应。如果增强了的人类因更强的能力获得了更高的道德地位，那么在没有增强的人之间，以及增强了的人之间也可以进行这样的程度划分，从而把人与人之间道德地位的类型无限地区分，这样就必然导致一个强权和暴政的世界。历史上，我们曾经以精神能力的不同为名，给不同的人类群体赋予不同的道德地位。性别、种族、身份地位等因为被认为同精神能力相关，都曾经成为是否能够给予一个人平等尊严的根据。这些标准不断地将一些人分割到人的尊严的保护范围之外。性别歧视、种族主义和奴隶制度等都通过对人类进行划分，导致了人的尊严和人权受到侵犯。

只有将尊严基于所有人类成员所普遍共享的东西，才能避免以尊严为名给人类带来伤害。普遍尊严的逐步建立过程中，人与人之间真正共享的东西被赋予了越来越多的重要性。比如在启蒙时期，人们以男女拥有共同的本质，即男人和女人都是理性的生物为由，开始为女人要求同男人平等的权利。林肯正是因为接受了《美国独立宣言》中所表达的同为人类成员即可拥有平等权利的思想，签署《解放黑人奴隶宣言》，推进了废奴运动的发展。我们通过人与人之间的共同点来论证人与人之间的平等权利。当我们把

---

① 参见 Gewirth，Alan，“Human Dignity as the Basis of Rights”，Meyer，Michael J.，and William Allan Parent，eds.，*The Constitution of Rights：Human Dignity and American Values*，Cornell University Press，1992，pp. 10 – 28。

② 参见 Sulmasy，Daniel，P.，*Dignity*，*Disability*，*Difference*，and *Rights*，*Philosophical Reflections on Disability*，Springer Netherlands，2009，pp. 183 – 198。

作为人与人的共同点确定为同属人类物种这一事实，才能为所有人提供最大的保护。正如罗蒂所说，我们应当通过“不断扩大‘我们’的范围，扩大我们认为是‘作为我们一员’的人们的数量”[①] 来解决道德难题。当“我们”的范围涵盖全体人类，尊严才真正充分发挥对人的保护作用。

第三节　人类增强与人的获得性尊严

如果说普遍尊严的道德要求指向外部，要求他人对于我们的潜力给予最低程度的尊重和保护，获得性尊严的道德要求则指向个体自身，要求个体促进这种潜力的现实发展。获得性尊严的丧失或者贬损不会危及个体的基本道德地位，但是获得性尊严的增加可以给个体赋予一种受尊敬的性质。如果人类增强能够促进个体的自我完善和自我修为，从而促进人的典型潜力的发展，就可以增加人的获得性尊严；反之，如果人类增强对人类发展自身的典型潜力构成了阻碍，那么这种技术的应用就威胁了个体的获得性尊严。

一方面，人类增强可以在很大程度上促进人的典型潜力的发展。比如认知增强可以让我们创造出更加丰硕的人类精神和文化成果，使人的理性能力得到更进一步的展现。道德增强可以帮助我们成为一个更加道德的人。发展我们人类本性中的道德能动性。以这样的方式，人类典型的自然本质在更大程度上转变为现实的能力或美德，增进了人类的价值。然而另一方面，人类增强也有可能通过造成人与人感觉上的疏离，破坏人的主体间性，从而阻碍人的本质之中的一系列人类潜力。

在增强技术推广应用的过程中，有些人接受了增强，有些人没有接受增强。并且，接受了增强的人们往往是在不同的方面，不同的程度上接受增强。在一个人们在不同方面显著增强了的社会中，人们在体貌特征、心理特点和生活方式方面出现很大的不同，人们对于相同事物和境遇的体验会存在巨大的差异。比如很多研究衰老的专家预言，通过使用干细胞技术再生器官和组织，或者通过减慢甚至阻止细胞衰老的过程，生命的显著延长将最终成

---

① Rorty, Richard, *An Ethics for Today: Finding Common Ground between Philosophy and Religion*, Columbia University Press, 2010, p. 13.

为可能。[①] 过度延长的寿命会让这些人对于生活的意义的认识与我们大不相同，每个人都极度珍视自己的生命这样一个普遍的假设可能不再成立。又比如某些心理能力的增加也会削弱我们的同感的能力。压制记忆的药物的研究正在进行中。其目的在于让人们不再受到痛苦记忆的困扰，保持心理上的愉悦和平静。这种类型的增强会让增强了的个体在很大程度上不再经受剧烈的心理痛苦的折磨，当他们遗忘了人生重大不幸能够带来的长久悲痛，也就不能充分地理解仍旧承受这种悲痛的人们所经历着的感受。有一些增强甚至可以通过在一部分人身上创造新的能力，比如蝙蝠的回声定位能力、鹰的视力，或者能看到红外线。[②] 这样的改变最终让某些方面的人际交流变得根本不可能。人同此心，心同此理的观念将不再是不言自明的。

人与人主体间性的逐渐削弱会让很多典型人类潜力的发展变得非常困难，甚至成为不可能。人的本质是一系列潜力，具体包括哪些潜力尚需进一步明确的界定。然而有一些核心的人类潜力在各种相关理论中都得到认可。比如人的道德能力和人的社会交往能力就是这样的潜力。绝大多数有关人的本质的理论都不会否认将这两种潜力列为人类的典型特征。这两种潜力的发展都可能因为人与人之间感觉上的分殊而受到阻碍。

第一，人与人之间感受的不可通约会阻碍人的道德能力的发展，因为同情心在人的道德决策和道德行为中扮演了极其重要的角色。儒家伦理认为，人类之所以可能成为道德的动物，是因为“恻隐之心，人皆有之”，（《孟子·告子章句上》），“人皆有不忍人之心”（《孟子·公孙丑》）。“恻隐之心”和“不忍人之心”就是同情心。这种情感是人的本质特征，也让道德的发展成为可能。休谟也强调了情感在道德决策中的重要作用。他发展了道德情感主义，提出同情是最根本的道德动机。[③] 在当代的一些理论中，同情在道德活动中的重要性得到进一步的强调。牛津大学教授朱利安·赛维勒斯

---

① 参见 Allen，Buchanan，“Moral Status and Human Enhancement”，*Philosophy & Public Affairs*，2009，Vol. 4，pp. 346 – 381。

② 参见 Allhoff，Fritz，et al.，“Ethics of Human Enhancement：25 Questions & Answers”，*Studies in Ethics，Law，and Technology*，2010，Vol. 1，pp. 25 – 26。

③ 参见 Vitz，Rico，“Sympathy and Benevolence in Hume's Moral Psychology”，*Journal of the History of Philosophy*，2004，Vol. 3，p. 263。

库（Julian Savulescu）和瑞典哥德堡大学教授佩尔松（Ingmar Persson）认为，“同情其他存在物，仅仅因为他们自身的原因希望他们的生活变好而不是变坏的这种倾向是道德的核心”[①]。当代的生物学哲学研究也提出，我们的高智商能够让我们预期我们的行为对于他人的结果，并根据结果评价行为，这就是道德行为的生物学基础。[②] 认识到我们有相同的感受，为我们的相互理解和尊重提供了理由，导致我们做出道德行为。如果人类增强技术普遍应用在不同方面，不同程度地改变了人们的精神状态、生活方式，以及身体的结构和功能，对他人感同身受将越来越困难，甚至根本不可能。在这种情况下，我们将失去重要的道德动机。这就为发展人类本质中所包含的道德能动性构成了阻碍。

第二，人与人之间感受性的不可通约也会影响人的社会性的发展。人是社会性生物，我们能够建立意蕴丰富的、复杂的人类关系，并且每个人都需要与他人合作才能生存。然而非常明显，这种社会性同样是以感觉的可通约性为基础的。如果在不同方面增强了的人类有很多基于自身特殊构造和功能的体验不能够同他人分享，人们的生活方式和价值观就会逐渐趋于不同，交流与合作就会越发困难。如博斯特罗姆（Nick Bostrom）曾经指出，未来的技术的可能以各种方式带来各种伤害，潜在的结果包括扩大社会不平等或者逐渐侵蚀那些我们非常珍视的又很难量化的资产，比如有意义的人类关系。

其一，如果只有一部分人得到显著增强，我们不同的身体结构将让我们很难共享一个物质世界。有观点提出，一个在基因上提高了的人类种群，可能因为不能适应为普通人设计建造的社会环境而成为残疾人。[③] 比如有人使用基因增强技术增加身高就是一个例子。身高较高的人能得到特定的社会和经济利益，但是也存在一个限度，超过了这个限度，身高就会成为不利因素。在世界平均身高最高的荷兰，有很多人做手术阻止身高进一步增加，因

---

① Carter, J. Adam, and Gordon, Emma C., “On Cognitive and Moral Enhancement: A Reply to Săvulescu and Persson”, *Bioethics*, 2015, Vol. 3, pp. 153 – 161.

② 参见 Ayala, Francisco J., and Arp, Robert, *Contemporary Debates in Philosophy of Biology*, John Wiley & Sons, 2009, pp. 333 – 334。

③ 参见 Illich, I. K., “Disabling Professions”, in Illich, I. K., Zolal, I. K., McKnight, J., Caplan, J. & Shaiken, H. (eds.), *Disabling Professions*, Marion Boyars, 1977, pp. 28 – 31。

为我们的社会不是为那么高的人而设计的。[1] 特别是，如果增强不是仅仅增加了人的身高或力量，而是增加了新的身体结构和功能，这种不适应就更明显。如果增强了的人类为适应自身需要重建了社会环境，那么不适应的就是没有增强的这部分人。不仅增强的人和普通人很难生活在相同的社会环境中，在不同方面增强了的群体也很难生活在同一个环境中。

其二，增强也可能对人际交流造成不利影响。例如在《哲学研究》中，维特根斯坦曾经说过，“即使一只狮子会说话，我们也不能理解它”[2]。因为狮子和我们的生活方式是不同的。对于维特根斯坦来说，想象一种语言，就是在想象一种生活方式。分享一种语言就包括要分享一种生活。狮子和人在身体结构上存在巨大差异以至于不能分享一种生活方式，所以，他们也不能分享语言。语言是社会的，我们有理由相信我们或多或少地能够彼此理解，是因为我们是一个相同的物种，由相同的材料构成，有相似的形状，有相同的感官。[3] 当增强给人们带来新的身体结构和功能，交流就会变得困难。甚至有人提出，增强了的人类可能不再是社会性的生物。[4]

其三，拥有截然不同的体验也会让人们形成不同的价值观。就好比当我们能够容易地获得避孕技术和各种生殖技术之后，我们关于生育、孩子和家庭生活的文化观念显示出了重大不同。增强技术的应用会显著影响我们对于美德和其他重要人类精神的看法。比如人们普遍认为节制是一种美德，一个明显的原因是节制让人们更加健康。但是如果一部分人通过基因增强让身体几乎不受尼古丁和酒精的影响，或者让摄入的过多热量很难转化成脂肪和胆固醇。这部分人就缺少充分的理由将节制视为一种美德。除了美德之外，增强还会影响人们对于一些重要人类精神的看法。如果一些人凭借增强获得身体和智力上的优势，从而总是能够轻易地达到个人目标，坚忍不拔的精神很可能不再是值得赞颂的。当然，增强了的人类个体也可能遇到困难，但是在

① 参见 Baylis，F.，Robert，J. S.，“The Inevitability of Genetic Enhancement Technologies”，*Bioethics*，2004，Vol. 1，No. 18，pp. 1－26。

② ［奥］维特根斯坦：《哲学研究》，李步楼译，商务印书馆 2005 年版，第 341 页。

③ 参见 Allhoff，Fritz，et al.，“Ethics of Human Enhancement：25 Questions & Answers”，*Studies in Ethics，Law，and Technology*，2010，Vol. 1，p. 25。

④ 参见 Allhoff，Fritz，et al.，“Ethics of Human Enhancement：25 Questions & Answers”，*Studies in Ethics，Law，and Technology*，2010，Vol. 1，p. 26。

一个普遍增强的社会中，人们不会倾向于通过坚持不懈的努力解决这些问题，而是自然而然地将困难的解决诉诸新的技术。比如因为有了相关药物，多动症患者常常被告知病因是神经性的，而不是性格缺陷或者意志薄弱。人类增强将加重医学化的倾向，通过将各种人类问题完全归于生理问题，不断消解培育精神力量的意义。[①] 当技术让生命和竞争变得更容易，增强了的群体可能会失去培养和发展重要的人类精神的机会。增强了的人类群体同没有增强的群体之间也将很难共享相同的价值观。

难以适应同一个物质世界，出现交流障碍，以及价值观上的显著分歧，无论在增强的个体还是未增强的个体身上，都会严重地阻碍社会性的发展。这种状况将导致大规模的、稳定的合作变得几乎不可能，从而削弱了我们结成一个群体并且彼此负责任的能力，这些都对获取和发展人的获得性尊严构成了明显的阻碍。

第四节 结语

通过分析人的尊严的来源和内涵，本研究探讨了人类增强对于人的尊严可能产生的影响。人类的本质就是一系列典型的人类潜力。这些人类潜力具有内在价值，因而作为一个整体的人类物种拥有尊严。通过论证人类物种的尊严，本研究为人人平等地拥有尊严的现代尊严观念做出了论证。个体的普遍尊严就是人人平等地拥有的尊严，典型的人类潜力所具有的价值让每一个人类物种成员应受最基本的尊敬。同时，潜力蕴含着发展的可能，并且人类典型潜力的发展对于人类物种的繁荣是至关重要的，因此一个人对于这些潜力的发展具有明确的道德意义。发展这种潜力的行为，就能够为个体授予获得性尊严。普遍尊严是一种道德地位，要求最基本的权利，而获得性尊严是一个人所具有的受尊敬的性质。

个体的普遍尊严植根于人类的自然本质。人类增强并不会分裂或侵蚀完整的人类本质，所以人类增强不会对个体的普遍尊严产生直接的威胁。人类

① 参见［美］弗朗西斯·福山《我们的后人类未来》，黄立志译，广西师范大学出版社 2016 年版，第 51 页。

的自然本质是全体人类在最基本的层面上所共享的性质。接受了增强的人类群体和没有增强的人类群体即便在生理、心理和精神能力方面存在诸多不同，但他们仍然共享同一的人类本质，因而可以平等地享有至高的道德地位。

人类增强对于个体的获得性尊严会产生两方面的影响。一方面，增强会通过提高各种人类能力，帮助人们在更大的程度上发展人的自然本质中所包含的各种潜力，为人类个体获取获得性尊严提供助力；另一方面，并非所有人都接受了增强，并且接受了增强的人们在不同方面、不同程度上进行增强，所以人们的身体结构和功能会在各个方面出现显著差异，这将破坏人与人之间的主体间性，从而阻碍道德能动性和社会性等重要人类潜力的发展。获得性尊严来自个体对典型人类潜力的发展，因而在这种情况下，人类增强可能对获得性尊严构成威胁。

要保护人的尊严不受人类增强技术的侵犯，我们需要保证技术的应用不会侵蚀人类的自然本质，并且不会削减人类发展其特有潜力的可能性。如果人类增强改变了人类的本质，或者削弱了人们发展人类特有潜力的可能性，那么人类的尊严就会受到伤害。

第 三 十 五 章

死亡的尊严：儒家和西方观点的比较

死亡是我们每个人，尤其是老年人和因各种原因处于濒危状态的人要面对的一个重要问题。随着医疗技术的提高，一方面，人的寿命在不断地延长，很多濒临死亡的疾病可以得到治疗；另一方面，老年痴呆、帕金森等疾病越来越多，一些濒临死亡的人由于生命维持系统可以痛苦地或者毫无知觉地生存着。因此，在当代医疗技术高度发达的时代，如何保护患有严重疾病的老年人和濒临死亡人员，他们是否可以安乐死，成为人们讨论的紧迫而重要的问题。在这种讨论中，不同观点和不同学派的学者几乎会援引人类尊严的概念为自己的观点辩护。然而应当如何利用尊严概念来为老年人提供保护以及尊严原则能够提供什么样的保护则并不是十分明确，存在各种不同的，甚至对立的观点。比如在死亡的情境中，谁应当为死亡的尊严负责？人的尊严的要求指向人自身还是指向家庭和社会？究竟是什么要素构成了有尊严的死亡？是自主还是没有痛苦，或者两者都不是？让人的尊严概念在临终情境的伦理抉择过程中发挥应有的重要作用，就需要对人的尊严概念进行明确的说明，区分这个概念所包含的多重含义，澄清一个人的尊严对其自身以及他人的具体要求。

在死亡的尊严上，西方思想家提出了很多有价值的观点。儒家伦理是对当代文化有着深刻影响的思想体系。儒家虽然没有人类尊严和死亡的尊严这个概念，但在其经典中有许多与人的尊严有关的论述。重构儒家伦理学中对于人的尊严和死亡的尊严的论述，将为我们反思死亡的伦理问题的研究提供一个东方的视角，并且可以为我们理解和解决各种与此相关的现实问题提供一定的思路。中国是受儒家文化影响深刻的地区，对儒家的尊严概念和死亡的尊严理论进行分析，并与西方的观念进行比较，对我们理解当前中国临终医疗实践具有重要的理论和现实意义。

第一节　尊严概念与死亡的尊严

在当代关于死亡的生命伦理讨论中，人的尊严概念是一个不可或缺的理论资源。比如，在人是否可以对死亡的时间和方式做出自主选择的问题上，观点对立的学者都通过援引人的尊严的概念来为自己的观点辩护。比如，一些学者认为，人们有权利在死亡过程中选择自己希望的死亡方式，只有这样，才称得上有尊严的死。因而，有越来越多的人倾向用生前预嘱的方式预先决定自己在临终阶段是否接受治疗或接受何种治疗，以便在自己不具有行为能力的时候保证自己意愿的实现。然而，也有一些学者认为，人的尊严具有至上性，包含着不惜一切代价维持生命的要求，所以，维持生命的要求也就高于濒临死亡的人自身的意愿；在患者的意愿同维持生命的要求相冲突的时候，我们应当维持生命，而不是选择死亡。

在关于安乐死和协助自杀的伦理学探讨中，支持和反对的双方同样都以人的尊严作为自己的论据。结束不可忍受的生理或精神痛苦，摆脱不能自理、依靠他人的状态等被很多人视为选择安乐死或协助自杀的理由，因为他们认为这样的状态有损于人的尊严。协助自杀合法化的支持者们提出了“有尊严的死”的概念来论证自己的观点。认定在特定情形下医生协助自杀合法的俄勒冈法令就叫作《俄勒冈尊严死法案》（*The Oregon Death with Dignity Act*）。[①] 但也有一些学者认为，无论安乐死还是协助自杀都构成了对人的内在价值的侵犯，这些结束生命的行为因为没有尊重生命的尊严因而在道德上是错误的。可见，争论的双方都把人的尊严概念作为其观点的基础。

尊严这个概念本身的含混不清是造成这种状况的最主要原因。因此，澄清尊严概念的含义是我们回答死亡尊严问题的关键。通过文献分析，我们发现，人的尊严概念至少包含两方面的含义：即普遍尊严（Universal Dignity）

---

① 参见 Gentzler, Jyl, “What is a Death with Dignity?”, *Journal of Medicine and Philosophy*, 2003, Vol. 4, No. 28, pp. 461 - 487。

和人格尊严（Personal Dignity）。

所谓普遍尊严，是指人类所有成员都拥有的不可侵犯的价值。比如康德认为，尊严是绝对的和无条件的内在价值，所有人类成员都因具有自主行为的能力而拥有尊严。所谓人格尊严则是指人们拥有的受尊重的一种品质。比如美德伦理传统认为，尊严不是内在的，是我们通过特殊的努力和教养获得的。

普遍尊严是内在的、每个人天生就具有的，而人格尊严则是外在的、通过个人的行为获取的，是后天的；普遍尊严与道德行为无关，而人格尊严要建立在道德行为的基础上；普遍尊严是不可失去的，而人格尊严却是可以丧失的。

每个人的普遍尊严都是一个与他人相关的道德概念。每个人的普遍尊严都指向他人，要求他人给予我们基本的尊重。在赡养老年人的问题上，普遍尊严意味着家庭、国家和社会对于老年人都负有责任。

每个人的人格尊严则是一个与自己相关的道德概念。人格尊严指向个体自身，要求个体完成自己的义务。每个个体都应当不断向儒家的理想人格靠近，成为君子或圣人，由此获得更高程度的人格尊严。“有尊严的死”的表述中的尊严，指的是人格尊严而不是普遍尊严。“有尊严的死”意味着个体有自主选择自己死亡方式的权利。这里的“尊严”就不是普遍尊严概念所说的尊严。

实际上，反对安乐死和支持安乐死的学者虽然都援引尊严概念为自己的观点辩护，但他们所意指的尊严的含义是不一样的。反对安乐死的一方关注的是人的普遍尊严，而支持安乐死的一方关注的是人的人格尊严。人格尊严在这个问题上的应用指的是有关如何度过一生最后阶段的观念和理想。“有尊严的死亡”是关于一个人在生命最后阶段所做的选择。

在临终问题上，造成实践上的困扰的还有法律所维护的人的尊严和个体主观感受到的有尊严的生活之间的鸿沟。这一鸿沟也是普遍尊严和人格尊严的区别造成的。法律只保护最小化的尊严，类似于宪法中所规定的人人享有的基本权利。人的尊严的法律功能导向人的尊严原则的最低纲领。在老年人问题上，法律上的人的尊严只包括有关老年人的道德原则的最少内容，国家被要求保障这些最少内容，有时甚至作为一种不可转让的义务。最低纲领的一个重要的后果之一是，法律解释中的人的尊严与个人对于是什么构成有尊严的生活的理解，可能是完全不同的。每个个体都有着对于尊严的独特的感受，这些感受可能非常不同。在一定程度上，这种不同是社会的多重文化造成的结果。最小化的人的尊严的法律概念和人格尊严之间常常存在各种不一致，甚至相互冲突。两种尊严含义的区分有助于我们理解这种冲突。特定文化环境中的个体主观感知的尊严是人格尊严，通过法律所体现的人的尊严是普遍尊严。前者是变化的和多元的，后者则是相对确定和单一的，法律所体现的人的普遍尊严跟个人和家庭的对于什么构成了有尊严的生活的观念往往大不一样。

由此可见，区分尊严的不同含义是我们理解各种理论争论，解决实践上的难题的重要方法。尊严的两种含义在古代和当代的西方伦理思想中均有体现，但只有儒家思想能在一个统一的理论体系中对尊严的两种含义做出融贯的表述。

儒家思想中，对尊严的两种含义有着详细的论述。儒家伦理认为普遍尊严是所有人都拥有的。因为人天生具有道德潜能，天赋予的人道的特性使人区别于动物，成为道德的存在物，并且每个人都是平等地拥有这些特性。儒家认为所有的人类都值得尊重，原因是他们有一种彼此关照的内在的倾向，并有能力把这种倾向发展为完全的美德。人类的特征就是人有对他人同情和感同身受的能力。因此相比于西方伦理中的理性、自由和自主，儒家所讲的同情和同感的能力才是最为根本的人类特征。对儒家来说，这种能力是人的普遍尊严的真正基础。

但是，并不是所有道德潜能都能发展为充分的美德。有的人可能没有发展自己的道德天赋，有的人可能发展出自然道德天赋的反面（发展出对立与自然道德天赋的性质）。在儒家思想中这就意味着尊严的丧失。只有努力把这些潜能发展为美德，才能获得人格尊严。儒家的人格尊严同道德相关，需要通过合乎善的行为而获得。

可以看出，儒家人的尊严概念事实上主要回答的是两个方面的问题：第一，作为人类一员意味着什么？第二，是什么构成了体面的和人道的生活？作为回答的结果，（作为对这两个问题的回答）儒家认为，一方面，“尊严”是内在的，植根于一个人的内在的天然的高贵，对于作为一个“人”是定义性的；另一方面，“尊严”是获得性的，是通过个人努力获得的一种受人尊重的一种特性。[①] 前者是普遍尊严，后者是人格尊严。普遍尊严和人格尊严都具有道德上的含义，对于尊严的拥有者或他人构成道德上的要求。普遍尊严要求我们尊重每一个人类个体的生命，人格尊严鼓励我们实践自身的道德追求。

更进一步理解尊严的两种含义及其对于死亡的意义，我们还需要结合特定情境，在具体问题中探讨死亡的尊严。

第二节 死亡的尊严与人的生物学生命

把生命的神圣性看作人的尊严原则的不可缺少的一部分，是西方历史上一种很强的传统，特别是在基督教的理论中表现得尤为突出。在探讨自杀和安乐死等问题的时候，这一传统认为，人的尊严的原则要求我们考虑生命的神圣性并对我们提出一种不惜一切代价来拯救生命的义务，即使对于我们拯救生命的行动，当事人并不认同或与当事人的希望相反。由此自然而然地，自杀和安乐死因与人的尊严相矛盾而受到绝对的反对。康德也在很大程度上支持这一传统观念，他提出把人视为其自身的目的而不仅仅是手段的原则，并由此提出了人在明显没有质量的生活中也有义务保存自身。因为杀死自己就是没有把自己当作具有绝对价值的事物来对待，而是把自己当作只具有有限价值的达到某一目的的手段。所以自杀和安乐死都是对人的尊严的侵犯。罗纳德·蒙森（Ronald Munson）同样认为结束生命的做法侵害到了我们的尊严。他曾经提出，“我们的尊严来自于追求自己的目标，当我们的目标之一是生存，而同时又采取了消除这个目标的行动时，我们与生俱来的尊严就受到了伤害”[②]。在他看来，安乐死将我们置于与我们的本能，即活下去的倾向相对立的位置。

---

① 参见 Tao Julia, and Lai Po Wah, “Dignity in Long-Term Care for Older Persons: A Confucian Perspective”, *Journal of Medicine and Philosophy: A Forum for Bioethics and Philosophy of Medicine*, 2007, Vol. 5, No. 32, pp. 465 – 481。

② 罗纳德·蒙森：《干预与反思：医学伦理学基本问题》（一），林侠译，首都师范大学出版社 2010 年版，第 330 页。

然而就生物学生命与人的尊严的关联，也有人提出了相反的观念。比如约翰·哈德韦希（John Hardwig）认为如果一个人继续生存下去只会给别人带来困难，他继续活下去的利益可能不会比受到他继续存在的负面影响的人的利益更重，因此这个人有死亡的义务。哈德韦希是当代一位“死亡的义务”的鼓吹者。他曾对利用现代医疗延长生命的做法提出了疑问。他指出，我们都知道曾经有一种文化，这种文化中的人接受死亡的义务。那个时候相对贫穷，技术落后。在那样的社会，如果你活得足够长，你将最终变老并且非常虚弱，会拖累甚至危害他人。这种社会中的老年人经常主动地结束自己的生命。这种文化在当今的生命伦理中受到了摈弃。生活在当代社会的我们认为死的义务与我们无关，因为更多的财富和更好的技术为我们抵免了这一义务。但在哈德韦希看来，财富和技术并不能真的替我们抵免这一义务，而是会让死的义务重新变得平常。“我们的医学拯救了很多生命让我们大多数人都活得更长。我们都很高兴利用这样的医学。但我们的医学同时也让我们大多数人得上了慢性疾病，让我们活到不能照顾我们自己，活到不知如何面对自己，活到我们已经不再是我们自己。”① 美国哲学教授，生命伦理学家希尔德·林德曼·内尔森（Hilde Lindemann Nelson）也曾经提出，如果一个人坚持活下去只能给他人带来困境，这种状况下继续维持生命就是把他人当作了自己的目的的手段。即使从康德的尊严概念来说，这种做法都在道德上是不允许的。

强调人的尊严概念包含生命神圣性的观点，都是从个体自身内在价值的角度来讲的，而提出人的尊严概念支持结束生命的观点则大多基于个体的生活同他人之间的关系。儒家尊严概念既推崇人的生命的内在价值，又关注人与他人之间的关系。儒家尊严的这两个不同的内容体现在普遍尊严与人格尊严的划分之中。普遍尊严关注人的生命的内在价值，而人格尊严则基于人对待他人的方式。因为人格尊严高于普遍尊严，所以儒家伦理并不把生物学生命的保存作为人的尊严原则的必然要求。对儒家的尊严概念而言，显然存在比生存更重要的东西，即个体的道德追求。

---

① Hardwig, John, “Is There A Duty to Die?”, *Hastings Center Report*, 1997, Vol. 2, No. 27, pp. 34 –42.

儒家文化非常珍视“生”，但同时也不逃避“死”。儒家伦理提倡坦然地接受死亡，在很大程度上是出于对自然规律的服从，认为一个有道德的人应当尊重并服从自然规律。儒家思想中对自然规律充满了敬畏，甚至很多儒家伦理原则实际上就是以自然规律为原型的。比如根据自然界孕育万物的特性，儒家伦理就将仁作为最重要的原则。同样，因为死亡也是自然界的规律，人对死亡也应当坦然接受。孔子提出君子有“三畏”，首先就是“畏天命”（《论语·季氏》），道德高尚的人应对天命存有敬畏之心。另有“五十而知天命，六十而耳顺，七十而从心所欲不逾矩”（《论语·为政》）之说。人认识到了天命的必然和人的不可抗拒性，就要坦然接受命中的一切，包括死亡。顺从自然的规律，坦然接受死亡，是为儒家伦理所肯定的，具有道德上的价值。在安乐死的问题上，儒家伦理也不会鼓励人们通过各种现代医疗技术刻意地延长生命，因为这样就是在抗拒自然的规律，不尊重自然规律不是道德高尚的人所为。

不仅生命的人为延长会与儒家的尊严概念相抵触，甚至在有的时候，为了维护人的尊严，儒家伦理明确表示支持个体结束生命的行为。比如某些情境下，人活着就不可避免地会遭受侮辱，只有结束生命才能维护自己的尊严，此时死亡反而是美好、正义和值得追求的。杀身成仁、舍生取义都是这样的情境。当主体不能再以有尊严的方式活下去，结束生命的行为就能够得到儒家尊严概念的辩护。

当代西方也有类似的观点，比如大卫·威尔曼（David Velleman）认为，如果一个人不再能够以尊严的方式生活下去，那么他的死就是可以接受的。“如果一个人不能同时保持生命和尊严，他的死则能够在道德上得到辩护……埋葬和烧毁尸体的道德责任就是不让尸体成为一种侮辱的责任。类似地，图书管理员也会销毁撕烂的书，卫兵销毁撕烂的旗帜——都是出于对这些物品的内在尊严的尊重……尊严不仅可以要求保存拥有它的事物，也可以要求毁灭失去它的事物，如果损失是不可挽回的。”[①]

在儒家伦理中，道德的完满应是一个人终生的追求，也是人生命最高的

① Velleman, David J., “A Right of Self-Termination”, *Ethics*, 1999, Vol. 3, No. 109, pp. 606 - 628.

意义和价值，人的生命本身在很多时候只是实现道德圆满的手段。因此儒家学说最关注的并不是自然生命本身，而是自然生命如何自我超越成为道德生命。在生命的延续与道德相抵触的时候，个体以身体的消亡维护仁和义的道德原则能够维护人的尊严。这种情境中的死亡是通过道德修为获取人生意义的一个步骤，也可被视为生的一部分。在儒家思想中，道德是超越生与死的更高的价值。生本身并不是最高价值，在至高的道德价值面前，生物学生命只是实现道德价值的手段。"不可死而死，是轻其生，非孝也；可死而不死，是重其死，非忠也。"① 在这里，可死或不可死的标准都是道德价值。很明显，生命的价值只是次一级的价值。以道德价值为核心的人格尊严高于生命的尊严。生命的最大意义就是可以让我们不断追求道。轻易放弃自己的生命是会有损尊严的，因为这就等于放弃了自己对于他人和社会的责任。可以继续求道的生命则不应该放弃自身的道德责任，哪怕承受着身体上或精神上的各种痛苦，也必须克服这些痛苦，不能放弃生命，继续以生命来实践道。相反无法继续追求道，或与道背道而驰的生命则是不值得留恋的。这样就为了较低级的价值而放弃了高一级的价值。

儒家的人格尊严高于普遍尊严的观点与康德的伦理学是不同的。康德的伦理学认为，尊严是绝对的无条件的内在价值。理性行动能力是人类尊严的基础。说结束生命在道德上是错误的，是因为错在没有尊重这种价值。但康德的这种观点存在着自相矛盾，因为，根据康德，所有的人类成员因为有自主行动的能力而拥有尊严，但有时为了执行这种自主的道德判断，人恰恰需要牺牲自己的生命。所以生命也就并不一定是绝对的无条件的价值。

因此，虽然康德的伦理学和儒家伦理学都为人的生命赋予了崇高的内在价值，因而生命是宝贵的，但是康德伦理学因为把这种价值绝对化而难以为尊严死辩护，并且如果把康德的原则贯彻到底，还会出现自相矛盾；而儒家伦理学因为坚持主张人格尊严高于普遍尊严而可以为尊严死的行为做出辩护。儒家认为，尽管生命是宝贵的，但如果在某种情境下生命的存在会对这种内在价值构成损害，那么结束生命才符合人的尊严的要求。儒家伦理中道德才是最高价值，人因为具有道德潜能而拥有内在价值，因为道德的行为而

---

① （唐）李白：《李太白全集》，中华书局 1999 年版，第 1370—1371 页。

具有获得性尊严。如果为了坚持道德上的追求而结束生命，并不是侵犯人的尊严。

第三节　死亡的尊严与痛苦感受

如果生物学的生命与仁和义的道德价值并不发生直接的冲突，但个体生物学生命的自然延续要伴随着巨大的生理的或心理的痛苦，在这种情况下，自杀或安乐死是否可以得到儒家伦理的支持呢？

儒家伦理与很多西方伦理学理论一样，都区分了有尊严的生活质量和没有尊严的生活质量。这些理论的一个共同点是当生命的质量低到一个不可接受的程度，就应选择死亡。西方对生命质量的定义主要围绕生命的痛苦来进行。比如安乐死的定义中就包含患者正遭受不可忍受的痛苦的折磨，并且没有康复的可能。但是儒家生命质量的概念则等同于道德生命的质量。生理性生命本身的低质量并不能成为儒家伦理支持结束生命的理由。在儒家伦理学中，道德与身体相比具有优先性，甚至身体只是求道的工具而已。即使承受再大的痛苦，只要能够实现道德上的价值，放弃生命就是错误的。

比如司马迁被定诬罔之罪后，如果要活下来就要遭受极大的痛苦，但他仍选择活下来，以腐刑赎身死。他承受巨大的身体和精神上的痛苦，保存生命，为的是创作史记，完成自己的使命。司马迁在被处以宫刑之后，在写给朋友的信中说："故祸莫憯于欲利，悲莫痛于伤心，行莫丑于辱先，诟莫大于宫刑。刑余之人，无所比数，非一世也，所从来远矣。"[①] 可以说，宫刑是比死还要难受的最耻辱的惩罚。但在他看来，"面对大辟之刑，慕义而死，虽名节可保，然书未成，名未立，这一死如九牛亡一毛，与蝼蚁之死无异"[②]。司马迁所承受的既有巨大的身体上的痛苦，也有难以忍受的精神上的痛苦，但他选择活下来完成使命的行为在历史上一直受到推崇。可见，如果巨大的痛苦尚不能阻止人承担自己的责任，那么儒家伦理并不支持为消除痛苦而死，反而会鼓励生命的延续。特别是精神上的痛苦在儒家伦理中就更

---

① （汉）司马迁：《报任少卿书》，《司马迁传》，中华书局1962年版，第2727页。

② （汉）司马迁：《报任少卿书》，《司马迁传》，中华书局1962年版，第2732页。

不能够成为死亡的理由，精神上的痛苦恰恰是儒家提倡去克服、去战胜的。在逆境中保持心态平和，对人生的遭遇泰然处之，这些都具有道德上的价值，为儒家伦理所支持。反之，因为精神上的痛苦而选择死亡则会使人丧失尊严。

在这一点上，儒家的观念与西方当代的某些观念有所不同。很多安乐死的支持者认为，当生命的质量低到一个不可接受的水平，生命就不值得过下去。如果“低质量的生命”这个概念把承受不能接受的巨大的心理痛苦也包括在它的内涵之中，那么人就有理由为了结束巨大的心理痛苦而进行安乐死。比如1991年发生在荷兰的一个安乐死的案例，就反映了这种观念。荷兰的鲍舍尔（Bosscher）女士身体健康，但因为遭受了巨大的精神打击而要求安乐死。鲍舍尔女士曾因丈夫虐待而离婚，仅有的两个儿子一个于20岁自杀，另一个于20岁死于肺癌。最终查波特（Chabot）医生为她实施了安乐死。查波特医生的支持者认为，精神上的痛苦与肉体痛苦一样，同样都可能成为不可忍受的痛苦。[①] 如果为消除不可忍受的肉体痛苦的安乐死合乎伦理，那么为消除不可忍受的精神痛苦而进行的安乐死也同样可以得到伦理上的辩护。在儒家伦理中鲍舍尔女士的行为被视为懦夫的行径。儒家是反对精神生活的医学化的。中国古代医学中没有精神病学或心理学，也不提倡用医学的干预来解决这些问题。精神上的修炼本来就是道德生活的重要组成部分。

儒家伦理仅在一种情况下支持因为不可忍受的痛苦而选择死亡。这里的痛苦一定是生理上的而不是心理上的，并且这种痛苦已经阻碍了个体实现道德上的价值。痛苦的程度已经让人无法继续履行自己的义务，或者痛苦的程度让个体全然无法顾及道德准则。在这种情况下活下去就很有可能造成人格尊严的贬损。

这种逻辑同当代的康德伦理研究者所提出的观点有相似之处。康德认为人的尊严是无条件的绝对的内在价值。所有的人类都因为有自主行动能力而具有尊严。但是当代的康德哲学的研究者通常都认可“剧烈的，不可

---

① 参见Cohen-Almagori, R., “The Chabot Case: Analysis and Account of Dutch Perspectives”, *Medical Law International*, 2002, Vol.3, No.5, pp.141–159。

补救的疼痛和痛苦”对于人生的质量有着毁灭性的影响。这种痛苦因为威胁了一个人的理性行动能力因而是邪恶的。或者其本身就是一个重要的罪恶，可以遮蔽理性行动能力的重要价值。威尔曼提出，“当一个人的生活中出现了这样难以忍受的痛苦，这个人的全部生活都集中在了这种痛苦上，她就失去了作为一个人的尊严，在这种情况下，对其原来的尊严的尊重可能会允许或甚至要求一个人来帮助她结束她的生命”[①]。在儒家伦理中，如果主体所承受的痛苦已经让主体无法继续承担责任，不能继续求道，死亡是得到许可的。

当然，安乐死发生在医疗领域中，并且需要有医务人员的协助才能完成，因此除了患者自身的道德考量之外，安乐死的过程也必然会牵涉医务人员的道德，需要把儒家伦理对于医务人员行为的要求考虑进来。

唐代医学家孙思邈所著《大医精诚》，是一篇论述医德非常重要的文献，文中提到，“凡大医治病……先发大慈恻隐之心，誓愿普救含灵之苦。若有疾厄来求救者……皆如至亲之想……见彼苦恼，若己有之，深心凄怆，勿避险巇，昼夜、寒暑、饥渴、疲劳，一心赴救……”[②]，这一论述体现了儒家伦理对医生提出的最首要的道德要求，即医生要有仁爱之心。凡是品德和医术俱佳的医生，在诊治患者时要大发慈悲之心，对患者的肉体和心理痛苦感同身受，看到患者的烦恼，就像自己的烦恼一样，内心充满悲伤，决心将患者从痛苦中解决出来，不畏艰辛地去救治患者。对于前来求治的患者，都要站在其至亲的位置上为其考虑。这种对他人痛苦感同身受的情感体验，是儒家伦理的根基。正如孟子所言：“恻隐之心，仁之端也。”（《孟子·公孙丑上》）。

在患者因为无法忍受疼痛而要求结束生命的情境中，由于儒家伦理要求医生对患者的痛苦感同身受，并且强烈地希望将患者从痛苦中拯救出来，因此儒家伦理不会支持一味地延长患者的生命而无视患者所承受的痛苦。

历史上，儒家更多的是教育人们培育道德生活的质量而不是维持生物学

---

① Velleman, David J., “A Right of Self-Termination?”, *Ethics*, 1999, Vol. 3, No. 109, pp. 606－628.

② 《孙思邈大医精诚》，载王治民主编《历代医德论述选译》，天津大学出版社1990年版，第95—105页。

生命的质量。然而就儒家道德体系而言，本能的同情之心又是一种根本性的道德情感，这种道德情感的重要性导致儒家伦理不能允许我们无视他人过低的生物学生命质量。孟子对于仁的论述完全建立在同情之心这种本能情感的基础之上。普遍的同情之心在儒家伦理中不仅得到认可，而且正是同情之心的存在为仁、行善等儒家伦理的基本概念提供了理论基础。作为人类一员，我们不能无视其他人类的强烈痛苦。这要求我们在止痛上投入更多资源，让临终关怀更容易得到。如果死亡是患者解脱的唯一方式，那么对于医生而言，协助自杀或安乐死的实施与仁的概念是不矛盾的。

第四节　死亡的尊严与人的自主性

很多当代西方理论认为，人的尊严就等同于自主性。那么在死亡情境中，这一类观点要求我们考虑的最重要的问题就是，接受治疗与否以及接受何种治疗的决定是不是个体自己的意愿。这也就是生前预嘱在西方国家普遍开展的主要原因。美国35个州都通过了《自然死亡法》。人们只要愿意，就可以通过签署“生前预嘱”，按照个人意愿选择病危或临终时要或不要哪种医疗方法。在欧洲，“生前预嘱”也已广为人们所接受。在英格兰和威尔士，人们可以依据2005年的《心智能力法案》（*Mental Capacity Act*）做一份预设医疗指示（Advance Directive）或者指定一份委托书。2009年6月18日德国联邦议院通过了一项关于预先医疗指示的法案，从2009年9月起正式应用。这项法律就是以自我决定权的原则为基础的。2013年6月，中国也出现了第一个生前预嘱协会，协会的创建者将尊严死作为生前预嘱的理论基础。

虽然自主选择的实践在不断发展，但理论上，完全以自主为基础的尊严理论大多包含矛盾，对于相关实践问题的解释也并不充分。比如哈瑞斯（John Harris）把尊严等同于自主设计自己的生活，并不能很好地为他所支持的安乐死辩护。哈瑞斯认为，我们之所以能说我们的生命拥有价值，原因在于我们把价值赋予了生命。我们把价值赋予生命的方法是，我们（尽最大可能）自主地设计自己的生活。是自主性让我们能够自由地塑造自己的生活，而在塑造生活的过程中，我们把价值赋予了自己的生命。[1] 在哈瑞斯看来，选择死亡是人生几大重要选择之一，因此我们不能否定人类选择死亡的权利。既然自主性使人具有价值，禁止安乐死就是对生命的专制，就是对人类尊严的不敬。但下面的论述是有问题的，“如果一个人想死，那么他就没把价值赋给自己的生命，我们帮助完成他的意愿也就没有夺取任何（对他而言）有价值的东西，因此没什么不对”[2]。决定放弃生命也是自主的决定。如果如哈瑞斯所说是生活中的自主选择使人的生命具有价值，那么做出赴死的决定的过程中，人同样把价值赋予了自己的生命。虽然根据哈瑞斯的理论，这种选择过程让生命客观上有了价值，但客观上拥有价值不能等同于对生命的拥有者自身具有价值。生命的拥有者自身可能不认同或没有意识到这种价值。然而即便是这样，我们也应出于对这种客观价值的尊重而拒绝结束这个人的生命，这才是人的尊严的要求。而不像哈瑞斯所说，如果一个人不认为自己的生命有价值，我们结束他的生命就没有什么不对。

德沃金（Dworkin）的理论也推崇自主性，但同时认为应当限制主体不尊重自身价值的自主行为，这样同样产生了矛盾。德沃金提出，“除非一个人坚持主导自己的生活，否则就不可能通过自己的行为体现生活具有的内在的和客观的重要性”[3]。德沃金把尊严的概念定义为考虑并执行我们自己关于人生意义和价值最根本问题的答案。[4] 但同时德沃金提出，因为我们把尊严赋予每一个人，所以我们也不能够允许别人放弃尊严的行为。因为人们不总是十分了解或能够推进他们的最佳利益。以尊严的方式对待某人有时意味着通过强制性的干预保护其内在价值。德沃金最初把尊严的概念定义为考虑并执行我们自己关于人生意义和价值最根本问题的答案，而他的以尊严的方式对待某人，却又要求我们尊重他人最根本的利益，哪怕这会妨碍到他人执

---

① 参见 Beyleveld, Deryck, *Human Dignity in Bioethics and Biolaw*, Oxford University Press, 2001, pp. 237 - 239。

② Beyleveld, Deryck, *Human Dignity in Bioethics and Biolaw*, Oxford University Press, 2001, pp. 237 - 239.

③ Dworkin, Ronald, M., *Life's Dominion*: *An Argument about Abortion*, *Euthanasia*, *and Individual Freedom*, Vintage, 1993, p. 239.

④ 参见 Dworkin, Ronald, M., *Life's Dominion*: *An Argument about Abortion*, *Euthanasia*, *and Individual Freedom*, Vintage, 1993, p. 166。

行其对于人生意义和价值的根本问题的答案的权利。

上述尊严观念都认为人的尊严就是对自己生活的自主决定。西方尊严概念对自主性的强调显示这样一种观念，即我们的个人生活的最本质和核心的部分是与他人无关的。可是事实上几乎没有人孤立地生活，每个人的生活都与他人相关，所有的人关于自己生活的决定都与他人的生活有着密切的联系。因而上述理论都没有就人的尊严原则在实践中要求我们怎样去做的问题给予圆满的、清晰的论述。由于假设每个人的人生都独立于他人，人的生活只同自己相关，这类理论很难回答一个人的尊严对他人的要求是什么。也容易混淆个人感觉到的尊严的生活和普遍的、最低的尊严的要求。区分普遍尊严和人格尊严有助于澄清这些问题。

儒家伦理认为普遍尊严是每个人生来就拥有的，只要是生命就应该得到尊重。普遍尊严的要求主要指向他人，一个主体拥有普遍尊严就要求其他人意识到并且尊重他的普遍尊严，出于对普遍的人类的内在价值的尊重，他人甚至可以通过强制的方式保护某一个人的这种尊严。在儒家生命伦理学中，行善原则相对于自主性原则具有优先性就体现出对普遍尊严的保护具有一定强制性。同时儒家并非不重视自主性，这种自主性体现在人格尊严的获得和维护上。要获得人格尊严，就要自主地作出正确的道德抉择。个体的道德立场和个体的道德选择对死亡的尊严有直接的影响。普遍尊严是与他人相关的道德概念，在临终老年人的问题上，普遍尊严意味着家庭、国家和社会对于老年人都有责任。人格尊严在死亡问题上的应用指的是有关如何度过一生最后阶段的观念和理想。人格尊严是一个人在生命最后阶段做出的选择的问题。

对于某一个特定的个体自身来说，其人格尊严高于普遍尊严。但是当我们面对他人的时候，他人的普遍尊严则应是我们最应该看重的。他人所拥有的人的尊严对我们的要求是：我们不应把其他价值凌驾于他人的普遍尊严之上，而应把其普遍尊严当作最高价值。德沃金的理论中准许我们强制性地维护他人的尊严，认为这样是在保护一个人最根本的利益。对照儒家尊严理论，这里的尊严显然是普遍尊严。而德沃金主张通过自主为个体生命赋予的价值则可以用人格尊严来进行说明。这就解释了尊严准许他人干涉涉及一个人最根本利益的问题，同时却在其他问题上鼓励个体行使自主性，以形成体现每个人特殊价值的人格尊严。

儒家伦理中与人格尊严直接相关的是道德自主。西方基于个人主义的个体自主使个体脱离于他人，儒家的道德自主则把个体同他人紧紧地连接在了一起。儒家的人都是承担义务的人，都是群体中的人。儒家伦理对于个体处于各种身份和各种情境中的道德责任有着详细的论述。正是对于群体的责任和义务塑造了个体的身份，对这种特定责任和义务的坚守赋予人尊严。由于履行责任和义务的意愿和行动一样重要，自主地选择履行道德责任和义务对于人格尊严的建构具有更加重要的意义。儒家伦理中考虑到群体与个体关系的自主恰恰能够加深自主的含义。

多数西方观念中的人只属于自己，儒家的人不仅属于自己，而且属于家庭和国家。因此人完全从自己的角度作决定是道德上有问题的。儒家的人的价值主要体现在是否为国家尽忠，为父母尽孝，与人为善。儒家的人是承担责任的并且是与其他人普遍联系的，而非不承担责任的和独立的。一个人应当与家人团结地生活在一起，与朋友和邻居和谐相处，这样的生活被认为是由他人所引导的。儒家伦理非常强调关系，特别是家庭关系，脱离家庭之外的个人目标是道德上错误的。儒家传统中的人的尊严“基于身份的感觉，关联性和生活的意义，深深地嵌入家庭关系和深厚依恋的网络”[①]。在社会建构的自我和关系中的自我的观念之下，儒家认为家庭的荣誉同样是个体尊严的体现，并且高于个体尊严，“个体的尊严并非不证自明地高于其他价值”[②]。

西方人通过自主选择塑造生活，儒家的人要追求圣人之道，努力让自己的生活符合一个外在的、普遍的道德原则要求。比如在死亡问题上，如果因为自身的病痛、经济原因或心理负担而选择自杀，就相当于放弃了对于他人的责任，断绝了利用生理性生命继续追求道义的可能性。因此这样的自主决策不仅没有维护人的尊严，反而使一个人失去尊严。被生活的困境打倒，放

① Tao Julia, and Lai Po Wah, “Dignity in Long-Term Care for Older Persons: A Confucian Perspective”, *Journal of Medicine and Philosophy: A Forum for Bioethics and Philosophy of Medicine*, 2007, Vol. 5, No. 32, pp. 465 – 481.

② Lo, Ping-cheung, “Euthanasia and Assisted Suicide from Confucian Moral Perspectives”, *Dao*, 2010, Vol. 1, No. 9, pp. 53 – 77.

弃责任的人，丧失了人格尊严，也毁坏了普遍尊严。只有生理性生命已经不能支持一个人继续追求道义，结束生命才是被准许的。老年人已经濒临死亡，承受着巨大痛苦，并且没有治愈的可能，也就是说，其生理性生命已经不能支持其继续追求道义的行动，放弃治疗与儒家的尊严原则并不矛盾。

通常只有自主的决定才会与个体的人格尊严有关，如果决定不是个体自主地做出的，那么也就不能体现出这一决定在道德上的价值。康德人的尊严的核心是执行一种自愿接受的道德律的能力，也突出了道德抉择中自主决定的重要意义。从现代的自由主义者的视角来看，儒家的生活方式是他律的，因为自由主义者视野中的人是没有责任牵绊的个体。但是对于儒家的家庭建构的自我而言，这种生活方式并不是他律的，因为他们仍旧自己做出决定，这种生活方式并没有让他们感觉到尊严受到侵犯。对于儒家语境中的个体而言，人的尊严应当植根于道德自主而不是个体自主。虽然道德抉择不能够仅仅以自己的意愿和目的为出发点，人应该从家庭的角度做出有关自己生活的决定，然而儒家仍旧支持自己自主做出的道德抉择，因为自主的道德选择具有更加明确的道德意义。自我决定是儒家人格尊严的前提和基础。

在当前的实践中，因为中国传统“孝”的观念，很多老年人不能按其意愿安静地离世，不能自主做出道德抉择。在中国传统文化中，对待父母的态度，体现出一个人的道德水平，甚至体现一个人是否具有做人的资格。在父母衰老，生命垂危之际，给予充分的照顾，是晚辈的义务。子曰：“天地之性，人为贵。人之行，莫大于孝。”人类的行为，没有比孝道更为重大的了。孝是人类的天性，也是“仁”的原型。“故亲生之膝下，以养父母日严。圣人因严以教敬，因亲以教爱。圣人之教不肃而成，其政不严而治，其所因者本也。”（《孝经·圣治》）可见这一天然的情感是儒家伦理的重要基础。一个人如果不懂得孝敬父母，那么他就会失去做人的资格，成为“禽兽”，当然也就不可能具有人的尊严。在这一背景之下，如果父母在生命末期自主决定结束生命，其子女则有可能因为父母做出的这一自主决定而遭受尊严的丧失。这也是当前中国医疗实践中老年人无法按其意愿终止治疗的原因之一，即子女往往为了自身的名誉而反对父母终止生命的自主决定。

事实上，儒家的孝的概念具有多重含义。儒家的孝的内涵包括对父母的恭敬、顺从和侍奉三个方面。恭敬和顺从父母意味着充分尊重父母的主体性，在父母决定放弃生命的时候协助父母，或不阻碍。而侍奉父母的原则则要求子女对于患病的父母尽力救治，尽一切可能留住父母的生命。服从父母和侍奉父母的生命哪一个更加重要？哪个才是更高原则呢？相比于侍奉父母，恭敬和顺从更重要。服从父母是更高原则。有进谏三次，如父母不改变决定，子女只能照做的说法。即“子之事亲也，三谏而不听，则号泣而随之”。（《礼记·曲礼下》）因此在老年人死亡的情境中，长辈的意愿应该得到充分的尊重。对于神志清醒的老年人，子女应服从其自己做出的生或死的决定，而对于神志不清楚的，应该由其家人猜测他的意愿，并忠实地按照他的意愿去做。父母选择死亡的自主决定并不会对子女的尊严构成危害。

第五节　死亡的尊严与社会公正

推进社会的公平正义是形成道德标准的重要依据。儒家伦理中的人本质上是处于群体之中的个体，是否有益于群体的发展是个体道德抉择的重要考量因素，同儒家的人的尊严有直接的关系。因此，有必要在社会公正的视角下探讨儒家理论中的有尊严的死。

医疗资源分配公正与否一直以来都是与死亡的伦理密切相关的问题。在儒家伦理中，我们也可以找到相关的论述。相比普遍尊严，儒家的尊严观念认为人格尊严具有优先性。也就是说道德上的追求高于生命本身的价值。比如众所周知，儒家伦理支持个体为了仁、义而赴死。由此我们可以推导出，儒家伦理同样会支持为了仁、义而施行的安乐死。

但与之相对，儒家理论中也包含着否定安乐死的观念。其中之一是基于儒家大同社会的理论。大同社会的理论包含着赡养老年人的观念。《礼记·礼运篇》中记载有孔子讲给子游的一段话：“大道之行也，天下为公。选贤与能，讲信修睦。故人不独亲其亲，不独子其子，使老有所终，壮有所用，幼有所长，矜、寡、孤、独、废、疾者皆有所养。”（《礼记·礼运篇》）儒家认为好的社会是大同，各种弱势群体，包括年老者，都应得到基本的生活保障，即使他们在消耗社会资源的同时没有对社会作出显著的贡献。根据这一观点，有学者提出儒家的为了道义而牺牲生命的理论并不适用于安乐死的情境。[1] 好的社会应该是鳏寡孤独皆有所养。

推崇为道义而死和老有所养的愿景之间表面上的矛盾，也可以由儒家对于人的本质的理解而得到解释。儒家伦理中没有独立的个人，最基本的伦理原则都是来自个体对他人和对群体的义务。不同的个体在群体中处于不同的地位，扮演不同角色，这也就决定了儒家的伦理是高度情境化的。儒家伦理中，一个人对自己的尊严的考量总是要涉及他人。儒家语境中没有独立的个体，只有承担各种责任的、与他人和群体紧密相连的个体，每个个体对自身人格尊严的理解都不能脱离自身在群体中的位置。

年轻人对老年人的尊重和侍奉在最主要的方面维护的是年轻人自身的尊严。从老年人维护自身尊严的角度来看，年迈的临终患者为避免增加家庭和社会的负担选择放弃生命则不失为其维护人格尊严的方式。当代的中国人很多都支持这样的观点，即社会的利益比个体的利益更重要。于是在针对安乐死合法化的争论中，一个不断被重复提出的观点就是安乐死的法律实践可以减轻家庭的经济和情感负担，给国家节约钱，节约医疗资源用于更加有成效和有建设性的目标。[2] 当前中国支持安乐死的观点很多都是基于这样的理论。

另外一种否定安乐死的观点则基于对儒家所推崇的利他性自杀的效果论考量。有学者认为，虽然因为道义高于生命，儒家很多时候会鼓励利他性的自杀。但这种对于利他性自杀的肯定也不适用于安乐死的情形。因为利他性的自杀常常意在给他人带来一个积极的利益，但是如果以消极地移除家庭和社会的负担为形式的利他性自杀则不受到鼓励。因此虽然儒家伦理支持利他性自杀，但不能论证利他性安乐死。[3]

但在当前的医疗领域，各种高新技术造成越来越高的医疗消费，但同时这些技术发挥作用的空间则非常有限。比如费用昂贵的生命维持设备只能维

---

① 参见 Lo，Ping-cheung，“Confucian Views on Suicide and Their Implications for Euthanasia”，in Ruiping，Fan（ed.），*Confucian Bioethics*，Kluwer Academic Publishers，1999，pp. 624 – 641。

② 参见 Lo，Ping-cheung，“Euthanasia and Assisted Suicide from Confucian Moral Perspectives”，*Dao*，2010，Vol. 1，No. 9，pp. 53 – 77。

③ 参见 Lo，Ping-cheung，“Confucian Views on Suicide and Their Implications for Euthanasia”，in Ruiping，Fan（ed.），*Confucian Bioethics*，Kluwer Academic Publishers，1999，pp. 624 – 641。

持低质量的生命，却不能对改善健康状况发挥作用。这类治疗所耗费的医疗费用如果用于能够治愈的或者经治疗后生命质量能够显著提高的疾病，则能够使有限的医疗资源发挥更大的效用。这样看来，利他性自杀给他人带来的积极的利益和消极的利益是可以相互转化的。临终患者通过安乐死所节约的资源就会转化为另一个群体的积极利益，可以被治愈的患者将得到帮助，获得积极的利益。

第六节　结语

综上所述，在儒家的伦理学中，生理生命的终结或承受巨大痛苦并不必然导致尊严的丧失。在死亡情境中，个体是否能够自主地做出选择，以及个体的行为是否有益于群体的利益，和儒家的死亡的尊严概念之间有着更直接的联系。在儒家理论中，人之为人的资格就来自人的道德属性。人生就是一个道德修为的过程，死亡是人生的一部分，是道德修为的最后一个环节。因此对于与死亡相关的伦理问题，同样应进行以道德为核心的考量。死亡过程中，自主的行为才能让主体的行为具有道德意义，而群体的利益则一向是儒家道德修为的最重要的目标。

在儒家理论中，尊严概念所具有的两种含义都与道德有着密切关系。普遍尊严的基础是每个人类个体与生俱来的道德潜能，而人格尊严的基础是个体所做出的道德选择和道德行为。普遍尊严的道德要求指向他人，要求别人给予我们基本的尊重，类似于宪法中所规定的人人享有的基本权利。人格尊严的要求则指向个体自身，鼓励个体完成自己的义务。儒家伦理中，履行义务包含在人的本质规定性之中，事关个体能否获得做人的资格，因而必然与个体的人的尊严相关。每个个体都应当不断向儒家的理想人格靠近，成为君子或圣人，由此获得更高程度的人格尊严。

很多传统的和当代的伦理学理论都强调尊严是不可丧失的，与美德、行为或成就无关，并且对于每个人类个体而言，尊严是绝对平等的。但现实中我们又常常感到某些境遇下的人失去了尊严，或感觉到不同的人有着不同程度的尊严。因此理论和常识之间似乎存在着矛盾。儒家双重结构的人的尊严概念通过普遍尊严和人格尊严区别和联系，解释了理论上不可丧失的、平等的尊严和现实中的可能丧失、不绝对平等的尊严之间的关系。

事实上，尊严的这两种含义并非仅仅出现在儒家伦理思想之中，西方很多伦理传统中也论述了相同的观点。比如康德的尊严概念体现的是普遍尊严，而美德伦理学强调的则是人格尊严。两种尊严含义的区分不仅在一定程度上化解了理论与常识之间的矛盾，而且有益于解决当代关于死亡的尊严的理论争论中概念的混乱。对于死亡的各种医疗实践持有相反观点的各方往往强调的是尊严的两种含义中的一种。以儒家的尊严概念为参照进行分析，将有助于当代不同的理论之间的对话。

第三十六章
情感的生物医学干预与道德增强

生物医学人类增强是近二十年来生命伦理学研究领域最重要的问题之一。所谓增强就是通过一种人为的干涉提高已有的能力，或者创造新的能力。如果这种干涉是一种生物医学或生物技术的干涉，并且直接作用于人的身体或大脑，那么这种干涉就是生物医学人类增强。相比教育、锻炼和心理辅导等传统方式的人类增强，生物医学人类增强可以更加有效地帮助人类超越自身局限。同时，因为可能挑战社会公正，侵犯人的主体性，以及威胁人类价值等原因，生物医学人类增强也引起了广泛的伦理质疑。

在这些伦理争论中，一种新的、更加引起人们关注的生物医学人类增强又被提了出来，这就是生物医学道德增强。生物医学道德增强就是通过生物技术的手段直接提高人的道德水平。很多人认为，当前最主要的社会问题无一不与道德相关，因而提高人的道德水平才是解决这些问题最直接的途径；但同时也有人对生物医学道德增强的必要性和可能性提出疑问，认为所谓的生物医学道德增强不仅不能真正提高人的道德能力，反而会引发道德的退步，甚至威胁人的尊严。本研究拟围绕生物医学道德增强的目标、方法、可行性和合理性等问题对正反两个方面的观点进行概括和分析，并提出自己的观点。

第一节 道德增强的目标和方法

道德增强将对于人类的发展有所助益或是构成阻碍，取决于我们如何定位道德增强的目标，以及采取何种方式实现道德增强。

很多神经生理研究已经显示，道德同我们的神经生理活动有着密切关系。一些生命伦理学家认为，或早或晚，对于道德的生物学基础研究将使我们能够改进人类本质中包含的不利于道德行为的因素。[①] 道德教育、自我训练等传统的道德增强方法也可以提高人的道德水平，但生物医学道德增强可以更加快速、直接地产生效果。虽然不同文化对于道德有着非常不同的看法，但是我们仍旧可以找到一些基本品质，适用于维护所有人的生存和发展。有人认为道德的标准就是合理观念中那些重叠的共识。[②] 也有学者提出比如自律、耐心、同理心，乐观主义等品质，可以给我们一种能力去过各种各样的生活。这些特性或美德都有一些能够为技术所操纵的生物和心理基础，而这就是生物医学道德增强要发挥作用的地方。

牛津大学教授朱利安·萨乌莱斯（Julian Savulescu）和瑞典哥德堡大学教授英格玛·佩尔松（Ingmar Persson）是最早提出生物医学道德增强的学者。在他们看来，一方面，当代科技的发展让人们获得了极大的力量，并且更容易获得毁灭性的技术。另一方面，道德自然进化的能力是有限的，并不足以帮助人类应对当前的困境。因此，用生物医学手段加速道德的进步才能保护人类不受技术发展的伤害。[③] 将道德增强的目标定位于解决当前社会生活中的现实问题，是多数生物医学道德增强的提倡者都认同的。大卫·德格拉奇亚（David DeGrazia）曾明确提出，道德行为的最终产品应当是一个更好的世界，让人类和其他有意识的生物过更好的生活。[④]

道德动机干预是生物医学道德增强最主要的方法。由于人类行为成因的高度复杂性，我们很难对于行为施加直接的和准确的影响。通过干预道德动机而对人施加影响才是更加有效的方法。同时，动机干预也更有可能实现一

---

① 参见 Ehni, H. J., Aurenque, D., “On Moral Enhancement from a Habermasian Perspective”, *Cambridge Quarterly of Healthcare Ethics*, 2012, Vol. 2, No. 21, p. 224。

② 参见 De Grazia, D., “Moral Enhancement, Freedom, and What We (should) Value in Moral Behaviour”, *Journal of Medical Ethics*, 2014, Vol. 6, No. 40, pp. 361 - 368。

③ 参见 Persson, I., Savulescu, J., “The Perils of Cognitive Enhancement and the Urgent Imperative to Enhance the Moral Character of Humanity”, *Journal of Applied Philosophy*, 2008, Vol. 3, No. 25, pp. 162 - 177。

④ 参见 De Grazia, D., “Moral Enhancement, Freedom, and What We (should) Value in Moral Behaviour”, *Journal of Medical Ethics*, 2014, Vol. 6, No. 40, pp. 361 - 368。

个人真正的、内在的发展。比如汤姆·道格拉斯（Tom Douglas）曾经提出“如果一个人通过生物医学方式改变了自己，使自己在未来拥有更好的道德动机，这个人就从道德上增强了自己”[①]。佩尔松和萨乌莱斯则将生物医学道德增强的内涵直接表述为通过生物医学方式“增强道德行为的动机”[②]。

道德动机包括道德认知和道德情感。道德认知的发展对于道德的进步意义重大，但是认知增强可能导致科技的发展超出人的控制，加剧社会不平等、引发歧视，并且认知也很难直接激发行动，因此在当前道德增强的研究中，情感干预被认为是更加适当的手段。德格拉奇亚提出道德动机主要就来自人的情感。[③] 佩尔松和萨乌莱斯认为可以通过加强某些核心道德情感达到道德增强的目的，比如利他情感和产生公平与正义的一系列情感。[④] 然而，相比认知等其他方面的干预，情感干预从未在人类增强的语境中得到充分讨论。在已有的道德理论中，关于情感的作用存在很多对立的看法。作为道德增强的方法，情感干预的效用、意义和价值引发了很多不同观点的争论。

第二节 情感增强是否能够助益于道德行为的产生

道德动机就是能够引发一个人做出道德行为的因素。对于情感干预的质疑首先就指向了作为道德动机的情感的有效性问题。明辨是非是一个人有意识地行善的前提，认知干预无疑在生物医学增强的过程中具有非常重要的作用。甚至有些人认为，道德增强只能依赖于认知的增强，情感等其他因素则完全不能发挥作用。

例如约翰·哈瑞斯（John Harris）认为，伦理判断几乎总是包括证据和

---

① Douglas, T., “Moral Enhancement”, *Journal of Applied Philosophy*, 2008, Vol. 3, No. 25, p. 299.

② Perrson, I., Savulescu, J., “The Perils of Cognitive Enhancement and the Urgent Imperative to Enhance the Moral Character of Humanity”, *Journal of Applied Philosophy*, 2008, Vol. 3, No. 25, pp. 162 – 177.

③ 参见 De Grazia, D., “Moral Enhancement, Freedom, and What We (should) Value in Moral Behaviour”, *Journal of Medical Ethics*, 2014, Vol. 6, No. 40, pp. 361 – 368。

④ 参见 Perrson, I., Savulescu, J., “The Perils of Cognitive Enhancement and the Urgent Imperative to Enhance the Moral Character of Humanity”, *Journal of Applied Philosophy*, 2008, Vol. 3, No. 25, pp. 162 – 177。

论证的综合。判断意味着包含推理和论证，并指向一个结论。相信情感可以为道德困境给出答案，就像相信内脏是思考的器官。[①] 的确，情感的驱动并不总是导致善的行为。即便是同情等道德情感，如果过度也会导致不好的结果。情感需要理性的引导。罗纳德·德沃金（Ronald Dworkin）提出，道德判断应当能够和偏见、偏好、个体情感反应等区分开来。只有这样，道德判断才能获得应有的尊重。[②] 在这些学者看来，我们只能通过认知增强形成正确的道德判断。

事实上，认知和情感之间并没有截然分明的界限。多数研究情感的学者都同意，情感包含思想、判断和评价。强的情感的认知理论甚至认为，情感不过就是思想和认知。比如玛莎·纳斯鲍姆（Martha Nussbaum）认为生气就是判断一些人错误地对待了你，并且导致人的尊严受到侵犯。[③] 在很多情况下，情感的形成过程包含着认知的进步，情感的增强常常可以有助于认知过程的发展。

情感对于道德判断的执行有着不可替代的影响。抽象的道德判断不能直接引起道德行为，还需要推动的力量，而这种力量就主要地来自情感。抽象的原则本身并不能够让人去做他不想做的事，抽象的原则是因为激发了羞耻心或崇高感，推动我们去做理性认为应该去做的事。[④] 即使是康德这样对于人类道德能力持有一个坚定的理性概念的人，也认识到道德提高的非认知方法的重要性，他曾提出通过“胡萝卜加大棒”的刺激，来帮助灌输道德原则，形成道德推理能力发展的先决条件。[⑤] 康德的判断力批判也通过对情感的分析给道德行为的可能性提供了论证。在审美活动中，我们可以感受到我们同他人心灵的共通之处，从而获得道德活动的动力。

---

① 参见 Harris，J.，“Moral Progress and Moral Enhancement”，*Bioethics*，2013，Vol. 5，No. 27，pp. 285－290。

② 参见 Dworkin，R.，*Taking Rights Seriously*，Duckworth，1977。

③ 参见 Carter，J. A.，Gordon，E. C.，“On Cognitive and Moral Enhancement：A Reply to Săvulescu and Persson”，*Bioethics*，2015，Vol. 3，No. 29，pp. 153－161。

④ 参见 Focquaert，F.，Maartje S.，“Moral Enhancement：Do Means Matter Morally?”，*Neuroethics*，2015，Vol. 2，No. 8，pp. 139－151。

⑤ 参见 Munzel，G. Felicitas，“Kant on Moral Education，or ‘Enlightenment’ and the Liberal Arts”，*Rev Metaphys*，2003，Vol. 1，No. 57，pp. 65－66。

生物医学道德增强可以直接、有效地帮助我们成为一个在道德上更加理想的人。在汤姆·道格拉斯看来，道德增强的目的就是要废除无自制力或意志的软弱。比如有些人明明知道种族主义或侵犯行为是不好的，但他们难以对特定种族表达善意，所以想要通过生物医学技术手段帮助自己做到。正如大卫·德格拉奇亚所说，生物医学道德增强可能会使一个人有更强的意志并且因此不太会受到意志薄弱的危害。[①] 有能力执行自己所做出的道德判断对于人的发展具有重要意义。德沃金最初为人的尊严所下的定义就是能够考虑并执行我们自己关于人生意义和价值最根本问题的答案。从这个意义上讲，生物医学的情感干预可以让人过上更有尊严的生活。

第三节　情感增强所激发的行为是否具有道德价值

针对情感干预的第二项质疑认为，通过增强获得的情感虽然可以有效地推动一个人做出道德行为，但这些行为并不具有真正的道德价值，因而也不能带来真正的道德进步。这种质疑有两种类型：理性主义传统的质疑和基于人格同一性理论的质疑。

首先，根据理性主义的道德理论，对于道德原则的反思以及对自己与他人关系和义务的思考等认知范畴的活动是道德进步的真正基础。只有当行为伴随着对于道德原则的更深入的思考，行为才具有道德价值。亚当·卡特（Adam Cater）曾提出，想要带来个体的道德进步，道德增强必须包含增强特定认知能力的目标，这些能力对道德繁荣是至关重要的。[②]

这一观念体现了人们思考道德问题的一种由来已久的传统。这一传统为了保证道德的普遍性和确定性，把对道德的追求转变为对一种道德知识的追求。柏拉图曾经提出，道德进步本质上是一个由理性辩论来推动的智识过程。从斯宾诺莎和康德到罗尔斯等许多最有影响力的哲学家都拥护这一观点。比如康德认为，一个真正具有美德的行为是一个有意识地实现更高目的

---

① 参见 De Grazia，D.，“Moral Enhancement，Freedom，and What We（should）Value in Moral Behaviour”，*Journal of Medical Ethics*，2014，Vol. 6，No. 40，pp. 361 – 368。

② 参见 Carter，J. A.，Gordon，E. C.，“On Cognitive and Moral Enhancement：A Reply to Săvulescu and Persson”，*Bioethics*，2015，Vol. 3，No. 29，pp. 153 – 161。

的行为。毫无意识地行动并且对行动毫无知识，就不是美德。[①] 行为的道德性来自对法则的敬重，而不是对行为效果所具有的喜爱和偏好。[②] 斯宾诺莎也曾提出，如果人被情感操控，没有理性思考，就根本谈不上道德或者不道德。

完全由情感所激发的行动越过了理性思考，不能体现个体对至高的和普遍的道德原则的把握。然而即便如此，这些行为仍旧可能具有很高的内在价值，这种内在价值源于它们对美德的形成所起到的重要作用。无论道德行为的驱动因素是什么，反复地做出道德行为就能让一个人养成道德的习惯，最终培育出真正的美德。亚里士多德曾提出德性来自习惯的观点。一个人开始做合乎正义的行为时可能并不因此而感到愉快，但是随着不断地那样做，他可能变得乐于那样做。[③] 我们在实践中获得德性。“一个人是通过做正义的事而成为正义的人，通过做节制的事而成为节制的人，通过做勇敢的事而成为勇敢的人。”[④] 接受了生物医学情感增强，一个人做出道德行为的概率会高得多，品德的培养也就会容易得多。

甚至亚里士多德认为，跟情感相关的行动才具有更高价值。一个具有实践智慧的人不仅要知道，而且要乐于行动。[⑤] 儒家伦理中也明确提出了这样的观点。儒家认为道德的最高境界就是可以根据情感而做出正确的选择，对道德上正确的事产生一种热爱，即达到“随心所欲不逾矩”的状态。“及至其致好之也，目好之五色，耳好之五声，口好之五味，心利之有天下。是故权利不能倾也，群众不能移也，天下不能荡也。生乎由是，死乎由是，夫是之谓德操。”[⑥] 强烈的道德情感的产生有时候恰恰是道德修为的最高成果。

其次，基于个人同一性理论的质疑认为，虽然具有意义的道德行为完全

---

① 参见［美］弗兰克·梯利《西方哲学史》，贾辰阳、解本远译，吉林出版集团有限公司 2014 年版，第 124 页。

② 参见宋希仁主编《西方伦理思想史》，中国人民大学出版社 2010 年版，第 329 页。

③ 参见［古希腊］亚里士多德《尼各马可伦理学》，邓安庆译注，商务印书馆 2003 年版，第 23 页。

④ 宋希仁主编：《西方伦理思想史》，中国人民大学出版社 2010 年版，第 62 页。

⑤ 参见唐热风《亚里士多德伦理学中的德性与实践智慧》，《哲学研究》2005 年第 5 期，第 70—79 页。

⑥ 《荀子》，安小兰注译，中华书局 2015 年版，第 17 页。

可以出自情感的激发，但这里的情感至少应当能够同此前的个人情感历程形成一种连贯的发展，体现个体稳定的、核心的人格特征。有些生物医学的情感干预会通过直接的外部刺激造成急剧的、戏剧性的心理改变。以这种方式产生的情感和偏好可能同一个人生活历程中持续发展的价值信念相互矛盾，或说与构成了这个人的人格的核心要素相背离。在这种情况下，人就会感觉到失去了对自身的控制，并且感觉到自身的主体性受到了侵害。[①] 这种观点认为，情感增强会破坏人格的同一性，因此，个体的道德行为难以被赋予其应有的价值。

人格同一性是指时间历程之中的自我的持续和构建。我们的人格同一性是在心理的连续性中持续的。[②] 正是个体在价值观念、行为方式、情感特征和信念、态度等方面的一系列特征让一个人成为他所是的这个人。当然一个个体的个人特征可能会随着时间而改变，但是这些改变必须能够以一种连贯的方式被整合进一个人的生活叙事之中。[③] 正是这种自我认识和理解的能力让我们有可能成为道德行动者。具有人格的人是典型的自我叙述者，只有具有人格的人才能对自己的行为负有道德责任。[④] 当个体的同一性受到破坏，个体对自身的行为负起道德责任的能力就会受到贬损，也难以通过道德行为确认自身的道德进步。比如，我们可以将计算机芯片植入某人的大脑，只要这个人想做出不道德的行为，芯片都会刺激他产生厌恶的情绪，从而有效地改变他的决策。但是人被贬抑为了一个没有心灵的机器。即便个体做出道德的行为，也没有实现真正的道德进步。

上述来自同一性的质疑为我们反思生物医学情感干预提供了很好的视角，但是并不能否定生物医学情感干预对于道德进步的意义。在道德增强的语境中，即便是被动的、直接的生物医学刺激所引发的情感，也往往能够得

---

① 参见 Focquaert, F., Maartje S., "Moral Enhancement: Do Means Matter Morally?", *Neuroethics*, 2015, Vol. 2, No. 8, pp. 139 - 151。

② 参见 Bolt, L., "True to Oneself? Broad and Narrow Ideas on Authenticity in the Enhancement Debate", *Theoritical Medicine & Bioethics*, 2007, Vol. 4, No. 28, pp. 285 - 300。

③ 参见 Focquaert, F., Maartje S., "Moral Enhancement: Do Means Matter Morally?", *Neuroethics*, 2015, Vol. 2, No. 8, pp. 139 - 151。

④ 参见 Bolt, L., "True to oneself? Broad and Narrow Ideas on Authenticity in the Enhancement Debate", *Theoritical Medicine & Bioethics*, 2007, Vol. 4, No. 28, pp. 285 - 300。

到很好的解释和理解。因为这些情感改变都是个人所希望的。在这个意义上，生物医学的情感干预恰恰可以维护我们的同一性。

当一个人对自己的期望获得满足，且认可他现在的自己时，他的人格才是同一的。反之，他就没有保持人格同一性。① 很多情况下，因为意志的薄弱，或者生理条件的限制，我们无法成为我们想要成为的那个人。我们不能让自身的行为符合我们根本的价值判断，没有在生活中展现出同一性。通过生物医学情感干预，个体的行为能够在更大程度上符合那些对于他的自我感觉而言更加核心的和本质性的心理内容。这样的干预恰恰让个体过上了一种和他的道德关切相统一的生活。支持神经药物使用的人认为，很多情况下，正是生物医学的刺激让人们成为他们真正所是的那个人。②

因此来自外部刺激的情感和态度并不必然同个体相疏离，反而可能进一步维护了个体的同一性。重要的是个体必须意识到这些改变，理解这些改变，能够在充分反思的基础上准许或者不准许出现在他的生活中的这些改变。

第四节　非道德情感的消除是否侵犯了人的自主性

以道德增强为目的的情感干预不仅包括道德情感的增强，还包括反道德情感的削弱或消除。反道德情感的削弱或消除能够让人失去作恶的愿望，从而让人没有机会在善恶之间做出自主选择。对于情感干预的第三个质疑就在于，这样的干预很可能侵犯了人的自主性，因而是道德上错误的。

每个人身上都或多或少存在着一些反道德的情感，比如做出暴力行为的冲动、种族歧视。这些反道德情感常常是一个人做出不道德行为的原因。它们会扰乱一个人的理性思维，让我们的道德推理变得困难，并且在反道德情感的影响下，道德情感难以被我们体验到。因此，反道德情感的程度的减弱，可以导致道德上的增强。生物医学的强力干预能够有效地削弱甚至消除

① 参见费多益《情感增强的个人同一性》，《世界哲学》2005 年第 6 期，第 41—48 页。

② 参见 Bolt，L.，“True to Oneself? Broad and Narrow Ideas on Authenticity in the Enhancement Debate”，*Theoritical Medicine & Bioethics*，2007，Vol. 4，No. 28，pp. 285 - 300。

我们的反道德情感，在很多情况下，我们将无须再与驱使我们做出不道德行为的情感进行斗争，甚至我们根本不会意识到还存在着不道德的选择。这样的干预当然能够减少恶行的产生，但同时也有人认为，这种干预会让我们失去在诸多行为选项中自主地选择道德的行为的自由，由此构成了对道德能动性的危害。

很多人认为，如果能让人生活得更加幸福，自由上的损失是值得的。比如汤姆·道格拉斯提出，即便生物医学干预减少了成为不道德的人的自由，在自由上的损失也无法跟进步的动机或行为所带来的益处相比，我们可以牺牲一些做坏事的自由来防止恶行。[①] 生物医学道德增强的最终目的是解决与道德相关的社会问题，因此我们有理由重视干预的结果。然而好的结果的价值是否能够抵消自由减少而带来的价值损失，不同的人持有截然不同的观点。

约翰·哈瑞斯是迄今为止生物医学人类增强最持久、最热情的支持者，然而他对某些道德增强却提出了疑问。哈瑞斯认为，道德增强后，个体可能不再具有坏的动机，但代价是执行坏的动机的自由。消除选择错误的自由、堕落的自由，也就同时消除了做出正确选择的自由。自由为道德行为赋予了几乎全部价值。只有经过自由选择做出的行为，才能体现美德。[②]

哈瑞斯将选择的自由同人的尊严联系在一起。他曾经提出，自主性让我们能够自由地塑造自己的生活，而在塑造生活的过程中，我们把价值赋予了自己的生命。[③] 自主性是我们的内在价值的来源。如果生物医学的干预危害了人的自主性，就会对人的尊严构成威胁或侵犯。人的尊严是生命伦理的终极价值。侵犯或威胁人的尊严的行为应受到绝对的否定。自主是人的尊严的根据，也是人的尊严的基本要求，如果对人的自主性构成侵犯，即便生物医学的干预可以导致更多的道德行为，仍然是道德上错误的。哈瑞斯表示，即便人类会因为没有推广生物医学道德增强而走向毁灭，我们也不应当为了生

---

① 参见 Douglas，T.，“Moral Enhancement via Direct Emotion Modulation：A Reply to John Harris”，*Bioethics*，2013，Vol. 3，No. 27，pp. 160 – 168。

② 参见 Harris，J.，“Moral Enhancement and Freedom”，*Bioethics*，2011，Vol. 2，No. 25，p. 110。

③ 参见 Beyleveld，Deryck，*Human Dignity in Bioethics and Biolaw*，Oxford University Press，2001。

存而牺牲自主。[①]

保护人的自主性在生命伦理研究中具有重要意义，然而对于自主性的含义以及实现自主的方式仍然存在不同理解。削弱或消除反道德情感是否对自主性构成侵犯值得进一步探讨。提出生命伦理学四原则的汤姆·比彻姆（Tom Beauchamp）和詹姆士·丘卓斯（James Childress）曾在他们的著作中对自主性原则给出了详尽的阐释。他们认为，自主的行为是指有意图、理解的并且不受控制和制约的行为。说一个人的自主减少，意味着受到别人的控制、不能思虑，以及不能按他的计划和要求行动，比如犯人和精神病患者由于被强制限制自由和精神上的无能力而丧失自主。[②] 根据比彻姆和丘卓斯对于自主性的解释，反道德情感的消除并不会威胁人的自主，反而有可能增强人的自主性。

第一，一个人接受了削弱非道德情感的生物医学道德增强，并不意味着受到他人的控制，因为在正常情况下，决定接受道德增强一定是个体自主做出的决定。人们了解道德增强的后果，并自愿地接受道德增强。第二，自主性通过推理过程来发挥作用。反道德情感的削弱或消除并不能够让我们丧失推理的能力，因而不会对自主性构成影响。情感和认知是两种不同的动机，对情感的干预不会直接对认知能力构成影响。即便像哈瑞斯所说，接受了增强的人失去了坏的动机，不再具有做出不道德行为的愿望，只想去做那些道德上正确的行为，他们还是能够清醒地意识到自己要采取的行为是道德上正确的，也可以对自己的行为进行道德上的反思和评价。第三，接受了反道德情感的减弱或消除，一个人仍旧可以按照自己的计划和要求行动。有的情况下，因为反面情感过于强烈，我们即便能够做出道德上正确的判断，也难以根据这一判断做出道德上正确的行为。如果通过生物医学方法消除了作为干扰因素的反道德情感，一个人将能够更容易地将自己的道德决策付诸实践。这样道德增强不仅没有侵犯我们的自主性，反而增强了自主能力。

---

① 参见 Harris, J., "Moral Enhancement and Freedom", *Bioethics*, 2011, Vol. 2, No. 25, p. 110。

② 参见 Childress, James F., Beauchamp, Tom., *The Principles of Biomedical Ethics*, Oxford University Press, 2000, p. 121。

第五节 结语

道德增强的目的是通过生物医学手段推动道德进步，从而促进人的发展，增加人的幸福。我们需要通过充分的伦理研究保证这一目标的实现。与其他人类增强不同，道德增强涉及人的多种特性。关于增强人的认知能力和意志力等方面的伦理问题已经存在大量研究，而情感增强的伦理问题则很少在人类增强的语境中被涉及。情感增强是非常典型的增强方式。要发展道德增强，就需要对情感增强的伦理问题进行充分探讨。

当前，人们对于情感干预主要有三个方面的质疑，即情感是否能有效地激发行为，情感所激发的行为是否具有道德价值，以及反道德情感的消除是否侵犯人的自主性。本研究对这三个方面的问题进行了分析。在道德判断的形成过程中，情感的贡献远不及认知，但情感干预为道德判断的执行提供了必要的动力。习惯性的道德行为有助于一个人的美德的形成，因此即便道德行为完全由情感所激发，也同样具有内在的道德价值。通过生物医学方法产生的情感并不必然破坏人格同一性，反而可能维护人格同一性，因而也不会减损行为的道德价值。在我们接受情感干预的同时，我们的基本认知能力并没有被削弱。我们还是能够自主地决定行为并对我们做出的行为进行道德评价。因此，情感干预不会侵犯人的自主性。情感干预能够有效地实现生物医学道德增强的目标，而且也是一种合乎伦理的道德增强手段。

第三十七章
合成生物学的伦理问题

第一节 合成生物学的研究问题

一 合成生物学的历史和重要事件

合成生物学早期的形态是分子生物学，这门学科诞生的标志是克里克和沃森于1953年提出的DNA双螺旋结构。双螺旋结构的提出确定了核酸作为信息分子的结构基础，碱基配对作为信息遗传的基本方式。[1] 此后，分子生物学进一步发展，在确立了遗传信息中的中心法则后，基因工程是下一个重要的研究领域。1970年，史密斯（H. Smith）等人发现了DNA限制性内切酶，这一发现使得基因工程技术成为可能，它也可以被称作DNA重组技术，被用于有目的地操纵DNA，对DNA片段进行剪切、移动、删除、重组等操作。1972年，斯坦福大学的保罗·伯格（Paul Berg）利用DNA重组技术将细菌病毒中的DNA分子重组到一种只有猴子才能感染的病毒SV40上。两年后，科学家们又将外来的DNA引入小鼠当中，创造了第一只转基因鼠。

此时，合成生物学的理念已经具备雏形。1978年，波兰科学家在*GENE*杂志上评论Smith等人的诺贝尔奖时写道："对于限制性内切核酸酶的工作不仅能够提供给我们重组DNA的工具，而且引领我们进入了一个新的'合成生物学'的领域。"[2] 到了1980年，合成生物学第一次出现在了学术期刊上，霍波姆（B. Hobom）用"合成生物学"来说明经过基因重组技术改造

① 参见［美］Robert F. Weaver《分子生物学》，郑用琏等译，科学出版社2010年版，第5页。

② 参见宋凯《合成生物学导论》，科学出版社2010年版，第3页。

后能够存活的基因。

与此同时，PCR 技术得到了充分的发展。PCR 技术于 20 世纪 80 年代产生，这种技术的特点是能够将微量的 DNA 片段复制放大成千百倍，这种技术使得科学家能够更加容易地操纵 DNA 片段。

另一项广为人知的技术是 DNA 自动组装技术，这一技术是合成生物学具有代表性的技术之一，于 1990 年左右开始兴起。在发明这项技术之前，科学家一直致力于 DNA 测序，DNA 测序是一种自上而下的研究方式，即通过自然存在的基因组分析这些基因组的排序方式。最具有代表性的大型测序工作就是人类基因组计划（Human Genome Project），这一计划于 2003 年完成。和测序不同，DNA 自动组装是相反的过程，即通过化学的方式将 DNA 组合起来，这就实现了"自下而上"的工程。Venter 研究机构中的科学家最终于 2010 年实现了对丝状支原体 DNA 的组装，并且使其实现了正常的基因功能。①

除了 DNA 重组技术之外，另一项合成生物学的代表技术就是基因/遗传线路技术，这一技术建立在基因工程之上，它可以通过调节不同 DNA 的功能来调控整个生命系统的整体功能。1961 年，雅各布（F. Jacob）等人提出了调节基因表达的操纵子模型，这一思想被认为是"遗传/基因线路（genetic/gene circuit）"的雏形。2000 年后简单的基因线路得以成功组装，代表性的研究有 2000 年 *Nature* 杂志上由艾洛维茨（Elowitz MB）、伽德纳（Gardner TS）等人发表的有关于在大肠杆菌内部组装线路装置的文章，另外细胞—细胞之间的交流线路的相关研究也在逐步涌现。

合成生物学在 2000 后飞速发展主要体现在合成生物学的领域合作开始提升，首先是 2004 年 SB1.0（Synthetic Biology 1.0）会议的召开，这是合成生物学的第一次国际会议，这次会议使得各个领域的科学家通力合作进行合成生物学的研究，以及提出了"全基因组工程"的长期目标。同时，代谢工程也出现了一个巨大的突破，这就是基斯灵（J. D. Keasling）于 2006 年在酿酒酵母中合成了抗疟疾物质青蒿素的前体物质青蒿酸。

---

① 参见 Gibson, D. G., Glass, J. I., Lartigue, C., et al., "Creation of a bacterial cell controlled by a chemically synthesized genome", *Science*, 2010, Vol. 5987, No. 329, pp. 52 – 56。

2008 年后，合成生物学的研究速度和研究质量开始迅速提升。重要的突破有哈斯蒂（Hasty）等人在 2008 年设计出的振荡回路（oscillatory circuits），2011 年塔姆塞（Tamsir. A）等人在大肠杆菌中设计了 16 个基本的“逻辑门”等。在这个时期，基因编辑技术 CRISPR-Cas 得到迅速的发展，代谢工程中的青蒿酸得到了大规模的生产。①

二 合成生物学的定义

合成生物学的定义目前仍然处于有争议的阶段，有的人认为遗传工程和合成生物学没有太大区别，因为两者都是对 DNA 进行改造，使得受体细胞产生新的功能。但就目前的共识来说，合成生物学的主要特点有两个：（1）改造已有的天然的生物系统为人类的特殊目的服务；（2）设计新的生物元件（part）、装置（device）和系统（system）。② 对于第一个特点来说，在合成生物学之前的基因工程就已经能够对已有的基因进行改造，如转基因食品。虽然两者在规模和研究深度上有所不同，但合成生物学的特点应当是重新设计新的、非天然的、自然界不存在的、人造的生物系统。

从方法上来说，合成生物学主要利用工程学的方法，组装和操作生物系统中的组分，例如 DNA 和各种细胞器。上文第二个特点中所提到的生物元件、装置和系统，都是从工程学的角度来阐释的，生物的元件指的就是由 DNA 构成的最简单的基因单位，如基因的启动子、终止子等。由不同的元件构成的装置，则能实现某个更加具体的功能，例如荧光蛋白编码基因。而更高的层级，既能够实现更完整功能的生物系统，又由生物装置构成。通过对生物装置的组装，合成生物学能够构建出细胞层级上的功能，例如通过“基因线路”来调控大肠杆菌的浓度。

三 合成生物学的基本思想和技术

（一）工程学的基本思想与生物积块（BioBrick）

合成生物学的一大亮点就是其工程学的本质，同计算机软件一样，一个

---

① 参见 Cameron，D. E.，Bashor，C. J.，Collins，J. J.，“A Brief History of Synthetic Biology”，*Nature Reviews Microbiology*，2014，Vol. 5，No. 12，p. 381。

② 参考http：//www. synbioproject. org/。

软件要正常运行，需要它的代码能够被还原成二进制被 CPU 计算，我们的电脑系统才能运行它，这就意味着这个软件必须是标准化的，编程的过程就是对软件进行标准化的过程。从工程学的角度来看，生物元件也应当是标准化的，这一领域的最重要的概念就是生物积块（BioBrick），生物积块可以是生物元件（part）、装置（device）和系统（system），类似于编程软件的各类“库”，这些生物积块有着标准化的生物部件，例如对终止子、启动子进行规定，保证每个生物积块的 DNA 前缀和后缀都是一样的。如此，就实现了生物积块的即插即用功能，使用者只要从 DNA 元件文库——IGEM Registry 当中查看相应的生物积块，就可以方便地对生物积块进行组装和研究。

合成生物学的工程学思想主要有三个概念：标准化（standardization）、解耦（decoupling）和抽提（abstraction）。所谓生物积块的概念正是基于标准化的思想，即建立标准的生物元件的定义。解耦的思想指的是将复杂问题分解为简单问题，在统一的框架下分别设计，这一思想实际上是一种“自上而下”的策略，它旨在将生物系统进行还原，之后再进行设计，基因组的从头合成技术，正是这一思想的产物。抽提指的是将生物系统各个层次进行抽象，从而从不同程度的复杂层次考察生物系统的运行，最小基因组的相关研究也是相对应的实践。

（二）生物大分子的合成和改造

生物大分子在这里主要包括 DNA 和蛋白质的合成和模块化。目前来说，DNA 的合成技术已经非常成熟，比较热门的 DNA 从头合成技术，其实现的方式主要是“通过短链片段的拼接，以及化学合成寡核苷酸并通过 PCR 装配成较长的 DNA 片段”。和 19 世纪维勒完全利用化学合成的方法合成尿素一样，该技术使得人们能够完全利用化学合成的方法合成 DNA。将人工合成的 DNA 序列植入细胞载体中后，就能得到人工制造的新的生物系统。蛋白质的合成则是对 DNA 的产物——蛋白质直接进行改造，在蛋白质的水平上改造生物系统的功能。例如，合成生物学家已经可以将核糖体结合蛋白转化为活性蛋白。[①] 这一技术目前由于氨基酸序列的高度复杂，发展的水平落后于 DNA 部件的合成和改造。

① 参见宋凯《合成生物学导论》，科学出版社 2010 年版，第 5 页。

（三）生物基因组的合成和改造

对基因组进行的操作主要有从头合成基因组，以及构建“最小基因组（minimal genome）”这两种重要的研究领域。通过DNA从头合成技术，人工合成全基因组也成了可能，其实在Venter之前，美国的维姆尔（E. Wimmer）小组已经用了三年的时间合成了脊髓灰质炎病毒。这一完全人工合成的基因组和天然的病毒拥有同样的功能和形状，并且同样可以侵入宿主细胞。目前，这一工程的最新成果来自2018年8月，中国科学院覃重军等人将酿酒酵母菌的16条染色体合成一条，首次实现了人造单条染色体的真核细胞。①

另一个重要的研究问题是构建“最小基因组”，最小基因组指的是能够维持一个生命系统最精简的基因组。它体现的是对生命系统的本质抽象，不同的细胞有不同的功能，而一个纯粹的能够保证自身生存的细胞则是一个最精简的“生命”，最小基因组的研究能够揭示生命需要的最基本的DNA信息。从2010年开始，文特尔（Venter）小组创造出了“辛西娅”开始，文特尔就开始对辛西娅进行改造，旨在找到维持细胞生命的最简形式。最早的辛西娅1.0具有901个基因，大约1000kbp的DNA片段，但是这一基因组内有很多重复和对基本生命功能无用的冗余基因，在文特尔小组的努力后，辛西娅2.0的版本已经缩减到了512个基因，直到辛西娅3.0约531kbp，473个基因。② 这一进步可以说已经很接近文特尔所追求的最小基因组了。最小基因组是我们理解“生命基石”的关键研究领域，可以说理解了生命所必需的最基本单位，我们就可以对生命的本质做到一种还原论的最终理解。

（四）代谢网络

代谢网络的研究目的在于通过酶制造出人类需要的代谢产物，代表性的研究例如2006年的基斯灵利用酿酒酵母菌合成了抗疟疾物质青蒿素的前体物质青蒿酸。目前代谢工程主要用于生产人类所需的各种材料，例如生物燃料、柴油、青蒿素等，一旦这些工程使得大批量生产得以可能，将会极大地

---

① 参见Luo，J.，Sun，X.，Cormack，B. P.，et al.，“Karyotype Engineering by Chromosome Fusion Leads to Reproductive Isolation in Yeast”，*Nature*，2018，Vol. 7718，No. 560，p. 392。

② 参见Hutchison，C. A.，Chuang，R. Y.，Noskov，V. N.，et al.，“Design and Synthesis of A Minimal Bacterial Genome”，*Science*，2016，Vol. 6280，No. 351，p. 6253。

提高社会的生产效率。

（五）基因/遗传线路

基因/遗传线路是借鉴工程学中描述电气元件关系的方法来描述生物元件之间的关系。[1] 电气元件中的“与”门，“或”门都可以应用在生物元件当中。2001 年 R. Weiss 等人设计了一个具有“与”门功能的遗传线路，在这个线路中，要表达一个基因，同时需要激活因子和诱导物。如果只具有其中一个，系统输出智能处于低水平的状态，而当两个成分同时存在的时候，系统的输出才能处于高水平状态。基因线路的设计使得合成生物学对基因表达的控制成为可能，例如我们可以将对温度敏感的蛋白放入细胞当中，从而达到利用温度来控制基因的表达程度。各类生物开关，例如双相开关、双稳态开关等都是基因线路的应用，通过这些开关我们可以控制基因是否表达自身。基因振荡机制是另一种更加复杂的遗传线路，这类机制可以通过控制多个基因的表达来实现对细胞行为的周期性控制。对基因线路的深入研究极大地提升了我们对生物系统的人工控制，也增加了我们对生物系统的了解。

上述是合成生物学最主要的技术和基础，其复杂度是逐渐上升的，合成生物学是一种“自下而上”的工程，从最简单的合成 DNA 开始，到改造和设计基因组，实现对代谢产物的控制，最后还能通过基因线路对不同基因之间的交互的改造来影响整个细胞的行为。而更高层次的研究更是可以达到对整个细胞群体系统的调控，例如巴苏（S. Basu）等人设计的细胞群体脉冲发生器。

四　合成生物学的应用及其风险

合成生物学的应用十分广泛，主要用于医学研究、生产生物能源、环境治理、生物成像以及微生物计算等。下面从这几个方面分别论述合成生物学的应用。

（一）合成生物学的医学应用

合成生物学在疾病诊断、治疗和药物生产上已经取得了较为瞩目的成绩。在疾病机理研究方面，罗利（V. Rolli）等人 2002 年在果蝇细胞中人工

---

① 参见宋凯《合成生物学导论》，科学出版社 2010 年版，第 8 页。

重构了 B 细胞抗原受体信号处理过程，因而对这一过程有了更深入的理解。2008 年贝克尔（M. M. Becker）等人利用合成生物学的方法人工改造了蝙蝠冠状病毒，将 SARS 病毒的一部分植入了这种病毒当中，改造后的病毒能够在鼠科和灵长类动物细胞中复制，从而帮助人们了解了 SARS 病毒是如何感染人类的。①

在提高药物产量方面，最突出的成果就是通过改造的大肠杆菌产生青蒿素。疟疾能够导致每年两三千万人的死亡，这种疾病在非洲撒哈拉沙漠地区盛行。青蒿素是一种从植物中提取的自然化学物质，它是一种有效的治愈疟疾的化学物质，但是因为其产量低，治疗的代价十分高昂。为了解决这个问题，加利福尼亚大学的合成生物学家通过编辑大肠杆菌的基因，使得其可以大量地生产青蒿素的前体物质青蒿酸。② 这种半合成的青蒿素产出方法已经被医药公司赛诺菲 - 安万特（Sanofi-Aventis）使用，充足的药物产量有助于降低药物的制造成本，从而缓解医药需求的压力。

在发现新药方面，可以利用合成基因线路筛选和提高抗结核药物活性的小分子。韦伯（W. Weber）等人 2008 年将一种合成基因线路植入了人类的胚肾细胞中，利用该基因线路，能够筛选一种小分子，这种小分子能够关闭结核分枝杆菌对一种抗生素的抗性，从而能杀死结核分枝杆菌。他们将一个合成化合物库放入基因线路中进行筛选，最后得到的产物是一种脂类 2—丁酸苯乙酯的小分子。同样的原理也可以用来筛选抗感染分子和抗癌药物。③

在治疗疾病方面，细菌和病毒都可以进行人工改造，改造后的细菌和病毒可以针对肿瘤或者其他疾病进行治疗。2007 年，安德森（J. C. Anderson）开发出了一种能够定向入侵癌细胞的大肠杆菌，他们将假结核耶尔森氏菌中的一段侵袭素的基因 inv 植入了大肠杆菌中，这种侵袭素能够侵入癌细胞，如果将能够杀死癌细胞的物质放入大肠杆菌中，那么对癌症的治愈就指日可待了。④ 人工病毒同样可以用于肿瘤治疗，人工改造的溶瘤病毒可以选择性

---

① 参见宋凯《合成生物学导论》，科学出版社 2010 年版，第 112 页。

② 参见 Martin, V. J. J., Pitera, D. J., Withers, S. T., et al., "Engineering A Mevalonate Pathway in Escherichia Coli for Production of Terpenoids", *Nature Biotechnology*, 2003, Vol. 7, No. 21, p. 796。

③ 参见宋凯《合成生物学导论》，科学出版社 2010 年版，第 112 页。

④ 参见宋凯《合成生物学导论》，科学出版社 2010 年版，第 114 页。

地杀伤肿瘤细胞而不伤害健康组织，其原理在于肿瘤细胞中的病毒复制更加不受干扰，因而病毒可以在肿瘤环境中复制而不能在正常环境中复制。除此之外，还可以对噬菌体进行改造，让细菌更容易被抗生素攻击而不具备耐药性。

上述方法都是针对致病因素本身的治疗，而人类自身细胞的改造也是另一种治疗疾病的方法。基因治疗是通过改造人类自身细胞 DNA 的方式来实现治愈疾病的，主要的两种方法有对体内原位的基因进行编辑的方法和通过体外改造血细胞后输入回人体内的方法。2017 年，桑加莫（Sangamo）公司开展了全球首例人体内基因编辑治疗，被治疗的患者患有亨特氏综合征，这是一种先天的新陈代谢疾病，桑加莫公司通过静脉注射矫正后的基因和基因编辑工具来实现基因治疗，治疗的效果相当良好。除此之外，人类生殖细胞的改造也是方法之一，利用 CRISPR 基因编辑技术，人们已经可以对人类的胚胎进行改造，2015 年，中山大学使用 CRISPR 技术，修正了人类胚胎中导致 β 型地中海贫血的基因。2016 年，广州医科大学附属第三医院团队又使用 CRISPR 技术切除了 CCR5 基因的 32 个碱基，使得部分胚胎获得了对艾滋病毒的免疫能力。[①]

（二）合成生物能源和燃料

现代社会是一个高度依赖能源的社会，对化石燃料的使用和过度依赖有可能会导致能源危机。解决能源危机的非常有潜力的途径之一就是利用合成生物学的技术来实现生物能源和燃料的合成。通常来说，生物燃料的来源仍然是生物质能（biomass），即通过植物、动物、有机肥料产生生物材料。使用这些生物材料的传统方式是燃烧、化学处理、生物降解等。通过合成生物学的方法把生物质能转换成生物燃料的方法更为复杂，但是却能有效地减少燃烧、化学处理等方法对环境的影响。

最广泛的生物能源应当是从玉米或者甘蔗中获得的生物乙醇或者从植物油和动物油中获得的柴油。但是这些产物实际上也要消耗大量的能源，其成本要高于使用化石燃料的成本，科学家只能寻找更高效的方法。因而来自木

---

① 参见崔金明、王力为、常志广、臧中盛、刘陈立《合成生物学的医学应用研究进展》，《中国科学院院刊》2018 年第 11 期，第 1218—1227 页。

质纤维素的微生物燃料成为更好的替代方案。木质纤维素可以从各种原料中提取，例如玉米、草料、木屑等，因而不用担心原料的问题，也不会消耗常规的粮食作物。中国科学院下属的上海工业生物技术研发中心最近也研发出了新的纤维素乙醇技术，2017 年实现了 2800 万升纤维素酒精的产出。①

另一种更好的石油替代品是丁醇，与传统的汽油燃料相比，丁醇燃料可以让汽车多行驶 10% 的路程，这方面的研究也取得了一定的进展，例如可以在大肠杆菌中表达合成丁醇和 3 - 甲基 - 1 - 丁醇的基因。2008 年，Atsumi. S 课题组就可以利用大肠杆菌通过非发酵的代谢途径生物合成高级醇，其中就包括 3 - 甲基 - 1 - 丁醇。②

从藻类细胞中提取生物油从而制造生物柴油等也是制造生物燃料的方法。藻类是一种低消耗、高产量的原料，它在实验条件下能够产出的能量要比陆地农作物例如玉米和大豆高很多。经过合成生物学改造的微生物可以从藻类细胞中收集其产生的生物油，从而生产生物燃料。最近，科学家已经可以通过改造藻类细胞使得藻类细胞自身具有储存生物油的办法，因而不久的未来商业量产也将成为可能。

氢燃料是一种高需求的产量，它的副产物只有水，是一种清洁的燃料。它的燃烧效能也是在所有已知燃料中排名第二。合成生物学可以使用基因编辑后的大肠杆菌作为宿主来生产氢燃料。编辑过的藻类细胞也已经被用来产生氢燃料。另外一种值得期待的方法是使用淀粉和水合成氢燃料，这种方式更加清洁，同时也能够解决氢气储存的问题。

（三）合成生物学的其他应用

合成生物学除了在医学研究方面和新能源方面有广泛的应用，还在环境治理、生物成像和生物计算方面发挥了重要的作用。

在环境治理方面，检测砷的化合物是合成生物学的应用之一。砷的化合物，特别是三氧化二砷，是一种剧毒物质，它可以影响胚胎发育和导致癌症，对饮用水源砷含量的检测能够及早发现饮用水的污染问题，保证人们的

① 参见曾艳、赵心刚、周桔《合成生物学工业应用的现状和展望》，《中国科学院院刊》2018 年第 11 期，第 1211—1217 页。

② 参见宋凯《合成生物学导论》，科学出版社 2010 年版，第 125 页。

用水健康。传统的砷检测法是 Gutzeit 氏砷检测法，这种检测法费用昂贵，不易施行，而应用合成生物学的方法，可以更加方便和敏感地进行检测。2007 年，爱丁堡大学开发了一种生物传感器，这种传感器具有对钾离子敏感的启动子，它能影响细胞的代谢反应并且改变溶液的 pH 值，从而实现检测的目的。

在生物成像方面，一个成像系统需要感光系统和显影系统。合成生物学可以通过构建一个接受光照刺激的生物感应器和一个应答的遗传线路，就可以构造一个生物成像系统。2005 年，美国加利福尼亚大学旧金山分校的 C. A. Voigt 课题组利用大肠杆菌构造了一种大肠杆菌成像系统。他们将可以感受光刺激的蛋白质对应的 DNA 序列和可以和染色剂反应的蛋白质对应的 DNA 序列加入了大肠杆菌的基因，从而实现了成像的目的。

在微生物计算方面，与传统的计算机不同，生物计算系统具有并行计算、成本低廉的优势。目前实现生物计算的方法主要是对某段 DNA 序列进行操作，DNA 序列满足了求解的要求，DNA 序列的蛋白质产物才能顺利表达，存活下来的细胞就对应了问题的解。这就相当于在给定的环境中筛选出适应该环境的生物，其中给定的环境是问题，而能够适应该环境的生物就是答案。例如，戴维森大学的海耶斯（K. A. Haynes）课题组就利用大肠杆菌实现了对烧焦烧饼问题（the burnt pancake problem）的求解。他们首先在 DNA 中划分几个模块，之后用 DNA 翻转酶随机地翻转每个模块，排序正确的 DNA 序列才能产生抗性基因，在抗生素环境下存活下来。

五　合成生物学的意义和伦理挑战

合成生物学对我们理解生命的本质和促进人类社会进步有着重大的意义。从理解生命的本质来说，合成生物学通过“自下而上”的组装生物元件的方式来说明生物系统的运作方式。对传统的自上而下的分析式的研究来说，这种方式得以对生命的运行方式进行验证。如果仅仅通过自上而下式的研究，那么我们仅能够根据现有的观察，提出理论假说来说明生物系统的原理，而这些理论能说明的只是分析的结果。而通过合成生物学的方式，如果这些理论是正确的，那么应用理论所合成的生命应该和预期的运行原理相同，因而合成生物学为传统的生物学研究提供了“验证”。

从促进人类社会进步的角度来说，合成生物学的应用无疑在很多方面促进了人类科技的进步，医学研究得以让我们免于疾病，生物燃料能够一定程度上缓解人类对能源的巨大需求，代谢工程可以让我们高效地得到我们所需的工业产物。而这些成就也带来了一些重要的伦理问题，人工生命和“自然的”生命是否有区别？合成生物学是否安全？工程化的流程是否会让生产生命像生产机器一样简单？对这些问题的回答不仅会影响人们对待生命的态度，也会影响合成生物学自身的发展。

第二节　合成生物学的非概念性伦理问题

有关合成生物伦理学的研究最早从两篇来自荷兰的研究开始，德·弗里恩德（De Vriend）于2006年撰写的《构建生命：对合成生物学的早期社会反思》，以及荷兰IDEA联盟暑期学院编写的《合成生物学的伦理学》[①] 这两篇文章都讨论了生物安全、生物安保、知识产权等问题。在美国，欧盟等国家开始注重合成生物学的伦理问题后，关于合成生物伦理学的研究日益增多。

2009年12月，欧盟科学和新技术伦理学研究组（EGE：European Group on Ethics in Science and New Technologies to the European Commission）发表了有关合成生物学的伦理学报告《合成生物学伦理学》（*Ethics of synthetic biology*），这份报告划分了概念性的伦理问题和非概念性的伦理问题。[②] 所谓的概念性问题，指的主要是关于人格尊严、生命和自然的概念分析等较为抽象的问题。而非概念性问题主要指的是生物安全公正知识产权等更为具体的问题。本研究依旧按照欧盟的划分标准将伦理问题分为两个部分，但其内容和欧盟报告中的内容不同，在非概念性的伦理问题中，我们主要关注的是生物安全和知识产权的问题。在概念性的伦理问题中，我们主要关注的是合成生物学是如何侵犯生命尊严的。

---

① 参见翟晓梅、邱仁宗《合成生物学：伦理和管治问题》，《科学与社会》2014年第4期，第43—52页。

② 参见 European Commission, *European Group on Ethics in Science and New Technologies* (*EGE*), http: //ec. europa. eu/bepa/ european-group-ethics/docs/opinion25_ en. pdf，[2009 - 11 - 17]。

本研究所讨论的非概念性伦理问题主要包括生物安全和生物安保问题。生物安全问题包括基因编辑疗法的安全问题、合成生物产品的安全问题。生物安保问题包括生物黑客和生物恐怖主义的问题。此外，我们也讨论了合成生物学中的知识产权和公共福利的问题。

一　生物安全和生物安保

关于合成生物学实际的风险问题主要包括两个方面："生物安全（biosafety）"和"生物安保"（biosecurity）。前者关注的重点是如何让人类、动植物和环境免受病毒、细菌等合成生物学产物的影响；后者关注的则是如何避免合成生物学的技术和产物被某些群体滥用。[①] 合成生物学的各类产品，包括可再生能源、医学、农业和环境产品等可能对人类、环境造成的影响都属于生物安全问题。生物黑客、生物恐怖主义、非法生物经济等问题则属于生物安保问题。

（一）基因编辑疗法

2013 年年初，一项被称为 CRISPR/Cas9 的基因编辑技术被开发了出来。在此之前，RNA 干扰技术和 DNA 结合蛋白技术是对 DNA 序列进行基因编辑的主要方法。[②] 不过，这两种方法都有着很大的局限性，前者不能用于所有的基因类型，而后者对操作者专业能力要求高且成本太高。CCRISPR/Cas9 利用了 RNA 导向的核酸酶对基因进行切割，其优势远超前两种方法，具有方便简单、成本低、多位点编辑等优势。有了高效的技术之后，基因治疗就得以应用到实际当中，CCRISPR/Cas9 作为基因疗法的工具，它的使用会同时涉及生物安全和生物安保的问题。

在 CRISPR/Cas9 技术开发出来之前，基因治疗的技术实际上已经被应用于实际当中。1999 年，一位 18 岁患者在宾夕法尼亚大学接受基因治疗后死亡，基因疗法的安全性由此受到质疑。而到了 2015 年，利用 TALEN 基因编辑技术（DNA 结合蛋白技术的一种），一位 1 岁大患有白血病的女婴在伦

① 参见李真真、董永亮、高旖蔚《设计生命：合成生物学的安全风险与伦理挑战》，《中国科学院院刊》2018 年第 11 期，第 1269—1276 页。

② 参见朱佩琪、蒋伟东、周诺《CRISPR/Cas9 基因编辑系统的发展及其在医学研究领域的应用》，《中国比较医学杂志》1 - 11［2019 - 02 - 05］。

敦被“治愈”。除了这种对人体原位的细胞基因进行编辑，科学家还可以对生殖细胞进行编辑。

2018 年 11 月 26 日，南方科技大学的贺建奎教授宣布世界第一个基因编辑婴儿诞生，这一新闻立即引发了轩然大波。[①] 贺建奎教授利用 CRISPR 技术对两例人类胚胎的 CCR5 基因进行编辑，以达到免疫艾滋病的目的。CCR5 是一种艾滋病毒入侵细胞的主要辅助受体之一，T 细胞在表达 CCR5 基因后，艾滋病毒就会和 CCR5 特异性结合，从而进入健康的 T 细胞。对这一举动的争议主要有三个方面：第一是这项研究的医学风险，CCR5 虽然是一种可以导致罹患艾滋病的基因，但是仍不清楚的是 CCR5 是否还有其他的基因功能；第二是这项研究没有科学价值，因为其使用的技术没有突破之前的研究，只是应用到了人类胚胎上，而且艾滋病完全可以用其他的方法来预防；第三是因为“人的价值”的贬低，一旦婴儿可以被定制成父母想要的样子，那么婴儿就一定程度上成为“商品”。基因编辑人类胚胎并非首次进行，贺建奎教授之所以走向舆论风口，最大的原因是其严重违反了伦理要求。这一事件不仅在基因治疗的领域中给我们带来警示，也为合成生物学敲响了警钟。

2015 年，第一届人类基因编辑国际峰会在华盛顿开展，这一峰会提出了两个关于基因编辑的基本伦理原则。[②] 在基因编辑之前，至少要（1）安全和效力问题已被解决，基因编辑的风险，潜在利益和替代的治疗方法已经得到了充分的平衡。（2）大众对基因编辑的应用已经可以广泛地接受。而这两个条件贺建奎教授显然都没有满足。而除此之外，在基因编辑的医学风险方面，它还至少有以下几点存在问题。（1）在基因编辑人类胚胎之前，他没有先进行一系列的哺乳动物实验，因而相关的风险没有得到充分的研究。（2）CRISPR-Cas9 的技术本身存在脱靶的风险，即有可能作用于其他基因位点。（3）CCR5 基因的功能尚未被透彻地研究，CCR5 的缺失可能导致不可预测的风险。

---

① 参见 https：//www. bbc. com/news/world-asia-china- 46368731。

② 参见 Kuersten，A.，Wexler，A.，“Ten ways in which He Jiankui violated ethics”，*Nature biotechnology*，2019，Vol. 1，No. 37，p. 19。

《新英格兰医学杂志》（*NEJM*）于2019年1月16日连发三篇文章讨论基因编辑婴儿事件。丽萨·罗森鲍姆（Lisa Rosenbaum）是NEJM的特约记者，她指出在可能的临床应用上，伦理学家大多数认为基因编辑存在三种伦理框架：增强、医疗受益和医疗需求。[①] 其中增强指的是通过基因编辑获得更高的智力或者是获得更高的身高。生物黑客就是利用基因编辑增强和改造人体的一类群体。原NASA科学家约西亚·蔡纳（Josiah Zayner）就曾采用CRISPR技术，改变了一种调控肌肉生长的基因（Myostatin）以增强肌肉。[②] 医疗受益指的是利用基因编辑的方式减少罹患一些复杂疾病的风险，例如癌症、心脏病、阿尔茨海默症等。但是由于它具有未知的风险，它也不能被看作符合伦理的。而且体细胞的基因编辑研究也已经能够被用于治疗相应的遗传疾病，因而医疗受益也是不必要的。医疗需求指的是那些只有用基因编辑才能治疗的非常罕见的疾病，例如镰刀型贫血症和亨廷顿舞蹈症，这一点是最有可能被取得广泛共识的。

可以被接受的基因编辑大多数用于治疗遗传疾病，也就是满足医疗需求，而贺建奎的基因编辑婴儿可以被看作一种增强手段或者仅仅是医疗受益。北京大学的饶毅教授在《知识分子》上撰文表明，疾病是人们主观定义的，镰刀状红细胞贫血是基因变化导致的疾病，但是修复后的基因却更容易得疟疾。[③] 从这一角度来看，贺建奎教授所做的可以是一种人体增强而非满足必要的医疗需求。而所有关于人类基因编辑的评论都表明，只有当没有替代的治疗方法可以治愈疾病的时候，基因编辑才能够被用于治疗。[④] 从表面上来看，贺建奎教授的基因编辑是为了降低婴儿得艾滋病的风险，但艾滋病是能够从很多方面进行预防的，利用基因疗法是完全不必要的。另外，目前已有技术可以通过测序并且选择受精卵植入子宫来达到筛选出遗传致病基

---

① 参见Rosenbaum，L.，“The Future of Gene Editing—Toward Scientific and Social Consensus”，*New England Journal of Medicine*，2019，Vol. 10，No. 380，pp. 971－975。

② 参见崔金明、王力为、常志广、臧中盛，刘陈立《合成生物学的医学应用研究进展》，《中国科学院院刊》2018年第11期，第1218—1227页。

③ 参见《饶毅演讲：基因编辑带来什么危机》，http：//zhishifenzi. com/depth/depth/5045. html，[2019－01－16]。

④ 参见Kuersten，A.，Wexler，A.，“Ten Ways in Which He Jiankui Violated Ethics”，*Nature biotechnology*，2019，Vol. 1，No. 37，p. 19。

因的目的。[①] 父母只要不是罕见的纯合子，则可以利用这样的办法来规避婴儿出现遗传疾病的风险。因而贺建奎教授的基因编辑从根本上来说也是没有临床必要性的。

总的来说，基因编辑作为合成生物学的一种重要方法，在治愈人类遗传疾病的同时，也带来了很多的伦理风险。其一是其对人体、环境、社会的风险，主要表现在其技术上对人体和人类基因库带来的不可预知的后果。其二是对生命观念、人权和尊严的挑战，基因编辑婴儿对公众来说，无疑是一种"异类"，如何看待基因编辑婴儿将会是伦理学的一个巨大挑战。

（二）合成生物产品及其相关技术的安全问题

造成生物安全问题的成因主要是合成生物学产品的不可控性和不确定性。合成生物学的不可控性表现在一些合成生物学的产品存在泄漏和处理不当的风险，如2003年在新加坡、中国台湾和大陆先后发生的SARS病毒泄漏事故。[②] 合成生物学的研究在设计、制造、储存和运输中都有可能出现不可知的风险和事故，如果不对这些过程严加管控，合成生物学的制品很可能对环境和人类造成破坏性的影响。合成生物学产品的不确定性体现在人工生物性质的不确定，如Venter创造的"辛西娅"就是这个世界上未曾有过的生命系统，被改造后的辛西娅具有怎样的性质，人类对其的认识还不足够。另外，这些合成生物都是实验室的产物，当它们和自然环境接触之后，我们也不能确定其会和环境之间产生怎样的影响。

青蒿素是一种治疗疟疾的药物，但是由于合成青蒿素的成本很高，药物的产量低，导致了很多疟疾患者得不到有效的救治。合成生物学有效地解决了青蒿素产量不足的问题，救治了大量的病人。实际上，合成生物学的生物产品本身并不会对环境造成很大的影响，人工合成的青蒿素和合成生物产出的青蒿素从本质上没有什么区别。可能对环境造成影响的是宿主和生产技术

---

① 参见Yan, L., Huang, L., Xu, L., Huang, J., Ma, F., Zhu, X., Tang, Y., Liu, M., Lian, Y., Liu, P., Li, R., Lu, S., Tang, F., Qiao, J. and Xie, X. S., "Live Births after Simultaneous Avoidance of Monogenic Diseases and Chromosome Abnormality by Next-generation Sequencing with Linkage Analyses", *Proceedings of the National Academy of Sciences USA*, 2015, Vol. 52, No. 112, pp. 15964 – 15969。

② 参见赵鲁《实验室SARS病毒泄漏事故回顾》，http: //news. sciencenet. cn/htmlnews/2014/7/299630. shtm，[2014 – 07 – 25]。

本身。

就宿主来说，由于合成生物是一种以服务人类为目的的改造生物，其基因具有非自然的成分，因而宿主可能造成的问题是其对环境的影响。第一是宿主本身很有可能在特定的环境下突变和进化。第二是有些合成生物的应用必然要和环境接触，例如治理水污染、降解塑料的微生物只有在排放到环境中才能够发挥作用。而一旦新的合成生物排放到环境中，其不受控制的复制和进化就变得有可能了。第三是宿主的基因有可能转移到自然有机体内，因此污染了自然的基因库。

例如，从生物燃料方面来考虑，合成生物学改造的藻类有可能被无意地释放到实验室外的池塘或者河流当中。而这种泄漏就有可能使得这种改造过后的藻类和本地的藻类竞争，其结果就是这种藻类有可能威胁甚至取代其他藻类物种，导致生态系统的营养失衡，这就会对环境造成负面的影响。

生产技术本身的进步也能够对人类和环境造成影响。例如，基因组合成技术的发展就使得病毒和细菌的再造成为可能，而再造的病毒和细菌就有可能会造成威胁。2005 年，科学家们从阿拉斯加冻土带的流感死亡者肺里寻找到了 1918 年的流感病毒的基因，并且根据他们从头合成了新的流感病毒，证实新的流感病毒具有致病性，而新的病毒一旦排放到环境当中，后果是难以逆转的。如果没有基因组合成的技术，新的病毒也不可能诞生。和其他新兴学科一样，合成生物学也像一把双刃剑，技术越是先进，就越容易导致负面的后果。

（三）合成生物学的生物安保问题

在上述讨论中，贺建奎教授利用基因编辑技术对人类胚胎进行了基因编辑，从而实现了免疫艾滋病的目的。这种行为同样也是一种生物安保的问题，虽然编辑人类胚胎并不能直接对人类社会造成威胁，但是如果利用合成生物学技术的目的是牟利和增强人类，那就会引发生物安保的问题。除此之外，生物黑客、生物恐怖主义皆有可能造成生物安保的问题，引发这些问题的，恰好是合成生物学的核心理念——将合成生物的过程视为工程化的过程。

合成生物学的工程化理念，意味着其技术、元件都将会被分割成标准化的流程和标准化的元件。生物砖技术（BioBrick）就是合成生物学典型的标准化技术，而标准化技术就意味着制造合成生物将会越来越简单。没有复杂的技术门槛，普通人和犯罪分子都有可能参与到新生命的合成当中，它也会越来越容易被利用。

生物黑客（biohackery）和家置生物学（garage biology）目前已经随着合成生物学的发展而兴起。生物黑客指的那些利用合成生物学技术进行研究的群体，其研究的目的不限于增强人体、商业目的、探索科学，或者是完全出于爱好。目前生物黑客已经开始迅速发展起来，2008 年，一个叫作 DIY-bio 的生物学组织被鲍伯（Jason Bobe）等人创立，该组织目前已经遍布全球各地。随后 2010 年 Genspace、BioCurious 等组织先后成立，目的在于更好地传播生物学知识和促进公众参与生物学研究。生物黑客所带来的问题主要在于监管的缺失，家置生物学（garage biology）的含义就是每个人都可以参与的生物学，这就导致了这些生物黑客多能以个体的形式开展研究，他们不隶属于某个组织，因而几乎没有什么监管。而在没有监管的条件下，新生物的产生，生物武器的诞生，都存在可能。

2015 年，在生物黑客中，一位生物化学家加布里尔自愿接受了一项提升视力的实验，他被注射了名为“Chlorin e6”的生物制剂，这种生物制剂为他带来了夜视能力。在注射 1 小时后，他的视力能够在黑暗的环境下准确地辨别 50 米内的人和物。[①] 这种增强人类的方式很有可能会带来不良的后果，目前这类试剂的安全性仍然无法保证，可能会给个体带来怎样的伤害也未知。虽然生物黑客通常是个体行动，但是其产品却可能被用于生物恐怖主义和军事活动，如上述的夜视能力就可以被利用到军事行动中。

另一方面，生物黑客并非只有坏处。它成功地拉近了科学研究和公众之间的距离，帮助普通民众更多地理解合成生物学，他们的研究在一定程度上也促进了合成生物学本身的发展，因而关于生物黑客的利弊还应当辩证看待。

相对而言，生物恐怖主义（bioterrorism）更具危害性。生物恐怖主义指的是那些可以制造生物病毒攻击并且威胁人类的行为，生物恐怖主义的后果

---

① 参见马艺宁《生物黑客研制新药水，夜视功能不再是天方夜谭》，http：//tech. huanqiu. com/original/2015 - 04/6059410. html，［2015 - 04 - 01］。

是破坏性的，应当被严格地禁止。生物恐怖主义的产生和合成生物学的两用性有关，即研究本身既可以被善意使用也可以被恶意使用。例如贺建奎教授使用 CRISPR 技术进行基因编辑就是恶意使用的一个例子，其他的方式如制造冰毒，制备生化化合物，以及增加现有合成生物的危险性①，都是生物恐怖主义可能带来的后果。

最近发生的生物恐怖主义事件要追溯到 2001 年美国的炭疽杆菌攻击事件，这是一起在美国发生的生物恐怖袭击事件，炭疽杆菌被附着在信件上寄往新闻媒体工作室和国会，这场事件导致了共五人死亡。② 可见生物恐怖主义袭击具有隐秘、不易察觉、危害性大等特点，针对生物恐怖袭击的防护和准备是非常重要的。

总的来说，生物安全和生物安保这两个领域都需要我们更加密切地关注。随着合成生物学技术的迅速发展，制造造福人类的合成生物和产品变得越来越容易，但是被恐怖主义和其他利益团体不当利用的可能性也越来越高。各国已经开始指定相应的监管机制和政策来预防和准备，以免合成生物学的技术被不当使用。相对来说，生物技术的专利和垄断问题所造成的伤害不是那么严重，但是也会影响到合成生物学的发展和技术的利用。

二　生物技术的专利和垄断问题

创新是推动人类科技进步的核心力量，而知识产权则是推动人类创新的力量。没有知识产权的保护，人们发明的技术和创造的产品将会被所有人共享，而失去了经济支持，创新的动力就会受到侵害。专利权作为知识产权的一部分，已经被广泛采用，其相关的法律也已经十分成熟。然而关于专利权在合成生物学领域的授予，却存在广泛的争议。

合成生物学的专利必然涉及基因和生物，其中一个问题就是基因是否能够被授权，这是因为基因作为一种自然的产物，是不是被人类发明和创造的？1980 年后，很多基因都被授予了专利权，理由是被分离出来的 DNA 是

① 参见李真真、董永亮、高旖蔚《设计生命：合成生物学的安全风险与伦理挑战》，《中国科学院院刊》2018 年第 11 期，第 1269—1276 页。

② 参见 CNN/News，“U. S. Officials Declare Researcher is Anthrax Killer”，http：//edition. cnn. com/2008/CRIME/08/06/anthrax. case/index. html，［2008 - 08 - 06］。

化合物而不是自然产物，因而可以被看作一种专利发明。这无疑会影响到人们对不同基因的研究，限制了合成生物学的发展。因此，2010年5月，美国法官斯维特（Robert W Sweet）判决了有关BECA1和BRCA2的相关基因专利失效，这将有可能对合成生物学、医药产业的发展产生积极的影响。[①] 2013年6月，美国最高法院审理了一项专利法案，美国分子医药协会起诉了一个名叫Myriad的基因公司，最高法院宣布因为基因和基因标记物是“自然产物”，所以不能被授予专利权。对于合成生物学家来说，那些被人工制造出来的DNA则不是自然的，因而理论上这些基因产物是可以被授权的。[②] 不过至今，专利权能否被授予基因以及相关的合成生物学的技术仍然没有定论。

另外，专利授权将会对合成生物学自身的发展造成一定的影响。当前国际知识产权体系主要有“知识产权框架”（intellectual property frame）和“知识享用权框架”（access to knowledge frame）两种框架。前者注重保护人们的知识产权，从而促进创新和科技进步。后者则认为只有信息和知识的共享才能更好地激发人们的创造力。这两者之间的冲突同样在合成生物学中有所体现，如果不保护人们的知识产权，合成生物学的研究者们可能会丧失研究的动力。而保护知识产权又会导致知识的垄断和损害人们的整体利益。

站在软件开发者和工程师的角度来看，开源（Open Source）是促进合成生物学进步最好的方式。的确，计算机的代码由0和1构成，而基因的编码由C，G，A，T四种碱基构成，因而对基因的编辑也可以视为一种编程。开源对软件开发和可言的益处无须多言，无数的程序员正是利用开源的资源和信息学习和研发新的产品。为此iGEM（International Genetically Engineered Machine）建立了iGEM标准元件注册处，即可以用来共享生物砖的地方。但是没有人可以说明这些生物元件有多少是完全免费并且是真正开源的。因而生物砖基金会发展了一种法律工具来实现这种共享，他们制定了《公共生物砖协定》，即一种基于开源的获取标准化生物元件的协议。生物砖的贡献

① 参见欧亚昆《合成生物学的伦理问题研究》，华中科技大学，2017年。

② 参见Nelson，B.，“Cultural Divide”，*Nature*，2014，Vol. 7499，No. 509，p. 152。

者同意不在未来申请他们开发的生物元件的知识产权保护，而相应的元件的使用者也要给予贡献者一定的经济补偿。

很少有合成生物学家持有极端的观念。大多数的人都持有“多元生态”的想法，即能够同时满足知识产权的保护和公众分享的需求。解决的方案之一是将生物元件免费开放，但是对用生物元件组装成的产品授予专利权。这就像是积木一样，积木本身的组块可以被所有人免费共享，而利用积木组合出来的创造物则应当被授予专利权。

另一个值得关注的矛盾是知识产权和全球公共卫生需求之间的矛盾。合成生物学在某些方面和药物有一定的相似之处。药物的研发一旦成功，会为整个人类社会带来益处。合成生物学的研究，例如青蒿素的生产、微生物降解塑料制品等也会造福全人类。而知识产权的保护就意味着这些技术的应用需要付出昂贵的费用，对于发展中国家来说，药物的垄断会带来巨大的经济压力，也会导致成千上万的患者过早地死亡。而就合成生物学来说，一些关键的技术如青蒿素的制造技术，也存在同样的问题。

总的来说，目前关于合成生物学专利上的伦理问题存在两个矛盾。第一是保护专利权和知识共享的矛盾，这一矛盾的核心目的是鼓励创新，而究竟哪种方式能够鼓励创新目前仍处于争议中。本研究赞同采取多元化的专利保护模式，能够在保护个人知识产权的同时促进知识共享，在合成生物学的研究范式中，可以促进生物元件的知识共享而保护完整的生物产品的专利权。第二个矛盾是公共卫生和知识产权的矛盾，对于那些可以增进人类幸福、促进人类发展的合成生物学技术来说，共享可以更好地促进人类幸福，却有可能会妨碍技术本身的发展。本研究认为针对这些技术，可以用提高奖励的方式来降低购买专利的费用，各国政府可制定相应的政策来改变专利的商业模式。

第三节　合成生物学的概念性伦理问题

关于理解生命本质的伦理问题属于一般的、抽象的伦理问题，也叫概念性伦理问题。[①] 这类伦理问题主要是对生命本质的哲学反思，合成生物学无疑是挑战了人们对生命的一般看法，活力论认为生命有其特殊的本质，是不能用还原的方法和机械的原理来解释的，而合成生物学通过人工合成了生命，这反映了生命和自然界的一切物质一样，没有其特殊的、神秘的本质，而是一种“生物机器”，这类哲学反思会影响我们对生命本质的理解和对道德的理解。除此之外，从宗教上考虑，有些人认为合成生物学不应该“扮演上帝”，认为人类创造新生命是在夺取上帝的职责和功能，这种行为应该被加以限制。

合成生物学的一般伦理问题主要包括对生命观念的挑战，取代“上帝”制造生命，对进化论的挑战和对生物中心主义的违反。其中关于扮演“上帝”的伦理问题在国内并没有太多讨论。对生命观念、进化论和生物中心主义的违反，都有一个核心问题存在，即生命是否和非生命有所区分？这一区分在伦理学上的重要性在于如果无法区分生命和非生命，那么伦理学的适用对象是什么？人类需要道德，是因为人类有自主权和自我意识，而这种自主权是生命现象产生的。如果生命和非生命一样是严格机械决定的，那么则很难说明道德对象的特殊性，伦理学的根基就要受到动摇。

一　合成生物学扮演了上帝？

在有关合成生物学伦理的争论中，“扮演上帝”（playing god）被广泛用于攻击生物科学的新分支。[②] 从字面意思上看，扮演上帝似乎自然地带有对人类狂妄自大，对自身能力不加限制的批判情感。从宗教的角度看，这种担忧通常是因为人类有可能篡夺上帝的角色，成为上帝或者是超越上帝的存在。这是因为在宗教当中，上帝通常充当的是制造生命的角色，而合成生物学既然有了从头制造生命的能力，也就是一种对上帝的谋权篡位。从世俗的角度来看，人类过于狂妄自大，相信自己有能力去控制复杂的生物系统，意识不到自己的局限性，也有可能会导致灾难性的后果。

---

① 参见 European Commission, *European Group on Ethics in Science and New Technologies* (*EGE*), http://ec.europa.eu/bepa/european-group-ethics/docs/opinion25_en.pdf, [2009-11-17]。

② 参见 Dabrock, P., “Playing God? Synthetic Biology as a Theological and Ethical Challenge”, *Systems and Synthetic Biology*, 2009, Vol. 1-4, No. 3, p. 47。

对于合成生物学来说，扮演上帝已经不新鲜了。但是扮演上帝的程度是不同的，例如人们可以通过选择性的育种来影响基因的组成。这种改变仍然受制于长久进化而来的天然的基因系统，合成生物学之所以饱受争议是因为它能够做到的不仅仅是对基因修修补补，而是能够让我们获得设计和创造生命的能力。合成生物学的各种方法和技术，例如基因修饰、最小基因组工程，都或多或少地在扮演上帝。

如果说能够创造生命就意味着扮演上帝，从字面意思上来看，辛西娅的诞生意味着 Venter 已经扮演了上帝。而我们应该考虑的问题是合成生物学应不应该“扮演上帝”？如果不应该，为什么不？“扮演上帝”的说法是否值得我们去考虑？虽然合成生物学可能涉及上帝本该做的工作和发挥的职能，但是如果能够合理运用它，它又是可以和自然与上帝的意志相一致，即通过上帝给我们的物理资源和智慧资源来提高人类的生活。[①] 实际上，美国圣地亚哥的社会学家 John H. Evans 曾经调查过 180 多个宗教团体，只要生物技术的发展目的是治愈疾病的话，大多数的宗教团体对生物科技都持有积极的态度。[②]

本研究认为，“扮演上帝”这一命题无须引入合成生物学的伦理规范讨论中去，传统宗教观对于扮演上帝的担忧是无须被科学团体所考虑的，这种担忧只有在宗教群体内部才有讨论的必要。在合成生物学的伦理安全讨论中，科学家、哲学家、伦理学家都充分发挥了作用，力求使合成生物学朝着促进人类利益的方向发展。通过研究，分析合成生物学的技术和原理来讨论合成生物学的利弊才能形成规范，而宗教上的讨论很难涉及技术细节和科学原理，对合成生物学难以产生有利的帮助。

二　合成生物学对活力论的反驳

恩格斯曾经为生命下了一个定义，他所定义的生命，是蛋白质的存在方式，这种存在方式本质上就在于这些蛋白体的化学组成部分的不断自我更

---

① 参见 Douglas, T., Savulescu, J., “Synthetic Biology and the Ethics of Knowledge”, *Journal of Medical Ethics*, 2010, Vol. 11, No. 36, pp. 687 – 693。

② 参见解丽、王绍源《合成生物学的伦理问题探讨——以〈合成生物学和道德：人工生命和自然的界限〉为文本视角》，《科学经济社会》2017 年第 2 期，第 14—22 页。

新。自我更新一旦停止，蛋白体就停止分解，生命随之停止。从现代的眼光来看，这种对生命本质的定义是粗糙的，受制于当时的科学发展，尚不能发展出对生命更本质的理解。现代的分子生物学的定义是这样的："生命是通过核酸和蛋白质的相互作用而产生的、能够不断繁殖的物质循环系统。"这样的定义是一种机械论的定义方式，而另一种对生命的理解来源于活力论。[①]

活力论认为生命现象不能单纯地由非生命的事物给予完全的解释，生命现象之所以特殊，在于它的随机性、坚韧性、可进化性等，单纯的机械论还原的办法无法说明生命现象。[②] 而机械论认为生命和非生命没有本质的区别，因为生命既然由非生命的物质构成，就能从物理的、化学的角度来解释。机械论的观点无疑对伦理学有一定的影响，特别是有关于决定论和自由意志的争论。在还原论的框架下，人类的行为都是被决定的，这就意味着人们不需要为自己的行为负责，因为这些行为从宇宙诞生开始就已经被决定了。生命既然没有什么特殊的，也就不需要践行特殊的道德原则。自由意志则强调人类能通过心灵来干涉物理的，决定的世界，而有了自由意志的人是其行为的原因，因而就有了责任。道德对象的确定是十分重要的，否则我们的社会规范和法律就没有任何意义，人类文明就没有伦理和道德的基础。

活力论存在两个较为突出的论点。（1）生命或者生命产生的有机物不能通过化学的方式合成。（2）生命现象不能通过非生命的现象来解释。合成生物学的生命意义仍然是分子生物学上的定义，而其最大的影响在于在一定程度上反驳了命题（1），即生命是可以通过非生命的物质合成的。从活力论的角度来看，生命独特性的一大特点，就是生命无法由物理化学的方式合成。在十八九世纪，这一思想广为流行，而当尿素被合成之后，这一思想就被打破了，因为尿素这种只有生物体中才能产生的有机物质被通过化学合成的方法产生了。就当代而言，活力论的这一思想再次被打破是 Venter 在 2010 年合成的人工基因组，这次不仅仅是通过化学反应合成了有机物，而

---

① 参见欧亚昆《合成生物学的伦理问题研究》，华中科技大学，2017 年。

② 参见吴家睿《后基因组时代的思考——"活力论"的复活》，《科学》2004 年第 2 期，第 21—23、2 页。

且合成了功能完整的基因组。

活力论对生命独特性的论述如果仅仅依靠命题（1）是不充分的，原因在于，生命的独特性仅仅局限于对“自然的有机物或生命不能用化学的方式合成”这一命题的反驳。而生命的独特性不仅仅在于非生命向生命的可转化性，而且在于生命本身的复杂性。虽然合成生物学确实能够通过化学方法合成 DNA，但是这仅仅能证明自然生物系统中的 DNA 和实验室中合成的那种 DNA 没有任何区别。这一结论并没有重写生命的意义，例如，反驳了这一命题如何能说明自我意识这一生命的高级现象能够被还原到物理规律当中去？同还原论的一般弱点一样，即使是通过化学合成了 DNA，也不能说明 DNA 的功能可以还原到其物理构成上去，因为其他的物理构成也能实现 DNA 的功能。因而合成生物学对活力论的反驳仅仅可以做到对命题（1）的反驳。

合成生物学确实说明了活力论中那种神秘的、不可测量的东西是不存在的，生命的本质无疑就是通过 DNA 来实现的。但反驳了“生命不能合成”是对活力论的一种修正，而不是对活力论的全面推翻。在活力论“生命现象无法用非生命现象来解释”这一论断中，我们认为这一论断仍没有被彻底推翻。但是这一命题仍然存在理论难题，因为生命的本质仍然没有被清晰地规定和定义，所以我们在讨论生命现象和非生命现象的时候，就无法厘清究竟哪些现象是生命现象，哪些不是。

而就活力论提出的目的来说，是为了维护生命本身的高贵、尊严和自主权，这将会让伦理学中的道德责任得到一定程度的肯定，因为人类的本质是作为生命的人类。如果按照机械论的推理，人性和物性没有区别，那就无法谈及道德。因而本研究认为就命题（2）生命现象不能通过非生命的现象来解释而言，合成生物学还没有驳倒活力论。

三　合成生物学不应该“违反自然”？

从直观上来说，合成生物学改造生物的 DNA 以及“创造”自然界不存在的生命是一种插手自然法则和“上帝事务”的行为。这和公众对“转基因”的看法有一些相似之处，这一观点简单的说法即“非自然的是不好的”。从这样的观点来看，合成生物学插手大自然的事务，违法了自然法则，即为“不好的”。

但是仔细考虑这一观点，直观上来说，它要表达的意思和康德的绝对命令有些相似，即无论这一道德律令是否对人们有好处，它都应当被人们坚守。而在实际生活中，公众对“转基因”的态度却并非绝对命令式的，相反，大部分人的立场是后果论的。人们之所以反对转基因，有很多原因，从心理上推测，一种可能的原因是，由于电影、新闻、媒体的宣传，人们把实验室改造生物和不好的东西进行了联想和关联，而转基因又是实验室的产物，因此转基因是不好的。而一旦公众对转基因食品的知识了解得足够充分，对转基因的态度可能就会得到改善。

从这个角度看，“非自然的是不好的”是由“非自然的会影响人类利益”得出的结论，但是实际上非自然的例如转基因食品，大多是有利于人体健康的，所以用“违反自然”来攻击合成生物学也是没有道理的。合成生物学目前已经对社会生活产生了很大的利益，如果坚守这一观点，那么青蒿素的生产应该被禁止，关于人类致病基因的研究也应当被禁止。从整个人类的利益角度出发，我们不应该禁止对人类有益的合成生物学研究。

另一种对自然的违反方式是对生物进化论的违反。达尔文提出的自然选择原理实际上说明了一个无目的的、无预设的物种是如何从简单的生物方式进化到高级的形态，而合成生物学则是通过设定进化的目的来为人类服务，即定向进化（Directed Evolution）。其进化的方式并非达尔文式的进化。同“转基因”类似，如果人们认为定向进化的方式是不好的，那么其理由也就是“因为定向进化是非自然的”，同理这也需要说明为什么非自然的是不好的，否则这一说法也站不住脚。

四　合成生物学是否“侵犯生命尊严”?

与合成生物学相关的另一个伦理问题是合成生物学是否侵犯了人类以及生命的尊严。人类尊严在生命伦理学中是一种重要的讨论内容，尊严有很多种不同的定义和解释，合成生物学所能够影响生命的尊严，主要在于它能够“制造生命”，而这种制造生命又是违反自然的。因而这一问题的描述应该是“非自然的制造生命是否侵害了生命的尊严?”这一问题不是从实际利益角度来考虑合成生物学的伦理问题，而是从生命的尊严上来考虑。在合成生物学伦理的发展中，主要讨论的是人类的尊严，而非人类的尊严讨论得较少。

欧盟科学和新技术伦理学研究组（EGE：European Group on Ethics in Science and New Technologies to the European Commission）2009 年 12 月发表的报告《合成生物学伦理学》（*Ethics of synthetic biology*）对人类尊严的论题进行了详细的阐述。[①] 国际上和合成生物学相关的人权和尊严的条约在该报告中提到的有四项。

1. 《奥维多条约》（*Oviedo Convention*）于 1997 年被欧洲委员会认可，对签署的国家具有法律的规范作用，其主要目的是保护个体免受医学治疗和研究所带来的伤害。它声明所有签署国家应当“不加歧视地保护所有人类的尊严和同一性，在医学和生物学的实践中尊重个体的完整性和基本的自由”。

2. 《人类基因组和人权的全球声明》（*The Universal Declaration on the Human Genome and Human rights*）该项声明于 1997 年被联合国教科文组织（UNESCO）采用，于 1998 年被美国认可，主要处理的人类基因组和人权的问题。它声明“人类基因组是所有人类家庭的基础单元（unity），也是人类内在的尊严和多样性的基础”。

3. 《赫尔基辛宣言，人类被试医学研究的伦理准则》（*Declaration of Helsinki*, *Ethical Principles for Medical Research Involving Human Subjects*）于 2008 年 10 月被世界医学协会（WMA：World Medical Association）签署。这项宣言声明了医学权威机构应当保护病人的健康，并且致力于提供人性的服务。

4. 《欧洲基本人权宪章》（*The European Charter of Fundamental Rights*）于 2001 年被法国的尼斯峰会采用。它强调联邦建立在个体的和普遍的人类尊严、自由、平等、团结民主的基础上。它尊重人类的尊严，禁止人类的生殖克隆；尊重人们的自主权，禁止通过人类器官牟取商业利益；保护人们的隐私，禁止优生学的相关活动。

从上述制定的条约和声明中，可以看出保护人类尊严的重要准则就是

---

① 参见 European Commission, *European Group on Ethics in Science and New Technologies* (*EGE*), http://ec.europa.eu/bepa/european-group-ethics/docs/opinion25_en.pdf, [2009-11-17]。

“保护人类基因组的同一性和完整性不受侵犯”。这就意味着改变人类的基因组，进行基因编辑可能是一种对人类尊严的侵犯。要保护人类的尊严不受侵犯，就要对基因编辑进行限制和规范。

在伦理学的讨论中，道德的适用对象主要是人类，另一种伦理主张即生物中心主义（Biocentrism）则认为所有生物都有内在的价值和目的，因此人类也应当像对待人类一样对待非人类。[①] 合成生物学的研究对象大多涉及细菌、病毒等微生物，只有在人类基因编辑方面涉及人类细胞。因而我们在讨论合成生物学对尊严的侵犯的时候，不仅要考虑到人类的尊严，还要考虑到非人类生物的尊严，因而我们还要考虑这样的问题：非人类生物和人类的尊严应当如何定义，他们是否有不同？合成生物学如何侵犯了生命的尊严？

对第一个问题的回答决定了我们怎样对合成生物学进行规范，如果细菌、病毒等生命和人的生命有尊严上的高低之分，那么对合成生物学的规范就需要放宽一点，即在允许的限度内对细菌和病毒进行改造。如果没有高低之分，那么合成生物学对细菌和病毒进行改造也是值得我们考虑的。对第二个问题的回答则是对合成生物学的技术反思，即什么技术，在何种程度上侵犯了生命的尊严，是否所有合成生物学的研究内容都在一定程度上侵犯了尊严？这一问题的回答则决定了对合成生物学的规范范围和程度。

在讨论这两个问题之前，还需要考虑一个问题：“为什么侵犯生命的尊严是不好的？”我们可以从道义论和后果论的角度来考虑。如果从道义论角度来看，生命的尊严无论在何种条件下都应该被遵守，因为生命的尊严是追求“善”的内在要求。从后果论的角度来看，应当以追求全人类的最大幸福为前提，从人类的角度来看，尊严是人类幸福的前提之一。如果推广到非人类，即追求全生物的最大幸福，那么能感受“尊严”的生物的尊严都不应当受到侵犯。从这两个角度看，合成生物学不应当侵犯生命的尊严就有了理论上的说明。

（一）生命尊严的定义和内涵

第一个问题即尊严的定义问题，从人类的角度来看，人格尊严和人权关

---

① 参见欧亚昆《合成生物学的伦理问题研究》，华中科技大学，2017 年。

联密切，一种对尊严的区分方式是根据尊严是内在的还是后果的来区分。[①]“内在的人类尊严”（Inherent human dignity）对所有人类都适用，没有程度之分。无论是老弱病残、贫贱富贵，甚至是罪大恶极的罪犯，也拥有这种内在的尊严。是否拥有尊严，其判断条件仅仅是判定道德对象是不是人，如果是人即具备这种内在的尊严。而只有这类人类尊严，才能自然地推演出诸如平等、自由等基本的人权。《世界人权宣言》关于人类尊严有一段描述，“对于人类大家庭中所有成员的内在尊严和平等不可剥夺的权利的承认是世界自由、正义、和平的基础”，这也就意味着人权是尊严的先决条件。另一类的道德尊严（Moral dignity）则是有条件的，相对来说，道德尊严关注的是行为的后果，这种尊严是有条件的，在这种道德判断中，一个诚实守法的公民是要比罪犯有更多的尊严。我们也可以把这种区分看成道义论和后果论对于尊严的理解。

上述对尊严的定义是客观的，其中内在的人类尊严的判定标准只需要“成为一个人”，后者则需要人们遵守某种“社会规范”来行动。其次，主观上的尊严，即心理学上的“自尊”，也应在考虑范围之内。[②] Smith 等人把自尊定义为“一种关于自己的认知，一种对自己积极或者消极的评估并且取决于我们对它的感受”。维基百科的定义为，个体对自我价值的总体的主观情绪评估。[③] 牛津百科全书对“尊严”的定义是“一种具有荣耀和尊重的有价值的状态”[④]。这说明尊严在很大程度上和人的主观感受是相关的。我们认为心理学的“自尊”可以包含在广义的“幸福”概念之下，即一个人是幸福的，那么他应该是有尊严的，这取决于他的主观感受。因而从后果论的角度来说，因为自尊可以提升人类总体的幸福，因而有损自尊的行为应当是不好的。

由此，若将上述讨论推广到所有生物当中，也可用客观和主观的尊严来

---

① 参见 Andorno，R.，“Human Dignity and Human Rights”，*Handbook of Global Bioethics*，Springer，Dordrecht，2014，pp. 45 – 57。

② 参见韩跃红、孙书行《人的尊严和生命的尊严释义》，《哲学研究》2006 年第 3 期，第 63—67 页。

③ 参见https：//en. wikipedia. org/wiki/Self-esteem#cite_ note-1。

④ 欧亚昆：《合成生物学的伦理问题研究》，华中科技大学，2017 年。

进行区分。我们已然发现很多哺乳动物也具备主观感受尊严的能力，例如布罗斯南（Sarah Brosnan）对僧帽猴的研究说明当猴子遇到不公正的待遇的时候，会向研究人员“提出抗议”①。因而就这些能够感受“尊严”的动物来说，它们应当同时存在主观尊严和客观尊严。而对于更低级的生物来说，主观感受的自尊是否存在是存疑的，特别是没有神经系统的生物，因而我们只能从客观上来看待生命的尊严。而从客观尊严来考虑，“内在的人类尊严”这一概念的推广会将尊严推广到所有可被定义为生命的生物系统。由此推论出的结论是，所有的生命都具有和人一样的享有平等、自由、生活保障等基本权利，这同样适用于微生物和植物。

这样的伦理价值观是生物中心主义的价值观，它是非人类中心主义的一个理论流派。国内学者一般将非人类中心主义伦理学分为三大理论流派：动物权利解放论、生物中心论和生态中心论。② 这三者的道德关怀范围是依次递增的，动物权利解放论强调动物有和人类似的道德地位，有资格获得和人一样的关怀。生物中心论强调所有非人类的生物，包括植物都应该获得和人类一样的同等的尊重。而生态中心论更是把范围扩大到了整个影响人类生存的生态系统。然而非人类中心主义自倡导依赖，其理论基础一直面临着种种悖论。

首先，敬畏生命是一种理想的形态。从人类具有历史以来，为了救治病人，人类大多没有考虑过除人类以外的生物。为了保护我们不受传染病的困扰，我们消灭了天花病毒；为了了解药物的副作用，我们使用各种各样的实验方法来“折磨”动物。如果在救治濒临死亡的病人的情况下，非人类中心主义一定是失效的。不仅仅如此，人类为了自身的利益，将昆虫划分成“益虫”和“害虫”，而消灭害虫则是不违背道德的，这一做法无疑是一种讽刺。简单来说，这是一种关于生存的语境，大部分生活在地球上的生物都以其他生物的生命作为生存的必要手段。因而真正的敬畏生命本身就是对生命的不敬畏，这使得非人类主义落到了困境之中。

① Brosnan, Sarah, F. and Frans, B. M. de Waal., “Evolution of Responses to (un) Fairness”, *Science*, 2014, Vol. 6207, No. 346, pp. 314 – 321.

② 参见李秀艳《非人类中心主义价值观与非人类中心主义理论流派辨析》，《社会科学论坛》2005年第9期，第4—6页。

其次，非人类中心主义是违反自然规律的。从岩石、河流湖泊到动植物，自然界的生态系统已经在自身的进化过程中达到了一个相对来说较为平衡的状态，食物链系统就是这种平衡状态的体现。以其他物种的死亡为中介来维护另一物种的存活繁衍是一个十分自然的过程，也是一种维护生态平衡的方法。过度地以其他生命为资源应当被谴责，但若是在伦理上要求我们保护和尊重一切动植物的生命，则有可能破坏生态平衡。

根据这些已知的悖论，我们目前还没有合适的理由接受这一结论。伦理学的主要对象就是人类，人的道德被看成和动物区别开来的重要特点，目前来说，我们还未从低等生物中看到道德可言，因而我们的道德讨论也不应当施加于非人类对象。其一就人性（personhood）来说，尊严这一概念是有人性的人才具有的，而各类人权又来自人类的尊严。我们可能可以承认某些动物也具有一定的人性，但是就微生物而言，它们很显然是不具备人性的。其二是从实践上来看，我们不可能做到给予所有生物和人类一样的权利，我们利用抗生素和各类药物杀死细菌，也从未考虑过细菌的尊严，如果不食用其他生物，人类也很难生存。

虽然合成生物学对微生物的研究可能会产生生物安全和生物恐怖主义的问题，但就微生物的相关研究来说，我们认为合成生物学不会对微生物的尊严构成侵害，而动物实验目前已有相关的动物伦理研究，在此就不再赘述。

就人类尊严来说，尊严的先决条件是一个具有人性的人，而不是纯粹生物学意义上的人类，例如受精卵是否有尊严可能存在疑问，但是一个具备理性能力的人就很可能是真正意义上的人了。美国卫生、教育和福利署的伦理咨询委员会在1979年首次提出14天规则，即体外培育的胚胎不可以超过14天，因为14天使原肠胚开始发育的时间，婴儿的细胞开始分化。[①] 因而受精卵在医学的角度上来看并非都是人，而当14天之后分化的细胞开始发育之后，才能被当作人看待。因而当我们讨论合成生物学是否侵犯人的尊严的时候，这一标准应当适用于伦理学上的人而非生物学上的人。

总的来说，关于尊严的定义目前可以有两种：一种是客观的定义，即满

---

① 参见Pera，M. F.，“Human Embryo Research and the 14-day Rule”，*Development*，2017，Vol. 11，No. 144，pp. 1923－1925。

足“成为伦理学意义上的人”，满足了具有尊严的条件，其具体定义仍在争论当中，但是我们可以先把基本人权，例如人人平等、自由自主等看成满足尊严的条件。[①] 另一种是主观的定义，即某个人对“自身内在价值”的认知。

（二）合成生物学如何可能侵犯尊严？

目前来说，合成生物学对人类的影响主要在于使用合成生物产品治愈人体疾病，和通过改造人类基因来增强人类。前者例如使用大肠杆菌治疗癌症，这类技术不直接更改人类的 DNA，治疗起作用的主要还是通过药物，因而也谈不上侵害人类的尊严。后者有两种方式对人类本身的基因改造，一种是基因编辑治疗，这种治疗方法是将人体中的致病基因通过基因编辑工具对基因进行编辑。另一种是直接对胚胎进行基因编辑，这种方法更彻底地将人变成了“改造人”，使得人从出生开始就是“非自然的”，基因编辑婴儿就是一个典型的例子。

基因编辑婴儿已经在上文详细描述。而从人的尊严角度来说，修改生殖细胞的基因有可能对人类的尊严造成了伤害。“不论是谁，在任何时候都不应把自己和他人仅仅视为工具，而应该永远看作自身就是目的。”[②] 根据康德所提出的第二条绝对命令，每个人都有其内在价值，因此我们不能将他人当作工具利用，基因编辑则在一定程度上打破了这一观念，如果婴儿真的可以定制，有些父母就可能会为了满足自己的需要改变自然基因。虽然 DNA 还不是人，但是 DNA 具有变成人的潜能并且是导致一个人出生的原因，因而改变 DNA 这一行为确实侵犯了人的客观尊严。不过这一侵犯并非发生在早期胚胎阶段，因为当受精卵还不是“人”的时候，也没有尊严可言，只有当它变成人的时候，之前对 DNA 的修改行为侵犯了他的尊严。

除此之外，基因编辑可能会导致一系列后果，例如出现修正并且增强后的人类，这又会加剧社会的不平等。被基因编辑的婴儿可能会得到特殊的“照顾”，其自主权和自由权也受到了侵犯，这些对婴儿基本人权的侵犯也

---

① 参见王福玲《探析康德尊严思想的历史地位》，《哲学研究》2013 年第 11 期，第 81—86 页。

② 汪行福：《从康德到约纳斯——“绝对命令哲学”谱系及其意义》，《哲学研究》2016 年第 9 期，第 77—85 页。

在一定程度上侵犯了人类的尊严。

综上所述，我们对第一个问题的回答是“非人类生命的尊严和人类的尊严有区别，非人类生命的尊严尚不能得到认可。人类尊严是人性的基础，而人权是满足尊严的条件”。因而，我们认为，从伦理学的意义上，非人类生命既然没有尊严可言，合成生物学对非人类生命的研究就可以不从侵犯尊严的角度来考虑，但是考虑到某些动物是具有主观感受尊严的能力，对动物的研究也应当遵循动物研究的伦理。而有可能对人类尊严造成侵犯的合成生物学研究应当受到伦理的监控和规范。我们对第二个问题的答案主要是从基因编辑的角度来回答的，因为目前来说合成生物学最普遍的研究就是对DNA的操作、改造和重新设计，而有可能侵犯人类尊严的只有对生殖基因的编辑，因而针对生殖细胞的基因编辑应该尤其受到限制。

第四节　合成生物学的监管机制及相关的建议

在有关基因编辑婴儿的风波中，一方面是对该行为的强烈谴责，另一方面是呼吁更加完善的监管和法律措施。早在基因编辑婴儿风波之前，我国的伦理和监管制度已然显露出一些缺陷。在2015年，广州中山大学的黄军副教授就已经开始对人类胚胎基因进行编辑，由于伦理问题，他们的文章也被拒稿。即使他们的工作选择了不能正常发育的人类胚胎，但是这一做法仍然引起了很强的国际反应。由此可见，我国的监管机制和伦理委员会还需更进一步加强和改善。

从监管的角度来看，目前存在两种监管模式，其一是基于先行原则的监管模式（proactionary principle），其二是基于防范原则的监管模式（precautionary principle）。前者遵循“先做再说”的原则，即先不对科学技术的发展进行限制，相信伦理问题能够随着科技的发展解决。后者认为为了防范风险，需要预先对科学技术所可能产生的风险和安全问题进行讨论和研究，厘清责任和风险并且对科学技术的发展进行管控和防范，预防可能发生的安全事件。

建立合成生物学相关的伦理委员会或者监管机构就是一种基于防范的监管模式。发达国家如德国、美国、欧盟等国家和组织都有合成生物学的监管机构和国家伦理委员会。美国在20世纪70年代才开始重视科研监管，在对黑人梅毒患者进行长达40年的研究被曝光后，美国建立了总统生物医学研究和行为研究委员会，并在1981年联合政府部门签订了《共同法则》(*Common Rule*)。[①] 共同法则联合了17个联邦政府部门，该法则规定了政府资助研究的伦理准则，几乎所有的美国学术机构都遵守了共同法则提出的伦理要求。

2009年奥巴马总统上台后，该委员会更名为生物伦理问题研究总统委员会（Presidential Commission for the Study of Bioethical Issues），在此之前，克林顿总统创立的机构是国家生物伦理咨询委员会（NBAC：National Bioethics Advisory Commission）。[②] 2010年12月，该机构发表了一篇名为《新方向：合成生物学和新兴技术的伦理学》(*New directions*：*The ethics of synthetic biology and emerging technologies*)[③]，提出了五项建议。

1. 公众受益原则。公众受益原则指的是在最大化民众受益的同时最小化相应的风险。这条原则意味着社会和政府都应为促进个体行动和机构实践负责，这些行动和实践包括进行科学的和生物医药学的研究，从而提升民众的福利。与此同时，政府也应当对其可能造成的风险持有谨慎的态度。

2. 负责任的管理原则。不管是国内的还是国际的社区和机构，都应该对那些尚不能代表自己的人们（儿童和下一代民众）负责任，同时也应该以对下一代赖以生存的环境负责任。管理者应该足够警惕和谨慎，建立评估合成生物学项目的受益和风险的程序。这种程序应当能够持续地检测技术的安全性和安保性，必要的时候应当能够限制其使用。

3. 学术自由和责任。而学术责任和学术自由是民主的基础。个人和机构应当在道德允许的层面上发挥他们的创造潜力，从而尽到他们的学术责任。科技的进步是持续和专注的智力探索所带来的结果，当很多新兴科技带

---

① 参见 Common Rule，https：//ori. hhs. gov/education/products/ucla/chapter2/page04b. htm。

② 参见 National Bioethics Advisory Commission，https：//bioethicsarchive. georgetown. edu/pcsbi/history. html。

③ 参见 Presidential Commission for the Study of Bioethical Issues，*New Directions*：*The Ethics of Synthetic Biology and Emerging Technologies*，DC：Presidential Commission for the Study of Bioethical Issues，2010，p. 3。

来“两用性”的担忧的时候——意图带来益处的新科技被用来造成伤害——仅仅是这种风险还不足够限制学术自由。委员会（指的是总统委员会）采取“经济监管”（regulatory parsimony）的方式来管理，只有当有必要确保新科技是公平的、安全的、安保的时候，才采取相应的监管。这对这些新出现的科技来说相当重要，因为它们还在形成的阶段，不适合受到严峻的监管限制。

4. 民主评议。民主评议也是一种协同决策的方法，它可以提供一些值得尊重的反方意见，也可以包括活跃的公众参与。它呼吁民众和民众代表之间的协同工作，从而达到意见的一致，也呼吁互相的尊重。公众与利益相关者之间的讨论和辩论可以促进结果的合理性，即使这种结果不能让所有人满意。一个包容性的审议程序可以形成讨论和辩论的氛围，并且可以在矛盾意见发生的时候培养互相尊重的精神。它也能促进参与者吸收和采取社会各方面的意见。

5. 公正和公平原则。公平公正原则涉及利益的分配的风险的分担。新的科技，特别是合成生物学，必然能带来相应的利益和风险。每个国家都应该保证它带来的利益是公平的，风险的分担是公正的。

2009 年 12 月，欧盟科学和新技术伦理学研究组（EGE：European group on ethics in science and new technologies to the European commission）发表了有关合成生物学的伦理学报告《合成生物学伦理学》（*Ethics of synthetic biology*），这份报告划分了概念性的伦理问题和非概念性的伦理问题。该报告就合成生物学可能产生的影响提出了 18 条建议，包括生物安全、生物恐怖主义、知识产权等问题。鉴于篇幅问题，本研究仅列出关于生物安全的前三项建议以供参考。

1. 研究组建议任何关于合成生物学的使用都应该在我们所提到的相应的安全问题的基础上进行。

（1）欧盟应该对目前的风险评估进行研究，研究应该调查相关的生物安全程序，调查目前监管的漏洞以有效的评估合成生物学的新产品，提出填补监管漏洞的机制。

（2）风险评估的程序应该由欧盟内的权威机构执行，如 EC，EMEA，EFSA 等机构。

（3）在欧盟中，合成生物学的研究和产品的销售也应当是有条件的。

2. 研究组建议，当生物安全的规则建立后，欧盟可以开始在国际上开展一次国际辩论，以推进制定标准化的生物安全方法，方法适用于公共和私人资助的研究。检测这些方法实施的措施应当被视为生物安全规则的重要部分。

3. 研究组建议合成生物学的微生物产品应该具有相应的规范，规范应该保证合成生物学的产品在被意外释放到环境中时不会自主生存。

2012 年，美国地球之友（Friend of Earth U. S）、国际科技评估（International Center for Technology Assessment）、ETC 集团联合全球 111 个组织呼吁政府在监管措施落实之前，暂停合成生物及其产品的释放和使用。在其发表的报告《合成生物学的监管原则》中，共提出了 7 条监管原则：（1）施行基于防范的监管模式；（2）提出强制的合成生物学专项规范；（3）保护公共健康和职工的安全；（4）保护环境；（5）保证公众的参与权和知情权；（6）要求企业和工厂负担责任；（7）保护经济和环境的公正。

相比之下，我国缺乏专业的伦理审查委员会，履行伦理委员会职责的有国家市场监督管理总局、国家卫生健康委员会等机构。没有专门的伦理委员会，就会导致审查力度不够，审查范围不够全面等问题。近年来，相关学者也在呼吁完善的合成生物学监管机制。中国科学院的李真真等人认为我国的伦理监管仍然停留在“做了再说”的基于先行原则的监管模式，因而我国应当从“先行模式”转变为“防范原则”，即在做研究之前先充分评估研究的风险，再进行研究。他们提出了五项建议：（1）设立专业的国家伦理审查和监督机构；（2）建立适当的跨学科平台；（3）自我管理和政府监管相结合；（4）加强对合成生物学研究人员的伦理教育；（5）实施科普工作，积极争取公众理解和支持。[①] 除此之外，华中科技大学的欧亚昆在其博士学位论文《合成生物学的伦理问题研究》中也提出了五项原则和十二条建议。其中五项原则分别是（1）普遍福利原则；（2）前瞻性的责任原则；（3）适

① 参见李真真、董永亮、高旖蔚《设计生命：合成生物学的安全风险与伦理挑战》，《中国科学院院刊》2018 年第 11 期，第 1269—1276 页。

度的学术自由原则；（4）公共沟通原则；（5）公正原则。[①]

一　合成生物学的监管原则

在总结国内外的伦理学家和伦理机构的监管建议后，本研究认为从目前来看，有几个重要的监管原则应当得到强调。从我国的合成生物伦理学发展来看，如下四个原则是值得考虑的：基于防范的监管模式，公共利益原则，公平和公正原则，保护人格尊严的原则。

第一是基于防范的监管模式。从伦理的角度看，合成生物学的伦理问题可分为概念性问题和非概念性问题，其中非概念性问题即生物安全问题，应当是首要被关注的。与概念性问题相比，生物安全问题直接和社会和国家的利益相关，而且不论是公众还是科学家，所讨论和关切最多的也是生物安全问题。因而监管原则的第一条，应当是基于防范的监管模式。与基于先行原则的防范模式相比，这是一种更为保守、风险更低监管模式。伦理委员会的建立本身就是一种基于防范的监管模式，我国目前专业的生物伦理委员会机构建设尚不完善，因而对于目前我国的生物伦理学发展来说，这一条建议是最紧迫的，也是最先应当被考虑在内的。

第二是公共利益原则。公共利益指的是在提高合成生物学带来的公共利益的同时尽可能降低其风险。合成生物学的诸多应用，包括医学、食品、交通、衣物、生物燃料等都能为大众带来相应的福利，因而从公共福利的角度出发，这些合成生物学的研究应当得到更多的支持，同时个体和团体所参与的合成生物学研究也应当得到鼓励。

此外，涉及知识产权问题时，例如知识产权和公共福利的矛盾问题时，优先考虑公共利益。知识产权之所以和公共福利之间产生矛盾，是因为如果要让合成生物学的产品服务全人类，其知识和技术必须要共享。如果某一公司垄断了某项和人类利益相关的重要合成生物学技术，则会不利于人类的发展和福祉。要求人们放弃合成生物学的知识产权自然是不可能的，因而更好的方式是通过政府、企业和民众的通力合作，提出另外的替代方案。

第三是公平和正义的原则。2010 年 12 月美国的生物伦理问题研究总统

---

① 参见欧亚昆《合成生物学的伦理问题研究》，华中科技大学，2017 年。

委员会在其《新方向：合成生物学和新兴技术的伦理学》中关于合成生物伦理的五项基本原则就有提到公平和正义的原则："公平和正义的原则涉及社会的责任和利益地分配问题，工程技术例如合成生物学，不论是为了好的或者坏的目的，皆能够影响所有的人。社会作为一个整体应当寻求合理的利益分配，无论是个人还是机构都应该避免不公正的利益、责任和风险分配。这一声明也适用于全世界所有可能被该技术所影响的人或物——无论是积极的还是消极的。"①

公平和正义的概念是相当接近但是不同的两个概念。通常，正义的含义要比公平的含义广泛。一种正义的形式是分配正义，指的是在一个社会中平衡地分配善和恶。公平则是正义的一种具体表现，哲学家罗尔斯（John Rawls）将体现正义的公平看作在一个社会中个人和集体享受均等的自由和机会。因此，在合成生物学中所指的公平和正义原则，宽泛地来说，就是利益和责任如何被集体和国家共享。这就意味着政府应该合理地评估某项合成生物学的技术，使得它的利益被公正地分配到个人和团体当中，而其所带来的风险也不应当被不公正地分配。

第四是保证人格尊严的原则。基于上文的讨论，保证人格尊严意味着保护人类个体或团体的自主权、知情权、完整性不受侵犯，保护人类免受不公正的待遇，使每个人都能感受到自身的价值。这项原则主要是为了防止基因编辑技术在人类中得到不当的利用，也是为了保护人类被试的利益和人格。遵循保护人格尊严的原则意味着任何个体和组织不应当利用合成生物学的技术，利用人类器官或人类婴儿作为商业用途；在进行关于人体的合成生物学研究时，所有的人类被试都应当被详细地告知潜在的风险和利益；限制人体增强技术的使用，只允许在科学研究的范围内使用人体增强技术。

二　合成生物学的监管建议

基于上述几条伦理准则，结合我国目前合成生物学的伦理发展状况，本研究认为以下建议可以考虑。

---

① Presidential Commission for the Study of Bioethical Issues, *New Directions: The Ethics of Synthetic Biology and Emerging Technologies*, DC: Presidential Commission for the Study of Bioethical Issues, 2010, p. 3.

1. 建立专门的伦理审查机构。美国、欧盟目前已有相对成熟的监管机制和监管部门，伦理审查的体制也较为成熟，缺乏专门的伦理委员会是我国较为落后的方面。建立专门的伦理委员会，能够为我国带来诸多利益。

首先是在科研方面国际地位的提升。目前来说，我国在合成生物学相关的伦理讨论中处于相对失语的状态，伦理学的发展主要来自国外，专门的伦理委员会可以担任国际交流和分享的职责，对提升我国的话语权大有裨益。其次是伦理学研究的发展。伦理委员会的成员一般由参与合成生物学研究的科学家、伦理学家和政府部分联合构成，因而伦理委员会也需要履行合成生物伦理学研究的责任，从而促进我国科研伦理的发展。最后，伦理委员会专门负责合成生物学研究的伦理审查，在通过伦理审查之后，相应的研究才能获得批准。对于违反研究伦理的科学家，委员会能起到威慑和惩罚的作用。

2. 鼓励科研单位自我监督、自我审查。科研单位内部成立伦理监督办公室是另一种防范合成生物学伦理问题的有效机制。中国的科研机构林立，课题众多，伦理委员会很难顾及所有的课题研究。科研单位内部的伦理办公室能够更有效率地处理内部的伦理问题，也能减轻伦理委员会的工作负担。伦理办公室需要和科研单位本身没有利益关系，其成员也应当有相对的流动性，以保证公平公正。

3. 加强对科研人员的伦理教育。有些从事合成生物学的科研人员可能自始至终也没有受到过专业的伦理教育，科研伦理流于表面。伦理教育可被视为科研人员的准入标准，要求所有的科研人员都在接受过伦理教育之后参与正式的研究。

4. 规范研究经费的使用。应当同时鼓励应用研究和基础研究工作，避免将经费浪费在风险较高的，尚不成熟的研究工作中。应用研究能够为国家带来一定的经济利益，合成生物学的各类产品，例如生物燃料、青蒿素和基因编辑技术都能够相当大地提高社会整体的运行效率，从而产出经济效益。而基础研究的突破则决定了应用研究能够达到的高度，同时也能帮助人类揭开生命的奥秘。风险较高的，尚不成熟的研究工作，例如人类胚胎的基因编辑，应当不给予科研经费，或经过评估后给予适当的科研经费。

第五节 结论

合成生物学近年来的发展十分迅猛，同其他新兴的科学技术一样，它在发展和进步的同时也伴随着相应的社会风险和负担。合成生物学之所以能够带来一定的伦理问题，其主要原因有两个方面。（1）合成生物学的研究思想是关于改造生命的，特别是强调自下而上的从头合成生命。在我们尚没有揭开生命的奥秘之前，我们无法预测人工合成的新生命的性质和行为，这种技术具有一定的不可控性和不可预测性。（2）合成生物学侵入了“上帝的领域”，这一入侵不仅仅是取代了“上帝”的工作，也将具有一定神秘性的，有尊严的生命拉入了显微镜下进行拆解，我们对于生命的认知和观念的改变可能会影响我们的世界观和价值观。

本研究对关于合成生物学可能带来的伦理学问题进行了详细的讨论，首先简述了合成生物学的历史，指出了合成生物学有可能带来的利益和风险。合成生物学的应用十分广泛，具有代表性的产品例如青蒿素和生物燃油，让我们看到了合成生物学能够改变世界的力量。同时，基因编辑是一件危险的武器，它在治愈人类遗传疾病的同时也能够带来健康风险和伦理争议。

按照欧盟伦理委员会的分类，本研究依然从概念性伦理问题和非概念性伦理问题两个方面来讨论。在非概念伦理问题上，本研究重点讨论了基因编辑的安全问题和知识产权的问题。基因编辑技术目前虽然已经较为成熟，但是还没有必要使用到编辑人类胚胎当中，且存在未知的风险，目前来说应当严格禁止基因编辑婴儿。知识产权和公共利益是矛盾的双方，主张保护知识产权和主张知识共享两者都有相应的理由，寻求中间出路是最好的办法。在概念性的伦理问题上，本研究重点讨论了合成生物学如何可能侵害了生命的神秘性和尊严，以及如何改变了人们对生命的看法。本研究认为无须考虑微生物的尊严，反驳了非人类中心主义的观点。

第三十八章
人工生命伦理问题研究

第一节　引言

生命的本质是什么？人类是否有权“扮演上帝”来创造生命？生命肇端于何处又将走向何方？这些都是人类有史以来不断探索和寻求的“生命之问”。人工生命经过诞生以来三十多年的发展，引发了各学科基于不同视角的关注，成为自然科学、哲学社会科学的学术研究增长点。

作为人工生命的两种版本，存在于虚拟空间的“数字生命”和现实空间的“机器人”成为伦理学学科研究中的两个热点问题。人们对当前人工生命的发展寄予厚望，猜测“数字生命”和“机器人”可能突破“自我意识”的界限，并对款款走来的“后人类世”寄予前所未有的希望和梦想。这也使人工生命研究专家对“数字生命”和“机器人”可能引发的伦理风险深表忧虑。因此，一方面，作为利益相关者的重要组成部分，无论是科学家、技术人员，还是政策决策者，都需要具有前瞻性意识，对这些问题进行深刻反思，并且制定出相应的伦理准则和社会规范；另一方面，虽然人类在科学实践领域制定伦理规范的传统具有悠久的经验，并不断在时代发展中日臻完善，但是纵观历史，其中辛劳并非一帆风顺，实践的道路更是羁绊坎坷、荆棘密布。如果我们想要对人工生命伦理问题展开系统思考，那么我们应该在借鉴其他学科的历史经验的基础上，对道德规范本身提出的问题有一个现实的理解。

本研究以作为伦理关护的“agent”为出发点，对虚拟的人工生命形式

（数字生命）和实体的人工生命形式（机器人）的伦理挑战进行分析和论述，尝试以一种积极、进步、合理并有前瞻性的伦理学研究方法，针对人工生命技术目前的应用现状所凸显的伦理问题寻求相应的解决方案，旨在为人工生命的伦理问题研究提供整体性思考并获得有益性启示。

本章分为四个部分：第一部分阐述人工生命研究的兴起及其伦理意蕴，从人工生命及其进化、作为自治 agent 的人工生命、作为伦理关护对象的人工生命三个方面，对人工生命的伦理意蕴进行探讨；第二部分分为两个模块，分别就虚拟的人工生命形式（数字生命）和实体的人工生命形式（机器人）的伦理学挑战进行论述；第三部分以伦理设计方法为主要视角，从技术中介的伦理设计方案、预期使用环节中的设计方案、“道德物化”的设计方案、语境中的伦理准则、跨文化多样性参与方案五个方面阐述人工生命伦理挑战的解决途径；第四部分为整个研究的启示和结论，从科学方法论的视角来分析人工生命推动伦理学研究“从经典伦理学到非经典伦理学”的转向。

第二节　人工生命研究的兴起及其伦理意蕴

一　人工生命及其进化

（一）人工生命研究的兴起

20世纪六七十年代，人类破译了遗传密码，遗传工程有了重大突破；80年代，人类开启了测定人类基因组碱基序列的伟大工程。随后，生物学开始寻求使用人工方法来合成新的生命形式。诚然，以碳基质料为生命物质基础的合成生物学是“人工生命”形式，然而，随着计算机科学的迅猛发展，直到20世纪80年代末，我们开始跳出“碳基质料是生命唯一组成物质”的思维禁锢，在虚拟计算机空间的“硅基环境”中寻求人工生命的创造，这一新兴领域在国际上被称为“人工生命”研究领域。

美国著名跨学科复杂性研究中心圣菲研究所（Santa Fe Institute）是人工生命研究的孕育地。1987年，美国墨西哥州的洛斯阿拉莫斯召开的“关于生命系统合成与模拟的跨学科研讨会”，即第一届国际人工生命研讨会，标志着“人工生命研究领域的诞生”。[①] 此后每两年召开一次国际会议。经过30年多年的发展，该学科已经吸收各国研究专家和学者围绕人工生命的生物学、计算机科学、人工智能、认知科学、哲学、伦理学、社会学等领域开展研究，成为一门非常重要的新兴学科。

（二）人工生命对生命本质的解读

“人工生命”的学科创始人，被誉为“人工生命之父”的兰顿（Langton）认为，人们不应局限于“地球上碳基生命”框架来开展生物学研究，“在可预见的未来，基于不同物理化学性质的生物体不太可能出现在我们面前供我们研究，所以我们唯一的选择就是尝试自己合成可替代的生命形式”。

兰顿结合还原论（reductionism）和功能主义（functionalism）对生命进行了定义：“生命是一种形式的属性，而不是物质，是物质组织的结果，而不是存在于物质本身的某种东西。核苷酸、氨基酸和任何其它碳链分子都不是‘活着的（alive）’，但它们以正确的方式组合在一起，它们相互作用产生的动态行为就是我们所说的生命。生命的基础是功能效果（effects），而不是组成物（things）——生命是一种行为，而不是一种物质材料（stuff）。”[②] 总之，生命是“形式的”，而非“物质的”。

（三）人工生命研究的本质

生命与非生命之间的区别，或者生命的本质是什么，这些都是生物学和哲学中关键的问题。人工生命的生物学是一种新的生物学，即遗传因素多于环境因素（认知因素多于行为因素），且与自治的（autonomous）、自我再生的生物体相矛盾的编程生物体（programmed organisms）。人工生命的生物学功能还在于颠覆了现代科学性、客观性和超越无实体主体的认识论向度。人类追溯了人工生命从建构主义到自然主义的转变。

从“人工生命”的概念看，兰顿把“人工”和“自然”两个看似矛盾的辞藻创造性地组合在一起来命名这个新兴学科，就蕴含着“人工生命”研究的内部矛盾，即“人工创造”和“自然演化”之间的矛盾。

人工生命的研究人员赞同通过“涌现”（Emergence）这个关键概念来

---

① 李建会、张江：《数字创世纪：人工生命的新科学》，科学出版社2006年版，第3页。

② Boden, E. B. M. A., “The Philosophy of Artificial Life”, *Oxford Readings in Philosophy*, 1996.

了解极具建构主义的“人工”生命，他们支持计算机的生成能力和保护一种数字自然主义的形式。“涌现”的属性赋予计算机并不是一种“神秘”的力量，而是生命进化的力量。计算机进化生命的能力是明确肯定处于正在进化的事物，即进化程序的进化与进化本身的过程之间是平行的、并行的。

作为一种生物学的合成方法，人工生命的目标不仅仅是“简单地”重构“生命状态”（the living state）。它的目标是合成“从病毒的自组装到整个生物圈进化的所有生物现象”。这些现象的合成不必局限于碳链化学，而且很可能导致“超越‘如吾所识的生命（life-as-we-know-it）’，进入‘如其所能的生命（life-as-it-could-be）’领域”。[①] 作为类生命体（lifelike）行为的生产者（generator），兰顿对人工生命是如何在体外（in vitro）创造生命的问题进行了概述，认为“这为我们开辟了碳基化学领域内其他替代生命形式的可能性问题”。重要的是将当代生物技术和基因工程（如克隆、转基因和异种移植）的最新发展纳入更广泛定义的人工生命框架内。然而，对兰顿来说，在体外创造生命需要昂贵而复杂的基础设施（infrastructure），而且最终无法为可能的生命形式提供足够新的信息。另一方面，计算机为“硅基”（in silico）生命的创造提供了一种相对廉价和高效的媒介。这里的主要附带条件是：生命必须用纯粹的信息术语来理解或定义。

该方式的核心问题：人工生命是简化分子生物学（reductionist molecular biology）和更全面的自创生物学（holistic autopoietic biology）的结合模式。当人们无法预见一个计算机程序的运行结果时，那么该运行结果也就变得客观化（be objectivized）；“作为技术科学的‘自然’而进行‘科学的’研究”。因此，人工生命编程打开了一个新世界，探索着全新的对象，并有效地将建构主义转化为自然主义的主题或证据。

（四）数字生命的进化模式——以 Thomas Ray 的“Tierra”为例[②]

我们跳出“碳基形式”的窠臼来重新定义生命，本研究以特拉华大学的热带雨林专家托马斯·雷（Thomas Ray）编写的“Tierra”数字生命模型

① 李建会、张江：《数字创世纪：人工生命的新科学》，科学出版社 2006 年版，第 9 页。

② 参见李建会、张江《数字创世纪：人工生命的新科学》，科学出版社 2006 年版，第 58—75 页。

为例进行阐释说明：把计算机的CPU（中央处理单元）看作数字生命体的能源来源，其中CPU是“能量（energy）”来源，RAM是数字生命体生存的“空间（space）”。

正如生物体的选择是基于它们对自然资源（如空间）的竞争能力一样，“复制算法”（replicating algorithms）通过成功竞争“内存空间”而生存。[①]“根据物理环境（physical environment）的本质，隐式适应度函数（the implicit fitness function）可能有利于生物的进化，这能以更少的CPU时间进行复制，事实上，这确实发生着。”然而，“这个系统的大部分进化是由发现如何彼此利用的生物所组成的”。这些竞争性的“生物”没有栩栩如生的物理形态——没有“表现型（phenotype）”——而是完全由机器指令组成的。它们是自我复制的程序或算法。雷（Ray）将第一个或原始生物称为“祖先”，其80条机器指令被称为“基因组（genome）”。进化的过程是通过将一块RAM（随机存取记忆体）的“汤（soup）”与“具有80条指令的祖先基因型的单个个体”进行“接种（innoculating）”合成的，由此看来，雷创造生命的愿望带着些许圣经的意味。事实上，甚至可以说，雷表达了宗教和科学之间的一种张力，即一方是“创世纪”，另一方是“自然选择”。由此可见：人类不仅创造了生命，而且创造了生命进化的环境。数字生命并不是生活在一台真正的计算机中，而是生活在一台带有虚拟操作系统的计算机中。

总之，作为一种生物学的合成方法，人工生命的目标不仅仅是“简单地”重构“生命形态”。它的目标是合成“从病毒的自组装到整个生物圈进化的所有生物现象”。这些现象的合成不必局限于碳链化学，而且很可能导致“超越‘如吾所识的生命（life-as-we-know-it）’，进入‘如其所能的生命（life-as-it-could-be）’领域”。因此，“生命是形式的属性而不是物质”的观点对该领域产生了更显著的影响。生命的“信息”概念的出现促使人们思考生物有机体和机器之间的类比，也由此断言：机器和人工生命都是“真实的生命”。

---

① 参见Kember，Sarah，*Cyberfeminism and Artificial Life*，Routledge，2003，p. 67。

二 作为自治 agent 的人工生命

麻省理工学院的帕蒂·梅斯（Pattie Maes）是自治行为体（autonomous agent）和适应性自治行为体（adaptive autonomous agent）研究的领军人物之一。她认为，行为体（agent）是一个试图在复杂、动态的环境中完成一组目标的系统，“如果一个人工物能够自己决定如何将传感器数据与电机指令关联起来，从而成功实现其目标，那么我们就可以把其看作是自治的（autonomous）”。[①] 如果一个行为体（agent）能够随着时间的推移改善其目标导向的行为，或者换句话说，从经验中学习，那么它就是适应性的。

自治行为体（autonomous agents）研究的主要目标反映了人工生命的主要目标：增进对“如吾所识的生命（life-as-we-know-it）”原则的理解，并利用这些原则创造“如其所能的生命（life-as-it-could-be）”。在此，该原则被规定为“自适应的、强健的、有效的行为”，这将自治行为体（autonomous agents）研究摆在了介于“人工生命”和“人工智能”之间。让它更接近人工生命而不是人工智能的是强调“具身化（embodiment）”和适应性行为的“涌现（emergence）”。行为体（agents）位于环境情境中，这就导致了可能的涌现复杂性。

在本研究中，具身化（embodiment）指的是在硬件（如“现实机器人”）或软件（如“虚拟数字生命”）中建模自治行为体（autonomous agents）的“体系结构”（architecture）（工具、算法和技术）。梅斯（Pattie Maes）还指出，在“扩展”（scaling-up）到更高的复杂性和实现涌现潜力方面仍存在一些问题，其中，行为体（agent）的架构具有独特的灵活性，并且在建构自治行为方面取得了一些成功。同样有趣的是，她把行为主义的主要影响看作一个限制因素，并建议“采取一种在行为性上（ethologically）更具启发的学习方法能够学到很多东西”。很明显，她自己对自治行为体（autonomous agents）的娱乐应用的研究是建立在对动物行为研究基础上的。

在《人工生命遇见娱乐》（*Artificial Life Meets Entertainment*）一文中，梅

---

① Maes, P., “Modeling Adaptive Autonomous Agents”, *Application Research of Computers*, 2014, Vol. 1 -2, No. 1, p. 136.

斯（Pattie Maes）描述了人工生命在娱乐领域中的诸多应用，包括名为自主对话的行为体（an autonomous conversing agent）“朱莉娅（Julia）”，以及她参与开发的“人工生命互动视频环境（Artificial Life Interactive Video Environment，ALIVE）”项目。这是“一个虚拟的环境，在该环境中，人类参与者与‘活的’自治行为体的虚拟世界进行无线全身交互”①。这些行为体（agents）是模仿诸如木偶、仓鼠、捕食者和狗等动物行为。仓鼠、捕食者和狗表现出传统动物行为，而该木偶被拟人化，表现为人类行为，比如与他人握手，模仿他人动作，并能够表现出喜怒哀乐的“情感”。

如果将具有能动性的行为（agency）归因于“自治的”类生命体意味着什么呢？这些“类生命体（lifelike）”究竟离人类、成人、本能的性别还有多大距离？帕蒂·梅斯（Pattie Maes）、丹尼尔·丹尼特（Daniel Dennett）、大卫·黑格（David Haig）、谢里·迪根（Sherry Turkle）、凯文·凯利（Kevin Kelly）等人对自治行为体（autonomous agents）于1995年在美国塔夫茨大学（Tufts University）举行的“人工智能和达尔文主义研讨会”上对该问题进行了探讨，聚焦伦理学、责任感和控制力等重点问题的探讨。

其中，梅斯对其构建行为体（agent）或智能系统（intelligent systems）的尝试进行了概述，“这些行为体或智能系统执行实际目的，并真正帮助人们处理计算机世界的复杂性，例如，通过万维网为特定用户搜索有趣的文档”。这些行为体（agents）将从用户那里观察和学习，并根据其有用性进行复制和进化。适合性（Fitness）是由有用性决定的。行为体（agent）经常在“非计算机世界”中使用，并且通过接受委托任务或代表“委托人”与第三方交互的方式发挥功能和作用。

然而，被誉为“赛博文化”发言人和观察者的凯文·凯利表达了其不同的观点，他认为“这些行为体（agent）是缄默无力且数量庞杂的”。根据他的说法，我们面对的问题是：“这是一种生态，一些‘不可名状’的东西在虚拟空间里代表着你，代表着你的思想，它们乐在其中进行永不停歇地复制、增殖和变异，并且摆脱控制的窠臼凸显出自主性，这为人类带来了一阵

---

① Maes，P.，“Artificial Life Meets Entertainment：Lifelike Autonomous Agents”，*Communications of the Acm Cacm Homepage*，1995，Vol. 11，No. 38，pp. 108 – 114.

骇人听闻的思想飓风，但却不失为一种有益的实践。”事实上，即使有可能控制你自己的行为体（agent），但是却不可能控制别人。他对已经收集到的大量关于其政治观点、事件、消费模式等方面的信息深表担忧。

此外，凯文·凯利认为，在自治行为体（autonomous agents）的生态系统中保持问责制（sustain accountability）是行不通的，这意味着人工智能/人工生命（AI/ALife）的进化效能（efficacy）实际上可能是有限的。[①] 因此，凯利对进化论的基本观点进行了重新审视和评估：“我抛开了原有僵化的思维模式，拓宽到了一个更广泛的思想共识，即演化仅仅是一种行为的方式，而不是其它。换句话说，演化可能是获得复杂性事物的方式，但我想知道的是：我们是否能够通过演化的方式得到我们想要的一切事物。”[②]

因此，我们需要一种社会实践或环境，在这种环境空间中能够使“计算式生物”（computational creatures）的物主身份（ownership）和责任（accountability）成为可能。正是由于至今还没有人能够真正进行过社会实践。本研究认为正是由于这些事物孤立隔绝于社会实践之外的这一事实，才造成了上述诸多伦理问题。

三 作为伦理关护对象的人工生命

我们把人工生命形态分为虚拟版本的“数字生命”和现实版本的“机器人”两种类型，在探讨人工生命的伦理问题之前，首先要解决两个基本问题：其一，“数字生命”和“机器人”是否符合“道德行为体（moral agent）”标准；其二，若符合标准，如何跳出人类中心的窠臼，在“人—物”交互的“道德共同体”中，确立“数字生命”和“机器人”的道德地位。我们带着这两个问题进行如下探讨。

（一）两种人工生命类型能否作为“道德 agent”的“定位”问题

本研究把人工生命形态分为虚拟版本的“数字生命”和现实版本的

① 参见 Kelly, K., *Out of Control: the New Biology of Machines, Social Systems, and the Economic World*, Basic Books, 1994。

② Radick, G., “The Century of the Gene”, *Heredity*, 2001, Vol. 5, pp. 639 - 640.

“机器人”两种类型。纵观伦理学史，把“技术人工物”[①] 看作一种完全意义的“道德行为体”与人们所持有的传统伦理观念相悖。对于我们是否能够赋予“数字生命”和“机器人”以道德行为体的伦理地位问题，主要有以下三种立场。

1. 只有符合一定“标准”的“物”才是道德行为体

当一个实体能够引发伦理上的善恶时，那么该实体就可以称为一个道德行为体。这种方法推出的结论是：一个技术人工物能够称为道德行为体，是因为它能够通过道德评价和伦理效应途径“做出”或“引起”道德上的善恶。这种方法极具创建性，但是由于该方法只适用于一些有限的技术人工物，因此其标准又具有局限性。根据弗洛里迪和桑德斯所设立的标准，并不是所有兼具“交互性”“自治性”和“适应性”等伦理意蕴的技术人工物都有资格称为“道德行为体”。

2. 只有处于行为体交互关系中的“物”才是道德行为体

法国社会学家拉图尔（Bruno Latour）聚焦更为广泛的“人工物行为体”（artifactual agency），以完全不同的一种方式赋予技术“物”以道德行为体的地位：人和非人实体都可以成为“行为体”（agents），非人类型的“行为体”可以通过塑造道德行为的形式体现其道德性和伦理意蕴。

拉图尔认为，非人实体也可以成为道德行为体，技术物的道德性需要放置在“行动者网络理论”中进行解读，并在此框架下理解所有实体之间的关系。从这个角度看，技术人工物“本身”不具有道德行为体的固有特性；相反地，当人类使用技术“物”时，此时的“道德行为体”不仅仅指人类，也包含了非人类的元素。总之，该代表性观点认为，技术人工物仅仅在与其他行为体的交互关系中才“具有”道德行为体的地位。

---

① 为方便下文探讨，本研究把人工生命的虚拟“数字生命”和现实“机器人”两种类型纳入“技术人工物”（technological artifacts）范畴下讨论其伦理问题，以下“物”即指“技术人工物”（technological artifacts）。“技术人工物”（technological artifacts）作为一种用具，它是观察者和使用者有目的的认知，是制造者依照明确的意图，有目的地制造出来的用具。“技术人工物”区别于“人文人工物”：从功能上讲，“技术人工物”是具有满足人们物质生产和生活，如衣、食、住、行、用、交通的人工物；“人文人工物”是具有满足人们精神需求的人工物，如电影器材、电视机、游戏软件、虚拟影像、赛博空间物等。在现代技术哲学的“经验转向”以后，伦理学家关注“技术人工物”是在广义“物（things）”的视域下进行探讨的。

3. 只有“人—非人”组合的混合实体才是道德行为体

摒弃万物有灵论的观念，在解决技术人工物的道德意蕴上引入技术人工物的中介角色，把技术“物”纳入“道德行为主体”范畴内重新考察实为另辟蹊径，不失为一种有益的尝试。为此，这里可以通过道德中介的概念对“物”的道德行为进行更为成熟完备的理解和诠释。

该观点认为：（1）意向性很少被纯粹看作专属人类的，而大多被看作人与技术人工物相互结合的；（2）“自治性”不应当被理解为“对行为体不需要施加任何‘外部’影响”的观点，而应当被理解为“对外界产生影响和中介‘物’的一种全新实践”。[①]

（二）两种人工生命类型能否作为“道德 agent”的“标准”问题

在我们探讨如何对虚拟版的“数字生命”和现实版的“机器人”进行道德“定位”问题之后，我们需要进一步就“道德行为体”标准确立技术人工物的伦理地位问题。以下我们选取道义论、结果论两种规范伦理学派对“物”道德行为体的“标准”进行深入分析和解答。

1. 从道义论看“物”的道德行为体的“标准”

无论虚拟版的“数字生命”还是现实版的“机器人”，都属于“非人实体”。道义论认为，由于非人实体不具有理性，因此不能围绕非人实体来定义道德行为体，相反地，只有具有理性力量的人类才能称得上是道德行为体。我们可以从康德的“绝对命令”[②] 来阐释数字生命和机器人这类“物”的道德意蕴，因为“只有按照这条箴言进行行为才能成为一个普遍法则”。从中可以看出，除了具备高级人工智能形态的技术人工物之外，技术“物”显然是无法遵循和满足这些必要条件的。但是，这并不一定意味着道义论在道德行为体标准上否决一切非人实体的可能。事实上，道义论只是表达了“人工物‘本身’不构成道德行为体，不具有道德行为体的地位”的观点。反观上文所述，我们都是基于技术中介的道德行为和道德决策来确立技术人

① Verbeek, Peter-Paul, *Moralizing Technology: Understanding and Designing the Morality of Things*, The University of Chicago Press, 2011, pp. 58 –59.

② 康德的“绝对命令”，三种表达式：第一，只有你的行为能被普遍地作为行为准则的时候，你才能做这样的行为；第二，把每个人都当成，不仅仅是通往自己目的的手段，而是本身存在着目的的个体；第三，理性的人必须把自己的行为当成在追求目的的王国里的法则。

工物的伦理意蕴和伦理地位的，而不是就其独立的道德行为体“本身”来探讨其伦理地位。

拉图尔通过对“绝对命令”进行“对称”补充的方式，把康德的伦理学框架扩展到非人类的领域。实际上康德在《道德的形而上学》一书中就做出了有关“绝对命令”的普遍道德律和行为最高原则的阐释。在道德律上，康德的“绝对命令”体现了康德伦理学的实质，强调意志自律和道德原则的普遍有效性。

拉图尔在《关于自然的政治：如何将科学带入民主》（*Politics of Nature: How to Bring the Sciences into Democracy*）一书中，把康德所树立的普遍性道德原则拓展为“永远把‘非人’（nonhuman）实体当作目的，而绝不仅仅把‘非人’实体当作手段和工具”的原则，并嵌入行为实践中。而拉图尔把康德的“人”拓展到“非人”领域目的是其生态伦理学思想奠定理论基点，其通过对诸多问题的阐发和重新建构，把非人实体的伦理问题、地位问题摆在了伦理反思的核心问题上。

尽管，拉图尔对“绝对命令”的拓展和重构把“非人”变成了“道德关护对象（patients）”，而维贝克（Peter-Paul Verbeek）又在拉图尔的基础上往前推进了一步，把“非人”实体看作“道德行为体（moral agents）”，乃至是一种积极性的道德中介体（active moral mediators）。但拉图尔的重构也有待进一步完善，因为“把非人类当作手段和目的”意味着技术人工物带来的不仅是方法手段，而且是“目的”（该“目的”隐含在技术手段中）。毕竟，因为技术“物”具有中介调节功用，其不仅属于方法领域，也属于目的领域。[①] 这也使“绝对命令”有着另一种重构和诠释。康德的“绝对命令”的第三种表述是“理性的人必须把自己的行为当成在追求目的的王国里的法则”，但是技术中介的方法表明：不仅“理性人”是“目的道德律王国中的一员”，而且技术人工物也是“目的道德律王国中的一员”。

---

① 参见 Latour, B., “Where Are the Missing Masses? The Sociology of a Few Mundane Artifacts”, In Bijker, W. E. & Law, J. (eds.), *Shaping Technology/Building Society*, MIT Press, 1992, pp. 151 - 180。

2. 从结果论看“物”的道德行为体的“标准”

作为结果论主要代表学派功利主义则试图在人类行为的功用方面进行道德评价。这种功用可以存在于不同的“物”中：如提升边沁所谓的“多数人的最大幸福”，促进具有多元化内在价值的事物发展，或者尽可能地实现和满足偏好。显然，除了技术人工物的高级智能体形式之外，我们并不能对技术人工物进行道德评价。然而，即使人们对其作出道德评价，这种评价也不是独立于人本身的。在我们的技术文化中，无论是体验幸福，还是具有内在价值性的事物（比如爱、友谊和智慧），人们所追求的美好事物都是由技术中介的“人工物”所体现的。

例如，就幸福而言，“愉悦功利主义”（hedonistic-utilitarian）[①] 包含了一切技术中介的目的指向。要对数字生命、机器人制定“向善”的伦理规范来讲，事实上是使责任环中的工程师、技术人工物（数字生命体和机器人）、用户，以及关涉的各方参与者担负起了道德责任，改变了人们对于“造物”的幸福感受性。“偏好功利主义”（preference-utilitarian）是“愉悦功利主义”的一种改良版本。“偏好功利主义”基本上扩充了愉悦功利主义的道德评判标准，认为除了愉悦之外，其他价值体系也可以用来评判行为的道德标准。同样地，“偏好功利主义”（preference-utilitarian）将取决于技术人工物所关涉偏好的选择权。

综上所述，我们得出结论：第一，我们需要构建一个新型道德行为体来理解“物”的伦理意蕴；第二，从道义论看“物”的道德行为体的“标准”，可以认为只有具有理性力量的人类才能称得上道德行为体；第三，结果论则以幸福、爱、友谊、智慧等这些在人类行为的功用价值作为对“物”伦理评价的“标准”。

现实情境是：一方面，无论是 Tierra 世界、Avid 系统、阿米巴世界，还是 Autolife 模型，这些数字生命具有明显的进化特征，具有明显的自治性[②]；另一方面，由于人工智能技术的发展，机器人虽然还未完全实现拥有“自

---

① 边沁（Bentham）就是“愉悦功利主义者”（Hedonistic Utilitarian）的代表人物，其区分于其他形式的功利主义者。愉悦功利主义者认为，行为的道德价值只在于其所产生的快感。

② 李建会、张江：《数字创世纪：人工生命的新科学》，科学出版社 2006 年版，第 58—92 页。

身”观念的“自我意识”，但是已经具备了自治性、交互性特征，并可以模仿情感性的行为（不一定保证机器人具有真正的情感），使“机器人”越来越“看起来”像人。

因此，本研究认为，在考察虚拟的“数字生命”和现实的“机器人”的伦理地位时，可以借鉴弗洛里迪和桑德斯设置“标准”的思想①，建立一种新型“物”道德行为体。根据“物”对“标准”的符合情况，（1）符合“标准”的“物”，我们把其看作一种道德行为体；（2）达不到“标准”的“物”，我们把“人—非人”组成的混合实体看作“道德行为体”，而“物”只是道德共同体的一个组成部分。在诸多“标准”中，应当以“自治性”作为判决数字生命和机器人作为“道德行为体（moral agent）”的核心“标准”。

第三节　人工生命伦理问题的挑战

一方面，无论人类是否已经扮演创造生命的“上帝角色”，数字生命和机器人技术的发展都已经带来了真正的时代挑战，并引发诸多伦理问题；另一方面，“人工生命不仅是对科学或技术的一个挑战，也是对我们最根本的社会、道德、哲学和宗教信仰的挑战。就像哥白尼的太阳系理论一样，它将迫使我们重新审视我们在宇宙中所处的地位和我们在大自然中扮演的角色”②。

一　虚拟人工生命（数字生命）的伦理问题

人工生命是一门跨学科的新兴学科。虽然人工生命从根本上是指向生物学的起源和未来的一门学科，但是其学科的范围和复杂性要求其具有跨学科的协作特征。该学科广泛的研究领域不仅包括在陌生环境中发现类似生命的行为，还包括创造新的和不熟悉的生命形式的可能性，其旨在形成一套完整

---

① 至于具体“标准”的确定具有复杂性，本研究认为，在诸多“标准”中，应当以“自治性”作为判决“标准”。

② ［美］沃尔德罗普：《复杂：诞生于秩序和混沌边缘的科学》，陈玲译，生活·读书·新知三联书店1997年版，第398页。

的生命理论，而不是以历史偶然性的姿态来割裂生命学科的发展。人工生命的现实意义并不亚于其科学意义。它可以指导我们如何使用新技术来延长生命和创造新的生命形式，包括药物、假肢、互联网、可进化的硬件和迭代增殖的机器人。人们需要对其社会效应利弊做出公正而中肯的伦理评价，旨在为人工生命学科的发展提供完备而明晰的伦理考察。

（一）人工生命的三大挑战性伦理问题

人工生命研究中的未解问题和重要挑战性问题，引领着人工生命研究的不断拓展和深化。[①] 这些问题不仅涉及宏大的理论分析，还包含面向现实实践的综合分析；研究目标寻求超越独立研究领域的视角，采取重叠或互补的内在主义研究进路，这些有助于我们对其引发伦理问题进行准确定位和深刻反思与解答。

这些挑战性问题可分为三大类：向生命的过渡问题、生命的进化潜力问题，以及生命、思维和文化三者之间的关系问题。第三个问题关涉人工生命的伦理学探讨，必然更具思辨性和开放性。此外，关于精神和文化的问题与科学和非科学的问题相互交织。对这些问题的综合考察和反思有助于我们在阐明人工生命领域的科学知识中寻找到一条最佳路径。

问题一：生命是如何从无生命中产生的？

（1）在体外产生一个分子原体。

（2）在硅的人工化学中实现向生命的过渡。

（3）确定是否存在新型的生命组织。

（4）模拟单细胞生物的整个生命周期。

（5）解释规则和符号是如何从生命系统的物理动力学中产生的。

问题二：生命系统的潜力和极限是什么？

（6）确定在开放式生命进化中什么是不可避免的。

（7）确定从特定响应系统（response systems）到通用响应系统的演化转换的最小条件。

---

① 参见 Bedau, M. A., McCaskill, J. S., Packard, N. H., Rasmussen, S., Adami, C., Green, D. G., Ikegami, T., Kaneko, K., Ray, T. S., "Open Problems in Artificial Life", *Artificial Life*, 2014, Vol. 4, No. 6, pp. 363 – 376。

（8）为各规模尺度的综合动态层次结构构建一个正式框架。

（9）确定操纵生物体和生态系统进化结果的可预测性。

（10）为进化系统开发信息处理、信息流和信息生成理论。

问题三：生命是如何与思想、机器和文化联系在一起的？

（11）在一个人工生命系统中证明智慧和心智的涌现。

（12）评估机器对生命下一个重大进化转变的影响。

（13）为文化和生物进化之间的相互作用提供一个定量模型。

（14）构建人工生命的伦理原则。

当然，我们仍然能对该问题列表进行深度扩展。这里列出的核心问题超越了“人工生命基本问题”的探讨，而最值得注意的是生命本身的本质问题。然而，这个问题是由许多问题所预设的，回答任何问题都必然包括解决它所预设的所有问题。因此，要寻求最终的解决方案，不可一蹴而就。而对于目前问题边界不清晰，存在模糊定义的情况，解决方法之一就是通过确定和解决这些挑战的确切的子问题，从而实现评估解决方案，阐明时代挑战。总之，深化和引导未解问题的讨论可以促进整个人工生命领域的发展。

（二）人工生命伦理问题的四类范畴

基于“人工生命”学科的跨学科性、复杂性、年轻性的学科特征。2000年，第七届人工生命国际会议诚邀各界学者围绕“人工生命”领域的重大问题展开讨论。作为人工生命领域的第二代科学家和学者，他们同意公开人工生命领域具有时代挑战性问题利于更加明晰这一新兴学科发展的核心特征和目标，并为该学科的发展提供不竭的发展动力。

“知来者之可追”，站在新旧世纪之交的时代风口，克里斯·阿达米（Chris Adami）、大卫·G. 格林（David G. Green）、井上隆史（Takashi Ikegami）、托马斯·S. 雷（Thomas S. Ray）在《人工生命未解问题》（*Open Problems in Artificial Life*，2000）一文中，列出了14个问题清单，对人工生命研究中“未解的核心问题”进行开放式探讨。其中最后一个就是“确立人工生命的伦理原则”问题，为我们探讨人工生命的伦理问题制定了研究框架和行动纲领。

无论是追求人工生命研究的过程，还是该研究过程的科学和实用产品的应用，这些都引发了复杂的伦理问题。在《人工生命未解问题》中，人工生命的所引发的伦理问题主要分为四大类[①]：（1）生物圈的神圣性；（2）人类生命的神圣性；（3）负责任地对待新生命形式；（4）应用人工生命的风险。

第一，生物圈的神圣性。工程生物系统的自主增殖和进化，无论是自然的还是人工的，都能迅速而不可逆转地改变生物圈，而这种变化的影响却很难评估。这就提出了一个问题，即人类是否有道德权利来引进这样的系统来解决目前的问题。类似的担忧也影响着人工生命（数字生命）在互联网等人工系统上的传播与扩散。由于大家对计算机病毒的危害性较为熟知，因此，我们类比想象一下，如果数字生命计算机病毒像人工生命（数字生命）系统一样自然进化，情况将会变得糟糕和失控。从积极的方面来看，人工生命有助于开发新的路径以保护我们的信息网络免受此类威胁，包括那些在自然界中发现以免疫系统为模型的威胁。此外，对人工环境中生态系统变化的研究有助于为当前和未来对生物圈的干扰构建指导原则和行动纲领，无论是通过化学物质（如二氧化碳、药物）、基因工程还是人工生命体。

第二，人类生命的神圣性。当前的道德规范大多是建立在“人类生命神圣不可侵犯”的基础上的。人工生命的研究将影响我们对“生与死”以及“生命与心灵”关系的理解。与进化论一样，这将对人类的文化实践产生重大的社会影响。通过长期的模拟，人工生命能够为我们应对物种进化过程中的必要规则和自由提供积极的洞见。我们在未来越来越依赖人工生命系统的问题也属于这一类。

第三，值得注意的是，公共协议（public protocols）担负着对人类和动物研究对象的责任。在人工生命中缺乏类似的协议在今天可能不是什么严重的问题，但是随着我们创造出更复杂的生物实体，我们将必然面对如何妥善对待方式的责任问题。

第四，人工生命研究的实际应用将产生各种成本和效益。例如，自动自适应控制在军事和商业上的应用。人工生命研究的应用可能会给人工生命研究

① 参见 Bedau，M. A.，Mccaskill，J. S.，Packard，N. H.，et al.，“Open Problems in Artificial Life”，*Artificial Life*，2000，Vol. 4，No. 6，pp. 363 – 376。

人员带来利益冲突，也可能会给资助人工生命研究的法人组织带来责任冲突。

人工生命的伦理问题在某种程度上类似于动物实验、基因工程和人工智能。在这三个领域所提出的伦理问题的广泛文献可以为探索人工生命中的伦理问题提供一些指导。一方面，我们为人工生命的出现和应用前景有着前所未有的期待和希冀；另一方面，创造新的生命形式，并以新的方式与之互动，将把我们置于越来越陌生的道德领域。

以下，我们对人工生命的现实版本“机器人”的伦理问题进行详细探讨。

二　现实人工生命（机器人）的伦理问题

（一）“3Ds”行业中的伦理问题

随着计算机科学、合成生物学、认知科学的发展，人工生命科学的现实空间中的“机器人”已经逐渐进入我们的社会生活视域，迎来了人工智能时代。当前机器人已经突破原始工业机器人概念，表现出越来越强的交互性、自治性、情感性等特征，被广泛应用于教育、服务、娱乐、军事、医疗、环境、交通等领域。

我们一般把机器人代替人类工作的领域总结为“三个 Ds”行业领域，即枯燥（Dull）的工作、肮脏（Dirty）的工作，以及危险（Dangerous）的工作。[①] 例如，机械枯燥的自动化工厂流水线上的机器人、暴力战场上执行特定任务的军事机器人、担当航空探险和极限领域科考的职能机器人等。

自治交互型机器人能够基于环境判断实时做出反应行为，这是异于传统工业机器人的地方，同时也决定着自治型机器人能够取代和弥补人类活动的局限性，在各个领域发挥广泛的作用，下面根据机器人最新发展实例和应用领域情况，分别就机器人应用领域（表 38－1）、机器人类型（表 38－2）进行伦理分析。[②]

---

① 参见 Lin，Patrick，Abney，Keith，Bekey，George，“Robot Ethics：Mapping the Issues for a Mechanized World”，*Artificial Intelligence*，2011，Vol. 5－6，No. 175，pp. 942－949。

② 参见 Kopacek，P.，“Ethical and Social Aspects of Robots”，*IFAC Proceedings Volumes*，2014，Vol. 3，No. 47，pp. 11425－11430。

表 38－1　　**依据机器人应用领域的伦理分析**

应用领域	利	弊	伦理方案
探测机器人	机器人可应用于危险领域操作	作为“新物种”威胁地球上其他生命形态	环境组织加强新型机器人对自然的影响研究
医疗机器人	微创手术可以缩短病人恢复时间	手术机器人系统的崩溃为患者带来致命性问题	改进包括道德规范的 TQM 标准
服务机器人	提高人们的生活质量	隐私问题、心理问题	让机器人更具“人性化”“共生化”
教育机器人	充当孩子的玩伴和教育者角色	社交缺失、依恋、责任和控制限度等问题	纳入教育系统中进行统一管理

表 38－2　　**依据机器人类型的伦理分析**

机器人类型			利	弊	伦理方案
工业机器人	静止态		增加效率、速度、耐力	造成工人失业	通过教育培训新技能，创造新工作岗位
	移动态		提高生产力	造成工人失去“低端技术”工作岗位	通过教育创造新的“高科技”工作领域
移动机器人	经典态		增加安全性	安全、隐私问题	升级安全标准
	肢体态		提高工作灵活性	安全性问题	创造新的安全和保障标准
		类人型	执行复杂性任务；提高人类生活质量	用户友好的人机界面（HMI）受到挑战	改善自治型机器人的安全和控制系统，增强人机互动与合作
	高等态	仿生型	打开新应用程序的大门	心理问题（恐怖谷理论）	创建新部门机构，设置专门指向性的心理教育
		纳米态	开拓人类对狭小微观环境实践	无法保证能见性，且缺乏实践经验	确保其不被失德滥用于危害性细菌的传播
		一般型	受众人群具有广泛性，且受到人们普遍欢迎	仅局限于受良好教育者参与操纵	通过教育操作者（用户）保护隐私
		云态	提高复杂任务执行效率	无法保证复杂系统中可靠性服务问题	革新国际容错标准，诉诸跨复杂性和信息网络安全效应

1. 劳动服务方面

服务机器人主要应用于草坪修剪、家务分拣、餐馆服务、物流搬运等服务行业领域。服务机器人也是机器人应用最早最广泛的领域。经过多年应用实践的发展，劳动服务机器人已经拓展到几十个领域中，例如，汽车自动化生产、电影摄影、食品工业、纺织印刷等各行各业。该领域的主要伦理问题如隐私权利被侵犯、道德主体地位模糊、社会失业问题等。

2. 军事安全方面

各国在寻求军事武器和人工智能发展的契合点，在军事机器人的研究中投入大量人力、物力、财力，掀起了新一轮的军备竞赛。美国在军事安全领域方面的机器人研究可谓独占鳌头，引领时代前沿。诸如以“猎犬”“黑熊”命名的陆游机器人，以“全球鹰”命名的无人军事飞机等。这些军事机器人在警备安全等不同领域执行目标袭击、排爆、勘察、物资运输等任务，成为机器人伦理学关注最多的重要领域。

3. 教育科研方面

最难被人工智能取代的行业就是教师职业，但是机器人应用现实教学场景并充当教师角色的时代已然来临。如远程监控教师机器人、课题教学思科网真机器人、引导关怀的教育机器人、儿童智伴机器人就是其中明证。而机器人教师角色所引发的对传统教学关系的冲击也是前所未有的，诸如受教育者隐私安全保护问题、受教育者对教育机器人的依恋关系、社会交互缺失问题、控制力和责任的限度。

4. 娱乐方面

娱乐机器人不同于特殊领域的机器人具有明确指向性，但却是和人类社会生活联系最为密切的一种机器人类型，其交互性、自治性在认知、情感以及最新机器人学的相关研究中具有重要意义。“机器人伦理学”通常把日本的娱乐机器人爱宝（AIBO）、罗伯萨本（RoboSapien）等具有高级智能的机器人作为研究对象，其引发的伦理问题与教育机器人具有相似性。

5. 医疗保健方面

医疗保健机器人能够减少患者的压力，激发其认知活动，提高社会交互等功能。例如，南加利福尼亚大学的社会辅助机器人、ARES 摄取式机器人能够依其自身协助或者实施较为困难的医疗程序。瑞芭（RIBA）、艾伟德

(IWARD)、厄尼（ERNIE）以及其他机器人都能充当护士和药剂师执行相关职能。医疗保健机器人充当医生和护士角色所引发的伦理问题，与医学伦理学具有相似性。

6. 情感慰藉方面

情感机器人应用于陪伴和照顾老人及幼童，并能够给该特定人群带来情感慰藉。如今，广泛关注并引发热议的“性爱机器人”已经逐步走向市场，虽然目前的“性爱机器人”缺乏自主“思考”的能力，传感器也几乎没有反馈能力，但是其引发的伦理问题具有前瞻性意义：如果一台机器能比你更好地为你的爱人写一封情书，如果一个机器人能比你更好地满足你爱人的性欲，那么，人类的圣洁的情感又该安放在何处?

7. 环境方面

在当前生态环境治理方面，机器人具有人类无法比拟的优势，在该领域发挥着重要作用，例如自然灾害的事中事后的清理工作、有毒气体的识别和数据收集工作等。主要伦理问题有数据安全的保护问题、环境机器人的道德地位及权利问题等。

8. 交通工具方面

自动驾驶技术可能给人类交通行为带来颠覆性改变，这就会引发许多伦理问题：车辆许可制度（包括测试制度、量产制度、批准制度、事故鉴定制度等)、车辆技术标准、驾驶员资格制度、道路交通规范、交通事故责任制度、产品责任制度、追责方式、无过错责任的适用、保险制度、利益相关者的责任判定，甚至驾驶人或乘客的数据隐私保护制度等。

（二）社会就业问题

人们普遍认为，人工智能技术的发展已经对就业产生了深远的影响，诸如人工智能所引发的失业、工作的分配以及财富的分配、就业市场性质的变化以及教育和培训的变化等问题。[①] 那么，如何制定人工智能的道德规范来解决这些问题显得必要而紧迫。

---

① 参见 Brynjolfsson, E., McAfee, A., Spence, M., “Labor, Capital, and Ideas in the Power Law Economy”, *Foreign Aff*, 2014, Vol. 4, No. 93, p. 44。

1. 社会就业问题实质是复杂的政治问题

许多人认识到人工智能将带来失业等复杂性问题，人们也开始思考其解决方案。然而，我们回望历史就会发现：在全球范围内，人们要求“公平”分配收入的呼声一直没有停止过，但是迄今为止也没有达成统一而圆满的结果。我们可以从马克思主义理论视角分析：机器人取代人的繁重劳动，必将消弭政治剥削和阶级压迫，最终实现“人的自由而全面发展”的共产主义社会。

对此，正如美国、英国和欧盟（EU）最近的报告所表明的那样：各国政府开始未雨绸缪，相继颁布《欧洲机器人民法条例》《机器人与人工智能》等条例和公约来参与解决人工智能所引发的复杂政治问题。

2. 工作的价值及在个人和社会中复杂的地位问题

纵观社会工业革命的历史，人们担忧技术取代人类工作的焦虑从来就没有消弭过。而人工智能发展取代工作的讨论具有惊人的历史相似性，可谓新奇而不新颖。

因此，我们回望历史，工业革命引发的关于工作本质和价值的探讨也前瞻性地预示了当前关于人工智能取代人类劳动的讨论，不同时代的探讨都提出了就业、失业和幸福之间的关系，以及休闲的本质等问题。① 回顾过去是有益的：正所谓“当局者迷，旁观者清”，从历史的角度看问题，就好比让一个视野清晰的局外人来指导我们当前所面临的问题。

第一，我们在考察人工智能如何影响劳动力时，首先要搞清楚工作的意义。用机器代替繁重、无聊、费时或危险的工作似乎是显而易见的，能够消除威廉·莫里斯（William Morris）所说的“无用的辛劳”。同时，人们认为工作是有价值的，工作赋予工人以目的和存在意义。人工智能取代人类纷繁复杂的工作，这对人类来说更具人性和意义。然而，我们需要注意的是：工作的价值及其在个人和社会生活中的地位问题是复杂的。在当前的一些工作评断指标中，已经制定出了需要严格审查的禁用性的“智能化假设”（intel-

---

① 参见 Russell，S.，Dewey，D.，Tegmark，M.，“Research Priorities for Robust and Beneficial Artificial Intelligence”，*AI Mag*，2015，Vol. 4，pp. 105 – 114。

lectualised assumptions）。[①]

第二，工作具有多重而复杂的益处。工作在构建与他人的社会关系具有重要作用，并能塑造自身的归属感，包括身份认定、业绩嘉许、健康福利、自我提升等。有明确的经验证据表明：工作对健康是有益的，尤其当一个人在工作中被赋予责任和义务时更是如此。[②]

3. 人工智能对就业影响的终极追问在于“生命的意义”

人工智能在工作实践中的应用具有“速度”和“效率”指向性。但是，包括人工智能在内的技术是否真正在“节省”人们的时间，这关系着我们如何衡量和概念化“时间”和“效率”等复杂问题。[③] 如果人工智能能够替代人类进行“高效”“快速”的创造性工作[④]，那么，人类生命的意义又缘何存在，人类又该走向何方呢？

人类在社会劳动和工作中失去生命，而生命的流失同时也塑造着人类辉煌的历史。如果一台机器能比你更好地为你的爱人写一封情书，如果由机器人编写并扮演的角色比著名剧作家和演员还要好，那么，你就可能会开始怀疑自己在无须工作中为什么还要活着。这不仅仅是人工智能的道德准则所能完全解决的问题。我们无法回避时代课题，因为见或不见，它就在那里。

（三）普适主义、相对主义的全球影响问题

1. 人工智能对普适主义、相对主义和一般人权观念的挑战

人工智能的影响已突破特定地区的藩篱，具有显著的全球化特征。因此，人们已经开始担忧对和谐世界所带来的威胁。欧盟法律事务委员会（European Commission on Legal Affairs）也对该问题抱有一种忧患意识，他们认为：“如果欧盟不监管机器人，世界其它国家将率先出台相关法规和标准，造成欧盟只能被动采纳或遵守法规和准则。”（《2016 年欧洲机器人民法规

① 参见 Boddington，P.，Podpadec，T.，“Measuring the Quality of Life in Theory and in Practice：A Dialogue Between Philosophical and Psychological Approaches”，*Bioethics*，1992，Vol. 3，pp. 201 – 217。

② 参见 Wilkinson，R. G.，Marmot，M.，*Social Determinants of Health*：*The Solid Facts*，World Health Organization，Geneva，2003。

③ 参见 Wajcman，J.，“Life in the Fast Lane? Towards a Sociology of Technology and Time”，*Br J Sociol*，2008，Vol. 1，pp. 59 – 77。

④ 参见 Bostrom，N.，*Superintelligence*：*Paths*，*Dangers*，*Strategies*，Oxford University Press，2014。

则》）从个人角度来看，或许我们只需确保每个人都以各自价值观来使用人工智能。但是，如果认为道德只是提供“自由选择”，那么就忽略了个人行为可能对他人所产生的影响。

因此，我们需要正视的问题是：我们该如何在道德准则中找到“正确”的答案，同时承认全球不同地区的文化差异、道德和习俗的多元化差异？即使我们采用最低、最普适的人权标准来规制人工智能，那么问题又来了：人权标准全球各地区也是不一的，我们又该采取何种人权标准？

2. 人工智能的基础问题是人权问题

人权是人类的基本权利，是人类所有权利的基础。人权被认为是基于人类的普遍共同需要而构建的。普遍人权的概念经常被用作达成共识的伦理基础。“普遍人权”概念能够在尊重他人的权利与自由方面，做到既有变化，又有多样性。例如，在讨论如何保护人类免受机器人造成的伤害时，2000年12月7日颁布的《欧洲联盟基本权利宪章》第1条规定“尊严不可侵犯”，即将人的尊严确立为一切权利的基础。人工智能的道德准则可以考虑将“人权”作为价值基石。然而，如果要以一种非假设和文化偏见的方式对“人权”进行准确阐释则是极其不易的。[①] 因此，确立普适性人权的标准是什么，我们又该如何认定其合法性？

首先，人权需要建立在“正当性辩护”（justificatory）的基础之上。“人们的普遍认可”是“人权”具有正当普适性的原因。但是，由于社会历史的地区性差异，全球范围内人类所持有的人权观念也未达成一致并饱受争议：即使所谓的“普适主义”（universalism）的价值观也并没有得到人类的普遍承认。

其次，人权可以被认为是普适性的，其基础是所有人都具有平等的道德价值和尊严。但是，这种观点没有简单或直接的经验证据。有些人认为把一个人从道德平等的世界中剔除本身就是一种违法犯罪行为。《开罗人权宣言》（*The Cairo Declaration of Human Right*）认为，人的尊严是能够提高和增强的（enhanced），这意味着我们并非人人享有平等的尊严，“真正的宗教是在通往人类完整性（human integrity）道路上保证人类尊严的提高”，“除了

① 参见 Reader, S., *The Philosophy of Need*, Cambridge University Press, 2005。

建立在虔诚和善行的基础上，没有人比别人更具有优越性”。“尊严”的概念通常标示着人与人之间道德平等的基础，在此基础上，人的价值不能用任何其他价值来交换。

最后，人工智能在全球的潜在影响力加剧了这些问题，特别是它与通信应用的交叉领域更是如此，这的确是实现人权的一个主要因素。正如2017年关于Facebook是否有权协助巴基斯坦政府删除Facebook上“亵渎神明”的内容进行过一场激烈的辩论[①]；人工智能也可能面对类似的社会情境。我们看到，任何这类“亵渎神明”的内容都与世界各国保障人权的立场密切相关。无论这一问题的真相如何，它都说明了有可能影响人工智能应用的一般性问题：亵渎神明在巴基斯坦并不是小题大做、耸人听闻，因为冒犯者真的会被判处死刑。[②] 可见，人工智能的基础问题是人权问题，这也是我们探讨人工生命伦理问题时必然面对的伦理主题。

（四）道德规范和方法论范式变革问题[③]

解决伦理问题的一个简单方法就是将一般的道德理论应用到特定案例中进行考察。这种模式经常受到哲学家的批判[④]，他们批判的理由是：采用特定道德理论来解决现实问题具有局限性，这种方法剔除其他理论，在单一环境中解决一个全新案例才会奏效，反之，则沦为镜中花水中月，不具有实际意义。

对此，我们尝试从两个方面来破解人工智能所引发的道德规范不奏效的问题。

第一，我们可以借鉴功利主义结果论的方法，暂不考虑“善良意志”，不受语境和文化的制约，旨在推动社会经济的发展，这种伦理学在历史上对

---

① 参见 Hassan，S. R.，Pakistan says Facebook Vows to Tackle Concerns Over Blasphemous Content，https：//www. yahoo. com/news/ pakistan-says-facebook-vows-tackle-concerns-over-blasphemous-170447075--finance. html，［2019－05－15］。

② 参见 Siddique，O.，Hayat，Z.，*Unholy Speech and Holy Laws：Blasphemy Laws in Pakistan—Controversial Origins*，*Design Defects and Free Speech Implications*，Minn J Int Law，2008，Vol. 17，p. 303。

③ 参见 Boddington，Paula，*Towards a Code of Ethics for Artificial Intelligence*，Springer International Publishing AG，2017，p. 68。

④ 参见 Archard，D.，Lippert-Rasmussen，K.，*Applied Ethics*，In Lafollette H.（ed），*International Encyclopedia of Ethics*，Abingdon，Blackwell，2013。

推进社会改革和进步发挥了重要作用。但是，结果论的功利主义只关注“快乐最大化”作为道德决策的基础，虽然评判方法很简单，但是这会转移和削弱“我们在生活世界中定位的问题”，正如我们在描述人类、道德行为以及社会之间的关系时，需要重新建构和考察，解决这些问题也成为我们探讨人工智能伦理学的前提和基点。

第二，我们也可以利用超越特殊性的抽象原则来考察具体案例的适用性问题。我们可以借鉴美德伦理学，但是首先要搞清楚“旧时代”的美德是否适合我们所面临的“新时代”。正如我们生活在其中一样，我们正在改写我们所生活的世界；我们关于如何生活在其中的想法，同时也由我们正在做出的改变所塑造着。

总之，在一个相对稳定的状态下，当我们对快乐或不快乐的定义做出明确而清晰的区分时，把快乐和不快乐作为道德决策的工具或许是奏效的。但是，几乎所有的应用场景的社会实践都是复杂的、多元的、变动不居的，这都为结果主义的应用提出了诸多现实难题。因此，我们需要基于伦理学理论构建方法论体系，对人工智能带来的伦理问题进行前瞻性反思。我们的首要任务是要弄清楚：当前的伦理规制思路、人类的善恶喜好、人类面向未来的经验参照等问题。“知来者之可追”，这些都需要我们在回顾曾经走过的道路基础上展望未来。

第四节　人工生命伦理问题的解决途径

我们在前面按照虚拟和现实两条路径对人工生命的伦理问题进行了探讨。一方面，数字生命伦理问题：如何应对生物圈的神圣性、人类生命神圣性的挑战，如何负责任地对待新生命形式，以及应用人工生命的风险；另一方面，机器人伦理问题：机器人技术发展对“3Ds”行业、社会就业，以及对普适主义、相对主义的全球影响问题，以及对道德规范和方法论范式变革等问题。

我们需要综合“虚拟—现实环境”、“内在主义—外在主义”伦理学研究进路、“TD（自上而下）—BU 方法（自下而上）”、“伦理设计—跨文化方案”相结合的多元方法，做到既立足技术人工物的一般性，又兼顾人工生命的特殊性，对虚拟的人工生命形式（数字生命）和实体的人工生命形式（机器人）的伦理学研究现状、伦理挑战进行分析和论述，尝试以一种积极、进步、合理并有前瞻性的伦理学研究方法，针对人工生命技术目前的应用现状所凸显的伦理问题寻求相应的解决方案，旨在为人工生命的伦理问题研究提供整体性思考并获得有益性启示。

一 技术中介的伦理设计方案

无论是虚拟的“数字生命”还是现实的“机器人”，二者都归属于一般意义上的“技术人工物”。而“技术人工物”是“技术”的物质手段和物化形态，而“技术中介”理论[①]在实现形态上都以“物质手段”和“物化形态”进行，因此，我们需要把“技术中介理论”用于技术人工物的伦理分析之中。

该部分要解决的是“如何通过对‘物’的伦理设计，以达到‘物’在社会中的中介角色该如何在设计过程中得以道德‘为善的显现’”问题。遵循实践哲学的路径对设计者的设计实践进行考察，旨在把非人本主义的伦理学方法转化为设计实践，对“设计者如何处理其设计‘物’的伦理问题”进行有益的探索。我们可以把技术中介拓展技术伦理学方法分为两种：一种是“实践方法”；另一种是“积极地‘塑造’人工物”。

（一）以技术中介理论拓展的“实践”方法[②]

“实践方法”是技术伦理学中经常采用的方法。我们可以把实践方法视为当前流行风险评估和灾害预防方法的一种拓展。设计者可以立于其用户情境，通过中介分析对设计中的技术物进行全面的效应评价，而不是只关注新技术的可接受性和负面效应。当遵循以行为导向的伦理学方法（维贝克称之

---

① 技术中介的哲学分析是理解技术的伦理意蕴的重要方法。“技术中介理论”认为，技术在人与世界的关系中处于中介的地位，用公式表示就是：人—技术—世界。技术不但影响着我们对外在世界的知觉，还影响着我们的行为方式，或者说，世界的表象通过技术的中介显现于人，而人的表象也通过技术的中介显现于世界。因此，对“技术中介”的哲学分析为“技术人工物的伦理维度”的考察奠定了坚实的理论基础。Peter-Paul Verbeek, *Moralizing Technology: Understanding and Designing the Morality of Things*, The University of Chicago Press, 2011: 7.

② 参见 Verbeek, Peter-Paul, *Moralizing Technology: Understanding and Designing the Morality of Things*, The University of Chicago Press, 2011, p. 94。

为“行为—伦理学方法”，即 action-ethical approach）时，道德反思是针对“源于特定的技术中介的行为是否具有道义上的公正性”问题而做出的。这种反思可以遵循应用伦理学领域中最常用的道义论和功利主义方法进行分析。因此，不仅技术物对人类行为的影响是重要的，而且，技术人工物也构成了人类主体以及他们所经验的世界和生活方式。

（二）以技术中介理论拓展的“塑造人工物”方法[①]

设计者根据其中介角色进行有意识地设计技术“物”，他们通过把理想的中介效应“嵌入”技术人工物中，使之变为技术人工物的“脚本”，就此实现技术物的“道德化”效应，并以此对人类的行为活动产生效应。我们知道，科技伦理学是随着科技的进步而发展的，科技伦理学“内在进路”的转变就是顺应时代背景的要求，我们不能仅从科技应用的外部效应上开展批判，还应当立于其内部设计，通过中介经验和不断探究的方法来讨论和评价这些中介如何适合人类的生活方式。

然而，刻意把中介功能“嵌入”到技术人工物中存在着争议。并非所有具备行为导向的技术“物”都能满足人们的喜好。由于“所有”的技术人工物都不可避免地介入和调节着人类的行为和决策，因此人们应该恰当地引导设计者对技术人工物进行中介功能的“嵌入”。相应地，技术中介必然要求在伦理学上对中介行为进行回应，通过设计实践促进技术与道德的协调发展。[②]

人们可以把人类道德责任“委派于”物质环境来解决诸多棘手的伦理问题。对客体“物”进行道德化设计可以使人们从艰难的伦理抉择和沉重的道德负担中解放出来。这与仅靠反思人类行为的道德品质以及注重内心的道德约束不同，当面对具备正义的道德难题以及不易实施的基本道德准则时，人们能够以“物”的形式为伦理抉择和应当承担的社会道德责任交出一份满意的答卷。

---

① 参见 Verbeek，Peter-Paul，*Moralizing Technology*：*Understanding and Designing the Morality of Things*，The University of Chicago Press，2011，pp. 94 – 95。

② 参见 Verbeek，Peter-Paul，*Moralizing Technology*：*Understanding and Designing the Morality of Things*，The University of Chicago Press，2011，p. 95。

二 预期使用环节中的设计方案

技术人工物在预期使用环节中的设计是“物”的伦理设计的重要环节。无论一个技术人工物有着怎样的伦理评价，都需要对技术人工物塑造人类实践和认识的方式进行考察。根据荷兰技术伦理学家维贝克的观念，对技术进行有意的“道德化”需要事先考察中介的期望性效应。因此，设计伦理需要对未来设计出的技术物的中介作用进行预期评估。

维贝克认为，技术的中介作用是在用户、技术人工物之间复杂的交互过程中产生的。在人们使用技术人工物的那一刻，技术人工物就从“纯粹的客体对象”物变成了“准备使用”物。这个“准备使用的”物并不完全取决于技术本身的属性，也与用户使用的方式有关。技术中介不只是关涉“物”的要素，而且在设计者、用户和技术人工物三者之间形成复杂的交互关系。由于技术人工物有着多种不同的应用方法，因此其对人类行为也有着不可预见的影响。因此，技术的“多重稳定性”，这使预测技术对人类行为的影响及其在道德方面的评价方式变得复杂。[①]

技术人工物、设计者和用户三者存在着复杂的关系，而正是这些复杂关系组成了中介形式的来源。维贝克对三者关系进行了图式分析，并对所有中介人类活动和解释中发挥作用的三种行为进行了总结阐述：（1）“人类行为体”，其与技术人工物进行交互，并以特定的方式操作技术人工物进行行动或做出道德决策；（2）“设计者行为体”，其塑造技术人工物（无论其结果在设计者的期望之中还是在意料之外），并最终实现其中介角色；（3）“技术物行为体”，其决定人类行为和决策。[②] 然而，维贝克认为，技术的中介的不可预测性并不意味着设计者无法对其进行解释和处理。为了应对技术中介的复杂性，设计者应该在设计环境和使用环境之间建立一种联结。这样将使他们做到不仅能够基于所需产品的功能和可能出现的副作用基础上制定出

---

① 参见 Verbeek，Peter-Paul，*Moralizing Technology*：*Understanding and Designing the Morality of Things*，The University of Chicago Press，2011，pp. 97 –98。

② 参见 Verbeek，Peter-Paul，*Moralizing Technology*：*Understanding and Designing the Morality of Things*，The University of Chicago Press，2011，pp. 98 –99。

产品规范，也可以使他们基于未来中介角色的预测做出道德评价。

我们把设计背景和使用背景两者联结的方法主要有以下三种。（1）第一种方法是设计者通过“想象”（imagination）进行期望预测。设计者对其设计的技术人工物在用户行为中所起的中介作用进行“想象”，并将“想象”的预测反馈到设计过程中。（2）第二种是“建设性技术评估”（Constructive Technology Assessment，CTA）的修正方法，这在技术人工物预期使用环节的设计方法中更显系统化。（3）第三种方法称作“场景法”（scenario method）（又称“情景模拟方法”），即基于场景的产品设计，其旨在从产品使用角度而非产品功能的角度设计产品。具体来说，就是在产品设计过程中能够使用一种虚拟现实环境对产品的虚拟版本进行一种先前体验。以下分别就“修正式建设性技术评估方法”和“情景模拟方法”进行具体阐述。

（一）修正式建设性技术评估方法

荷兰技术哲学家维贝克基于“建设性技术评估”（CTA）方法[①]提出了“修正式建设性技术评估方法”。

设计者为了在使用背景和设计背景之间建立一种精确联结，通常采用“建设性技术评估（CTA）”方法。“建设性技术评估”在技术人工物的使用背景和设计背景之间建立了一种联结，其旨在让所有利益相关方都参与到技术人工物的设计过程中。然而，如果把“建设性技术评估”（CTA）方法应用于技术中介的背景中，那么就需要对“建设性技术评估”（CTA）方法进行修正，因此，维贝克把其称为“修正式建设性技术评估”方法。与“建设性技术评估方法”相比，“修正式建设性技术评估方法”在技术人工物预

---

① 建设性技术评估（Constructive Technology Assessment，CTA）是从20世纪80年代开始，在西方先后出现了多种更为细致的技术发展理论中的一种。其与早期的技术评估的主导诉求不同，在“建构性”技术评估定位中的基本核心理念是：技术发展应当是一个包括社会学习在内的不断反馈的动态改进过程；技术评估不仅要对技术后果进行预测分析，提出对技术后果的评估报告，更要关注、介入技术设计和发展自身的实际过程。通过“对话”和“协调”机制促进利益相关者和相关社会因素在技术动态成长过程中的持续参与，把社会准则尤其是伦理道德规范整合进技术设计中，并使社会的主动选择贯穿于技术发展始终，在技术的实际发展过程中有选择、有目的地建构技术，这是“建设性”技术评估的“合理性”所在，也是其运作的基本框架。其评价主体的范围从最初的专家参与，拓展到吸纳利益相关者介入，直至允许普通公众参与技术评估过程。

期使用环节的设计方法中更显系统化。

CTA 方法采用一种系统联结的方式，即通过对设计过程中的所有参与者（用户、设计者、公司等）进行反馈评估。它是通过对所有参与者的系统组合与“建设性评估”的技术设计达成一致共识。因为这种技术评价形式不是在技术人工物开发出来以后再进行的评价，而是在技术人工物开发过程中就予以评估，因此这种能够用以修改原设计的技术评价形式被称为“建设性的”。CTA 可以被看作一个民主化的设计过程。当遵循 CTA 设计方法时，不仅设计者能够对预期技术物的样式进行设计影响，而且包括用户等在内的产品的所有利益相关者都参与到了其中。从这一层面来讲，因此，CTA 方法能够避免人们落入“技术统治论”的窠臼。

因此，CTA 过程的参与者不仅要整合用户和社会组织对产品“物”的评价，也要对设计阶段中技术的中介角色保持有所预期。此外，当对 CTA 方法进行修正时，“通过想象力进行预期”的方法也可以获得更为系统化和合理化的特征。对于技术设计过程中的中介角色的期望来说，能够尽可能多地为所有利益相关者创造一种考察中介作用的机会。

总之，虽然修正式 CTA 并不能保证所有技术的中介角色都能被预期，但是，该方法在设计者对产品“物”的中介担责方面提供了一个重要方法和有益的借鉴。

（二）情景模拟方法

“情景模拟方法”是技术人工物在预期使用环节中设计的一种重要方法。荷兰海牙咨询委员会研发部门的克拉普维克（Klapwijk）与代尔夫特大学的诺特（Knot）、奎斯特（Quist）、英国曼彻斯特大学商学院的威戈莱特（Vergragt）联合发文，使用“情景定位设计”的概念来制定可持续未来的图景以实现当前的设计活动。“情景”的概念也可以表示未来的一种具体图景，设计行为能够遵循这种特定图景进行开展。这些场景中，技术物与人类行为间的交互作用起着重要作用。[①] 构建技术设计和技术使用两者联结的另

① 参见 Klapwijk，Remke Marjolijn Knot，Jaco Quist & Philip，J. Vergragt，“Using Design Orienting Scenarios to Analyze the Interaction between Technology，Behavior and Environment in the SusHouse Project”，In Verbeek，P. P. & Slob，A.（eds.），*User Behavior and Technology Development：Shaping Sustainable Relations between Consumers and Technologies*，Springer，2006，pp. 224 – 252。

一条路径是基于情景的产品设计方法，简称“情景法”或“情景模拟”方法。

把“物”放在特定“模拟场景”中能够使设计者对正在设计的产品使用功能进行预期检验，开发出具有这种预期检验意义的“场景”有两种方法。(1) 正如CTA方法囊括用户和其他利益相关者一样，在“中介分析”帮助下运用“想象”就是一种实现方法。(2) 另一个极具前景的方法就是运用虚拟现实技术来构建情景。荷兰屯特大学“设计、生产、管理实验室”的马提金·基德曼（Martijn Tideman）、范德·沃特（Mascha C. van der Voort）和范·豪特（F. J. A. M. van Houten）在街巷车道改造设计背景案例中就使用了虚拟现实技术来构建情景的方法[①]，虚拟现实模拟的方法在实践上可以为人工生命应用情景的设计提供借鉴意义。

基德曼把“情景模拟”方法应用到虚拟现实模拟系统中，他在虚拟现实模拟系统中装配上模拟器，用户可以通过修改虚拟现实模拟系统设计虚拟“物”，并能够在“物”的设计和使用场景之间建立一种极为详尽的联结。这对于把伦理原则“嵌入”技术人工物的“技术道德化”来讲是一个重要的应用方法。

因此，我们可以从中得出启示：“数字生命”设计的虚拟呈现以及“机器人”现实功能的实现条件，这些都能使设计者开发出更为充分的使用场景。虚拟现实可以在人工生命体未产生之前创造一种技术应用体验，通过这种程序设置，设计者可以对人工生命“物”的功能、使用方法以及对其行为和经验的中介效应进行把握和了解。“情景模拟”方法不仅要强调责任环境的道德分布，也要注重用户和技术物之间的交互。因此，虚拟—现实环境与情景设计方法相结合，为实现设计者参与到“物”设计中提供了重要路径。[②]

---

① 参见Tideman, M., van der Voort, M. C., van Houten, F. J. A. M., “A New Product Design Method Based on Virtual Reality, Gaming and Scenarios”, *International Journal on Interactive Design and Manufacturing* (*IJIDeM*), 2008, Vol. 4, No. 2, pp. 195-205。

② 参见Verbeek, Peter-Paul, *Moralizing Technology*: *Understanding and Designing the Morality of Things*, The University of Chicago Press, 2011, pp. 104-105。

三 “道德物化”的设计方案

荷兰3TU（荷兰的代尔夫特理工大学、埃因霍温理工大学、屯特大学）学派在技术哲学视域下开展了声势浩大的“伦理工程研究”。从屯特大学维贝克教授提出“道德物化”的思想以来，“道德物化”问题成了当今技术伦理学的研究热点。“道德物化”作为技术人工物伦理设计的核心问题，是伦理学“内在主义进路”体现，也为我们解决人工生命伦理问题提供可参考性方案。

下面就选取伽普·杰斯玛的道德“嵌入”方法、巴蒂亚·弗里德曼的“价值敏感性设计的方法”，以及彼特－保罗·维贝克的“综合集成性的方法”进行简要介绍，以期为人工生命伦理问题提供多元化解决方案。

（一）道德“嵌入”的方法

荷兰屯特大学科学、技术、社会研究中心（CSWTS）的伽普·杰斯玛（Jaap Jelsma）[①] 提出了把道德原则“嵌入”技术人工物之中的方法。其方法基于“人类的行为不仅源于‘态度、价值观、和意向性’，而且根植于‘习俗和惯例’”的观点，该观念可以理解为“基于‘物质’基础的潜意识行为模式”[②]。通过调整这些物质基础，设计者可以通过奥克里奇（Akrich）和拉图尔（Latour）所提出的“脚本”方法朝着好的方向引导人类的行为模式。正如杰斯玛所论述的，道德“嵌入”的方法对技术人工物的“设计背景”和“使用背景”进行了完美联结，“脚本”可以被设计“嵌入”到技术人工物中以塑造人类的行为模式。

杰斯玛区分了所谓的“用户逻辑”和“脚本逻辑”。技术人工物中的“脚本”旨在关注特定的“行动影响”（behavior-influencing）效应，但是，如果技术人工物的“脚本”不符合用户的习惯将会造成意想不到的结果。

---

① 参见 Jelsma，J.，“Designing ‘Moralized’ Products：Theory and Practice”，In Verbeek，P. P. & Slob，A.（eds.），*User Behavior and Technology Development：Shaping Sustainable Relations between Consumers and Technologies*，Springer，2006，pp. 221－231。

② Jelsma，J.，“Designing ‘Moralized’ Products：Theory and Practice”，In Verbeek，P. P. & SlobA.（eds.），*User Behavior and Technology Development：Shaping Sustainable Relations between Consumers and Technologies*，Springer，2006，p. 222.

因此，设计“脚本”要同时考虑技术人工物和用户两者对用户行为的预期效应。杰斯玛在电器和设备的“重新设计”（redesign）上制定了一个“八步设计方法”。依据杰斯玛的方法，对现有“脚本”进行分析并“重写”，同时对“用户是如何适应重新设计之后的‘物’”进行分析。

总之，纵观杰斯玛方法，我们可以看到，杰斯玛的方法在产品设计中具有重要的应用价值，然而其方法具有一定的局限性。杰斯玛的方法没有涉及对人们的愿望、意向以及操作“脚本”的道德反思。这也是我们在把杰斯玛方法应用到人工生命伦理设计中需要进一步修正的方面。

（二）价值敏感性设计的方法

价值敏感性设计（Value Sensitive Design，VSD）理论是最具良好伦理效应的方法之一，该设计方法由华盛顿大学信息学院的巴蒂亚·弗里德曼（Batya Friedman）联合本校心理学系的彼得·卡恩（Peter H. Kahn，Jr.）、计算机科学工程系的艾伦·博尔宁（Alan Borning）在2002年合作出版的《价值敏感性设计：理论与方法》（*Value Sensitive Design*：*Theory and Methods*）一书中共同提出。[①]“价值敏感性设计（VSD）是一种最为基础的技术设计的理论方法，这种方法是占据人类价值原则和贯穿于整个设计过程中的综合方法。”弗里德曼等人认为，VSD与其他把设计和道德结合起来的方法相比具有诸多不可比拟的优点。“价值敏感性设计”方法涉及计算机伦理学、社会情报学、计算机支持协同工作（Computer Ethics，Social Informatics，Computer Supported Cooperative Work，CSCW）、参与式设计（Participatory Design），这四个基本领域。其提出的VSD方法旨在通过设计程序对人类价值进行说明。在“价值敏感性设计方法”中，道德价值观需要技术设计代替技术功能作为设计活动的焦点。

弗里德曼等人认为，VSD可以总结为以下七个特点：（1）VSD是积极的，影响着整个设计过程；（2）VSD广泛应用于各种领域中，包括工作、教育、家庭、商业、在线社区和公共生活等；（3）VSD广泛应用于各种人类价值中，包括合作、民主，特别是价值观与伦理输入；（4）VSD是把概

---

① 参见Friedman，B.，Kahn，P. & Borning，A.，*Value Sensitive Design*：*Theory and Methods*，University of Washington Press，2002。

念、经验和技术方面结合而成的一个集成方法；（5）由于 VSD 立于社会制度影响技术发展的观点，因此 VSD 是相互影响的，新技术有助于塑造个人行为和社会系统；（6）VSD 是利用道德理论旨在获得设计过程中抽象的伦理价值的原则性方法，且该伦理价值能够维护某些价值。（7）除了道德理论之外，VSD 基于不同年龄阶段和文化类型，考虑具体的价值。

弗里德曼等人认为，设计过程是由概念、经验和技术组成的。价值敏感性设计使用重复迭代的方法，即把概念、经验和技术调查融为一体，把这七个特征转化为行动的三重方法。为了说明 VSD 理论及其方法论的实际工作模式，弗里德曼以 VSD 研究实验室中“Web 浏览器中的 Cookie（个人上网信息文本）与知情同意”的案例为例进行了说明。其旨在促使人们浏览互联网时自觉遵守“知情同意”的原则。根据 VSD 方法，具体分为以下三个步骤。

第一，在概念方面，对“知情同意”实行概念性考察。为此，研究小组参考相关文献以阐述此概念的更多内涵。在网络浏览器的具体设计中，设计者应当对用户的“知情”和“同意”两方面进行分析，比如“揭示”所需足够的信息，“理解”信息，以及对人们“同意”中的“志愿”（voluntariness）和“胜任力”（competence）进行分析，这些分析说明了“明确接受或拒绝的时机”，以及“给出知情同意的能力”。[①]

第二，在经验方面，关注“‘物’所处的人类环境”，通过技术调查的方式从概念考察中验证和完善他们的调查结果。例如，主要关注的问题是：利益相关者对于不同的价值是如何理解的？对于彼此竞争关系的价值，他们是如何区分优先次序的？这些价值对于他们自身行为有多大影响？在价值敏感性设计方法中，技术调查可以对现有技术的“价值影响”进行审视，并支持给定价值的技术设计。

第三，由于用户体验的评价是设计过程中的一个重要部分，因此第三步是实证调查。通过实证调查，团队意识到用户想要控制“物”，但是它应该是以最低程度的分散方式进行控制。这就引导团队在“知情同意”的概念

---

① Friedman, B., Kahn, P. & Borning, A., *Value Sensitive Design: Theory and Methods*, University of Washington Press, 2002, p. 4.

框架内尽可能包含最小的分散干扰，这在“物”的设计中促成了用某种技术进行解决。因为三重方法是彼此信息互动的，因此，这三个步骤证明了设计过程的灵活性。

VSD 方法为预测和设计“道德化的技术物”提供了一种可能性。它关注技术设计的社会、技术和伦理方面，并构建一个广泛的基础。然而，在人和技术人工物关系问题上，以及在道德调节中的一些问题探讨上仍不尽完善。例如，（1）正如技术中介提供的分析一样，在 VSD 背景下技术调查能够从技术人工物对人类实践和价值观的影响中受益；（2）在概念分析层面主要集中在所有关涉价值的紧密分析上，但是这对于最终重新设计的道德评价来说并不能提供足够充分的基础。为此，第一步就要紧密结合技术人工物的行为导向作用，采用应用伦理学方法对自由、责任、民主等评价因素进行道德反思。[①]

（三）综合集成性的方法

维贝克在汲取杰斯玛的“道德嵌入”方法、弗里德曼等人的“VSD 方法”的基础上，提出了集合预期、评估和中介设计等各个方面的新型设计方法，即“综合集成性方法”。维贝克认为，道德中介的方法为现有伦理设计方法提供了思想质料。从中介的角度来看，技术设计不可避免地意味着对“人—技术—世界”关系的干涉，正如其世界特定的“客观性”一样，也产生了人类特定的“主体性”。

此外，由于设计方法对人类实践和解释的影响，中介设计的任何尝试都已经开始发挥了中介本身的作用。所以，维贝克认为，中介设计不能被视作一种“现代事务”，即人类主体把道德原则“嵌入”技术对象中并“影响”人类行为的事务，而是应把中介设计视为一种冒着各种风险预期进行谨慎干预，从事人与技术交互关系探究的一种形式。他认为，按照以下各个步骤并应用到设计过程中，旨在实现以伦理担责的方式进行“设计”活动。

① 我们需要注意的是：VSD 方法在基础上存在着缺陷：“价值敏感性设计”方法和“道德铭文”方法自身都缺乏一种明确的中介角色观念。包括“嵌入”伦理后的技术人工物和体现某种价值的技术人工物在内，由于任何技术“物”都以一种全新的方式调节和介入人类的行为和决策，这都需要我们反转思路从设计方法上入手进行解决“中介的双重效应”问题。因此，我们需要在伦理设计方法上对中介的双重效应给予特别关注。

1. 当设计一个技术人工物时，设计者首先要考虑是否选择以显式的方式对人工物进行伦理设计，或者在对“物”设计达到一个更成熟的阶段时只是选择对设计隐含的道德化作用进行评价。

2. 如果显式“技术道德化”旨在符合“价值敏感性设计”的概念层面（VSD方法旨在通过设计程序对人类价值进行说明），那么，就可以把价值观和规范准则设计“嵌入”到技术以及技术人工物中以做出一种概念分析。通过对“技术人工物的设计能够体现和表征何种价值观和规范”进行分析，设计过程中就可以专注于伦理准则和价值的“物化”方法并发展为一种技术“原型”（prototypes），即这种技术“原型”能够以一种实现价值目标的方式帮助塑造人类实践和经验。

3. 随后，应当对产品设计进行“中介分析”，旨在为未来技术设计的中介作用进行预测。正如依据CTA方法关涉用户及其他利益相关者一样，通过情景定位方法和“虚拟—现实”方法的辅助，设计者的道德想象能够发挥重要作用。依照杰斯玛的方法，这种中介分析可以表明“脚本逻辑”和“用户逻辑”都能参与到技术设计实践中，其中“脚本逻辑”关注技术物对用户行为的影响，“用户逻辑”关注用户的解释和适应性。就“价值敏感性设计”方法而言，“脚本逻辑”的分析需要“技术调查”完成，而“用户逻辑”可以通过“实证调查”完成。

4. 对未来技术设计的中介作用进行预期之后，应由所有参与的中介共同作出“道德评估”。例如这里可以应用“利益相关者分析”方法，其主要表现为以下四个方面：（1）“目的中介”（intended mediations）是被人们有意地“嵌入”技术人工物中去的；（2）设计引导的“隐式中介”（implicit mediations）保持在人们可以预期的范围内；（3）“中介形式”的应用；（4）技术中介的最终“结果”。设计者应当关注“技术道德化”这四个伦理方面，在技术人工物对人类行为的伦理影响方面（例如，自由、责任和民主）进行反思。

5. 基于上一步的道德评估就可以做出一种“设计”，但是这种“设计”不能保证“道德内容”在实践中一定会以预期的方式凸显出来。技术对社会的干预从来不具有绝对性操作和决定性特征。在这个过程中总是会出现意料之外的交互、解释和适应情况，这些都促使人们对设计的初衷进行不断的调整和再设计。现代主义最为理想的可操作性就是对每种参与实验和尝试都留有一定的改进空间。“道德物化”就是一种适度试验性的活动，而不是对人类行为进行全盘操控的高压专横性活动。①

综合以上“技术中介的伦理设计方案”、“预期使用环节中的设计方案”、“道德物化”设计方案，我们能够找到解决“人工生命伦理问题”的方法和启示。

第一，设计者可以通过对虚拟“数字生命”和现实“机器人”的设计塑造人类行为和经验。因此，设计过程要彰显公正和民主等伦理诉求。设计者不仅要关注技术的功能，也要关注其中介角色。技术人工物介入人类行动的事实，反过来也对设计者在伦理设计“物”的中介角色的预期环节中承担责任。

第二，虚拟“数字生命”和现实“机器人”在设计中具有极其复杂性，这就要求设计伦理对未来技术物的中介作用进行预期评估。技术人工物（“数字生命”和“机器人”）、设计者和用户三者存在着复杂的关系，共同组成了中介形式的来源，为了应对技术中介的复杂性，设计者应该在设计环境和使用环境之间建立一种联结，这种联结方法主要有三种：“想象”方法、“建设性技术评估（CTA）”方法、“场景模拟”方法。其中，CTA 方法旨在让所有利益相关者都参与到技术人工物的设计过程中，维贝克把 CTA 方法应用于技术中介的背景中，并对 CTA 方法进行了修正，修正式 CTA 方法在设计者对产品“物”的中介担责方面提供了一个重要方法和有益的借鉴；“情景模拟法”则选择站在“物”的使用角度进行设计，这种特定“模拟场景”能够迫使虚拟的“数字生命”和现实“机器人”设计者对正在设计的“agent”功能进行预期检验。

第三，“道德物化”问题是“物”的伦理设计中最为核心的问题，许多学者就具体的设计方法提出了自己的观点，这可以为虚拟“数字生命”和现实“机器人”的伦理设计提供可参考性方案：杰斯玛的道德“嵌入”方法没有涉及人们的愿望、意向以及操作“脚本”的因素；弗里德曼的“价

---

① 参见 Verbeek, Peter-Paul, *Moralizing Technology: Understanding and Designing the Morality of Things*, The University of Chicago Press, 2011, pp. 117 - 118。

值敏感性设计的方法”缺乏一种明确的“物”中介角色观念，由于任何技术“物”都以一种全新的方式调节和介入人类的行为和决策，这需要我们要反转思路通过从设计方法上入手解决“中介的双重效应”问题。维贝克提出了集合预期、评估和中介设计各个方面的新型设计方法，即“综合集成性的方法”，并在该方法中提出五个设计步骤并应用到设计过程中，旨在以负责任的方式进行对虚拟“数字生命”和现实“机器人”进行伦理设计。

第四，利益相关者分析的目的是站在所有参与者的立场解决其存在的伦理问题，维贝克则把利益相关者分析与技术中介联结起来，突破“人”的范畴，提出“修正式利益相关者的分析”，使“物”的伦理设计变得更为合理。由此，我们在对虚拟“数字生命”和现实“机器人”的设计环节中，应当就虚拟“数字生命”和现实“机器人”实际设计过程中的责任、自由、民主这些重要因素进行考察。对此，我们将在“跨文化多样性参与方案”中进行详细探讨。

综上所述，我们看到，“物”的伦理设计成为解决虚拟“数字生命”和现实“机器人”设计实践中的重要方面，许多设计方法沿着内在主义进路被广泛应用到人工生命的伦理设计实践中。

四　语境中的伦理准则：人工生命伦理问题的其他解决途径

虽然为人工生命制定的道德规范是强大和有效的，但是在追求道德和有益的人工生命时，也会遵循其他解决方案。事实上，由于在技术上实现伦理关切是实现“向善”的人工生命的必要条件，一套道德准则可能包括追求特定技术路径的禁令或建议，因此不同的策略之间有着密切的关联。对此，我们可以从“认知策略”“技术策略”“道德策略”三个方面对人工生命伦理问题提供解决策略。

（一）认知策略：透明化研究以降低人工生命未来发展的不确定性

降低人工生命未来发展的不确定性是认知策略的核心任务，这使得解决人工生命的更精确的策略成为可能。这些可能涉及对未来的展望问题。一些研究人员正在运用方法论来跟踪超级智能或超级计算机的发展速度，并了解人工智能的风险和影响，例如，美国加州大学伯克利分校“人工智能效应（AI Impacts）”中心的卡特娅·格雷斯（Katja Grace）所开展的“人工智能影响项目”就是其中一个明证。[1]

一种常见的策略是在线发布和共享研究结果，并尽可能广泛地传播成果。使人工生命研究透明化的策略也有助于减少不确定性。目前正在进行的工作旨在澄清人工生命涉及的相关伦理、法律和概念问题，以便更清楚地说明必须解决的问题和需要注意的问题。总之，以透明化研究来降低人工生命未来不确定性发展问题不失为一种解决策略。

（二）技术策略：确保人工生命的安全性、有益性

应用技术控制使人工生命呈现安全性和有益性是解决人工生命伦理问题的重要策略。

一方面，通过核实（verification）（确定符合设计规范）和验证（validation）（确定最终满足用户需求，且该规范适合使用环境的要求）来确保人工生命呈现安全性和有益性。另一方面，通过使人工智能与人类的价值观保持一致，确保人工生命（虚拟“数字生命”和现实“机器人”）最终由人类控制。但是技术策略是否适用于高级人工智能还有待探讨。

此外，在人类和人工生命之间建立一种信任体系也是确保控制的一种方法。

（三）道德策略：通过 TD、BU 伦理设计构建“向善”的 AMAs

耶鲁大学生命伦理学跨学科研究中心的温德尔·瓦拉赫（Wendell Wallach）和印第安纳大学认知科学工程中心的科林·艾伦（Colin allen）在其合著的《机器伦理：教导机器人区分善恶》（*Moral Machines：Teaching Robots Right from Wrong*）一书中，以“善建”技术人工物道德行为体（artificial moral agents，AMAs）为目标，对人工生命中的现实机器人的伦理设计问题进行了分析，提出了 TD、BU 两条设计进路，以下进行简要论述。[2]

1. TD 方法——“自上而下式”进路

“如何善建 AMAs 的伦理设计方法”是瓦拉赫与艾伦的思想核心，他们

① 参见 Grace，K.，Salvatier，J.，Dafoe，A.，et al.，“When Will AI Exceed Human Performance? Evidence from AI Experts”，*Journal of Artificial Intelligence Research*，2018，Vol. 62，pp. 729 – 754。

② 参见 Wallach，Wendell，and Allen，Colin，*Moral Machines：Teaching Robots Right from Wrong*，Oxford University Press，2010。

提出了设计人工物道德行为体（AMAs）的两条进路，即“自上而下式”（Top-Down）进路和“自下而上式”（Bottom-Up）进路。瓦拉赫与艾伦认为，就其自身来说，尽管“自上而下式”进路和“自下而上式”进路这两种方法具有一些突出的、潜在的作用，即伦理理论可以用于 AMAs 的设计，但是这两个方法对于指导 AMAs 发展和指导人工智能研究来说都具有各自的缺陷和弊病。瓦拉赫和艾伦指出，首先，就“自上而下”这个术语来说，它在哲学家和工程师那里具有不同的意蕴：例如，在哲学家那里（以康德的“义务论”为代表），“自上而下”方法指的是通过应用“具体的情况下广泛的标准”来使用的一种方法；而在工程师那里，他们所理解的意蕴则是“与哲学家的那种形而上学的意蕴形成对立，意为通过把任务分解为简单的子任务的一种方法”。瓦拉赫与艾伦在结合建构 AMAs 的“自上而下”方法的两种意蕴的基础上，把其描述为“利用特定的伦理理论进行分析指导实现该理论的运算法则和子系统的计算需要”的方法。[1]

2. BU 方法——“自下而上式”进路

“自下而上式”方法是与“自上而下式”方法相对立的一种伦理进路。瓦拉赫与艾伦把“自下而上式”方法也称作“拓展式”（developmental）方法，其指出该方法“重点在于为主体探索行动和学习方面营造一个环境，鼓励 AMAs 实施道德可嘉型行为”[2]。

瓦拉赫与艾伦用相当大的篇幅详细讨论了“自下而上式”（Bottom-Up）的方法，认为在一般的系统开发中，尤其在 AMAs 的构建中，“自下而上式”的方法具有一定优势。例如，一方面，他们认为“自下而上”的方法具有两个优点，其一它能够“从不同的社会机制中动态地进行集成输入”，其二“它能够为完善 AMAs 整体性发展提供技巧和标准”。另一方面，他们并不避讳自下而上的方法所存在的固有弊端和局限，即这种方法很难适应构建起 AMAs“为善”行为。

在“自上而下”与“自下而上”两种方法的基础上，瓦拉赫与艾伦兴

---

① 参见 Wallach, Wendell, and Allen, Colin, *Moral Machines: Teaching Robots Right from Wrong*, Oxford University Press, 2010, pp. 79 –90。

② Wallach, Wendell, and Allen, Colin, *Moral Machines: Teaching Robots Right from Wrong*, Oxford University Press, 2010, p. 80.

利除弊，提出了“混合型解决方法”（hybrid resolution），即他们在两种方法中加入“美德伦理学”的方法，重构出“混合型方法”。因此，这种“混合型解决方法”又被称作“混合美德伦理学”（Hybrid Virtue Ethics）。[①]

当然，以上TD、BU两种方法只是瓦拉赫、艾伦围绕把现实机器人“善建”为一个道德完备的技术人工物道德行为体而提出的两种方法的尝试，虽然人工生命伦理设计方法有着复杂性，但是两种方法的提出为我们对人工生命伦理设计实践提供了重要借鉴。

五 跨文化多样性参与方案

我们看到，无论是美德伦理学，还是规范伦理学中的义务论和结果论，都无法为人工生命制定出完善的道德准则，我们需要对伦理应用的方法论问题进行全方位反思：技术变革（尤其人工智能带来的技术变革）可能会产生全球性的影响，这对我们如何看待诸如人权、相对主义和文化多样性等普适价值将产生不可移易的重大影响。因此，采用“跨文化多样性参与”的方法，确保参与人的“多样化”可以为制定人工生命伦理规范这一复杂任务提供一种解决方案。

这里，我们需要厘清两点误区。第一，制定伦理规范的人并非道德高尚者。人们判定“具有美德的（virtuous）”可能意味着“像我们一样的人”或“和蔼可亲的人”，当然，这两者都不等同于拥有美德。此外，对伦理学感兴趣的人不一定具有道德。[②] 第二，我们必须重视人工生命的社会环境和价值观念对制定伦理规范的积极意义。人工生命应用环境具有复杂性。技术变革与社会变革紧密相连，并可能影响我们的许多重要价值观念，包括那些乍一看可能不是社会和文化价值载体的观念，而恰恰是必须注意这些我们容易忽视的领域，可以为人工生命伦理规范提供一种解决方案。

（一）“多样性”参与方案的重要性

我们的思维方式中存在着已知的社会影响偏好，而技术可能会加剧社会

---

① 参见 Wallach，Wendell，and Allen，Colin，*Moral Machines：Teaching Robots Right from Wrong*，Oxford University Press，2010，p. 123。

② 参见 Schwitzgebel，E.，“Do Ethicists Steal More Books?”，*Philos Psychol*，2009，Vol. 6，pp. 711 – 725。

偏好性。正如我们利用网络资源和社交媒体可能会形成志同道合的小圈子一样[①]，信息技术和人工智能技术的复杂交互更是加剧了这种社会偏好性倾向。大量社会网络理论（social network theory）的研究也同样证明了这种影响。[②]

如果认为从事人工生命伦理学研究的学者不会受这种影响，那将是不合常理、傲慢不羁的。事实上，有相当多的证据表明，学术界往往对伦理和政治问题持有不同观点。[③] 人类历史上无数人致力于追求“大一统”的世界，而倡导辩论中观点多样性的人通常被认为是“异端学派”（Heterodox Academy）。然而，要解决复杂的问题，需要多样性认知，毫无疑问不同视角才会碰撞出“最佳方案”。因此，强调不同文化背景和持有不同观点的“多样性”参与，会对解决人工生命时代的伦理问题提供有益借鉴，对增强社会整体进步和整个人类文化的发展发挥重要作用。

（二）基于公平原则将不同群体的观点纳入伦理探讨中

在公共参与政策制定和研究与发展方面，很多都涉及广泛参与和包容的问题。[④] 该原则的重点是公正地听取意见，并在制定政策和开展科学研究方面有效地满足人民的需要。从事“立场认识论”（standpoint epistemology）研究的学者认为：那些具有特定经历或身份的人可能利用排他性的特权来博取某种道德立场。[⑤] 然而，我们要注意的是：群体中的个人并不具有该群体的典型性特征，因此，他们也无法以某种方式“代表”该群体。

（三）基于“为善的”结果论反思群体思维的多样性

美国密歇根大学斯科特·E. 帕杰（Scott E Page）在“政治学、经济学及复杂系统”项目的研究结果表明：“在解决问题方面，多样性的平庸群体

---

① 参见 Muchnik, L., Aral, S., Taylor, S. J., “Social Influence Bias: A Randomized Experiment”, *Science*, 2013, Vol. 6146, pp. 647 - 651。

② 参见 Christakis, N., Fowler, J., *Connected: The Amazing Power of Social Networks and How They Shape Our Lives*, Harper Press, 2010。

③ 参见 Haidt, J., *The Righteous Mind: Why Good People are Divided by Politics and Religion*, Penguin, 2013。

④ 参见 O'Doherty, K., Einseidel, E., *Public Engagement and Emerging Technologies*, Vancouver, UBC Press, 2013。

⑤ 参见 Campbell, R., *Moral Epistemology* (*Stanford Encyclopedia of Philosophy Archive*), http://plato.stanford.edu/archives/win2015/entries/moral-epistemology/, 2019 - 06 - 01。

要优于单个强力个体所组成群体的能力。”[①] 群体决策中的集体智慧是独立于个体智慧的，且集体智力与群体成员的平均社会敏感度、对话分布的平等性，以及女性在群体中的比例成正相关。[②] 虽然目前研究表明社交技能的重要性，但是我们必须关注群体的性别平衡。这是关注群体思维参与平等性和“结果为善”的原因，而不是聚焦培养“最优”（the best）思考者的原因。事实上，研究表明，认知复杂性越高，思考者的灵活性就越低，因为他们具有了更强反驳观点的能力，同时也提出了人们忧虑的伦理学难题。[③]

（四）基于团队合作增强集体智慧

这项关于“集体智能”的研究最近也在元认知（metacognition）概念研究中得到了证实。[④] 这是一个我们监控自己思维过程的程序，同时也要考虑到他人的知识和意图。这让我们反思并向他人证明我们的想法是正确的，加强团队合作并实现采取联合行动。虽然个人单独做某件事的能力有限，但团队合作可以增强实现能力。在研究方法和关注领域，心理学与伦理学的研究范式具有极其相似性，即强调和关注人类思想的动机和认知的重要性，但是也指出了单独行为的困难性。

值得注意的是，即使像“个人道德自治”（individual moral autonomy）的主要倡导者康德（Immanuel Kant）也认识到：自主性（autonomy）要求道德行为必须基于正确的动机，但对我们来说，了解自己的真正动机（motivations）也是极其困难的。[⑤] 关于“自我欺骗”（self-deception）的研究同样表

---

① Hong，Lu and Scott E Page.，“Groups of Diverse Problem Solvers Can Outperform Groups of High-Ability Problem Solvers”，*Proceedings of the National Academy of Sciences of the United States of America*，2004，p. 46.

② 参见 Woolley，A. W.，Chabris，C. F.，Pentland，A.，Hashmi，N.，Malone，T. W.，“Evidence for a Collective Intelligence Factor in the Performance of Human Groups”，*Science*，2010，Vol. 6004，No. 330，pp. 686－688。

③ 参见 Hatemi，P. K.，Mcdermott，R.，“Give Me Attitudes”，*Annual Review of Political Science*，2016，Vol. 1，No. 19，pp. 331－350。

④ 参见 Frith，C. D.，“The Role of Metacognition in Human Social Interactions”，*Philosophical Transactions of the Royal Society B*，2012，Vol. 1599，No. 367，pp. 2213－2223。

⑤ 参见 Kant，I.，*The Moral Law：Groundwork for the Metaphysics of Morals*，Hutchinson，1972。

明，在考虑伦理问题时需要意识到自己思维的偏差和扭曲①，这意味着任何致力于制定道德准则的团体都必须注意其讨论的质量，以及构建的系统性和实践反馈的批判性。同时，关注群体内部沟通的性质和质量也有助于人们在制定道德准则时对特殊案例的思考产生最佳结果。

（五）基于人格理论与道德思维关系的策略

在社会学和道德心理学以及人格理论方面的研究表明：具有不同人格的个体更重视某些核心道德价值观，并能运用不同的术语来描述伦理问题。这在自由主义和保守主义思想基础方面尤为突出。因此，确保人工生命具有广泛参与度是具有重要意义的。还要注意的是，自由主义者（liberals）比保守主义者（conservatives）更倾向于强调狭隘的价值观范围；这可能会限制伦理问题的探讨范围。此外，人格研究（Personality research）表明：在开放性、求新求异和新体验方面得分较高的人具有明显的“左”倾倾向；而另一些在“责任心”“有序性”方面得分高的人具有右倾保守倾向。总之，右倾的人更尊重传统和权威，“左”倾的人往往更能容忍混乱。②

因此，在快速引入新技术的过程中，我们面临的任务恰恰是如何平衡未知的人工生命时代的来临，以及要解决人工生命可能带来的个人生活和社会秩序的混乱，以及可能丧失的传统价值观等伦理问题。面对同一个时代的到来，一个重视传统的群体与一个不固守传统价值观且充满创新精神的群体来说，会得出两套完全截然不同的答案。为了确保富有成果的对话，平衡保守与激进两者的分歧，“获取最优选择”肯定是大有裨益的。

综上所述，社会认识论和等级制度研究表明：在一个组织中需要囊括各个层次和所有角色的人员，保持团队组员的“多样性”是大有裨益的。因此，我们需要基于整体性思维密切关注与人工生命研究相关的所有问题，然而，技术的耀眼魅力可能分散我们对其他问题的注意力。有时候人们走得太远，以至于忘记我们为何而出发。然而，或许自相矛盾的是，面对技术飞速发展的时代，对科技保持冷漠态度的人，“任尔东南西北风，我自岿然不

① 参见 Tenbrunsel, A. E., Messick, D. M., “Ethical Fading: The Role of Self-Deception in Unethical Behavior”, *Soc Justice Res*, 2004, Vol. 2, No. 17, pp. 223 – 236。

② 参见 Graham, J., Haidt, J., Nosek, B. A., “Liberals and Conservatives Rely on Different Sets of Moral Foundations”, *J Per Soc Psychol*, 2009, Vol. 5, No. 96, p. 1029。

动”，这也能为我们在这个技术焦虑的时代探讨人工智能的道德准则保持一种冷静的思考。

第五节　结论与启示

纵观伦理学发展历程，伦理学研究的中心是关于“如何行为”和“如何生活”的问题。从应用伦理学的角度看，经典伦理学常用的理论有：相对主义、美德论、功利主义、义务论。纵观这些道德理论，我们可以得出：无论规范伦理学，还是美德伦理学，都是把伦理道德归为“人”的事务，也就是说，经典伦理学中所探讨的伦理主体仅仅是“人”。

然而，作为自治 agent 的人工生命的两个版本——虚拟空间中的“数字生命”和现实空间中的“机器人”——都应把其作为伦理关护对象，纳入“人—物”交互的道德共同体范畴中进行考察。总之，“数字生命”和“机器人”都以“物”的形式参与到人类的实践中，以“物”的形式为伦理学的核心问题提供答案。

随着人工生命的发展和深化，具有“交互性”“自治性”和“适应性”等伦理意蕴的人工生命体的“道德行为体”地位更加显著而独立。人工生命本身充斥着道德意蕴，它们介入和调节着人们的道德决策，塑造着道德主体，并在道德行为中具有重要作用。所以，“物”也被纳入了伦理学探讨的范畴中。

我们把“人”当作主体的传统伦理学称作“经典伦理学”，而把“物”当作伦理学研究对象的称作“非经典伦理学”。对此，我们需要汲取科学哲学中的方法论模式，对“从经典伦理学到非经典伦理学的转变”进行探讨。

第一，我们基于科学“范式”方法论视角，看人工生命对经典伦理学到非经典伦理学的转变。

托马斯·库恩（Thomas Kuhn）在《科学革命的结构》一书中，把科学发展的过程分为“前科学—常规科学—反常—危机—科学革命—新的常规科学”等不同时期，并提出“范式”“不可通约”“专业共同体”等概念。库恩的科学发展模式也为我们理解“从经典伦理学到非经典伦理学的转变”提供了方法论上的思路。库恩的范式理论揭示了科学发展的一般规律，我们可以用他的“范式”理论分析伦理学道德主体范畴的发展历史，我们会看到伦理学与科学有着相同的发展规律，遵循着相同的发展模式。（1）围绕在“神”“人”“物”三者中究竟哪个才能作为道德主体和道德关护对象的问题，伦理学中的“神本主义”“人类中心主义”“万物有灵论”等理论处于百家争鸣时期，这相当于库恩的“前科学”阶段；（2）随着人本主义的胜出和西方启蒙运动的开始，确立了“人本主义”的经典伦理学，这是库恩的“常规科学”阶段；（3）随着“人本主义”的发展，伦理学家看到了经典伦理学中的“人”的观念和作为道德行为体（moral agent）的“物”出现了“反常”；（4）随着这种“反常”累加，伦理学家对“人本主义”的经典伦理学范式越来越没有信心，这就出现了“危机”；（5）当出现了把“数字生命”和“机器人”等人工生命之“物”看作一种道德关护对象，乃至道德行为体时，就能克服人本主义等经典伦理学的问题，这时伦理学家们就转向新的“范式”，开始研究人工生命之“物”的伦理意蕴，即实现了“经典伦理学到非经典伦理学”的转变，开始了一种新的循环。

但是，我们应当注意的是：按照库恩的“科学发展模式”，“从经典伦理学到非经典伦理学的转变”中并没有理性的基础，仅仅取决于人工生命（尤其“数字生命”和“机器人”形式）对人类伦理抉择和生活方式作用这样的历史性、社会性因素。

第二，我们基于“科学研究纲领”方法论视角，看人工生命对经典伦理学到非经典伦理学的转变。

伊姆雷·拉卡托斯（Imre Lakatos）提出了“科学研究纲领”方法论，这对于我们理解作为道德 agent 存在的人工生命之“物”的出现，对从经典伦理学到非经典伦理学的转变。

从拉卡托斯的科学研究纲领看，可以把握伦理学最为核心的问题，即道德主体的定位问题。我们知道，科学研究纲领包括“硬核”和“保护带”两部分。硬核由理论体系的最重要概念和定律所组成；保护带主要指围绕在硬核周围的辅助假说。科学研究纲领具有进步和退步之分：如果一个科学研究纲领能够不断地发现新的规律，预测新的现象，那么这个研究纲领就是进步的；反之，如果科学研究纲领不断受到反常的挑战，只能被动地用“保护带”进行应对，那么这个研究纲领就是退步的。若把科学研究纲领的方法论用来分析伦理学研究纲领的转变，我们可以把经典伦理学看作一种研究纲领，其中“人本主义”是经典伦理学的“硬核”，而围绕“人本主义”硬核周围的“美德伦理学”“义务论”“功利主义”等可以看作“保护带”。在经典伦理学的研究纲领中，赋予了“人”以绝对的伦理地位，把伦理学看作仅仅关涉“人”的事务，即“人本主义伦理学是建立在人类对道德行为体的垄断基础上的”，并在此框架下进行客体“物”伦理分析，当技术人工物在人类生活方式中不断介入和调节人们的道德决策，塑造着道德主体时，这些人工生命之“物”（“数字生命”和“自治机器人”）不再是经典伦理学中被动的、缄默的形象，而变成了一种主动的、积极的形象参与到人类生活方式的构建中。

因此，把虚拟空间的“数字生命”和现实空间的“机器人”纳入伦理范畴就是对经典伦理学“硬核”（人本主义伦理学）的挑战，我们只能被动地修改保护带来解决危机。拉卡托斯的“科学研究纲领”为我们理解从经典伦理学到非经典伦理学的转变，提供了一种方法论视角。

第三，我们基于“无政府主义”方法论视角，看人工生命对经典伦理学到非经典伦理学的转变。

相比而言，保罗·费耶阿本德（Paul Feyerabend）则是把相对主义发挥到了极致，他主张用宽容的态度对待各学科的发展，他提出了“怎么都行”的无政府主义的方法论，同样，费耶阿本德也为“人工生命伦理学研究”应当多元化地发展提供了一种有益的借鉴。

经典伦理学把一切伦理道德全部归于“人”，而按照费耶阿本德的方法论观点看，应当让所有学科去自由地发展，甚至不被主流理论认可的学科，也都有存在的权利，我们应当给予宽容对待。最终“科学的”理论可以从这些多元化理论的发展中获益。然而，我们对费耶阿本德的方法论思想应当保持一种审慎的态度：一方面，我们在伦理学发展过程中应当汲取费耶阿本德的多元化、宽容的方法论态度；另一方面，应当在相对主义与绝对主义之间保持一定的张力，避免陷入相对主义和非理性主义的泥沼。

总之，无论是科学还是伦理学，两者都关注“自身是以何种方式进行发展的问题”。科学哲学的主要流派对于科学发展模式的探讨也为人工生命伦理学的发展提供了方法论上的启示。纵观库恩、拉卡托斯、费耶阿本德的方法论思想，我们能够从他们方法论中看到的是“多元化、动态化、开放性”的特征。从经典伦理学到非经典伦理学的转变正是重新审视诸如人工生命之“数字生命”“机器人”等“技术人工物”在伦理学中地位的结果，是对以往经典伦理学进行“多元化、动态化、开放性”的改造。人工生命学科的发展，极大地推动了伦理学研究“从经典伦理学到非经典伦理学”的转变。

参考文献

一 中文文献

（周）姬昌：《周易》，杨天才、张善文译注，中华书局2017年版。
（春秋）孔子：《礼记》，北方文艺出版社2013年版。
（春秋）孔子：《论语》，张燕婴译注，中华书局2015年版。
（春秋）孔子：《孝经》，胡平生、陈美兰译注，中华书局2016年版。
（战国）列子等：《列子》，叶蓓卿译注，中华书局2016年版。
（战国）孟子：《孟子》，万丽华、蓝旭译注，中华书局2007年版。
（战国）荀子：《荀子》，安小兰译注，中华书局2007年版。
（汉）司马迁：《报任少卿书》（卷62），中华书局1962年版。
（唐）李白：《李太白全集》，王琦注，中华书局1999年版。
（唐）孙思邈：《大医精诚》，王治民主编《历代医德论述选译》，天津大学出版社1990年版。
安志敏：《中国的原手斧及其传统》，《人类学学报》1990年第4期。
蔡仲：《方法论自然主义能消除科学与宗教之间的冲突吗?》，《自然辩证法研究》2010年第5期。
蔡仲：《宗教与科学》，译林出版社2009年版。
曹琪：《群体选择中的利己与利他问题初探》，西南大学，2011年。
陈波：《存在“先验偶然命题”和“后验必然命题”吗（下）——对克里普克知识论的批评》，《学术月刊》2010年第9期。
陈波、韩林合主编：《逻辑与语言分析哲学经典文选》，东方出版社2005年版。
陈青山：《论“劳动与人”的互生性》，《社会科学家》2010年第12期。

陈蓉霞:《创世论与进化论：能否走向统一?》,《自然辩证法通讯》2000年第2期。

陈蓉霞:《古尔德与威尔逊之争》,《中国读书商报》2008年第B06版。

陈蓉霞:《进化的阶梯》, 中国社会科学出版社1996年版。

陈宥成、曲彤丽:《旧石器时代旧大陆东西方的石器技术格局》,《中原文物》2017年第6期。

陈宥成、曲彤丽:《“两面器技术”源流小考》,《华夏考古》2015年第1期。

程红:《脊椎动物循环系统的比较》,《生物学通报》2000年第8期。

崔金明、王力为、常志广、臧中盛, 刘陈立:《合成生物学的医学应用研究进展》,《中国科学院院刊》2018年第11期。.

戴尔俭:《旧大陆的手斧与东方远古文化传统》,《人类学学报》1985年第3期。

邓晓芒:《人类起源新论：从哲学角度看（上）》,《湖北社会科学》2015年第8期。

邓雪梅:《解说石器中发生的故事》,《世界科学》2014年第6期。

董春雨:《从复杂系统理论看智能设计论》,《自然辩证法研究》2009年第3期。

董春雨:《对称性与人类心智的冒险》, 北京师范大学出版社2007年版。

董国安:《进化论的结构——生命演化研究的方法论基础》, 人民出版社2011年版。

董国安:《理论还原：一个被打破的神话》,《自然辩证法通讯》1999年第1期。

董国安、吕国辉:《生物学自主性与广义还原》,《自然辩证法研究》1996年第3期。

董国安:《群体选择论的预先假定》,《自然辩证法研究》2007年第3期。

董国安:《自然选择原理的解释作用及其同义反复问题》,《华南师范大学学报》2006年第6期。

董华、李恒灵:《基因认识中的还原论和整体论》,《自然辩证法研究》1996年第9期。

樊汉鹏：《迈克尔·鲁斯的生物哲学思想研究》，山西大学，2013年。
樊汉鹏、王姝彦：《迈克尔·鲁斯进化认识论的探析》，《系统科学学报》2017年第2期。
范瑞平：《当代儒家生命伦理学》，北京大学出版社2011年版。
方翠熔：《人类直立行走起源于树栖双臂臂行猜想与相关古人体演化力学论证》，重庆大学，2015年。
费多益：《目的论视角的生命科学解释模式反思》，《中国社会科学》2019年第4期。
费多益：《情感增强的个人同一性》，《世界哲学》2005年第6期。
符征：《智慧设计论能成为进化论的替代理论吗》，《自然辩证法研究》2009年第9期。
符征：《智能设计论对进化论的一次突袭——〈进化论的圣像〉的"楔进战略"》，《医学与哲学》2008年第5期。
干建平：《自然选择与人的适应性进化》，《自然辩证法研究》1997年第2期。
甘绍平：《作为一项权利的人的尊严》，《哲学研究》2008年第6期。
高剑平、胡善男：《论元工具语言——基于历史唯物主义的视野》，《自然辩证法研究》2016年第11期。
高剑平、张正华、罗芹：《手的元工具特征》，《自然辩证法研究》2012年第11期。
高秋：《达尔文雀——"自然选择"与"适应"的经典例证》，《进化论坛》2006年第4期。
高星、黄万波、徐自强等：《三峡兴隆洞出土12~15万年前的古人类化石和象牙刻划》，《科学通报》2003年第23期。
高星、裴树文：《中国古人类石器技术与生存模式的考古学阐释》，《第四纪研究》2006年第4期。
高星、王惠民、关莹：《水洞沟旧石器考古研究的新进展与新认识》，《人类学学报》2013年第5期。
高星、张晓凌、杨东亚、沈辰、吴新智：《现代中国人起源与人类演化的区域性多样化模式》，《中国科学：地球科学》2010年第9期。

高星:《制作工具在人类演化中的地位与作用》,《人类学学报》2018 年第 3 期。
高星:《中国旧石器时代手斧的特点与意义》,《人类学学报》2012 年第 2 期。
葛明德:《劳动在人类起源中发生作用的新证据》,《北京大学学报》（哲学社会科学版）1996 年第 3 期。
庚镇城:《进化着的进化学——达尔文之后的发展》,上海科学技术出版社 2016 年版。
龚缨晏:《关于“劳动创造人”的命题》,《史学理论研究》1994 年第 2 期。
龚缨晏:《关于人类起源的几个问题》,《世界历史》1994 年第 2 期。
桂起权等:《生物科学的哲学》,四川教育出版社 2003 年版。
韩跃红、孙书行:《人的尊严和生命的尊严释义》,《哲学研究》2006 年第 3 期。
贺志勇:《现代智慧设计论是否“科学”》,许志伟主编:《基督教思想评论》,上海人民出版社 2009 年版。
侯丽编译:《最新考古发现：人类 6.5 万年前到达澳洲北部》,《中国社会科学报》2017 年第 3 期。
侯玉丽:《史蒂芬·杰·古尔德进化论思想研究》,东华大学,2011 年。
胡涛波等:《遗传等距离现象：分子钟和中性理论的误读及其近半世纪后的重新解谜》,《中国科学：生命科学》2013 年第 4 期。
胡文耕:《生物学哲学》,中国社会科学出版社 2002 年版。
黄凯特、王道还:《330 万年，地球上最古老的小孩》,《环球科学》2007 年第 1 期。
黄慰文、侯亚梅、斯信强:《盘县大洞的石器工业》,《人类学学报》1997 年第 3 期。
黄慰文:《中国的手斧》,《人类学学报》1987 年第 1 期。
黄翔:《自然选择的单位与层次》,复旦大学出版社 2015 年版。
黄艳:《智能设计论的兴起及其哲学反思》,上海师范大学,2009 年。
黄湛、李海涛:《“劳动创造了人”：对恩格斯原创思想的误读和曲解》,《吉林大学社会科学学报》2013 年第 6 期。

黄正华:《科学与非科学之间的进化论》,《科学技术与辩证法》2005 年第5 期。

江怡:《科学与神学对立的解释学解读——以进化论争论为例》,《哲学动态》2007 年第1 期。

姜义华主编:《社会科学争鸣大系(1949—1989)·历史卷》,上海人民出版社 1991 年版。

蒋功成:《卡尔·波普尔与生物进化论》,《淮阴师范学院学报》2003 年第4 期。

解丽、王绍源:《合成生物学的伦理问题探讨——以〈合成生物学和道德:人工生命和自然的界限〉为文本视角》,《科学经济社会》2017 年第 2 期。

金力、张帆、黄颖:《分子考古学》,《创新科技》2007 年第 12 期。

雷晓云、袁德健、张野、黄石:《基于 DNA 分子的现代人起源研究 35 年回顾与展望》,《人类学学报》2018 年第 2 期。

李朝辉:《从道金斯与古尔德之争看达尔文主义的未来发展及意义》,昆明理工大学,2010 年。

李朝辉、于波:《进化生物学史上道金斯与古尔德的世纪争论——谨此纪念达尔文诞辰二百周年》,《化石》2010 年第 1 期。

李辉芳:《迈尔的生物学史思想与方法研究》,山西大学,2010 年。

李建会:《当代西方生物学哲学:研究概况、路径及主要问题》,《自然辩证法研究》2010 年第 7 期。

李建会:《分支论和自主论——当代生物学哲学的两大派别》,《自然辩证法研究》1991 年第 4 期。

李建会:《功能解释与生物学的自主性》,《自然辩证法研究》1991 年第9 期。

李建会:《国外生命科学哲学的研究》,《医学与哲学》2004 年第 12 期。

李建会:《还原论、突现论与世界的统一性》,《科学技术与辩证法》1995 年第 5 期。

李建会:《进化不是进步吗?——古尔德的反进化性进步观批判》,《自然辩证法研究》2016 年第 1 期。

李建会:《目的论解释与生物学的结构》,《科学技术与辩证法》1996 年第

5 期。
李建会：《生命科学哲学》，北京师范大学出版社 2006 年版。
李建会：《生物学中事实与价值的二分法的崩溃：以进化是否是进步为例》，《第八次全国生物学哲学学术研讨会论文集》，山西大学科学技术哲学研究中心，2018 年。
李建会、项晓乐：《超越自我利益：达尔文的“利他难题”及其解决》，《自然辩证法研究》2009 年第 9 期。
李建会、张江：《数字创世纪：人工生命的新科学》，科学出版社 2006 年版。
李建会、张鑫：《胚胎基因设计的伦理问题研究》，《医学与哲学》2016 年第 13 期。
李建会：《自然选择的单位：个体、群体还是基因?》，《科学文化评论》2009 年第 6 期。
李建会：《走向计算主义：数字时代人工创造生命的哲学》，中国书籍出版社 2004 年版。
李难：《重评达尔文对马尔萨斯人口论的应用》，《自然辩证法通讯》1980 年第 3 期。
李讷：《人类进化中的“缺失环节”和语言的起源》，《哲学研究》2004 年第 2 期。
李秦秦：《利己还是利他？——索伯 - 威尔逊的利他主义进化模型评介》，《自然辩证法研究》2005 年第 11 期。
李秀艳：《非人类中心主义价值观与非人类中心主义理论流派辨析》，《社会科学论坛》2005 年第 9 期。
李亚娟：《大卫·布勒和贾斯汀·加森的生物功能溯因解释》，《自然辩证法研究》2019 年第 10 期。
李亚娟、李建会：《环境在适应中的作用：从“筛子”到“能动者”》，《科学技术哲学研究》2019 年第 3 期。
李真真、董永亮、高旖蔚：《设计生命：合成生物学的安全风险与伦理挑战》，《中国科学院院刊》2018 年第 11 期。
理查德·利基：《人类的起源》，吴汝康、吴新智、林圣龙译，上海科学技术出版社 2007 年版。

梁祖霞：《自然选择创造了人类》，《生物学教学》2003 年第 8 期。
林圣龙：《对九件手斧标本的再研究和关于莫维斯理论之拙见》，《人类学学报》1994 年第 3 期。
林圣龙：《人本身是自然界的产物——“劳动创造了人本身”仅仅是“在某种意义上”说的》，《化石》1982 年第 2 期。
林圣龙：《西方旧石器文化中的勒瓦娄技术》，《人类学学报》1989 年第 1 期。
林圣龙：《中西方旧石器文化中的技术模式的比较》，《人类学学报》1996 年第 1 期。
刘鹤玲、陈净：《利他主义的科学诠释与文化传承》，《江汉论坛》2008 年第 6 期。
刘鹤玲：《互惠利他主义的博弈论模型及其形而上学预设》，《自然辩证法通讯》1999 年第 6 期。
刘鹤玲、蒋湘岳、刘奇：《广义适合度与亲缘选择学说：亲缘利他行为及其进化机制》，《科学技术与辩证法》2007 年第 5 期。
刘鹤玲：《亲缘、互惠与顺驯：利他理论的三次突破》，《自然辩证法研究》2000 年第 3 期。
刘建立、靳如军：《“劳动创造人”的语言歧义分析》，《信阳师范学院学报》2001 年第 6 期。
刘利：《华莱士与达尔文的分歧》，《科学技术哲学研究》2011 年第 6 期。
刘武：《追寻祖先人类祖先的足迹》，《科学世界》2006 年第 3 期。
莫富：《怎样理解“劳动创造了人本身”》，《中南民族大学学报》1987 年第 1 期。
欧亚昆：《合成生物学的伦理问题研究》，华中科技大学，2017 年。
欧阳肃通、贺志勇：《斯温伯恩与设计论证的当代论争》，《自然辩证法通讯》2011 年第 5 期。
齐芳：《古 DNA 研究揭示现代人类祖先曾与尼安德特人“混血”》，《光明日报》2015 年第 5 期。
任晓明、张昱：《适应与事实》，《科学技术哲学研究》2010 年第 1 期。
邵亚琪等：《热处理对水洞沟遗址石器原料力学性能的影响》，《人类学学报》2015 年第 3 期。
舒炜光：《卡尔·波普尔的否证论》，《吉林大学社会科学学报》1981 年第 3 期。
宋凯：《合成生物学导论》，科学出版社 2010 年版，第 3 页。
宋希仁主编：《西方伦理思想史》，中国人民大学出版社 2010 年版。
唐热风：《亚里士多德伦理学中的德性与实践智慧》，《哲学研究》2005 年第 5 期。
田洺：《进化是进步吗?》，《自然辩证法通讯》1996 年第 3 期。
田洺：《未竟的综合——达尔文以来的进化论》，山东教育出版社 1998 年版。
田远：《人类用火史可追溯至 100 万年前》，《光明日报》2012 年 4 月 19 日第 11 版。
汪济生：《必须正视马克思恩格斯在人与动物界定问题上的区别》，《学术月刊》2004 年第 7 期。
汪行福：《从康德到约纳斯——“绝对命令哲学”谱系及其意义》，《哲学研究》2016 年第 9 期。
汪子嵩、范明生、陈村富、姚介厚：《希腊哲学史》第三卷，人民出版社 1997 年版。
汪子嵩、范明生、陈村富、姚介厚：《希腊哲学史》第一卷，人民出版社 1997 年版。
王福玲：《探析康德尊严思想的历史地位》，《哲学研究》2013 年第 11 期。
王佳音：《中国手斧的区域特征及中西比较》，《考古学研究》2008 年第 7 期。
王钦民：《这样的发现值得我们正视吗？评汪济生〈必须正视马克思恩格斯在人与动物界定问题上的区别〉》，《理论观察》2014 年第 6 期。
王巍：《“还原”概念的哲学分析》，《自然辩证法研究》2011 年第 2 期。
王巍、张明君：《“如何可能”与“为何必然”——对罗森伯格的达尔文式还原论评析》，《自然辩证法研究》2015 年第 8 期。
王巍：《自然选择单位的问题解析》，《自然辩证法研究》2013 年第 2 期。
王晓姝：《设计论和进化论之争的哲学分析和科学检验》，云南大学，2010 年。

王洋:《道金斯与古尔德的进化观之比较》, 上海师范大学, 2011 年。
王志芳:《索伯自然选择论的哲学思想研究》, 山西大学, 2012 年。
王子初:《音乐考古拾意》,《大众考古》2014 年第 2 期。
卫郭敏、毛建儒:《人工自然是认识天然自然的帷幕还是窗户? ——对实验室中人工自然的哲学辨析》,《自然辩证法研究》2015 年第 4 期。
卫奇:《爪哇猿人生存到二万七千年前?》,《化石》1997 年第 2 期。
吴家睿:《后基因组时代的思考——“活力论”的复活》,《科学》2004 年第 2 期。
吴汝康:《对人类进化全过程的思索》,《人类学学报》1995 年第 11 期。
吴新智:《从中国晚期智人颅牙特征看中国现代人起源》,《人类学学报》1998 年第 4 期。
吴新智、杜靖:《吴汝康人类学实践中的人观思想及其来源》,《青海民族研究》2010 年第 2 期。
吴新智:《人类起源与进化简说》,《自然杂志》2010 年第 2 期。
吴新智:《人类怎么探知自身的由来》,《科学与无神论》2007 年第 6 期。
吴新智:《现代人起源的多地区进化说在中国的实证》,《第四纪研究》2006 年第 5 期。
吴新智:《中国和欧洲早期智人的比较研究》,《人类学学报》1988 年第 7 期。
吴秀杰、李占扬:《中国发现新型古人类化石——许昌人》,《前沿科学》2018 年第 1 期。
肖显静:《物种之本质与其道德地位的关联研究》,《伦理学研究》2017 年第 2 期。
肖显静:《转基因技术的伦理分析——基于生物完整性的视角》,《中国社会科学》2016 年第 6 期。
谢光茂:《关于百色手斧问题——兼论手斧的划分标准》,《人类学学报》2002 年第 1 期。
谢平:《进化理论之审读与重塑》, 科学出版社 2016 年版。
谢平:《探索大脑的终极秘密: 学习、记忆、梦和意识》, 科学出版社 2018 年版。

徐俊培译:《“进化论为何是正确的”——芝加哥大学生物学家杰里·科伊恩访谈录》,《世界科学》2009 年第 5 期。

徐英瑾:《演化、设计、心灵和道德——新达尔文主义哲学基础探微》, 复旦大学出版社 2013 年版。

闫勇:《基因研究推翻“古美洲人假说”》,《中国社会科学报》2018 年第 3 期。

闫勇:《人类首次到达澳大利亚并非偶然》,《中国社会科学报》2018 年第 3 期。

严胜柒、张云峰:《自然选择新图景——兼谈必然性和偶然性在生物进化中的作用》,《自然辩证法研究》2000 年第 5 期。

杨海燕:《“非达尔文革命”与“进步”的观念》,《自然辩证法研究》2003 年第 4 期。

杨海燕:《古尔德——道金斯之争的核心问题》,《医学与哲学》2005 年第 6 期。

尤瓦尔·赫拉利:《人类简史：从动物到上帝》, 林俊宏译, 中信出版社 2014 年版。

于小晶、李建会:《自然选择是万能的吗？——进化论中的适应主义及其生物学哲学争论》,《自然辩证法研究》2012 年第 6 期。

曾艳、赵心刚、周桔:《合成生物学工业应用的现状和展望》,《中国科学院院刊》2018 年第 11 期。

翟晓梅、邱仁宗:《合成生物学：伦理和管治问题》,《科学与社会》2014 年第 4 期。

张宝英:《人的祖先是“类人猿”还是“类猿人”——由“劳动创造了人”引发的思考》,《学术交流》2014 年第 4 期。

张秉伦、卢勋:《“劳动创造人”质疑》,《自然辩证法通讯》1981 年第 1 期。

张伯剀:《进化 = 进步?》,《大科技：科学之谜》2006 年第 12 期。

张汉静，王志芳:《索伯的自然选择模型》,《山西大学学报》2011 年第 1 期。

张浩:《思维发生学》, 中国社会科学出版社 1994 年版。

张克旗、吴中海、吕同艳、冯卉：《光释光测年法——综述及进展》，《地质通报》2015年第1期。
张明、付巧妹：《史前古人类之间的基因交流及对当今现代人的影响》，《人类学学报》2018年第2期。
张培炎：《关于“劳动创造人”的讨论三题》，《广西大学学报》（哲学社会科学版）1995年第6期。
张森水：《中国北方旧石器工业的区域渐进与文化交流》，《人类学学报》1990年第9期。
张涛：《从对索伯—威尔逊模型的批判入手浅析利他行为进化难题》，《自然辩证法研究》2012年第12期。
张鑫、李建会：《“适者生存”是同义反复吗?》，《科学技术哲学研究》2017年第3期。
张旭昆：《试析利他行为的不同类型及其原因》，《浙江大学学报》2005年第4期。
张昱：《进化生物学哲学研究》，南开大学，2009年。
张昀：《进化论的新争论及其认识论问题》，《北京大学学报》（哲学社会科学版）1991年第2期。
张增一：《创世论与进化论的世纪之争——现实社会中的科学划界》，中山大学出版社2006年版。
张增一：《赫胥黎与威尔伯福斯之争》，《自然辩证法通讯》2002年第4期。
张增一：《基督教对进化论的反应——兼论科学与宗教的关系模式》，《自然辩证法通讯》1998年第6期。
张增一：《理解达尔文革命》，《自然科学史研究》2009年第4期。
赵斌：《浅析生物学解释中的目的论问题》，《科学技术哲学研究》2009年第4期。
赵敦华主编：《知识·信念与自然主义》，宗教文化出版社2007年版。
赵寿元：《“劳动”选择了人!》，《复旦学报》（社会科学版）1981年第1期。
赵熙熙：《肯尼亚发现最古老石器：距今330万年，或为更新纪灵长类动物所为》，《中国科学报》2015年4月20日第2期。

赵永春:《劳动在从猿到人转变中的作用刍议》,《学术交流》1988 年第 3 期。
郑开琪、魏敦庸:《猿猴社会》,知识出版社 1982 年版。
中国科学院古脊椎动物与古人类研究所编:《中国古人类论文集》,科学出版社 1978 年版。
周长发:《生物进化与分类原理》,科学出版社 2009 年版。
朱长超:《是劳动创造了人,还是劳动选择了人》,《自然辩证法通讯》1981 年第 5 期。
朱佩琪、蒋伟东、周诺:《CRISPR/Cas9 基因编辑系统的发展及其在医学研究领域的应用》,《中国比较医学杂志》2019 年 2 月 5 日。
宗华:《挑食致羚羊河南方古猿灭亡》,《中国科学报》2015 年第 2 期。
邹笑笑:《群体选择理论的科学史考察》,《华中农业大学学报》2012 年第 5 期。
[澳] 约翰 · C. 埃克尔斯:《脑的进化——自我意识的创生》,潘泓译,上海科技教育出版社 2007 年版。
[德] 爱因斯坦:《爱因斯坦自述》,崔金英、姬君译,华中科技大学出版社 2015 年版。
[德] 恩斯特 · 海克尔:《宇宙之谜》,苑建华译,陕西人民出版社 2005 年版。
[德] 弗洛伊德:《一种幻想的未来文明及其不满》,何道宽译,河北教育出版社 2003 年版。
[德] 库尔特 · 拜尔茨:《基因伦理学》,马怀琪译,华夏出版社 2000 年版。
[德] 兰德曼:《哲学人类学》,阎基译,贵州人民出版社 1988 年版。
[德] 马丁 · 海德格尔:《海德格尔选集》,孙周兴译,生活 · 读书 · 新知上海三联书店 1996 年版。
[德] 莫尼卡 · 奥芬伯格:《关于鹦鹉螺和智人:进化论的由来》,郑建萍译,百家出版社 2001 年版。
[法] 弗朗索瓦 · 博尔德:《旧石器类型学和工艺技术》,《文物季刊》1992 年第 2 期。
[法] 罗贝尔 · 福西耶:《中世纪劳动史》,陈青瑶译,上海人民出版社 2007

年版。
[法] 让·沙林:《从猿到人——人的进化》,管震湖译,商务印书馆 1996 年版。
[古希腊] 柏拉图:《柏拉图全集》(第三卷),王晓朝译,人民出版社 2002 年版。
[古希腊] 亚里士多德:《尼各马可伦理学》,商务印书馆 2003 年版。
[古希腊] 亚里士多德著,苗力田主编:《亚里士多德全集》第三卷,中国人民大学出版社 1996 年版。
[古希腊] 亚里士多德著,苗力田主编:《亚里士多德全集》第四卷,中国人民大学出版社 1996 年版。
[荷] 克里斯·布斯克斯:《进化思维:达尔文对我们世界观的影响》,徐纪贵译,四川人民出版社 2014 年版。
[美] 阿列克谢耶夫:《关于人类起源的劳动理论》,庄孔韶译,《民族译丛》1981 年第 4 期。
[美] 阿耶拉、瓦伦丁:《现代综合进化论》,胡楷译,高等教育出版社 1984 年版。
[美] 爱德华·O. 威尔逊:《社会生物学——新的综合》,毛盛贤等译,北京理工大学出版社 2008 年版。
[美] 奥古斯汀·富恩特斯:《一切与创造有关——想象力如何创造人类》,贾丙波译,中信出版集团 2018 年版。
[美] 保罗·R. 埃力克:《人类的天性:基因、文化与人类前景》,李向慈、洪佼宜译,金城出版社 2014 年版。
[美] 保罗·费耶阿本德:《告别理性》,陈健等译,江苏人民出版社 2002 年版。
[美] 彼得·里克森等:《基因之外:文化如何改变人类演化》,陈姝等译,浙江大学出版社 2017 年版。
[美] 布赖恩·费根:《世界史前史》,杨宁等译,北京联合出版公司 2017 年版。
[美] 戴维·埃伦费尔德:《人道主义的僭妄》,李云龙译,国际文化出版公司 1988 年版。

［美］戴维·巴斯：《进化心理学》，张勇、蒋柯译，商务印书馆 2015 年版。
［美］端·泰勒，吴新智编译：《爪哇人类化石的分类》，《人类学学报》1992 年第 4 期。
［美］厄恩斯特·迈尔：《生物学思想的发展：多样性，进化与遗传》，刘珺珺等译，湖南教育出版社 1990 年版。
［美］厄恩斯特·迈尔：《生物学哲学》，涂长晟等译，辽宁教育出版社 1992 年版。
［美］恩斯特·迈尔：《进化是什么》，田洺译，上海科学技术出版社 2003 年版。
［美］恩斯特·迈尔：《进化是什么》，田洺译，上海科学技术出版社 2012 年版。
［美］弗兰克·梯利：《西方哲学史》，贾辰阳、解本远译，吉林出版集团有限公司 2014 年版。
［美］弗兰西斯·柯林斯：《上帝的语言》，杨新平等译，海南出版社 2010 年版。
［美］弗朗西斯·福山：《我们的后人类未来》，黄立志译，广西师范大学出版社 2016 年版。
［美］弗里德利希·席勒：《秀美与尊严——席勒艺术和美学文集》，张玉能译，文化艺术出版社 1996 年版。
［美］古尔德：《奇妙的生命：布尔吉斯页岩中的生命故事》，傅强等译，江苏科学技术出版社 2012 年版。
［美］古尔德：《生命的壮阔：从柏拉图到达尔文》，范昱峰译，江苏科学技术出版社 2013 年版。
［美］古尔德：《自达尔文以来》，田洺译，生活·读书·新知三联书店 1997 年版。
［美］海伦娜·克罗宁：《蚂蚁与孔雀——耀眼羽毛背后的性选择之争》，杨玉龄译，上海科学技术出版社 2001 年版。
［美］汉斯·D. 斯鲁格：《弗雷格》，江怡译，中国社会科学出版社 1989 年版。
［美］加兰·E. 艾伦：《20 世纪的生命科学史》，田洺译，复旦大学出版社

2000 年版。
［美］贾雷德·戴蒙德：《第三种黑猩猩：人类的身世与未来》，王道还译，上海译文出版社 2012 年版。
［美］贾雷德·戴蒙德：《枪炮、病菌与钢铁》，谢延光译，上海译文出版社 2000 年版。
［美］杰里·A. 科因：《为什么要相信达尔文》，叶盛译，科学出版社 2009 年版。
［美］刘易斯·芒福德：《城市发展史》，宋俊岭、倪文彦译，中国建筑工业出版社 2005 年版。
［美］刘易斯·芒福德：《技术与文明》，陈允明、王克仁、李华山译，中国建筑工业出版社 2009 年版。
［美］罗纳德·蒙森：《干预与反思：医学伦理学基本问题（一）》，林侠译，首都师范大学出版社 2010 年版。
［美］玛莎·C. 纳斯鲍姆：《正义的前沿》，朱慧玲等译，中国人民大学出版社 2016 年版。
［美］迈克尔·J. 贝希：《达尔文的黑匣子》，余瑾、邓晨、伍义生译，重庆出版社 2014 年版。
［美］迈克尔·加扎尼加：《人类的荣耀》，彭雅伦译，北京联合出版公司，2016 年版。
［美］迈克尔·鲁斯：《达尔文主义者可以是基督徒吗？——科学与宗教的关系》，董素华译，山东人民出版社 2011 年版。
［美］迈克尔·托马塞洛：《人类沟通的起源》，蔡雅菁译，商务印书馆 2012 年版。
［美］迈克尔·托马塞洛：《我们为什么要合作：先天与后天之争的新理论》，苏彦捷译，北京师范大学出版社 2017 年版。
［美］梅尔·斯图尔特、徐向东、邢滔滔主编：《科学与宗教：21 世纪的问题》，陈玮等译，北京大学出版社 2015 年版。
［美］尼古拉斯·韦德：《黎明之前——基因技术颠覆人类进化史》，陈华译，电子工业出版社 2015 年版。
［美］诺埃尔·T. 博阿兹、拉塞尔·L. 乔昆：《龙骨山：冰河时代的直立人

传奇》，陈淳等译，上海辞书出版社 2011 年版。
［美］欧内斯特·内格尔：《科学的结构——科学说明的逻辑问题》，徐向东译，上海译文出版社 2002 年版。
［美］普兰丁格：《进化与设计》，《科学文化评论》2005 年第 3 期。
［美］齐默：《演化：跨越 40 亿年的生命记录》，唐嘉慧译，上海人民出版社 2011 年版。
［美］奇普·沃尔特：《重返人类演化现场》，蔡承志译，生活·读书·新知三联书店 2014 年版。
［美］乔治·威廉斯：《适应与自然选择》，陈蓉霞译，上海科学技术出版社 2001 年版。
［美］桑德尔：《反对完美》，黄慧慧译，中信出版社 2015 年版。
［美］史蒂芬·梅尔：《细胞中的印记——DNA 编码信息之谜》，唐理明等译，团结出版社 2012 年版。
［美］史蒂芬·平克：《心智探奇：人类心智的起源与进化》，郝耀伟译，浙江人民出版社 2016 年版。
［美］史蒂芬·平克：《语言本能：人类语言进化的奥秘》，欧阳明亮译，浙江人民出版社 2015 年版。
［美］史蒂夫·奥尔森：《人类基因的历史地图》，霍达文译，生活·读书·新知三联书店 2006 年版。
［美］斯宾塞·韦尔斯：《出非洲记——人类祖先的迁徙史诗》，杜红译，东方出版社 2004 年版。
［美］斯坦利·安布罗斯：《旧石器技术与人类演化》，《江汉考古》2012 年第 1 期。
［美］索伯：《生物演化的哲学思维》，欧阳敏译，韦伯文化事业出版社 2000 年版。
［美］索尔·克里普克：《命名与必然性》，梅文译，上海译文出版社 2001 年版。
［美］提姆·怀特：《吃人也是人类历史的一部分：食人现象为何出现?》，《环球科学公众号》。
［美］E. O. 威尔逊：《论人的天性》，林和生、谢显宁、王作宏译，贵州人

民出版社 1987 年版。

[美] 威廉·邓勃斯基：《理智设计论——科学与神学之桥》，卢风译，中央编译出版社 2005 年版。

[美] 沃尔德罗普：《复杂：诞生于秩序和混沌边缘的科学》，陈玲译，生活·读书·新知三联书店 1997 年版。

[美] 希拉里·普特南：《事实与价值二分法的崩溃》，应奇译，东方出版社 2006 年版。

[美] 伊安·巴伯：《当科学遇到宗教》，苏贤贵译，生活·读书·新知三联书店 2004 年版。

[美] 伊恩·莫里斯：《人类的演变：采集者、农夫与大工业时代》，马睿译，中信出版集团 2016 年版。

[美] 伊恩·塔特索尔：《地球的主人——探寻人类的起源》，贾拥民译，浙江大学出版社 2015 年版。

[美] 约翰·S. 艾伦：《肠子，脑子，厨子：人类与食物的演化关系》，陶凌寅译，清华大学出版社 2013 年版。

[美] 约翰·霍克斯、米尔福德·沃尔波夫：《现代人起源六十年之争》，《南方文物》2011 年第 3 期。

[美] 约翰·内皮尔：《手》，陈淳译，上海科技教育出版社 2001 年版。

[美] 约拿单·威尔斯：《进化论的圣像——科学还是神话?》，钱锟、唐理明译，中国文联出版社 2006 年版。

[美] 詹腓力：《"审判" 达尔文》，钱锟等译，中央编译出版社 1999 年版。

[新西兰] 斯蒂文·罗杰·费希尔：《语言的历史》，崔存明、胡红伟译，中央编译出版社 2012 年版。

[英] N. H. 巴顿，D. E. G. 布里格斯等：《进化》，宿兵等译，科学出版社 2009 年版。

[英] 彼得·沃森：《人类思想史：浪漫灵魂：从以赛亚到朱熹》，姜倩等译，中央编译出版社 2011 年版。

[英] 伯纳德·伍德：《人类进化简史》，冯兴无、高星译，外语教学与研究出版社 2015 年版。

[英] 查尔斯·达尔文：《达尔文生平及其书信集》第二卷，叶笃庄、孟光

裕译，生活·读书·新知三联书店 1957 年版。

［英］查尔斯·达尔文：《达尔文生平及其书信集》第一卷，叶笃庄、孟光裕译，生活·读书·新知三联书店 1957 年版。

［英］查尔斯·达尔文：《物种起源》，周建人等译，商务印书馆 1983 年版。

［英］达尔文：《人类的由来及性选择》，叶笃庄、杨习之译，北京大学出版社 2009 年版。

［英］达尔文：《人类的由来》，潘光旦、胡寿文译，商务印书馆 1997 年版。

［英］达尔文：《人类和动物的表情》，周邦立译，北京大学出版社 2009 年版。

［英］达尔文：《物种起源》，刘连景译，新世界出版社 2014 年版。

［英］达尔文：《物种起源》，舒德干等译，北京大学出版社 2005 年版。

［英］达尔文：《物种起源》，周建人、叶笃庄、方宗熙译，商务印书馆 1995 年版。

［英］道金斯：《自私的基因》，卢允中等译，中信出版社 2012 年版。

［英］德斯蒙德·莫利斯：《裸猿》，何道宽译，复旦大学出版社 2010 年版。

［英］蒂姆·卢恩斯："功能"，《爱思维尔科学哲学手册：生物学哲学》，［加］莫汉·马修，［加］克里斯托弗·斯蒂芬编，赵斌译，北京师范大学出版社 2013 年版。

［英］弗朗西斯·达尔文：《达尔文回忆录》，白马、张雷译，浙江文艺出版社 2011 年版。

［英］赫胥黎：《人类在自然界的位置》，蔡重阳等译，北京大学出版社 2010 年版。

［英］J. 霍华德：《达尔文》，徐兰、李兆忠译，中国社会科学出版社 1992 年版。

［英］卡尔·波普尔：《猜想与反驳》，傅季重等译，上海译文出版社 2005 年版。

［英］卡尔·波普尔：《科学知识进化论：波普尔科学哲学选集》，生活·读书·新知三联书店 1987 年版。

［英］卡尔·波普尔：《历史决定论的贫困》，杜汝楫、邱仁宗译，华夏出版社 1987 年版。

[英] 卡尔·波普尔：《无尽的探索——卡尔·波普尔自传》，邱仁宗译，江苏人民出版社 2000 年版。

[英] 凯文·拉兰德：《未完成的进化：为什么大猩猩没有主宰世界》，史耕山、张尚莲译，中信出版集团 2018 年版。

[英] 克里斯·麦克马纳斯：《右手，左手：大脑、身体、原子和文化中不对称性的起源》，胡新和译，北京理工大学出版社 2007 年版。

[英] 克里斯托弗·波特：《我们人类的宇宙：138 亿年的演化史诗》，曹月等译，中信出版集团 2017 年版。

[英] 理查德·道金斯：《盲眼钟表匠》，王德伦译，重庆出版社 2005 年版。

[英] 理查德·道金斯：《上帝的错觉》，陈蓉霞译，海南出版社 2017 年版。

[英] 理查德·道金斯：《自私的基因》，卢允中、张岱云、王兵译，吉林人民出版社 1998 年版。

[英] 理查德·斯温伯恩：《上帝是否存在》，胡自信译，北京大学出版社 2005 年版。

[英] 罗伊·波特主编：《剑桥插图医学史》，张大庆主译，山东画报出版社 2007 年版。

[英] 马特·里德利：《先天，后天：基因、经验，及什么使我们成为人》，陈虎平、严成芬译，北京理工大学出版社 2005 年版。

[英] 麦尔（E.）等：《动物分类学的方法和原理》，郑作新等译，科学出版社 1965 年版。

[英] 皮特·J. 鲍勃：《进化思想史》，田洺译，江西教育出版社 1999 年版。

[英] 斯塔斯：《批评的希腊哲学史》，庆泽彭译，华东师范大学出版社 2005 年版。

[英] 维特根斯坦：《哲学研究》，李步楼译，商务印书馆 2005 年版。

[英] 亚当·卢瑟福：《我们人类的基因：全人类历史与未来》，严匡正、庄晨晨译，中信出版集团 2017 年版。

[英] 亚历山大·H. 哈考特：《我们人类的进化：从走出非洲到主宰地球》，李虎、谢庶洁译，中信出版集团 2017 年版。

[英] 珍妮·古多尔：《黑猩猩在召唤》，刘后一译，科学出版社 1980 年版。

二 英文文献

Abzhanov, A., "Bmp4 and Morphological Variation of Beaks in Darwin's Finches", *Science*, 2004, Vol. 305.

Alison, K. Mcconwell & Currie, Adrian, "Gouldian Arguments and the Sources of Contingency", *Biology and Philosophy*, 2016, Vol. 7, No. 10.

Allhoff, Fritz, et al., "Ethics of Human Enhancement: 25 Questions & Answers", *Studies in Ethics, Law, And Technology*, 2010, Vol. 1.

Amundson, Ron & Lauder, George V., "Function Without Purpose", *Biology and Philosophy*, 1994, Vol. 4, No. 9.

Andorno, Roberto, "Human Dignity and Human Rights as a Common Ground for a Global Bioethics", *Social Science and Publishing*, 2009, Vol. 3, No. 34.

Andorno, Roberto, "Human Dignity and Human Rights", In Have, H. A. M. J., Ten & Gordijn, B. (eds.), *Handbook of Global Bioethics*, Springer Netherlands, 2014.

Annas, George, J., Lori, B. Andrews & Rosario, M. Isasi, "Protecting the Endangered Human: Toward an International Treaty Prohibiting Cloning and Inheritable Alternations", *American Journal of Law and Medicine*, 2002, Vol. 2-3, No. 28.

Archard, D., Lippert-Rasmussen, K., *Applied Ethics*, In Lafollette H (Ed)., *International Encyclopedia of Ethics*, Abingdon, Blackwell, 2013.

Ariew, André, Cummins, Robert & Perlman, Mark, eds., *Functions: New Essays in the Philosophy of Psychology and Biology*, Oxford University Press, Usa, 2002.

Arthur, W., *Biased Embryos and Evolution*, Cambridge University Press, 2004.

Ashton, Nick, et al., "Hominin Footprints From Early Pleistocene Deposits at Happisburgh, Uk", *Plos One*, 2014, Vol. 2, No. 9.

Avital, E., Jablonka, E., *Animal Traditions: Behavioural Inheritance in Evolution*, Cambridge University Press, 2000.

Ayala, F. J., "Can 'Progress' Be Defined as a Biological Concept", In Nitecki

M. (ed.), *Evolutionary Progress*, University of Chicago Press, 1988.

Ayala, F. J., "Darwin's Greatest Discovery: Design Without Designer", *Proc Natl Acad Sci Usa.*, 2007, Vol. 5, No. 104, (Suppl 1).

Ayala, Francisco J. & Arp, Robert (eds.), *Contemporary Debates in Philosophy of Biology*, Wiley-Blackwell, Malden, Ma, 2009.

Ayala, Francisco J., "Teleological Explanations in Evolutionary Biology", *Philosophy of Science*, 1970, Vol. 1, No. 37.

Ayala, F., "The Concept of Biological Progress", In Ayala, F & Dobzhansky, T. (eds.), *Studies in the Philosophy of Biology*, Macmillan, 1974.

Badcott, D., "The Basis and Relevance of Emotional Dignity", *Medicine Health Care & Philosophy*, 2003, Vol. 2, No. 6.

Bak, P. Maya Paczuski, "Complexity, Contingency, And Criticality", *National Academy of Sciences*, 1995, Vol. 15, No. 92.

Baltimore, David, et al., *On Human Gene Editing: International Summit Statement*, http://www8.nationalacademies.org/onpinews/newsitem.aspx?RecordID=12032015a, [2015-12-03].

Balzer, W. & Dawe, C. M., "Structure and Comparison of Genetic Theories: (I) Classical Genetics", *British Journal for the Philosophy of Science*, 1986, Vol. 1, No. 37.

Barrett, P. H., Gautrey P. J., Herbert, S., Kohn, D., And Smith, S. (eds.) *Charles Darwin's Notebooks*, 1836-1844: *Geology*, *Transmutation of Species*, *Metaphysical Enquiries*, Cornell University Press, 1987.

Bateson, P., Gluckman, P., "Plasticity, Robustness, Development and Evolution: References", *International Journal of Epidemiology*, 2011, Vol. 1, No. 41.

Baumgaertner, Emily, *Trump's Proposed Budget Cuts Trouble Bioterrorism Experts*, The New York Times. Issn 0362-4331. Retrieved 2017-05-30.

Baylis, F., Robert, J. S., "The Inevitability of Genetic Enhancement Technologies", *Bioethics*, 2004, Vol. 1, No. 18.

Beatty, J., "Chance Variation: Darwin On Orchids", *Philosophy of Science*,

2006, Vol. 73.

Beatty, J., "Replaying Life's Tape", *The Journal of Philosophy*, 2006, Vol. 7, No. 103.

Beatty, J., "The Evolutionary Contingency Thesis", In Wolters, G., Lennox, J. G., Mclaughlin, P. (eds.), *Concepts, Theories, And Rationality in the Biological Sciences: The Second Pittsburgh-Konstanz Colloquium in the Phiolosphy of Science, University of Pittsburgh, October* 1 – 4, 1993, Uvk UniversitäTsverlag Konstanz, University of Pittsburgh Press, 1995.

Beatty, J., "What Are Narratives Good For?", *Studies in History and Philosophy of Science Part C: Studies in History and Philosophy of Biological and Biomedical Sciences*, 2016, Vol. 58.

Beatty, J., "What's Wrong With the Received View of Evolutionary Biology?", In Asquith Pd, Giere Rn (eds.) Psa 1980, Proceedings of the 1980 Biennial Meetings of the Philosophy of Science Association. Philosophy of Science Association, East Lansing, 1982, 2.

Beatty, J., "Why Do Biologists Argue Like They Do?", In *Philosophy of Science. 1995. 64. Proceedings of the* 1996 *Biennial Meetings of the Philosophy of Science Association*, Part Ii: Symposia Papers, 1977, Vol. 43.

Beauchamp, Tom Land Degrazia, David, "Principle and Princilism", In George, Khushf (ed.), *Handbook of Bioethics*, Kluwer Academic Publishers, 2004.

Bechtel, W., "Integrating Sciences By Creating New Disciplines: The Case of Cell Biology", *Biology & Philosophy*, 1993, Vol. 3, No. 8.

Beckner, Morton, "Function and Teleology", *Journal of the History of Biology*, 1969, Vol. 1, No. 2.

Beckner, Morton, *The Biological Way of Thought*, University of California Press, 1959.

Bedau, M. A., Mccaskill, J. S., Packard, N. H., Rasmussen, S., Adami, C., Green, D. G., Ikegami, T., Kaneko, K., Ray, T. S., "Open Problems in Artificial Life", *Artificial Life*, 2014, Vol. 4, No. 6.

Benda, Ernst, "The Protection of Human Dignity (Article 1 of the Basic Law)", *Smul Rev*, 2000, Vol. 2, No. 53.

Ben, Menahem Y., "Historical Contingency", *Ratio*, 1997, Vol. 2, No. 10.

Bigelow, John & Pargetter, Robert, "Function", *Journal of Philosophy*, 1987, Vol. 4, No. 84.

Birnbacher, Dieter, "Human Cloning and Human Dignity", *Reproductive Biomedicine Online*, 2005, Vol. 2, No. 10.

Bock, Walter J. & Gerd Von Wahlert, "Adaptation and the Form-Function Complex", *Evolution*, 1965, Vol. 3, No. 19.

Boddington, Paula, *Towards a Code of Ethics for Artificial Intelligence*, Springer International Publishing Ag, 2017.

Boddington, P., Podpadec, T., "Measuring the Quality of Life in Theory and in Practice: A Dialogue Between Philosophical and Psychological Approaches", *Bioethics*, 1992, Vol. 3.

Boden, E. B. M. A., "The Philosophy of Artificial Life", *Oxford Readings in Philosophy*, 1996.

Bolt, L., "True to Oneself? Broad and Narrow Ideas On Authenticity in the Enhancement Debate", *Theoritical Medicine & Bioethics*, 2007, Vol. 4, No. 28.

Bonner, J., *The Molecular Biology of Development*, Oxford University Press, 1966.

Boorse, Christopher, "Wright On Functions", *The Philosophical Review*, 1976, Vol. 1, No. 85.

Booth, A., "Symbiosis, Selection, And Individuality", *Biology and Philosophy*, 2014, Vol. 5, No. 29.

Bostrom, Nick, "Dignity and Enhancement", *Contemporary Readings in Law & Social Justice*, 2009, Vol. 2.

Bostrom, N., *Superintelligence: Paths, Dangers, Strategies*, Oxford University Press, 2014.

Bouchard, FréDéRic, "Causal Processes, Fitness, And the Differential Persistence of Lineages", *Philosophy of Science*, 2008, Vol. 5, No. 75.

Bouchard, FréDéRic, "Darwinism Without Populations: A More Inclusive Understanding of the 'Survival of the Fittest'", *Studies in History and Philosophy of Science Part C: Studies in History and Philosophy of Biological and Biomedical Sciences*, 2011, Vol. 1, No. 42.

Bouchard, FréDéRic, *Evolution, Fitness and the Struggle for Persistence*, Duke University, 2004.

Bouchard, FréDéRic, Rosenberg A., "Fitness, Probability and the Principles of Natural Selection", *British Journal for the Philosophy of Science*, 2004, Vol. 4, No. 55.

Bourrat, P., "How to Read 'Heritability' in the Recipe Approach to Natural Selection", *British Journal for the Philosophy of Science*, 2015, Vol. 4, No. 66.

Bourrat, Pierrick, "Levels of Selection Are Artefacts of Different Fitness Temporal Measures", *Ratio*, 2015, Vol. 1, No. 28.

Bourrat, Pierrick, *Reconceptualising Evolution By Natural Selection*, The University of Sydney, 2014.

Bovenkerk, Bernice, Brom, Frans & Bergh, Babs Van Den, "Brave New Birds: The Use of 'Animal Integrity' in Animal Ethics", *The Hastings Center Report*, 2002, Vol. 1, No. 32.

Bowler, Peter J., *Evolution: The History of an Idea*, University of California Press, 1984.

Bowler, P. J., *The Non-Darwinian Revolution: Reinterpreting a Historical Myth*, Johns Hopkins University Press, 1988.

Bowles, Samuel and Herbert Gintis., *A Cooperative Species: Human Reciprocity and Its Evolution*, Princeton University Press, 2011.

Brandon, R., "Does Biology Have Laws? the Experimental Evidence", *Philosophy Science*, 1997, Vol. 4, No. 64.

Brandon, Robert, *Adaptation and Environment*, Princeton University Press, 1990.

Brandon, R., Rosenberg, A., "Philosophy of Biology", In Clark, P., Hawley, K. (eds.), *Philosophy of Science Today*, Oxford University Press, 2003.

Brasier, C., "A Champion Thallus", *Nature*, 1992, Vol. 356.

Brennan, Andrew and Yeuk-Sze Lo., "Two Conceptions of Dignity: Honour and Self-Determination", In Malpas, Jeff and Lickiss, Norelle (eds.), *Perspectives On Human Dignity: A Conversation*, Springer Science & Business Media, 2007.

Bromham, L., "Testing Hypotheses in Macroevolution", *Studies in History and Philosophy of Science Part A*, 2016, Vol. 55.

Brosnan Sarah, F. and Frans B. M. De Waal., "Evolution of Responses To (Un) Fairness", *Science*, 2014, Vol. 6207, No. 346.

Brown, M. C., Jansen, J. K. & Essen, David Van, "Polyneuronal Innervation of Skeletal Muscle in New-Born Rats and Its Elimination During Maturation", *The Journal of Physiology*, 1976, Vol. 2, No. 261.

Brownsword, Roger & Deryck Beyleveld, *Human Dignity in Bioethics and Biolaw*, Oxford University Press, 2001.

Bruce, S. Lieberman, Elisabeth S. Vrba, "Stephen Jay Gould On Species Selection: 30 Years of Insight", *Paleobiology*, 2005, Vol. 2, No. 31.

Brynjolfsson, E., Mcafee, A., Spence, M., "Labor, Capital, And Ideas in the Power Law Economy", *Foreign Aff*, 2014, Vol. 4, No. 93.

Buchanan, A., Brock, D. W., Daniels, N. & Wikler, D., *From Chance to Choice: Genetics and Justice*, Cambridge University Press, 2000.

Buchanan, Allen, "Moral Status and Human Enhancement", *Philosophy & Public Affairs*, 2009, Vol. 4, No. 37.

Buller, David J., "Etiological Theories of Function: A Geographical Survey", *Biology and Philosophy*, 1998, Vol. 4, No. 13.

Buss, Leo W., "Evolution, Development, And the Units of Selection", *Proceedings of the National Academy of Sciences*, 1983, Vol. 5, No. 80.

Buss, L. W., *The Evolution of Individuality*, Princeton University Press, 1987.

Byers, Philippa, "Dependence and a Kantian Conception of Dignity as a Value", *Theoretical Medicine and Bioethics*, 2016, Vol. 1, No. 37.

Calcott, B., Sterelny, K. & SzathmáRy, E., *The Major Transitions in Evolu-*

tion Revisited, Cambridge, MIT Press, 2011.

Cameron, D. E., Bashor, C. J., Collins, J. J., "A Brief History of Synthetic Biology", *Nature Reviews Microbiology*, 2014, Vol. 5, No. 12.

Canfield, John, "Teleological Explanation in Biology", *The British Journal for the Philosophy of Science*, 1964, Vol. 56, No. 14.

Carter, J. A., Gordon, E. C., "On Cognitive and Moral Enhancement: A Reply to Săvulescu and Persson", *Bioethics*, 2015, Vol. 3, No. 29.

Causey, R. L., "Attribute-Identities in Microreductions", *The Journal of Philosophy*, 1972, Vol. 69.

Changeux, Jean-Pierre & Danchin, Antoine, "Selective Stabilisation of Developing Synapses as a Mechanism for the Specification of Neuronal Networks", *Nature*, 1976, Vol. 5588, No. 264.

Charles, David, "Aristotle On Hypothetical Necessity and Irreducibility", *Pacific Philosophical Quarterly*, 1988, Vol. 69.

Childress, James F., Beauchamp, Tom., *The Principles of Biomedical Ethics*, Oxford University Press, 2000.

Christakis, N., Fowler, J., *Connected: The Amazing Power of Social Networks and How They Shape Our Lives*, Harper Press, 2010.

Clarke, E., "Levels of Selection in Biofilms: Multispecies Biofilms Are Not Evolutionary Individuals", *Biology and Philosophy*, 2016, Vol. 2, No. 31.

Clarke, E., "Origins of Evolutionary Transitions", *Journal of Biosciences*, 2014, Vol. 2, No. 39.

Clarke, E., "The Multiple Realizability of Biological Individuals", *The Journal of Philosophy*, 2013, Vol. 110.

Clarke, E., "The Problem of Biological Individuality", *Biological Theory*, 2010, Vol. 5.

Cliff, D. & Miller, G. F., *Tracking the Red Queen: Measurements of Adaptive Progress in Co-Evolutionary Simulations. Advances in Artificial Life*, Springer Berlin Heidelberg, 1995.

Cohen-Almagori, R., "The Chabot Case: Analysis and Account of Dutch Perspectives", *Medical Law International*, 2002, Vol. 3, No. 5.

Cohen, Cynthia, *Renewing the Stuff of Life: Stem Cells, Ethics, And Public Policy*, Oxford University Press, 2007.

Corballis, Michael, C., "How Language Evolved", *Acta Psychologica Sinica*, 2007, Vol. 3, No. 39.

Cummins, Robert, "Functional Analysis", *The Journal of Philosophy*, 1976, Vol. 20, No. 72.

Cummins, Robert, *The Nature of Psychological Explanation*, MIT Press, 1983.

Currie, A., "Convergence as Evidence", *British Journal for the Philosophy of Science*, 2012, Vol. 4, No. 64.

Currie, A., "Convergence, Contingency & Morphospace", *Biology Philosophy*, 2012, Vol. 4, No. 27.

Currie, A., "Narratives, Mechanisms and Progress in Historical Science", *Synthese*, 2014, Vol. 6, No. 191.

Currie, A., "Venomous Dinosaurs and Rear-Fanged Snakes: Homology and Homoplasy Characterized", *Erkenntnis*, 2014, Vol. 3, No. 79.

Dabrock, P., "Playing God? Synthetic Biology as a Theological and Ethical Challenge", *Systems and Synthetic Biology*, 2009, Vol. 1–4, No. 3.

Damuth, J., "Alternative Formulations in Multilevel Selection", *Biology and Philosophy*, 1988, Vol. 4, No. 3.

Darwin, C., *On the Origin of Species By Means of Natural Selection, Or the Preservation of Favoured Races in the Struggle for Life*, John Murray, 1859.

Darwin, F., *The Foundations of the Origin of Species: Two Essays Written in* 1842 *and* 1844 *By Charles Darwin*, Cambridge University Press, 1909.

Davies, Paul Sheldon, *Norms of Nature: Naturalism and the Nature of Functions*, MIT Press, 2001.

Davies, Paul Sheldon, "The Nature of Natural Norms: Why Selected Functions Are Systemic Capacity Functions", *NoûS*, 2000, Vol. 1, No. 34.

Davis, D. S., "Genetic Dilemmas and the Child's Right to an Open Future", *Hastings Center Report*, 1997, Vol. 2, No. 27.

Davis, Edward B., "Intelligent Design On Trial", *Religion in the News*, 2006, Vol. 158.

Dawkins, R., "Extended Phenotype But Not Too Extended. A Reply to Laland, Turner and Jablonka", *Biology & Philosophy*, 2004, Vol. 19.

Dawkins, R., "Human Chauvinism", *Evolution*, 1997, Vol. 3, No. 51.

Dawkins, R., "Reply to Phillip Johnson", *Biology & Philosophy*, 1996, Vol. 11.

Dawkins, R., *The Selfish Gene*, Oxford University Press, 1976.

Dawkins, R., *The Selfish Gene*: 40*Th Anniversary Edition*, Oxford University Press, 2016.

De Grazia, D., "Moral Enhancement, Freedom, And What We (Should) Value in Moral Behaviour", *Journal of Medical Ethics*, 2014, Vol. 6, No. 40.

Delehanty, M., "Emergent Properties and the Context Objection to Reduction", *Biology and Philosophy*, 2005, Vol. 4, No. 20.

Dembski, W. A., *The Design Inference*: *Eliminating Chance Through Small Probabilities*, Cambridge University Press, 1998.

Dembski, W. A., *The Design Revolution*, Intervarsity Press, 2004.

Dennet, D. C., *The Intentional Stance*, The MIT Press, 1989.

Dennett, D. C., "Darwin's Dangerous Idea", *Sciences*, 1995, Vol. 93, No. 35.

Desjardin, E., "Historicity and Experimental Evolution", *Biology Philosophy*, 2011, Vol. 26.

Desjardin, E., "Reflections On Path Dependence and Irreversibility: Lessons From Evolutionary Biology", *Philosophy Science*, 2011, Vol. 5, No. 78.

Detwiler, Samuel Randall, *Neuroembryology*: *An Experimental Study*, The Macmillan Company, 1936.

Deway, J., *The Quest for Certainty*, Minton, Balch and Company, 1939.

Dial, K. P., et al., "What Use Is Half a Wing in the Ecology and Evolution of Birds?", *Bioscience*, 2006, Vol. 7.

Diggs, L. W., Ahmann, C. F. & Bibb, J., "The Incidence and Significance of the Sickle Cell Trait", *Annals of Internal Medicine*, 1933, Vol. 6, No. 7.

Dobzhansky, T. & Dobzhansky, T. G., *Genetics and the Origin of Species*, Columbia University Press, 1937.

Doolittle, W. F., Booth, A., "It Is the Song, Not the Singer: An Exploration of Holobiosis and Evolutionary Theory", *Biology and Philosophy*, 2017, Vol. 1, No. 32.

Doolittle, W. F., "Microbial Neopleomorphism", *Biology and Philosophy*, 2013, Vol. 2, No. 28.

Douglas, T., "Human Enhancement and Supra-Personal Moral Status", *Philosophical Studies*, 2013, Vol. 3, No. 162.

Douglas, T., "Moral Enhancement", *Journal of Applied Philosophy*, 2008, Vol. 3, No. 25.

Douglas, T., "Moral Enhancement Via Direct Emotion Modulation: A Reply to John Harris", *Bioethics*, 2013, Vol. 3, No. 27.

Douglas, T., Savulescu, J., "Synthetic Biology and the Ethics of Knowledge", *Journal of Medical Ethics*, 2010, Vol. 11, No. 36.

Duncan, E. J., Gluckman, P. D. & Dearden, P. K., "Epigenetics, Plasticity, And Evolution: How Do We Link Epigenetic Change to Phenotype?", *Journal of Experimental Zoology Part B: Molecular and Developmental Evolution*, 2014, Vol. 322.

Duncker, Hans-Rainer, Kathrin Prieß, *On the Uniqueness of Humankind*, Springer, 2005.

Dupré, John, "In Defence of Classification", *Studies in History and Philosophy of Science Part C: Studies in History and Philosophy of Biological & Biomedical Sciences*, 2001, Vol. 32.

Dupré, John, "Natural Kinds and Biological Taxa", *The Philosophical Review*, 1981, Vol. 1.

Düwell, Marcus, Human Dignity and Human Rights, Humiliation, Degradation, Dehumanization. Springer Netherlands, 2011.

Dworkin, Ronald, M., *Life's Dominion: An Argument About Abortion, Euthana-*

sia, *And Individual Freedom*, Vintage, 1993.

Dworkin, Ronald, "Playing God: Genes, Clones and Luck", In *Sovereign Virtue: The Theory and Practice of Equality*, Harvard University Press, 2000.

Dworkin, R., *Taking Rights Seriously*, Duckworth, 1977.

Ehni, H. J., Aurenque, D., "On Moral Enhancement From a Habermasian Perspective", *Cambridge Quarterly of Healthcare Ethics*, 2012, Vol. 2, No. 21.

Eldredge, N., *Unfinished Synthesis*, Oxford University Press, 1985.

Elgin, Mehmet & Sober, Elliott, "Popper's Shifting Appraisal of Evolutionary Theory", *Hopos*, 2017, Vol. 7.

Endow, K. & Ohta, S., "Occurrence of Bacteria in the Primary Oocytes of Vesicomyid Clam Calyptogena Soyoae", *Marine Ecology Progress Series*, 1990, Vol. 3, No. 64

Ereshefsky, M., Pedroso, M., "Biological Individuality: The Case of Biofilms", *Biology and Philosophy*, 2013, Vol. 2, No. 28.

Ereshefsky, M., Pedroso, M., "Rethinking Evolutionary Individuality", *Pnas*, 2015, Vol. 33, No. 112.

Ereshefsky, M., "Species, Historicity, And Path Dependency", *Philosophy Science*, 2014, Vol. 5, No. 81.

Feinberg, J., "The Child's Right to an Open Future", In Aiken, W. & Lafollette, H. (Eds.), *Whose Child? Parental Rights, Parental Authority and State Power*, Rowman and Littlefield, 1980.

Fernald, R. D., "Casting a Genetic Light On the Evolution of Eyes", *Science*, 2006, Vol. 5795, No. 313.

Feyerabend, P. K., Scientifc Explanation, Space, And Time (Eds Feigl, H. & Maxwell, G.) 1St Edition. University of Minnesota Press, 1962.

Finkelman, L., "Kim Sterelny's Dawkins Vs. Gould: Survival of the Fittest", *Evolution: Education and Outreach*, 2008, Vol. 2, No. 1.

Finnis, J., "A Philosophical Case Against Euthanasia", In Keown, J. (ed.), *Euthanasia Examined: Ethical, Clinical, And Legal Perspectives*, Cambridge

University Press, 1995.

Fisher, R. A., *The Genetical Theory of Natural Selection: A Complete Variorum Edition*, Oxford University Press, 1930.

Fletcher, Joseph F., *The Ethics of Genetic Control: Ending Reproductive Roulette: Artificial Insemination, Surrogate Pregnancy, Nonsexual Reproduction, Genetic Control*, Prometheus Books, 1988.

Focquaert, F., Maartje S., "Moral Enhancement: Do Means Matter Morally?", *Neuroethics*, 2015, Vol. 2, No. 8.

Fodor, J. A., "Special Sciences (Or: The Disunity of Science as a Working Hypothesis)", *Synthese*, 1974, Vol. 2, No. 28.

Forber, P., "Spandrels and a Pervasive Problem of Evidence", *Biology and Philosophy*, 2009, Vol. 2, No. 24.

Forgaces, G. & Newman, S. A., *Biological Physics of the Developing Embryo*, Cambridge University Press, 2005.

Forrest, Barbara, Gross, Paul R., *Creationism's Trojan Horse*, Oxford University Press, 2004.

Friedman, B., Kahn, P. & Borning, A. *Value Sensitive Design: Theory and Methods*, University of Washington Press, 2002.

Frith, C. D., "The Role of Metacognition in Human Social Interactions", *Philosophical Transactions of the Royal Society B*, 2012, Vol. 1599, No. 367.

Galant, R. & Carroll, S. B., "Evolution of a Transcriptional Repression Domain in an Insect Hox Protein", *Nature*, 2002, Vol. 6874, No. 415.

Galis, F., "Why Do Almost All Mammals Have Seven Cervical Vertebrae? Developmental Constraints, Hox Genes and Cancer", *Exp. Zool. Mol. Dev. Evol*, 2001, 29.

Garcia, T., Sandler, R., "Enhancing Justice?", *Nanoethics*, 2008, Vol. 3, No. 2.

Garson, Justin, *A Critical Overview of Biological Functions*, Springer International Publishing, 2016.

Garson, Justin, "A Generalized Selected Effects Theory of Function", *Philoso-*

phy of Science, 2017B, Vol. 3, No. 84.

Garson, Justin, "Function, Selection, And Construction in the Brain", *Synthese*, 2012, Vol. 3, No. 189.

Garson, Justin, "How to Be a Function Pluralist", *The British Journal for the Philosophy of Science*, 2017A, Vol. 0.

Garson, Justin, "Selected Effects and Causal Role Functions in the Brain: The Case for an Etiological Approach to Neuroscience", *Biology & Philosophy*, 2011, Vol. 4, No. 26.

Garson, Justin, *What Biological Functions Are and Why They Matter*, Cambridge University Press, 2019.

Gascoigne, R. M., "Julian Huxley and Biological Progress", *Journal of the History of Biology*, 1991, Vol. 3, No. 24.

Gauzen, Shmal, I. I. & Dobzhansky, T., *Factors of Evolution: The Theory of Stabilizing Selection*, University of Chicago Press, 1986.

Gayon, J., "The Individuality of the Species: A Darwinian Theory?", *Biology and Philosophy*, 1996, Vol. 2, No. 11.

Gehring, W. J., "New Perspectives On Eye Development and the Evolution of Eyes and Photoreceptors", *Journal of Heredity*, 2005, Vol. 96.

Gentzler, Jyl, "What Is a Death With Dignity?", *Journal of Medicine and Philosophy*, 2003, Vol. 4, No. 28.

Georges Kutukdjian, "Institutional Framework and Elaboration of the Revised Preliminary Draft of a Universal Declaration On the Human Genome and Human Rights", In Menon, M. G. K., Tandon, P. N., Agarwal, S. S. & Sharma, V. P. (eds.), *Human Genome Research: Emerging Ethical, Legal, Social, And Economic Issues*, Allied Publishers, 1999.

Gewirth, Alan, "Human Dignity as the Basis of Rights", In Meyer, Michael J. & Parent, William Allan (eds.), *The Constitution of Rights: Human Dignity and American Values*, Cornell University Press, 1992.

Gibson, D. G., Glass, J. I., Lartigue, C., et al., "Creation of a Bacterial Cell Controlled By a Chemically Synthesized Genome", *Science*, 2010,

Vol. 5987, No. 329.

Gilbert, S. F., *Developmental Biology*, Tenth Edition, Sinauer Associates, Inc., Publishers, Sunderland, Ma, Usa, 2014.

Gilbert, S. F. & Epel, D., *Ecological Developmental Biology*: *The Environmental Regulation of Development*, *Health*, *And Evolution*, Second Edition, Sinauer Associates, Inc., Publishers, Sunderland, Massachusetts, U. S. A, 2015.

Gluckman, P., Beedle, A., Buklijas, T., Low, F. & Hanson, M., *Principles of Evolutionary Medicine*, 2 Edition, Oxford University Press, 2016.

Godfrey-Smith, P., "Darwinian Individuals", In Bouchard, F., Huneman, P. (eds.), *From Groups to Individuals*, The MIT Press, 2013.

Godfrey-Smith, P., *Darwinian Populations and Natural Selection*, Oxford University Press, 2009.

Godfrey-Smith, Peter, "A Modern History Theory of Functions", *NoûS*, 1994, Vol. 3, No. 28.

Godfrey-Smith, Peter, "Functions: Consensus Without Unity", *Pacific Philosophical Quarterly*, 1993, Vol. 3, No. 74.

Gould, S. J., "A Developmental Constraint in Cerion, With Comments On the Definition and Interpretation of Constraint in Evolution", *Evolution*, 1989, Vol. 43.

Gould, S. J., "Darwinism and the Expansion of Evolutionary Theory", *Science*, *New Series*, 1982, Vol. 4544, No. 216.

Gould, S. J. & Eldredge N., "Punctuated Equilibria: The Tempo and Mode of Evolution Reconsidered", *Paleobiology*, 1977, Vol. 2, No. 3.

Gould, S. J., *Ever Since Darwin*, W. W. Norton & Company, 2007.

Gould, S. J., *Full House*: *The Spread of Excellence From Plato to Darwin*, Harvard University Press, 2011.

Gould, S. J. & Lewontin, R. C., "The Spandrels of San Marco and the Panglossian Paradigm: A Critique of the Adaptationist Programme", *Biological Science*, 1979, Vol. 9.

Gould, S. J. , "On Replacing the Idea of Progress With an Operational Notion of Directionality", In Nitecki M H. (Ed.) , *Evolutionary Progress*, University of Chicago Press, 1988.

Gould, S. J. , *Ontogency and Phylogency*, Harvard University Press, 1977.

Gould, S. J. , " The Evolutionary Biology of Constraint ", *Daedalus*, 1980, Vol. 109.

Gould, S. J. , "The Promise of Paleobiology as a Nomothetic, Evolutionary Discipline", *Paleobiology*, 1980, Vol. 1, No. 6.

Gould, S. J. , *The Structure of Evolutionary Theory*, Belknap Press of Harvard University Press, 2002.

Gould, S. J. , *Wonderful Life: The Burgess Shale and the Nature of History*, Harvard University Press, 1989.

Gould, Stephen Jay & Elisabeth S. Vrba, " Exaptation—A Missing Term in the Science of Form", *Paleobiology*, 1982, Vol. 1, No. 8.

Grace, K. , Salvatier, J. , Dafoe, A. , et al. , "When Will Ai Exceed Human Performance? Evidence From Ai Experts", *Journal of Artificial Intelligence Research*, 2018, Vol. 62.

Graham, J. , Haidt, J. , Nosek, B. A. , " Liberals and Conservatives Rely On Different Sets of Moral Foundations ", *J Per Soc Psychol*, 2009, Vol. 5, No. 96.

Grant, B. S. , Owen, D. F. & Clarke, C. A. , "Parallel Rise and Fall of Melanic Peppered Moths in America and Britain ", *Journal of Heredity*, 1996, Vol. 5, No. 87.

Grant, Michael C. , "The Trembling Giant", *Discover*, 1993, Vol. 10, No. 14.

Grant, P. R. , *Ecology and Evolution of Darwin's Finches*, Princeton University Press, 1999.

Grant, P. , *The Ecology and Evolution of Darwin's Finches*, Princeton University Press, 1986.

Greene, J. C. , "Evolution and Progress", *The Johns Hopkins Magazine*, 1962, Vol. 32.

Griesemer, J, "The Units of Evolutionary Transition", *Selection*, 2001, Vol. 1, No. 1.

Griffiths, Paul, E. , "Functional Analysis and Proper Functions", *The British Journal for the Philosophy of Science*, 1993, Vol. 3, No. 44.

Griffiths, Paul, E. , "Function, Homology, And Character Individuation", *Philosophy of Science*, 2006, Vol. 1, No. 73.

Griffiths, Paul, E. , *Trees of Life: Essays in Philosophy of Biology*, Vol. 11, Springer Science & Business Media, 1992.

Griffiths, Paul, *Philosophy of biology*, *The Stanford Encyclopedia of Philosophy*, http: //plato. stanford. edu/entries/biology-philosophy/, Jul 4, 2008.

Hahlweg, K. , "On the Notion of Evolutionary Progress", *Philosophy of Science*, 1991, Vol. 3, No. 58.

Haidt, J. , *The Righteous Mind: Why Good People Are Divided By Politics and Religion*, Penguin, 2013.

Haier, Richard J. , Karama, S. , Leyba, L. & Jung, R. E. , "Mri Assessment of Cortical Thickness and Functional Activity Changes in Adolescent Girls Following Three Months of Practice On a Visual-Spatial Task", *Bmc Research Notes*, 2009, Vol. 1, No. 2.

Haldne, J. B. S. , *The Cause of Evolution*, Cornell University Press, 1966.

Hall, B. K. & Olson, W. M. , *Keywords and Concepts in Evolutionary Developmental Biology*, Harvard University Press, 2006.

Hamburger, Viktor & Rita Levi-Montalcini, "Proliferation, Differentiation and Degeneration in the Spinal Ganglia of the Chick Embryo Under Normal and Experimental Conditions", *Journal of Experimental Zoology*, 1949, Vol. 3, No. 111.

Hardwig, John, "Is There a Duty to Die?", *Hastings Center Report*, 1997, Vol. 2, No. 27.

Harms, William F. , *Information and Meaning in Evolutionary Processes*, Cambridge University Press, 2004.

Harrel, N. , *Pulling a Newborn's Strings the Dignity-Based Legal Theory Behind the European Biomedicine Convention's Prohibition On Prenatal Genetic Enhancement*, The University of Toronto, 2012.

Harris, J., "Moral Enhancement and Freedom", *Bioethics*, 2011, Vol. 2, No. 25.

Harris, J., "Moral Progress and Moral Enhancement", *Bioethics*, 2013, Vol. 5, No. 27.

Hartl, D. L., *A Primer of Population Genetics*, *Third Edition* 3 *Sub Edition*, Sunderland, Sinauer Associates, 2000.

Hassan, S. R., *Pakistan says Facebook vows to tackle concerns over blasphemous content*, https://www.yahoo.com/news/pakistan-says-facebook-vows-tackle-concerns-over-blasphemous-170447075--finance.html, [2019-05-15].

Hatemi, P. K., Mcdermott, R., "Give Me Attitudes", *Annual Review of Political Science*, 2016, Vol. 1, No. 19.

Haugeland, John, "The Nature and Plausibility of Cognitivism", *Behavioral and Brain Sciences*, 1978, Vol. 2, No. 1.

Hempel, Carl G., "The Logic of Functional Analysis", *Readings in the Philosophy of Social Science*, 1994.

Hendry, Robin, "Elements, Compounds and Other Chemical Kinds", *Philosophy of Science*, 2006, Vol. 73.

Herrick, C. J., *The Evolution of Human Nature*, Harper, 1961.

Holder, N., "Developmental Constraints and the Evolution of Vertebrate Limb Patterns", *Theory and Biology*, 1983, Vol. 104.

Hollyday, Margaret & Viktor Hamburger, "Reduction of the Naturally Occurring Motor Neuron Loss By Enlargement of the Periphery", *Journal of Comparative Neurology*, 1976, Vol. 3, No. 170.

Hong, Lu, Page Scott, E., "Groups of Diverse Problem Solvers Can Outperform Groups of High-Ability Problem Solvers", *Proceedings of the National Academy of Sciences of the United States of America*, 2004, Vol. 46.

Hooper, L. V., et al., "Molecular Analysis of Commensal Host-Microbial Relationships in the Intestine", *Science* (*New York*, *N. Y.*), 2001, Vol. 291.

Huang, S., Eichler, G., Bar-Yam, Y. & Ingber, D. E., "Cell Fates as High-Dimensional Attractor States of a Complex Gene Regulatory Network", *Physical Review Letters*, 2005, Vol. 12, No. 94.

Huang, S., Ernberg, I., Kauffman, S., "Cancer Attractors: A Systems View of Tumors From a Gene Network Dynamics and Developmental Perspective", *Seminars in Cell and Developmental Biology*, 2009, Vol. 7, No. 20.

Hubel, David H. & Wiesel, Torsten N., "Binocular Interaction in Striate Cortex of Kittens Reared With Artificial Squint", *Journal of Neurophysiology*, 1965, Vol. 6, No. 28.

Hu, J. X., Thomas, C. E. & Brunak, S., "Network Biology Concepts in Complex Disease Comorbidities", *Nature Reviews Genetics*, 2016, Vol. 17.

Hull, D., "A Matter of Individuality", *Philosophy of Science*, 1978, Vol. 45.

Hull, David L., *Philosophy of Biological Science*, Prentice-Hall, 1974.

Hull, D. L., "Reduction in Genetics—Biology Or Philosophy?", *Philosophy of Science*, 1972, Vol. 4, No. 39.

Hull, D., *Science as a Process*, Chicago University Press, 1988.

Huneman, Philippe, Ed., *Functions: Selection and Mechanisms*, Dordrecht (The Netherlands): Springer, 2013.

Hunt, Kevin D., "The Postural Feeding Hypothesis: An Ecological Model for the Evolution of Bipedalism", *South African Journal of Science*, 1996, Vol. 2, No. 92.

Hutchison, C. A., Chuang, R. Y., Noskov, V. N., et al., "Design and Synthesis of a Minimal Bacterial Genome", *Science*, 2016, Vol. 6280, No. 351.

Huxley, J., "Evolution: Biological and Human", *Nature*, 1962, Vol. 4851, No. 196.

Huxley, J., *Evolution: The Modern Synthesis*, Wiley Science Editions, 1964.

Huxley, J. S., "Natural Selection and Evolutionary Progress", *Nature*, 1936, Vol. 106.

Huxley, J. S., *The Individual in the Animal Kingdom*, Cambridge University Press, 1912.

Huxley, T. H., "Upon Animal Individuality", In Foster, M., Lankester, W. R. (eds.), *The Scientific Memoirs of Thomas Henry Huxley*, Vol. 1, Macmillan, 1892.

Illich, I. K., "Disabling Professions", In Illich, I. K., Zolal, I. K., Mcknight, J., Caplan, J. & Shaiken, H. (eds.), *Disabling Professions*, Marion Boyars, 1977.

Inizan, M. L., Lechevallier M, Plumet P., "A Technological Marker of the Penetration Into North America: Pressure Microblade Debitage, Its Origin in the Paleolithic of North Asia and Its Diffusion", *Materials Research Society Symposium Proceedings*, 1992, Vol. 267.

Jablonski, Nina, G., Chaplin, George, "Origin of Habitual Terrestrial Bipedalism in the Ancestor of the Hominidae", *Journal of Human Evolution*, 1993, Vol. 4, No. 24.

Jacob, F. & Monod, J., "Genetic Regulatory Mechanisms in the Synthesis of Proteins", *Journal of Molecular Biology*, 1961, Vol. 3.

Jacobson, Nora, "Dignity and Health: A Review", *Social Science & Medicine*, 2007, Vol. 2, No. 64.

Jelsma, J., "Designing 'Moralized' Products: Theory and Practice", In Verbeek, P. P. & Slob, A. (eds.), *User Behavior and Technology Development: Shaping Sustainable Relations Between Consumers and Technologies*, Springer, 2006.

Jonathan, B. Losos, Jackman, Todd R., "Contingency and Determinism in Replicated Adaptive Radiations of Island Lizards", *Science*, *New Series*, 1998, Vol. 5359, No. 279.

Jordan, M. C., "Bioethics and Human Dignity", *Journal of Medicine & Philosophy*, 2010, Vol. 2, No. 35.

Joseph D. Sneed, *The Logical Structure of Mathematical Physics*, D. Reidel Pub. Co, 1979.

Juengst, E. T., "What Does Enhancement Mean?", In Parens, E. (Ed.), *Enhancing Human Traits: Ethical and Social Implications*, Georgetown University

Press, 1998.

Kant, I., *Critique of Judgment*, Trans By W. S. Pluhar. Indiannapolis: Hackett Publishing Company, 1987.

Kant, I., *The Moral Law*, *Translation of Groundwork for the Metaphysics of Morals*, Trans: Paton Hj. Hutchinson, 1972.

Kass, Leon, *Beyond Therapy*: *Biotechnology and the Pursuit of Happiness*, Harper Perennial, 2003.

Kass, Leon R., "Ageless Bodies, Happy Souls: Biotechnology and the Pursuit of Perfection", *The New Atlantis*, 2003, Vol. 1, No. 1.

Kateb, George, *Human Dignity*, Harvard University Press, 2011.

Kauffman, S. A., "Articulation of Parts Explanation in Biology and the Rational Search for Them", *Psa Proceedings of the Biennial Meeting of the Philosophy of Ence Association*, 1970.

Kelly, K., *Out of Control*: *The New Biology of Machines*, *Social Systems*, *And the Economic World*, Basic Books, 1994.

Kember, Sarah, *Cyberfeminism and Artificial Life*, Routledge, 2003.

Kemeny, J. G., Oppenheim P., "On Reduction", Philosophical Studies, 1956, Vol. 1, No. 7.

Keown, John, *Euthanasia Examined*: *Ethical*, *Clinical and Legal Perspectives*, Cambridge University Press, 1995.

Kerr, B., Godfrey-Smith, "Group Fitness and Multi-Level Selection: Replies to Commentaries", *Biology Andphilosophy*, 2002, Vol. 17.

Kerr, B., Godfrey-Smith, "Group Selection, Pluralism, And the Evolution of Altruism", *Philosophy and Phenomenologicalresearch*, 2002, Vol. 3, No. 65.

Kerr, B., Godfrey-Smith, "Individualist and Multi-Level Perspectives On Selection in Structured Populations", *Biology Andphilosophy*, 2002, Vol. 4, No. 17.

Kevin De Queiroz, Jacques Gauthi, "Phylogeny as a Central Principle in Taxonomy: Phylogenetic Definitions of Taxon Names", *Systematic Zoology*, 1990, Vol. 4.

Kingsbury, Justine, "Learning and Selection", *Biology & Philosophy*, 2008, Vol. 4, No. 23.

Kingsolver, Joel, G. & M. A. R. Koehl, "Aerodynamics, Thermoregulation, And the Evolution of Insect Wings: Differential Scaling and Evolutionary Change", *Evolution*, 1985, Vol. 3, No. 39.

Kitcher, Philip, "1953 and All That: A Tale of Two Sciences", *Philosophical Review*, 1984, Vol. 3, No. 93.

Kitcher, Philip, "Function and Design", *Midwest Studies in Philosophy*, 1993, Vol. 1, No. 18.

Kitcher, Philip, *Vaulting Ambition: Sociology and the Quest for Human Nature*, The MIT Press, 1985.

Klapwijk, Remke & Knot, Marjolijn, Quist, Jaco & Vergragt, Philip J., "Using Design Orienting Scenarios to Analyze the Interaction Between Technology, Behavior and Environment in the Sus Houseproject", In Verbeek, P. P. & Slob, A. (eds.), *User Behavior and Technology Development: Shaping Sustainable Relations Between Consumers and Technologies*, Springer, 2006.

Kondrashov, N., Pusic, A., Stumpf, C. R., et al., "Ribosome-Mediated Specificity in Hox Mrna Translation and Vertebrate Tissue Patterning", *Cell*, 2009, Vol. 3, No. 145.

Kopacek, P., "Ethical and Social Aspects of Robots", *Ifac Proceedings Volumes*, 2014, Vol. 3, No. 47.

Kraemer, Daniel M., "Revisiting Recent Etiological Theories of Functions", *Biology & Philosophy*, 2014, Vol. 5, No. 29.

Kripke, Saul A., *Philosophical Troubles: Collected Papers*, Volume1, Oxford University Press, 2001.

Kuersten, A., Wexler, A., "Ten Ways in Which He Jiankui Violated Ethics", *Nature Biotechnology*, 2019, Vol. 1, No. 37.

Kvon, E. Z., "Progressive Loss of Function in a Limb Enhancer During Snake Evolution", *Machmillan Publishers, Part of Springer Nature*, 2016, Vol. 167.

Lakatos, I., *The Methodology of Scientific Research Programs*, Cambridge University Press, 1978.

Laland. K. N, Odling-Smee, J. and Gilbert, S. F., "Evo-Devo and Niche Construction: Building Bridges", *Exp. Zool. B*, 2008.

Latour, B., "Where Are the Missing Masses? the Sociology of a Few Mundane Artifacts", In Bijker, W. E. & Law, J. (eds.), *Shaping Technology / Building Society*, MIT Press, 1992.

Laubichler, M. D. & Wagner, G. P., "How Molecular Is Molecular Developmental Biology? a Reply to Alex Rosenberg's Reductionism Redux: Computing the Embryo", *Biology and Philosophy*, 2001, Vol. 1, No. 16.

Laudan, Larry, "Commentary: Science at the Bar-Causes for Concern", *Science Technology & Human Values*, 1982, Vol. 7.

Lauder, George V, "Form and Function: Structural Analysis in Evolutionary Morphology", *Paleobiology*, 1981, Vol. 4, No. 7.

Lauder, George V, "Functional Morphology and Systematics: Studying Functional Patterns in an Historical Context", *Annual Review of Ecology and Systematics*, 1990, Vol. 1, No. 21.

Lauder, G. V., "Biomechanics and Evolution: Integrating Physical and Historical Biology in the Study of Complex Systems", In Rayner, J. M. V. & Wootton, R. J. (eds.), *Biomechanics in Evolution*, Cambridge University Press, 1991.

Laufer, E., Pizette, S., Zou, H., Orozco, O. E. & Niswander, L., "Bmp Expression in Duck Interdigital Webbing: A Reanalysis", *Science (New York, N. Y.)*, 1997, Vol. 5336, No. 278.

Lenski, et al., "The Evolutionary Origin of Complex Features", *Nature*, 2003, Vol. 423.

Lewens, Tim, "Functions", In Matthen, Mohan & Stephens, Christopher (eds.), *Philosophy of Biology*, Elsevier, 2007.

Lewontin, Richard C, "The Bases of Conflict in Biological Explanation", *Journal of the History of Biology*, 1969, Vol. 1, No. 2.

Lewontin, Richard C., "The Units of Selection", *Annual Review of Ecology and Systematics*, 1970, Vol. 1, No. 1.

Liao, S. Matthew, “The Basis of Human Moral Status”, *Journal of Moral Philosophy*, 2010, Vol. 2, No. 7.

Lin, Patrick and Abney, Keith, Bekey, George, “Robot Ethics: Mapping the Issues for a Mechanized World”, *Artificial Intelligence*, 2011, Vol. 1.

Little, M. O., “Cosmetic Surgery, Suspect Norms and the Ethics of Complicity”, In Parens, E. (Ed.), *Enhancing Human Traits: Ethical and Social Implications*, Georgetown University Press, 1998.

Li, Yaming and Li, Jianhui, “Death With Dignity From the Confucian Perspective”, *Theoretical Medicine and Bioethics*, 2017, Vol. 1, No. 38.

Loeb, L., *The Biological Basis of Individuality*, Charles C. Thomas, 1945.

Lohse, K., Frantz, L. A., “Neandertal Admixture in Eurasia Confirmed By Maximum-Likelihood Analysis of Three Genomes”, *Genetics*, 2014, Vol. 4, No. 196.

Lo, Ping-Cheung, “Confucian Views On Suicide and Their Implications for Euthanasia”, In Ruiping, Fan. (Ed.), *Confucian Bioethics*, Kluwer Academic Publishers, 1999.

Lo, Ping-Cheung., “Euthanasia and Assisted Suicide From Confucian Moral Perspectives”, *Dao*, 2010, Vol. 1, No. 9.

Louis, P. Masur, “Stephen Jay Gould's Vision of History”, *The Massachusetts Review*, 1989, Vol. 3, No. 30.

Luenberger, D. G., *Introduction to Dynamic Systems: Theory, Models, And Applications*, Wiley, New York, 1979.

Luisi, P. L., “Contingency and Determinism”, *Mathematical, Physical and Engineering Sciences*, 2003, Vol. 1807, No. 361.

Luo, J., Sun, X., Cormack, B. P., et al., “Karyotype Engineering By Chromosome Fusion Leads to Reproductive Isolation in Yeast”, *Nature*, 2018, Vol. 7718, No. 560.

Maes, P., “Artificial Life Meets Entertainment: Lifelike Autonomous Agents”, *Communications of the Acm Cacm Homepage*, 1995, Vol. 11, No. 38.

Maes, P., “Modeling Adaptive Autonomous Agents”, *Application Research of*

Computers, 2014, Vol. 1 - 2, No. 1.

Malley, M. A., "What Did Darwin Say About Microbes, And How Did Microbiology Respond?", *Trends in Microbiology*, 2009, Vol. 8, No. 17.

Marks, Stephen, P., "Tying Prometheus Down: The International Law of Human Genetic Manipulation", *Chicago Journal of International Law*, 2002, Vol. 1, No. 3.

Martin, V. J. J., Pitera, D. J., Withers, S. T., et al., "Engineering a Mevalonate Pathway in Escherichia Coli for Production of Terpenoids", *Nature Biotechnology*, 2003, Vol. 7, No. 21.

Matthen, M., André, Ariew, "Two Ways of Thinking About Fitness and Natural Selection", *The Journal of Philosophy*, 2002, Vol. 2, No. 99.

Matthen, M., Ariew André, "How to Understand Casual Relations in Natural Selection: Reply to Rosenberg and Bouchard", *Biology & Philosophy*, 2005, Vol. 2 - 3, No. 20.

Matthen, Moha, "Art, Sexual Selectiongroup Selection", *Canadian Journal of Philosophy*, 2011, Vol. 41.

Mayer, E., "Speciational Evolutional or Punctuated Equilibia", In Peterrson, Steven & Somit, Albert, *The Dynamic of Evolution*, Cornell Unversity Press, 1922.

Maynard, S. J., "How to Model Evolution", In Barber, B., Hirsh, W. (eds.), *The Latest On the Best, Essays On Evolution and Optimality*, MIT Press, 1987.

Maynard, S. J., Szathmany, E., *The Major Transitions in Evolution*, Oxford University Press, 1995.

Maynard Smith J., *Evolutionary Genetics*, Cambridge University Press, 1999.

Maynard Smith, J. & SzathmáRy, E., *The Major Transitions in Evolution Reprinted*, University Press, 2010.

Maynard Smith, J., *The Problems of Biology*, Oxford University Press, 1986.

Mayr, Ernst, "Cause and Effect in Biology", In Lerner, Daniel (eds.), *Cause and Effect: The Hayden Colloquium On Scientific Method and Concept*,

Massachusetts Institute of Technology, 1965.

Mayr, Ernst, "How to Carry Out the Adaptationist Program?", *The American Naturalist*, 1983, Vol. 3, No. 121.

Mayr, Ernst, "Teleological and Teleonomic, A New Analysis", *Boston Studies Philos. Sci*, 1974, Vol. 14.

Mayr, Ernst, *The Growth of Biological Thought: Diversity, Evolution, And Inheritance*, Harvard University Press, 1982.

Mayr, Ernst, *Towards a New Philosophy of Biology: Observations of an Evolutionist*, Harvard University Press, 1988.

Mayr, E., *What Makes Biology Unique?: Considerations On the Autonomy of a Scientific Discipline*, Cambridge University Press, 2007.

Mehmet, Elgin, "There May Be Strict Empirical Laws in Biology, After All", *Biology and Philosophy*, 2006, Vol. 21.

Melinda, A. Yang, et al., "40, 000-Year-Old Individual From Asia Provides Insight Into Early Population Structure in Eurasia", *Current Biology*, 2017, Vol. 27.

Menon, Sangeetha, "Basics of Spiritual Altruism", *Journal of Transpersonal Psychology*, 2007, Vol. 2, No. 39.

Menzies, P. & Price, H., "Causation as a Secondary Quality", *The British Journal for the Philosophy of Science*, 1993, Vol. 2, No. 44.

Michod, R. E., *Darwinian Dynamics*, Princeton Univsity Press, 1999.

Miller, Lantz Fleming, "Is Species Integrity a Human Right? a Right Issue Emerging From Individual Liberties With New Technologies", *Human Rights Review*, 2014, Vol. 15.

Millikan, Ruth Garrett, "An Ambiguity in the Notion 'Function'", *Biology and Philosophy*, 1989B, Vol. 2, No. 4.

Millikan, Ruth Garrett, "In Defense of Proper Functions", *Philosophy of Science*, 1989A, Vol. 2, No. 56.

Millikan, Ruth Garrett, *Language, Thought, And Other Biological Categories: New Foundations for Realism*, MIT Press, 1984.

Millstein, R. L., *Is the Evolutionary Process Deterministic Or Indeterministic? an Argument for Agnosticism*, Biennial Meeting of the Philosophy of Science Association, Vancouver, Canada, 2000.

Millstein, R. L., "Natural Selection as a Population-Level Causal Process", *The British Journal for the Philosophy of Science*, 2006, Vol. 4, No. 57.

Mitchell, Sandra D., *Biological Complexity and Integrative Pluralism*, Cambridge University Press, 2003.

Mitchell, Sandra D., "Function, Fitness and Disposition", *Biology and Philosophy*, 1995, Vol. 1, No. 10.

Mitton, Jeffry B. & Grant, Michael C., "Genetic Variation and the Natural History of Quaking Aspen", *Bioscience*, 1996, Vol. 1, No. 46.

MüLler, G. B., "Evo-Devo: Extending the Evolutionary Synthesis", *Nature Reviews. Genetics*, 2007, Vol. 12, No. 8.

Monod, J. L., *Chance and Necessity*, St. Tames's Place, 1972.

Moore, John A., *From Genesis to Genetics: The Case of Evolution and Creationism*, University of California Press, 2002.

Mossio, Matteo, Saborido, Cristian & Moreno, Alvaro, "An Organizational Account of Biological Functions", *The British Journal for the Philosophy of Science*, 2009, Vol. 4, No. 60.

Muchnik, L., Aral, S., Taylor, S. J., "Social Influence Bias: A Randomized Experiment", *Science*, 2013, Vol. 6146.

Munzel, G. Felicitas, "Kant On Moral Education, Or 'Enlightenment' and the Liberal Arts", *Rev Metaphys*, 2003, Vol. 1, No. 57.

Murray, T. H., "Enhancement", In B. Steinbock (Ed.), *The Oxford Handbook of Bioethics*, Oxford University Press, 2007.

Nagel, E., "Goal-Directed Processes in Biology", *The Journal of Philosophy*, 1997A, Vol. 5, No. 74.

Nagel, E., "Functional Explanations in Biology", *The Journal of Philosophy*, 1977B, Vol. 5, No. 74.

Nagel, E., "The Structure of Science: Problems in the Logic of Scientific Explanation", *Philosophical Review*, 1979, Vol. 1, No. 73.

Nagel, E., *The Structure of Science: Problems in the Logic of Scientific Explanation*, Routledge and Kegan Paul, 1961.

National Academies of Sciences, Engineering, And Medicine., *International Summit On Human Gene Editing: A Global Discussion*, The National Academies Press, 2015.

Neander, Karen Lee, *Abnormal Psychobiology: A Thesis On The "Anti-Psychiatry Debate" and the Relationship Between Psychology and Biology*, La Trobe University, 1983.

Neander, Karen Lee, "Functions as Selected Effects: The Conceptual Analyst's Defense", *Philosophy of Science*, 1991A, Vol. 2, No. 58.

Neander, Karen Lee, "Misrepresenting & Malfunctioning", *Philosophical Studies*, 1995, Vol. 2, No. 79.

Neander, Karen Lee, "The Teleological Notion of 'Function'", *Australasian Journal of Philosophy*, 1991B, Vol. 4, No. 69.

Neander, Karen, "Types of Traits: The Importance of Functional Homologues", In Ariew, André, Cummins, Robert & Perlman, Mark (eds.), *Functions: New Essays in the Philosophy of Psychology and Biology*, Oxford University Press, pp. 390-415.

Nelson, B., "Cultural Divide", *Nature*, 2014, Vol. 7499, No. 509.

Nicholas Agar, "Truly Human Enhancement: A Philosophical Defense of Limits", *The National Catholic Bioethics Quarterly*, 2015, Vol. 4, No. 15.

Nitecki, M. H., *Evolutionary Progress*, University of Chicago Press, 1988.

O'Doherty, K., Einseidel, E., *Public Engagement and Emerging Technologies*, Vancouver: Ubc Press, 2013.

Okasha, Samir, "Altruism, Group Selection and Correlated Interaction", *British Journal for the Philosophy Ofscience*, 2005, Vol. 56.

Okasha, Samir, "Darwin's Views On Group and Kin Selection: Comments On Elliot Sober's Did Darwin Write the Origin Backwards?", *Philosophical Studies*, 2013, Vol. 172.

Okasha, Samir, *Evolution and the Levels of Selection*, Clarendonpress, 2006.

Okasha, Samir, "The Levels of Selection Debate: Philosophical Issues", *Philosophy Compass*, 2006, Vol. 1, No. 1.

Okasha, Samir, "Why Won' T the Group Selection Controversy Go Away?", *British Journal for the Philosophy Ofscience*, 2001, Vol. 1, No. 52.

Okasha, Samir, "Wynne-Edwards and the History of Group Selection", *Metascience*, 2012, Vol. 2, No. 21.

Okasha, S., *Evolution and the Levels of Selection*, Oxford University Press, 2006.

Orzack, Steven Hecht, et al., *Adaptationism and Optimality*, Cambridge University Press, 2001.

Orzack, Steven Hecht & Patrick, Forber, "Adaptationism", *Stanford Encyclopedia of Philosophy*, 2010.

Oster, G. F, Shubin, N., Murray, J. D. and Alberch, P., "Evolution and Morphogenetic Rules: The Shape of the Vertebrate Limb in Ontogeny and Phylogeny", *Evolution*, 1988, Vol. 42.

Otsuka, Jun, "A Critical Review of the Statisticalist Debate", *Biology & Philosophy*, 2016, Vol. 4, No. 31.

Oyama, S., Griffiths, P. E. & Gray, R. D., *Cycles of Contingency: Developmental Systems and Evolution*, MIT Press, 2003.

Oyama, Susan & Griffiths, Paul, *Cycles of Contingency: Developmental Systems and Evolution*, Massachusetts Institute of Technology Press, 2001.

Papineau, David, *Philosophical Naturalism*, Blackwell, 1993.

Papineau, David, *Reality and Representation*, Blackwell, 1987.

Parens, E., "Is Better Always Good?", In Parens, E. (Ed.), *Enhancing Human Traits: Ethical and Social Implications*, Georgetown University Press, 1998.

Parfitt, Simon, A., et al., "The Earliest Record of Human Activity in Northern Europe", *Nature*, 2005, Vol. 7070, No. 438.

Patrick Capps, *Human Dignity and the Foundations of International Law*, Oxford and Portland, Oregon, 2009.

Pearl, J., *Causality: Models, Reasoning and Inference*, Cambridge University Press, 2009.

Pennock, Robert T., "Creationism and Intelligent Design", *Annual Review of Genomics and Human Genetics*, 2003.

Pennock, Robert T., *Intelligent Design Creationism and Its Critics: Philosophical, Theological, And Scientific Perspectives*, Cambridge and London: MIT Press, 2001.

Pepper, S. C., *Source of Value*, University of California Press, 1958.

Pera, M. F., "Human Embryo Research and the 14-Day Rule", *Development*, 2017, Vol. 11, No. 144.

Perrson, I., Savulescu, J., "The Perils of Cognitive Enhancement and the Urgent Imperative to Enhance the Moral Character of Humanity", *Journal of Applied Philosophy*, 2008, Vol. 3, No. 25.

Pinker, Steven, "Language as an Adaptation By Natural Selection", *Acta Psychologica Sinica*, 2007, Vol. 3, No. 39.

Pittendrigh, Colin S., "Adaptation, Natural Selection, And Behaviour", In Roe, Anne & Simpson, George Gaylord (eds.), *Behavior and Evolution*, Yale University Press, 1958.

Plantinga, A., "Methodological Naturalism", *Perspectives On Science and Christian Faith 49*, 1997, Vol. 3.

Pollard, K. S., et al., "An Rna Gene Expressed During Cortical Development Evolved Rapidly in Humans", *Nature*, 2006, Vol. 443.

Pontzer, Herman, David, A. Raichlen, Peter, S. Rodman., "Bipedal and Quadrupedal Locomotion in Chimpanzees", *Journal of Human Evolution*, 2014, Vol. 66.

Potts, Richard, "Environmental and Behavioral Evidence Pertaining to the Evolution of Early Homo", *Current Anthropology*, 2012, Vol. S6, No. 53.

Powell, R., "Contingency and Convergence in Macroevolution: A Reply to John Beatty", *The Journal of Philosophy*, 2009, Vol. 7, No. 106.

Pradeu, Thomas, "Thirty Years of Biology & Philosophy: Philosophy of Which Biology?", *Biology & Philosophy*, 2017.

Price, H., "Agency and Causal Asymmetry", *Mind*, 1992, Vol. 403, No. 101.

Price, H., "Agency and Probabilistic Causality", *The British Journal for the Philosophy of Science*, 1991, Vol. 2, No. 42.

Provine, W. B., *Sewall Wright and Evolutionary Biology*, The University of Chicago Press, 1989.

Putnam, Hilary, *Mind*, *Language*, *And Realityphilosophical Papers*, Volume 2, Cambridge University Press, 1975.

Radick, G., "The Century of the Gene", *Heredity*, 2001, Vol. 5.

Ratzsch, Del, *Nature*, *Design*, *And Science*: *The Status of Design in Natural Science*, State University of New York Press, 2001.

Reader, S., *The Philosophy of Need*, Cambridge University Press, 2005.

Reese, Hayne W., "Teleology and Teleonomy in Behavior Analysis", *The Behavior Analyst*, 1994, Vol. 1, No. 17.

Reeve, E. C. R., *Encyclopedia of Genetics*, London: Fitzroy Dearborn, 2014, 985.

Reisman, K., Forber, P., "Manipulation and the Causes of Evolution", *Philosophy of Science*, 2005, Vol. 5, No. 72.

Rhee, K. J., Sethupathi, P., Driks, A., Lanning, D. K. & Knight, K. L., "Role of Commensal Bacteria in Development of Gut-Associated Lymphoid Tissues and Preimmune Antibody Repertoire", *Journal of Immunology*, 2004, Vol. 172.

Richardson, M. K. & Chipman, A. D., "Developmental Constraints in a Comparative Framework: A Test Case Using Variations in Phalanx Number During Amniote Evolution", *Exp. Zool.* (*Mde*) *B*, 2003, 296.

Roberts, Rebecca, "Biopiracy: Who Owns the Genes of the Developing World?", *Science Wire*, 2000 – 12 – 04.

Rorty, Richard, *An Ethics for Today*: *Finding Common Ground between Philoso-*

phy and Religion, Columbia University Press, 2010.

Rosenbaum, L. , "The Future of Gene Editing—Toward Scientific and Social Consensus", *New England Journal of Medicine*, 2019, Vol. 10, No. 380.

Rosenbaum, Peter Andrew, *Volpe's Understanding Evolution*, Mcgraw-Hill, 2011.

Rosenberg, A. , *Darwinian Reductionism: Or, How to Stop Worrying and Love Molecular Biology*, University of Chicago Press, 2006.

Rosenberg, Alexander & Daniel Mcshea, *Philosophy of Biology: A Contemporary Introduction*, Routledge, 2008.

Rosenberg, Alexander, *Darwinian Reductionism: Or, How to Stop Worrying and Love Molecular Biology*, University of Chicago Press, 2006.

Rosenberg, Alexander, *The Structure of Biological Science*, Cambridge University Press, 1985.

Rosenzweig, M. L. & Mccord, R. D. , "Incumbent Replacement: Evidence for Long-Term Evolutionary Progress", *Pale-Biology*, 1991, Vol. 3, No. 17.

Rosslenbroich, B. , "The Notion of Progress in Evolutionary Biology-The Unresolved Problem and Empirical Suggestion", *Biology & Philosophy*, 2006, Vol. 1, No. 21.

Rota, M. , *Evolution, Providence, And Gouldian Contingency*, Cambridge University Press, 2008.

Ruse, Michael, "Creation-Science Is Not Science", *Science Technology & Human Values*, 1982, Vol. 7.

Ruse, Michael, "Intelligent Design Theory and Its Context", *Think*, 2005, Vol. 7.

Ruse, Michael, *Oxford Handbook of the Philosophy of Biology*, Oxford University Press, 2007.

Ruse, Michael, "Response to the Commentary: Pro Judice", *Science Technology & Human Values*, 1982, Vol. 7.

Ruse, Michael, *The Evolution Wars: A Guide to the Debates*, Grey House Publ, 2008.

Ruse, Michael, *The Philosophy of Biology*, Hutchinson University Library, 1973.

Ruse, Michael, *What the Philosophy of Biology Is*, Kluwer Academic Publishers, 1989.

Ruse, M., *Monad to Man: The Concept of Progress in Evolutionary Biology*, Harvard University Press, 1996.

Ruse, M., *Reduction in Genetics*, Psa: Proceedings of the Biennial Meeting of the Philosophy of Science Association 1974. Springer Netherlands, 1976.

Russell, S., Dewey, D., Tegmark, M., "Research Priorities for Robust and Beneficial Artificial Intelligence", *Ai Mag*, 2015, Vol. 4.

Rutgers, Bart & Heeger, Robert, "Inherent Worth and Respect for Animal Integrity", In Marcel Dol, et al. (eds.), *Recognizing the Intrinsic Value of Animals: Beyond Animal Welfare*, Van Gorcum, 1999.

Saches, C., "The New Puzzle of Biological Groups and Individuals", *Studies in History and Philosophy of Biological and Biomedical Sciences*, 2014, Vol. 46.

Sahlins, M. D., Service, E. R., *Evolution and Culture*, University of Michigan Press, 1960.

Sandel, M., *The Case Against Perfection*, Harvard University Press, 2007.

Sant'Anna, Rosolem, André, "The Role of Selection in Functional Explanations", *Manuscrito*, 2014, Vol. 2, No. 37.

Sarkar, Sahotra, *Biodiversity and Environmental Philosophy: An Introduction*, Cambridge University Press, 2005.

Sarkar, Sahotra & Plutynksi, Anya, *A Companion to the Philosophy of Biology*, Blackwell, 2008.

Sarkar, S., *Genetics and Reductionism*, Cambridge University Press, 1998.

Savulescu, J., "Genetic Interventions and the Ethics of Enhancement of Human Beings", In Steinbock, B. (Ed.), *The Oxford Handbook of Bioethics*, Oxford University Press, 2007.

Scanlon, Thomas, *What We Owe to Each Other*, Harvard University Press, 1998.

Schaffner, K. F. , "Approaches to Reduction", *Philosophy of Science*, 1967, Vol. 2, No. 34.

Schaffner, K. F. , *Discovery and Explanation in Biology and Medicine*, University of Chicago Press, 1993.

Schaffner, K. F. , *Reductionism in Biology*: *Prospects and Problems*, Psa: Proceedings of the Biennial Meeting of the Philosophy of Science Association 1974. Springer Netherlands, 1976.

Schaffner, K. F. , "The Watson-Crick Model and Reductionism", *British Journal for the Philosophy of Science*, 1969, Vol. 4, No. 20.

Schlaggar, Bradley L. & Mccandliss, Bruce D. , "Development of Neural Systems for Reading", *Annu. Rev. Neurosci*, 2007, 30.

Schlebusch, C. M. , et al. , "Southern African Ancient Genomes Estimate Modern Human Divergence to 350, 000 to 260, 000 Years Ago", *Science*, 2017, Vol. 6363, No. 358.

Schultz, Wolfram, "Predictive Reward Signal of Dopamine Neurons", *Journal of Neurophysiology*, Ariew, 80 (01).

Schwitzgebel, E. , "Do Ethicists Steal More Books?", *Philos Psychol*, 2009, Vol. 6.

Scott, Eugenie C. , *Evolution Vs. Creationism*: *An Introduction*, Greenwood Press, 2004.

Scott, F. Gillbert & Epel, David, *Ecological Developmental Biology*: *Integrating Epigenetics*, *Medicine*, *And Evolution*, Massachusetts, Sinaure Associates, Inc. , 2009.

Sensen, Oliver, "Kant's Conception of Human Dignity", *Kant-Studien*, 2009, Vol. 3, No. 100.

Shanahan, T. , "Evolutionary Progress?", *Bioscience*, 2000, Vol. 5, No. 50.

Shanahan, Timothy, *The Evolution of Darwinism*: *Selection*, *Adaptation and Progress in Evolutionary Biology*, Cambridge University Press, 2004.

Shanahan, T. , "Methodological and Contextual Factors in the Dawkins/Gould Dispute Over Evolutionary Progress", *Studies in History & Philosophy of Biol &*

Biomed Sciences, 2001, Vol. 1, No. 32.

Shanahan, T., "The Evolutionary Indeterminism Thesis", *Bioscience*, 2003, Vol. 2, No. 53.

Shanahan, T., *The Evolution of Darwinism: Selection, Adaptation, And Progress in Evolutionary Biology*, Cambridge University Press, 2004.

Shanks, Niall & Karl, H. Joplin, "Redundant Complexity: A Critical Analysis of Intelligent Design in Biochemistry", *Philosophy of Science*, 1999, Vol. 6.

Shapiro, M. D., Hanken, J. & Rosenthal, N., "Developmental Basis of Evolutionary Digit Loss in the Australian Lizard Hemiergis", *Journal of Experimental Zoology. Part B, Molecular and Developmental Evolution*, 2003, Vol. 297.

Siddique, Osarah, Hayat, Z., "Unholy Speech and Holy Laws: Blasphemy Laws in Pakistan—Controversial Origins, Design Defects and Free Speech Implications", *Minn J Int Law*, 2008, Vol. 17.

Simpson, George Gaylord, *The Meaning of Evolution*, Yale University Press, 1967.

Singes, Charles, "The Evolution of Anatomy; Ashort History of Anatomical and Physiological Discovery to Harvey", 1925.

Sklar, L., "Types of Inter-Theoretic Reduction", *British Journal for the Philosophy of Science*, 1967, Vol. 2, No. 18.

Smith, M., J. Bruhn, J. Anderson, "The Fungus Armillaria Bulbosa Is Among the Largest and Oldest Living Organisms", *Nature*, 1992, Vol. 356.

Sober, Elliot, *Evidence and Evolution: The Logic Behind the Science*, Cambridge University Press, 2008.

Sober, Elliot, *Philosophy of Biology*, Westview Press, 1993.

Sober, Elliott, "A Priori Causal Models of Natural Selection", *Australasian Journal of Philosophy*, 2011, Vol. 4, No. 89.

Sober, Elliott, Ed., *Conceptual Issues in Evolutionary Biology*, MIT Press, 1994.

Sober, Elliott, *Evidence and Evolution*, Cambridge University Press, 2008.

Sober, Elliott, "Holism, Individualism and the Units of Selection", *Proceedings of the Biennial Meetings of the Philosophy of Science Association*, 2000.

Sober, Elliott, "Likelihood, Model Selection, And the Duhem-Quine Problem", *Journal of Philosophy*, 2004, Vol. 101.

Sober, Elliott, *Philosophy of Biology* (*Second Edition*), Westview Press, 2000.

Sober, Elliott, *The Nature of Selection*: *Evolutionary Theory in Philosophical Focus*, University of Chicago Press, 1984.

Sober, Elliott, "Trait Fitness Is Not a Propensity, But Fitness Variation Is", *Biological and Biomedicalsciences*, 2013, Vol. 3, No. 44.

Sober, Elliott, "What Is Evolutionary Altruism", *Canadian Journal Ofphilosophy*, 1988, Vol. 18 (Supp 1).

Sober, Elliott, "What Is Wrong With Intelligent Design?", *The Quarterly Review of Biology*, 2007, Vol. 82.

Sober, Elliott & Wilson, D., "Adaptation and Natural Selection Revisited", *Journal of Evolutionarybiology*, 2011, Vol. 24.

Sober, Elliott & Wilson, David Sloan, *Unto Others*: *The Evolution and Psychology of Unselfish Behavior*, Harvard University Press, 1998.

Sommerhoff, G., *Analytical Biology*, Oxford University Press, 1950.

Stace C. A., *Plant Taxonomy and Biosystematics. Second Edition*, Edward Arnold, 1980.

Stamos, David N., *Darwin and the Nature of Species*, State University of New York Press, 2006.

Stappenbeck, T. S., Hooper, L. V. & Gordon, J. I., "Developmental Regulation of Intestinal Angiogenesis By Indigenous Microbes Via Paneth Cells", *Proceedings of the National Academy of Sciences of the United States of America*, 2002, Vol. 99.

StegmüLler, W. & Wohlhueter, W., *The Structure and Dynamics of Theories*, Springer, 1976.

Stephens, C., "Selection, Drift, And the 'Forces' of Evolution", *Philos Sciences*, 2004, Vol. 4, No. 71.

Sterelny, K., "Contingency and History", *Philosophy Science*, 2016,

Vol. 4, No. 83.

Sterelny, K., *Dawkins Vs Gould: Survival of the Fittest*, Cambridge, Icon Books, 2007.

Sterelny, K., Griffiths, P. E., *Sex and Death: An Introduction to Philosophy of Biology*, The University of Chicago Press, 1999.

Sterelny, Kim, "Cooperation, Culture, And Conflict", *British Journal for the Philosophy Ofscience*, 2016, Vol. 1.

Sterner, B., "Pathway to Pluralism About Biological Individuality", *Biology and Philosophy*, 2015, Vol. 30.

Stewart, J. E., "Evolutionary Progress", *Journal of Social & Evolutionary Systems*, 1988, Vol. 335, No. 20.

Stout, Dietrich, Thierry Chaminade, "Stone Tools, Language and the Brain in Human Evolution", *Philosophical Transactions of the Royal Society of London. Series B, Biological Sciences*, 2012, Vol. 1585, No. 367.

Sulmasy, Daniel, "Dignity, Disability, Difference, And Rights", In Ralston, D. Christopher & Ho, Justin (eds.), *Philosophical Reflections On Disability*, Springer Science & Business Media, 2009.

Sulmasy, Daniel, "Diseases and Natural Kinds", *Theoretical Medicine and Bioethics*, 2005, Vol. 6, No. 26.

Sulmasy, Daniel, P., "Human Dignity and Human Worth", In Malpas, Jeff & Lickiss, Norelle (eds.), *Perspectives On Human Dignity: A Conversation*, Springer Science & Business Media, 2007.

Sulmasy, D. P., "Diseases and Natural Kinds", *Theoretical Medicine & Bioethics*, 2005, Vol. 6, No. 26.

Sultan, S. E., *Organism and Environment: Ecological Development, Niche Construction, And Adaption*, First Edition, Oxford University Press, 2015.

Sweetman, B., Evolution, "Chance and Necessity in the Universe", *Revista Portuguesa De Filosofia*, 2010, Vol. 4, No. 66.

Tao Julia & Lai Po Wah, "Dignity in Long-Term Care for Older Persons: A Confucian Perspective", *Journal of Medicine and Philosophy: A Forum for Bioethics and Philosophy of Medicine*, 2007, Vol. 5, No. 32.

Tenbrunsel, Asarahesarah, Messick, Dsarahm., "Ethical Fading: The Role of Self-Deception in Unethical Behavior", *Soc Justice Res*, 2004, Vol. 2, No. 17.

The Economist Newspaper Ltd., "Special: America's Next Ethical War", *The Economist*, 2001, Vol. 8217, No. 359.

The Hugo Pan-Asian Snp Consortium., "Mapping Human Genetic Diversity in Asia", *Science*, 2009, Vol. 5959, No. 326.

Thoday, J. M., *Components of Fitness*, Brown R, Danielli J F., Symposia of the Society for Experimental Biology, Vii, Evolution, Cambridge, 1953.

Thompson, Paul, B., "Ethics and the Genetic Engineering of Food Animals", *Journal of Agricultural and Environmental Ethics*, 1997, Vol. 1, No. 10.

Tideman, Msarah & Van Der Voort, Msarahcsarah & Van Houten, Fsarahjsarahasarahm., "A New Product Design Method Based On Virtual Reality, Gaming and Scenarios", *International Journal On Interactive Design and Manufacturing (Ijidem)*, 2008, Vol. 4, No. 2.

Tinbergen, Niko, "On Aims and Methods of Ethology", *Zeitschrift FüR Tierpsychologie*, 1963, Vol. 4, No. 20.

Todd, A. Grantham, "Constraints and Spandrels in Gould's Structure of Evolutionary Theory", *Biology and Philosophy*, 2004, Vol. 19.

Turner, D., "Gould's Replay Revisited", *Biology Philosophy*, 2011, Vol. 26.

Van Valen, Leigh, "Energy and Evolution", *Evolutionary Theory*, 1976, Vol. 7, No. 1.

Velleman, David, J., "A Right of Self-Termination?", *Ethics*, 1999, Vol. 3, No. 109.

Verbeek, Peter-Paul, *Moralizing Technology: Understanding and Designing the Morality of Things*, The University of Chicago Press, 2011.

Vitz, Rico, "Sympathy and Benevolence in Hume's Moral Psychology", *Journal of the History of Philosophy*, 2004, Vol. 3.

Vries, Rob De, "Genetic Engineering and the Integrity of Animals", *Journal of*

Agricultural and Environmental Ethics, 2006, Vol. 5, No. 19.

Waddington, C. H., "Canalization of Development and the Inheritance of Acquired Characters", *Nature*, 1942, Vol. 3811, No. 150.

Wagner, G. P. & Zhang, J., "The Pleiotropic Structure of the Genotype-Phenotype Map: The Evolvability of Complex Organisms", *Nature Reviews Genetics*, 2011, Vol. 12.

Wajcman, J., "Life in the Fast Lane? Towards a Sociology of Technology and Time", *Br J Sociol*, 2008, Vol. 1.

Wallach, Wendell, Allen, Colin, *Moral Machines: Teaching Robots Right From Wrong*, Oxford University Press, 2010.

Walsh, Denis M. & André Ariew, "A Taxonomy of Functions", *Canadian Journal of Philosophy*, 1996, Vol. 26, No. 4.

Walsh, Denis M, "Fitness and Function", *The British Journal for the Philosophy of Science*, 1996, Vol. 47, No. 4.

Walsh, D. M., André, Ariew, Matthen, M., "Four Pillars of Statisticalism", *Philos Theor Pract Biol*, 2017, Vol. 9.

Walsh, D. M, Lewens, Tim and André, Ariew, "The Trials of Life: Natural Selection and Random Drift", *Philosophy of Science*, 2002, Vol. 3, No. 69.

Walsh, D. M., "The Pomp of Superfluous Causes: The Interpretation of Evolutionary Theory", *Philosophy of Science*, 2007, Vol. 3, No. 74.

Weber, Marcel, *Philosophy of Experimental Biology*, Cambridge University Press, 2004.

Wells, Jonathan, *The Politically Incorrect Guide to Darwinism and Intelligent Design*, Regnery, 2006.

Werndl, C. Probability, "Indeterminism and Biological Processes", *Dennis Dieks*, 2012: PáGs.

West-Eberhard, M. J., *Developmental Plasticity and Evolution*, Oxford University Press, 2003.

Wheeler, P. E., "The Influence of Thermoregulatory Selection Pressures On Hominid Evolution", *Behavioral and Brain Sciences*, 1990, Vol. 2, No. 13.

Wiesel, Torsten N. & Hubel, David H., "Single-Cell Responses in Striate Cortex of Kittens Deprived of Vision in One Eye", *Journal of Neurophysiology*, 1963, Vol. 6, No. 26.

Wilkinson, R. G., Marmot, M., *Social Determinants of Health: The Solid Facts*, World Health Organization, Geneva, 2003.

Williams, Bernard, "The Human Prejudice", In Moore, A. W. (Ed.), *Philosophy as a Humanistic Discipline*, Princeton University Press, 2008.

Williams, George Christopher, *Adaptation and Natural Selection: A Critique of Some Current Evolutionary Thought*, Princeton University Press, 1996.

Willigenburg, Van, "Philosophical Reflection On Bioethics and Limits", In DüWell, M. et al. (eds.), *The Contingent Nature of Life*, Springer Netherlands, 2008.

Wilson, David Sloan & Sober, Elliott, "Multilevel Selection and the Return of Grouplevel Functionalism", *Behavioral and Brainsciences*, 1998, Vol. 21.

Wilson, D. S., "A Theory of Group Selection", *Proceedings of the National Academy of Science*, 1975, Vol. 1, No. 72.

Wilson, J., *Biological Individuality*, Cambridge University Press, 1999.

Wilson, J., "Ontological Butchery: Organism Concepts and Biological Generalizations", *Philosophy of Science*, 2000, Vol. 67.

Wilson, R. A., *Genes and the Agents of Life: The Individual in the Fragile Sciences, Biology*, Cambridge University Press, 2005.

Wilson, R. A., "Levels of Selection", In Matthen, M., Stephen, C. (eds.), *Philosophy of Biology*, Elsevier, 2007.

Wimsatt, W. C., "Complexity and Organization", In Grene, Marjorie & Mendelsohn, Everett (eds.), *Topics in the Philosophy of Biology*, Springer, Dordrecht, 1976.

Wimsatt, William C., "Aggregativity: Reductive Heuristics for Finding Emergence", *Philosophy of Science*, 1997, Vol. 64.

Wimsatt, William C., "Randomness and Perceived-Randomness in Evolutionary Biology", *Synthese*, Vol. 2, No. 43.

Wimsatt, William C, "Teleology and the Logical Structure of Function Statements", *Stud. Hist. Phil. Sci*, 1972, Vol. 3.

Wimsatt, W., "Reductionistic Research Strategies and Their Biases in the Units of Selection Controversy", In Nickles, T. (ed.), *Scientific Discovery: Case Studies*, D. Reidel, 1980.

Woodfield, Andrew, *Teleology*, Cambridge, 1976.

Woodward, J., "Causation With a Human Face", In Price, H. & Corry, R. (eds.), *Causation, Physics, And the Constitution of Reality*, Oxford University Press, 2007.

Woodward, J., "Explanation and Invariance in the Special Sciences", *The British Journal for the Philosophy of Science*, 2000, Vol. 58.

Woodward, J., "Explanation, Invariance, And Intervention", *Philosophy of Science*, 1997, Vol. 64.

Woodward, J. & Hitchcock, et al., "Explanatory Generalizations, Part I: A Counterfactual Account", *Nous*, 2003, 37.

Woodward, J., *Making Things Happen: A Theory of Causal Explanation*, Oxford University Press, 2005.

Woolley, A. W., Chabris, C. F., Pentland, A., Hashmi, N., Malone, T. W., "Evidence for a Collective Intelligence Factor in the Performance of Human Groups", *Science*, 2010, Vol. 6004, No. 330.

Wright, Larry, "Functions", *The Philosophical Review*, 1973.

Wright, L., "Functions", In Sober, Elliott (Ed.), *Conceptual Issues in Evolutionary Biology*, MIT Press, 1994.

Wu, C. & Morris, J., "Genes, Genetics, And Epigenetics: A Correspondence", *Science*, 2001.

Wu, Liu, et al., "The Earliest Unequivocally Modern Humans in Southern China", *Nature*, 2015, Vol. 526.

Yan, L., Huang, L., Xu, L., Huang, J., Ma, F., Zhu, X., Tang, Y., Liu, M., Lian, Y., Liu, P., Li, R., Lu, S., Tang, F., Qiao, J. And Xie, X. S., "Live Births After Simultaneous Avoidance of Monogenic

Diseases and Chromosome Abnormality By Next-Generation Sequencing With Linkage Analyses", *Proceedings of the National Academy of Sciences Usa*, 2015, Vol. 52, No. 112.

Yue, Hu, et al., "Late Middle Pleistocene Levallois Stone-Tool Technology in Southwest China", *Nature*, 2019, Vol. 7737, No. 565.

Zachary, D. & Christina Z. Borland, "Historical Contingency and the Evolution of a Key Innovation in an Experimental Population of Escherichia Coli", *The National Academy of Science*, 2008, Vol. 105.

后　记

呈现在读者面前的是国家社科基金重大项目“生物哲学重要问题研究”的主要成果。导论部分我已经比较详细地说明了全书的结构和框架及其原因，这里我再对生物学哲学到底对科学哲学或一般哲学贡献了什么多说几句。实际上，自开始研究生物学哲学开始，我就在思考这个问题。生物学哲学研究的问题众多，所以，每每我向别人介绍生物学哲学到底有什么意义和价值时，总对自己的回答不满意。所以，在完成了课题之后，我想再次回答这个问题，以便人们能更好地理解生物学哲学的内涵和价值。

首先，我觉得，生物学哲学的研究告诉我们，生物学有着独特的理论结构。科学的理论结构是科学哲学讨论的一个核心话题。早期科学哲学家主要根据物理科学，特别是相对论和量子力学建立他们的理论体系。根据这种哲学，科学是通过建立具有解释效力的经验规律或定律而发展的；科学理论是在概念基础上建立的演绎定律体系。生物学哲学的一个重要内容也是反思生物学的理论结构。默顿·贝克纳尔（Morton Beckner）在其《生物学的思维模式》（1959）中认为，生物学的理论模式与物理科学的理论模式有很大不同，生物学的理论无法还原为物理学理论。斯马特（J. J. C. Smart）在其著作《哲学与科学实在论》（1963）中也曾指出，类似物理和化学意义上的严格的定律在生物学中很少存在。鲁斯的《生物学哲学》和赫尔的《生物科学的哲学》以遗传学进化论为例，说明经典遗传学能否还原为分子遗传学，以进化论为例说明进化论是否像物理学那样公理化。鲁斯和赫尔之后，保罗·汤普森（Paul Thompson）的《进化理论的结构》（1989）和劳埃德（E. A. Lloyd）的《进化论的结构和确证》（1988）主要批评了进化论公理化研究中的形式主义的理论结构观，提出并论证了语义主义的理论结构观。后来，罗森伯格的《生物科学的结构》（1985）也讨论了类似的话题。总之，生物学是否像物理学那样存在定律？生物学理论能不能公理化？生物学理论能不能还原为物理学理论？对于这些问题，生物学哲学进行了广泛的讨论，尽管在具体问题上仍然存在很多争论，但主流的观点认为，生物学的理论结构与物理学的理论结构存在显著不同。

其次，生物学哲学告诉我们，功能解释和目的论解释是科学解释的重要形式。如果说生物学的理论结构与物理学的理论结构存在不同，那么接下来一个问题就是，生物学的解释方式与物理学的解释方式是否相同？物理科学的解释寻求的是物理事件的先在原因，完全不会提到物体运动会有什么功能或目的。生物学的解释也采取因果论的方式，但与物理科学的解释不同，生物学还采用功能论的或目的论的解释，即用在后的功能、目的或结果解释在先的生物过程或状态。因此，生物学的解释方式除了因果解释之外，增加了功能论的或目的论的方式。生物学之所以探求功能、目标、目的，原因是，生物体是由各种具有特定功能的大分子、组织、器官和系统构成的整体，在这个统一体中，生物体的各个部分相互作用，统一协作，保证了生物体的正常生命活动。著名生物学家雅克·莫诺（J. Monod）非常惊异于生命客体的这种目的性，他在《偶然性和必然性》一书中把目的性看作生命的一个重要的本质属性。因为生物客体具有目标、目的和功能属性，因此，在解释这些客体的变化发展时，自然就会援引它们。这样，功能解释和目的论解释就成为生物科学区别于物理科学的最重要的方面。

再次，生物学哲学的研究表明，评价性术语在生物学中的存在有其合理性。自休谟以来，很多人把事实与价值或描述与规范的区分看成自然科学区别于人文社会学科的重要标志。根据这种区分，科学是以事实为根据的，是客观的、价值中立的；而人文社会学科中充满了价值陈述，这些陈述是主观的，以人为中心的。这种思想在20世纪初的逻辑实证主义那里被进一步发展，认为科学的陈述是描述性的，是经验的、可证实的，因而是有意义的，而人文学科的陈述是规范性的，是主观表达的、无法证实的，因而在认识上是无意义的。尽管逻辑实证主义后来在科学哲学中受到广泛的批评，但其关于事实与价值以及描述与规范二分的观点却得到了很多人的支持。问题是，自然科学的命题真的都是事实命题吗？也许在物理科学中我们很难看到价值命题，但在生物科学中，我们很容易就可以看到，从分子生物学到进化论，价值命题普遍存在。比如，在生物学中，我们经常听到低级生物和高级生物，完美适应和不完美适应等术语。在进化论中，我们常常这样描述生物的进化：生命是从简单到复杂、从单一到多样、从低级到高级进化发展的。如果我们接受这样的描述，我们很容易就会进一步指出：生物进化是一个进步发展的过程。达尔文在《物种起源》的结尾就曾这样写道："由于自然选择只对各个生物发生作用，并且是为了每一个生物的利益而工作，所以一切肉体上的和心智上的禀赋必将更加趋于完美。"在达尔文之后，有很多著名生物学家认为，进化就是进步。然而，我们同时也可以看到，一些学者坚决反对这一观点。他们或者从历史上认为达尔文本人不相信进步，或者从逻辑上认为，进步的概念反映的是人类中心主义的观点，是主观的概念，因此，在自然界中并没有所谓的进步。在进化生物学中，针对这个问题，不同的生物学家和哲学家采取了不同的解决方法：一种方法认为，我们可以用客观的术语来重新定义进步，以便回避价值术语；而另一种方法认为，科学中也可以使用价值术语，因为科学并不是价值无涉的，传统上关于事实/价值绝对二分的看法是错误的。在当代价值哲学中，极端的事实/价值二分的思想已受到越来越多人的反对。美国科学哲学家普特南曾专门撰写过一本书：《事实与价值二分法的崩溃》，来说明事实与价值的分离是错误的，事实和价值很多时候不可避免地缠结在一起。这一点如果在物理学中不明显，在生物学中就变得特别突出。在生物学中，事实和价值常常缠结在一起。价值哲学家佩佩尔（Pepper）曾经指出，生物都是通过自然选择进化来的，而自然选择的适应性优势就包含价值选择。在同一环境中的多个生物体，哪一个更适应？当我们判断一个生物比其他生物更适应时，这个判断就既是一个事实判断，但同时也是一个价值判断。因为当你做出判断时，你做出的就既是一个价值判断，也是一个事实判断，因为事实上，一个生物就是比另外一个生物更具有生存优势。在这里，事实和价值是缠结在一起的，很难将它们分开。对于这种缠结，很多生物学家已有很深入的认识，但也有一些生物学家和哲学家仍然陷入在事实与价值截然二分的思想中不能自拔。比如著名的生物学哲学家迈克尔·鲁斯（Michael Ruse）曾撰写了一整本书《从单细胞到人：进化生物学中的进步概念》来讨论是否存在进化的进步性，但其结论是否认进化有进步，因为他认为，作为价值术语的进步不应当成为科学的一部分。但他自己又非常矛盾，因为他知道，如果我们在生物学中抛弃价值术语，我们的生物学就会失去原有的易理解性而变得非常贫乏："在纯粹的概念层面，关于最专业或最成熟层面的进化思维仍然充斥着同情进步的各种隐喻，比如'生命之树'，'适应性景观'和'军备竞赛'。去掉这些术语可能有助于获得认知的纯粹性，但这样做也会抛弃许多优点，如预测的丰富性，并肯定会导致认知上的贫乏。"①

最后，生物学哲学的研究表明，信息学解释成为基础科学中的新的重要解释方式。物理科学的解释方式是动力学式的，物质和能量是这种解释方式的重要物理量。在生物学中，随着分子生物学的兴起，信息成为科学解释的一个新的变量，信息学的解释方式成为动力学解释方式之外的一种新的重要的解释方式。信息论和分子生物学几乎在同一时期产生，它们之间有着深厚的历史渊源。19 世纪中后期，热力学第二定律预言一个孤立系统的熵总是朝着增大的方向发展。当这个原理被应用到整个宇宙的时候，一些人就得出宇宙演化的结局是熵的增加，即宇宙将向着越来越无序的方向发展。然而，进化生物学却告诉我们，生物的演化方向却是向着越来越有序的方向演化。生物本身的生长和发育也是与熵增相对抗的。著名物理学家麦克斯韦也认识到了这一点，所以在 1871 年提出了一个被称为"麦克斯韦妖"的设想，以便说明系统何以能够向着有序的方向发展。这一设想得到了广泛的争论，物理学家齐拉德（Leo Szilard）提出了"负熵"的概念，以说明系统在麦克斯韦妖的作用下熵为什么会变小。"负熵"的概念被物理学家薛定谔运用到生物学，认为生命之所以能对抗自身的熵增加变得有序，是因为生命可以吃进负熵，从而可以保持自身结构和功能的有序。他认为，这种负熵集中体现在生物的遗传信息之中，并且认为，生物的遗传信息存储在一种被称为"非周期晶体"的物质之中。薛定谔的观点被写进他的《生命是什么?》一书中，并在 1944 年发表。该书出版后产生了巨大的影响，一大批从"二战"中走出来的物理学家纷纷转向生物学研究。1953 年，沃森和克里克发现，薛定谔所说的非周期晶体实际上就是生物大分子 DNA。DNA 不仅存储着遗传信

---

① Ruse，M.，*Monad to man：the concept of progress in evolutionary biology*，Harvard University Press，1996，p. 539.

息，还可以通过转录和转译的方法表达为蛋白质。到这里，一些新的与信息相关的概念，像“密码子”、“遗传密码”、“mRNA”（信使 RNA）、“rRNA”（转运 RNA）、“转录”、“转译”、“基因信息”、“遗传信息”、“编码”、“解码”，等等，成为生物学中的重要概念。生物学除了寻求动力学的解释之外，越来越多地使用信息论的语言。在齐拉德理论的基础上，1948 年，香农（Claude Shannon）发表了信息论的奠基性文章《通讯的信息理论》，标志着信息论的诞生。1951 年布里利安（L. Brilliain）将香农的信息量与热力学熵联系起来，建立了信息负熵原理，使得信息和熵紧密地联系起来。随着信息论的建立以及分子生物学中大量信息语言的使用，一些人期望生物学也能像物理学那样走向精确定量的方向，但随着时间的推移，信息论定量的应用的进展并没有快速出现。在生物学中大量的信息概念的使用仍然都是定性的使用。实际上，信息论解释是生物功能解释和目的论解释的细化。因为，信息论解释实际上就是在不断地追问生物结构所携带的信息是如何传递并发挥功能的。随着基因测序技术的发展和生物学信息学的兴起，生物学中定量的信息测量开始变得越来越先进。除了遗传学使用大量的信息概念来解释生物学的现象，神经科学、免疫科学、系统生物学等也都在使用信息术语。所以，在生物学中，信息成为物质和能量之外解释生物学现象的一个不可或缺的量。

总之，20 世纪中叶以后兴起的作为科学哲学子学科的生物学哲学在不断发展的同时，开阔了科学哲学的新视野，为科学哲学提供了很多新的思想，更新了物理主义科学哲学的很多观念，使我们对科学的本质有了更新的认识。特别令人印象深刻的观念主要包括：物理科学不是科学的典范形式，功能和目的论解释成为生物学区别于物理科学的重要解释方式，事实和价值在生物学的理论中往往缠结在一起，信息概念成为基础科学中继物质和能量之外的一个新的重要的概念。生物学哲学还讨论了其他一些问题，比如适应主义到底正不正确？自然选择的单位是什么？物种是自然类还是自然个体？进化论能不能解释利他主义的进化？进化是偶然的吗？劳动是如何创造出人的？语言、意识如何能从进化中产生？这些研究大大丰富了当代科学哲学的研究，为科学哲学提供新的思想源泉。

本研究是集体智慧的结晶。参与撰写工作的学者主要有：

导论：李建会、赵斌、韩笑。

第一编：张鑫、李建会。

第二编：李亚娟、李建会。

第三编：韩笑（第十三章）；杨仕健（第十四、十五章）；董国安（第十六章）；张秋芝（第十七章）；吕宇静（第十八章）；赵楠（第十九章）；李建会（第二十、二十一章）；于小晶（第二十二章）。

第四编：山郁林、李建会。

第五编：李亚明（第三十、三十一、三十四、三十五、三十六章）；张鑫、李建会（第三十二章）；毛郝浩、李建会（第三十七章）；王绍源（第三十八章）。

本书的撰写得到了国家社科基金的支持，因此，首先对国家社科基金委员会表示感谢。其次，要感谢参与研究的所有学者。再次，感谢参与讨论、给出建议以及参与评审的各位专家。最后，感谢北京师范大学哲学学院的各位领导和同事，多年来，他们给予我的教学和研究以极大的支持。还要感谢中国社会科学出版社的冯春凤编审、朱华彬博士、郝玉明博士，他们认真细致的编辑，使得本书最终得以出版。

尽管在规划课题和具体研究中做了很多工作，也对全书做了认真系统的审校，但由于编者水平有限，书中可能仍有错漏和不完善的地方，也有很多重要的生物学哲学问题本书还没有涉及，期望读者在阅读过程中批评、指正和谅解。

李建会

2023 年 3 月 12 日